国家卫生健康委员会“十三五”规划教材

全国高等职业教育教材

供医学检验技术专业用

有机化学

第2版

主　编　曹晓群　张　威

副主编　杨艳杰　朱志红

编　者（以姓氏笔画为序）

丁冶春（赣南医学院）
于　辉（承德护理职业学院）
王　曦（雅安职业技术学院）
方迎春（皖北卫生职业学院）
朱　焰（山东第一医科大学）
朱志红（洛阳职业技术学院）
刘德智（上海健康医学院）
闫金红（聊城职业技术学院）
杨艳杰（漯河医学高等专科学校）
邹　毅（赣南卫生健康职业学院）
张　威（江苏卫生健康职业学院）
张刘生（四川护理职业学院）
庞晓红（黑龙江护理高等专科学校）
赵丹萍（运城护理职业学院）
格根塔娜（内蒙古医科大学）
曹晓群（山东第一医科大学）

秘　书　朱　焰（山东第一医科大学）

人民卫生出版社

·北　京·

图书在版编目（CIP）数据

有机化学/曹晓群，张威主编. —2版. —北京：人民卫生出版社，2021.4（2025.5重印）

ISBN 978-7-117-29271-9

Ⅰ.①有… Ⅱ.①曹…②张… Ⅲ.①有机化学-高等职业教育-教材 Ⅳ.①O62

中国版本图书馆CIP数据核字(2019)第251528号

有机化学

Youji Huaxue

第2版

主　　编：曹晓群　张　威

出版发行：人民卫生出版社（中继线 010-59780011）

地　　址：北京市朝阳区潘家园南里19号

邮　　编：100021

E - mail：pmph @ pmph. com

购书热线：010-59787592　010-59787584　010-65264830

印　　刷：北京盛通印刷股份有限公司

经　　销：新华书店

开　　本：850×1168　1/16　　印张：14　　插页：8

字　　数：443千字

版　　次：2015年2月第1版　　2021年4月第2版

印　　次：2025年5月第8次印刷

标准书号：ISBN 978-7-117-29271-9

定　　价：49.00元

修订说明

为了深入贯彻党的二十大精神，落实全国教育大会和《国家职业教育改革实施方案》新要求，更好地服务医学检验人才培养，人民卫生出版社在教育部、国家卫生健康委员会的领导和全国卫生职业教育教学指导委员会的支持下，成立了第二届全国高等职业教育医学检验技术专业教育教材建设评审委员会，启动了第五轮全国高等职业教育医学检验技术专业规划教材的修订工作。

全国高等职业教育医学检验技术专业规划教材自 1997 年第一轮出版以来，已历经多次修订，在使用中不断提升和完善，已经发展成为职业教育医学检验技术专业影响最大、使用最广、广为认可的经典教材。本次修订是在 2015 年出版的第四轮 25 种教材（含配套教材 6 种）基础上，经过认真细致的调研与论证，坚持传承与创新，全面贯彻专业教学标准，加强立体化建设，以求突出职业教育教材实用性，体现医学检验专业特色：

1. 坚持编写精品教材 本轮修订得到了全国上百所学校、医院的响应和支持，300 多位教学和临床专家参与了编写工作，保证了教材编写的权威性和代表性，坚持"三基、五性、三特定"编写原则，内容紧贴临床检验岗位实际、精益求精，力争打造职业教育精品教材。

2. 紧密对接教学标准 修订工作紧密对接高等职业教育医学检验技术专业教学标准，明确培养需求，以岗位为导向，以就业为目标，以技能为核心，以服务为宗旨，注重整体优化，增加了《医学检验技术导论》，着力打造完善的医学检验教材体系。

3. 全面反映知识更新 新版教材增加了医学检验技术专业新知识、新技术，强化检验操作技能的培养，体现医学检验发展和临床检验工作岗位需求，适应职业教育需求，推进教材的升级和创新。

4. 积极推进融合创新 版式设计体现教材内容与线上数字教学内容融合对接，为学习理解、巩固知识提供了全新的途径与独特的体验，让学习方式多样化、学习内容形象化、学习过程人性化、学习体验真实化。

本轮规划教材共 25 种（含配套教材 5 种），均为国家卫生健康委员会"十三五"规划教材。

教材目录

序号	教材名称	版次	主编	配套教材
1	临床检验基础	第5版	张纪云　龚道元	√
2	微生物学检验	第5版	李剑平　吴正吉	√
3	免疫学检验	第5版	林逢春　孙中文	√
4	寄生虫学检验	第5版	汪晓静	
5	生物化学检验	第5版	刘观昌　侯振江	√
6	血液学检验	第5版	黄斌伦　杨晓斌	√
7	输血检验技术	第2版	张家忠　陶　玲	
8	临床检验仪器	第3版	吴佳学　彭裕红	
9	临床实验室管理	第2版	李　艳　廖　璞	
10	医学检验技术导论	第1版	李敏霞　胡　野	
11	正常人体结构与机能	第2版	苏莉芬　刘伏祥	
12	临床医学概论	第3版	薛宏伟　高健群	
13	病理学与检验技术	第2版	徐云生　张　忠	
14	分子生物学检验技术	第2版	王志刚	
15	无机化学	第2版	王美玲　赵桂欣	
16	分析化学	第2版	闫冬良　周建庆	
17	有机化学	第2版	曹晓群　张　威	
18	生物化学	第2版	范　明　徐　敏	
19	医学统计学	第2版	李新林	
20	医学检验技术英语	第2版	张　刚	

第二届全国高等职业教育医学检验技术专业教育教材建设评审委员会名单

数字内容编者名单

主　编　曹晓群　张　威

副主编　杨艳杰　朱志红

编　者（以姓氏笔画为序）

丁冶春（赣南医学院）
于　辉（承德护理职业学院）
王　曦（雅安职业技术学院）
方迎春（皖北卫生职业学院）
朱　焰（山东第一医科大学）
朱志红（洛阳职业技术学院）
刘德智（上海健康医学院）
闫金红（聊城职业技术学院）
杨艳杰（漯河医学高等专科学校）
邹　毅（赣南卫生健康职业学院）
张　威（江苏卫生健康职业学院）
张刘生（四川护理职业学院）
庞晓红（黑龙江护理高等专科学校）
赵丹萍（运城护理职业学院）
格根塔娜（内蒙古医科大学）
曹晓群（山东第一医科大学）

秘　书　朱　焰（山东第一医科大学）

主编简介与寄语

曹晓群 教授，硕士生导师，制药工程硕士学位点负责人。享受国务院政府特殊津贴专家，山东化学化工学会常务理事，医学化学专业委员会主任委员。主讲课程有机化学，山东省省级精品课程群"医药类基础化学"负责人，获得山东省高等教育教学成果奖2项，主编国家卫生计生委"十二五"规划教材1部。主持山东省科技发展计划、山东省自然科学基金等各级科研项目12项。获得山东省高等学校优秀科研成果奖2项，发表论文多篇，其中被SCI收录11篇。获国家授权发明专利6项。

寄语：

有机化学是医学检验技术专业的重要基础，有机化合物是检验技术的常用试剂，有机物的检验方法是检验技术的基本方法。希望同学们学好有机化学，成为检验技术专业的优秀学生，成为检验技术领域的优秀工作者。

主编简介与寄语

张威 副教授，现任江苏卫生健康职业学院质量管理处处长。江苏省高等学校医药教育研究会常务理事，江苏省药师协会常务理事，江苏省中医药学会新药研究与开发专业委员会委员，校级教学名师等。从事医药卫生职业教育近30年，先后执教检验专业、药学专业的有机化学、分析化学、仪器分析等课程。完成教育部药品生产技术专业教学资源库核心课程医药化学基础资源建设工作。主编《有机化学》《仪器分析》等教材17部，其中省级精品教材1部。发表论文20余篇，主持省市级课题8项，获省教学成果二等奖1项。

寄语：

医学检验技术专业培养的学生具有基础医学、临床医学、医学检验等方面的理论知识和能力，是能在各级医院、血站及防疫等部门从事医学检验及医学类实验室工作的医学高级专门人才。希望同学们认真学习，刻苦钻研，成为“德技双馨”的医务工作者。

前 言

本版教材是在全国卫生职业教育教学指导委员会的指导下，以《有机化学》第1版为基础进行修订编写的。在编写的过程中，认真落实党的二十大精神进教材要求，突出高等职业教育的特点，贯彻落实现行的“3+2”培养模式，坚持体现“三基”（基本理论、基本知识、基本技能）教学理念，注重教学内容的科学性和适用性，提升教材质量，使教材内容的深度和广度严格控制在高职高专检验技术专业教学要求的范围内，更好地服务教学、指导教学、规范教学。同时吸取了广大读者对《有机化学》第1版的意见和建议，调整了章节布局，修正了错误的地方，增加了脂类化合物、知识拓展、二维码融合资源等内容，充实与检验专业相关的化学反应知识，开阔学生视野，提高教材的可读性和趣味性。

本教材共16章，按照烃类化合物在前，含杂原子化合物在后的顺序，以结构和化学反应为主线，介绍各类有机化合物的结构特征以及结构和性质之间的关系。每章正文前提出了学习目标，正文后进行学习小结和思考题，指出基本概念及知识点，方便同学们更好地学习和掌握相关知识。随文二维码对应着自学要点PPT、测一测、微课等内容。

本书在编写过程中得到了山东第一医科大学、内蒙古医科大学和江苏卫生健康职业学院等单位的大力支持，在此一并表示衷心的感谢！

限于编者时间仓促和编写能力有限，书中难免有不妥之处，敬请广大师生及读者批评指正。

曹晓群　张威

2023年10月

教学大纲

目　录

第一章　绪论

1. 掌握碳原子三种杂化轨道（sp^3、sp^2、sp）的特点；共价键断裂的主要方式及有机反应类型。

2. 熟悉共价键的参数；有机化合物分子中的电子效应；有机化合物结构的表示；有机酸碱概念；官能团的含义和主要官能团。

3. 了解有机化学的发展；有机化合物的含义、特点；有机化合物的分类。

第一节　有机化合物和有机化学

有机化学（organic chemistry）是化学科学的一个分支，是与人类生活有着密切关系的一门学科。它研究的对象是有机化合物，简称有机物。有机物的主要特征是它们都含有碳原子，即都是碳化合物，因此有机化学就是研究碳化合物的化学。

一、有机化学的发展与研究对象

有机化学的发展最初是从研究自然界的有机物质开始的。自然界中存在着大量的有机化合物，人们使用各种有机化合物已有很长的历史，如粮食、棉花等。后来又逐渐从动植物中得到各种有用的物质，如酒、食醋、药物、糖、油脂等，但这些物质都是不纯的。到 18 世纪末，人们已经能够得到许多纯的化合物，如草酸、苹果酸、酒石酸、乳酸、尿酸等。这些物质都是从动植物中提取和加工得到的，与从矿物质中得到的化合物相比，在性质上有明显的差异，如对热不稳定、加热后易分解等。当时人们认为只有在有生机的生物体中产生的化合物才有这样的特性，即生命力的存在是制造或合成有机物质的必要条件（“生命力”学说），不可能由人工来合成。为区别这两种化合物，将其按照来源不同分为无机化合物（inorganic compound）和有机化合物（organic compound）两大类。

1828 年德国化学家 F. Wöhler 在实验室无意中用加热的方法使氰酸铵转化为尿素。氰酸铵是无机化合物，而尿素是有机化合物，魏勒的实验结果给予“生命力”学说第一次冲击。但这个重要发现并没有立即得到其他化学家的承认，因为氰酸铵尚未能用无机物制备出来，同时有人认为尿素只是动物的分泌物，介于有机物和无机物之间，不能认为是真正的有机化合物。直到 1845 年德国化学家 H. Kolbe 合成了醋酸，1854 年法国化学家 M. Berthelot 合成了油脂等，“生命力”学说才彻底被否定。从此有机化学进入了合成时代，成千上万种染料、药品是以煤焦油中得到的化合物为原料进行合成的，开辟了人工合成有机化合物的新时期。现在人们仍然使用“有机”两个字来描述有机化合物和有机化学，不过它的含义与早期“有机”有着本质的区别。

今天，我们已经清楚地知道，有机化合物都含有碳元素，所以 L. Gmelin 和 A. Kekulé 将有机化合物定义为含碳的化合物，有机化学定义为研究碳的化学。后来 K. Schorlemmer 在此基础上提出碳的四个价键除各自相连外，其余与氢相连，由此形成的化合物称为烃，而其他含碳化合物都是由别的元素取代烃中的氢衍生出来的。因此，有机化合物的现代定义是指烃及其衍生物，有机化学是关于有机化合物的科学，即研究有机化合物的组成、结构、性质及应用的科学。

$$\underset{\text{氰酸铵}}{NH_4CNO} \xrightarrow{\triangle} \underset{\text{尿素}}{H_2N-\overset{\overset{\large O}{\|}}{C}-NH_2}$$

二、有机化合物的特点

有机化合物的组成元素并不多，绝大多数有机化合物只是有碳、氢、氧、氮、硫、磷、卤素等少数元素组成，而且一个有机化合物分子只含其中少数元素。但是，有机化合物的数量却非常庞大，迄今已逾千万种，而且还在不断增加，几乎每天都有新的有机化合物被合成或发现，远远多于无机化合物的总数（几十万种）。除了数量特别多之外，有机化合物在结构和性能方面又有与一般无机化合物不同的特点，所以我们有必要把有机化学作为一门独立的学科进行研究。

（一）有机化合物结构上的特点——同分异构现象

有机化合物之所以数目众多，究其原因，首先构成有机化合物的主体碳原子的结合能力很强，一个有机化合物分子中碳原子数目可以是一、二个，也可以是几千、几万甚至几十万个；其次碳原子的连接方式多样化，因而又可以组成结构不同的许多化合物。分子式相同，结构相异因而其性质也各异的化合物，称为同分异构体，这种现象称为同分异构现象。例如乙醇的分子式为 C_2H_6O，它同时也是甲醚的分子式。但它们的结构不同，如下面的两个结构式：①为乙醇的结构式，②为甲醚的结构式，两者的性质不同，属于两类化合物。

$$\underset{\substack{① \\ \text{乙醇} \\ \text{沸点 } 78.5℃}}{H-\overset{\overset{H}{|}}{\underset{\underset{H}{|}}{C}}-\overset{\overset{H}{|}}{\underset{\underset{H}{|}}{C}}-O-H} \qquad\qquad \underset{\substack{② \\ \text{甲醚} \\ \text{沸点 } -23.6℃}}{H-\overset{\overset{H}{|}}{\underset{\underset{H}{|}}{C}}-O-\overset{\overset{H}{|}}{\underset{\underset{H}{|}}{C}}-H}$$

同分异构现象是有机化学中极为普遍的现象。故在有机化学中不能只用分子式来表示某一有机化合物，必须使用构造式或构型式（见第一章第三节）。

（二）有机化合物性质上的特点

与无机化合物，特别是无机盐类相比较，有机化合物性质上有如下的特点：

1. 易燃烧　大多数有机化合物容易燃烧，生成二氧化碳和水，同时放出大量的热量。

2. 热稳定性差　一般有机化合物的热稳定性较差，易受热分解，许多有机化合物在 300℃ 以下就逐渐分解。

3. 熔、沸点低　许多有机化合物室温下为气体、液体或低熔点的固体，这是因为有机化合物晶体一般是由较弱的分子间力维持所致。

4. 难溶于水、易溶于有机溶剂　多数有机化合物难溶于水，易溶于非极性或极性小的溶剂中。而无机化合物则相反，一般易溶于水，可用“相似相溶”的经验规律来解释有机化合物的溶解度问题。

5. 反应速度慢　有机反应大部分是分子间的反应，反应过程中包括共价键旧键的断裂和新键的形成，所以反应速度比较慢。一般需要几小时，甚至几十小时才能完成。为了加速有机反应的进行，常采用加热、光照、搅拌或加催化剂等措施。

6. 副反应多、产物复杂　有机反应往往不是单一的反应，反应中心往往不局限于分子的某一固定部位，可以在不同部位同时发生反应，得到多种产物。一般把在某一特定条件下进行的反应称为主反应，其他的反应称为副反应。为了提高主产物的收率，控制好反应条件是十分必要的。

但是必须指出，上述有机化合物的性质是对于大多数的有机物而言的，不是绝对的。例如四氯化碳不但不易燃烧而且还可以作为灭火剂使用；甘油可以与水以任意比例互溶等。

三、有机化学与医学

有机化学是医学专业的一门重要的基础课，也是生命科学不可缺少的化学基础。人体的组成成分除了水分子和无机离子外，几乎都是由有机分子组成的；机体的代谢过程遵循有机化学反应的基本规律；医学检验上对各种有机物质的分析是临床医生诊断疾病的重要依据。因此只有掌握了有机化合物结构与性质的关系，才能在医学检验分析上有所突破和创新，所以必须要学好有机化学这门基础课。

第二节　有机化学的结构理论

组成有机化合物的基本元素之一是碳，碳位于元素周期表中第ⅣA 族的位置。碳的核外有四个电子，在与其他元素成键时，既不易得到电子，也不易失去电子，而只能通过共用电子对达到惰性气体的电子构型，所以有机化合物分子中的化学键主要是共价键。因此，要了解碳化合物的结构，必须先讨论碳化合物中的共价键。

一、经典共价键理论

1916 年，化学家路易斯（G. N. Lewis）提出了经典共价键理论，这一理论初步揭示了共价键的本质。1926 年后，在量子力学基础上建立起来的现代价键理论，对共价键的本质有了更深入的理解。

（一）共价键的形成

共价键的形成可看作是原子轨道的相互重叠或电子配对的结果。两个原子如果都有未成对电子（也称为未共用电子），并且自旋方向相反，就可以配对成键，即原子轨道（电子云）重叠或交盖形成共价键，重叠的部分越大，形成的共价键越牢固。因此，价键理论又称为电子配对理论。用电子对表示共价键结构的化学式称为 Lewis 结构式。由一对电子形成的共价键称为单键，两对或三对电子构成的共价键则是双键或三键。一对成键电子可用黑点表示，也可用短线表示。

```
   H              H
H:C:H          H—C—H
   H              H
  甲烷            甲烷

H.     .H      H     H
  C::C          \   /
H.     .H        C=C
                /   \
               H     H
  乙烯            乙烯
```

（二）共价键的饱和性

两个原子未成对电子以自旋方向相反的方式配对后，就不能与第三个电子配对，所以原子的未成对电子数亦被称为原子的价数，这就是共价键的饱和性。

（三）共价键的方向性

成键时两原子轨道必须沿轨道对称轴发生最大限度重叠，使电子对在原子核间出现的概率尽可能大，这样才使形成的键最牢固。

二、杂化轨道理论

碳原子的外层电子构型为：$2s^2 2p_x^1 2p_y^1$，只有两个未成对的电子，形成两个共价键，与有机化合物中碳原子四价和甲烷分子呈四面体结构等事实不符。为了解释这一现象，鲍林（L. Pauling）又提出了杂化轨道理论。

根据杂化轨道理论，碳原子在成键时，吸收一定的能量，使 2s 轨道的一个电子跃迁到 $2p_z$ 空轨道

中，成为 $2s^1 2p_x^1 2p_y^1 2p_z^1$，形成碳原子的激发态，然后四个原子轨道重新组合形成新的轨道。这种由能量相近、类型不同的轨道混合起来重新组合形成能量、形状与原轨道不同的新轨道的过程，称为“轨道的杂化”，形成的新轨道，称为杂化轨道。杂化轨道的数目等于参加组合的原子轨道的数目。碳原子轨道的杂化有三种形式：sp^3、sp^2 和 sp 杂化轨道。

（一）sp^3 杂化

由激发态一个 2s 轨道和三个 2p 轨道杂化形成四个能量相等的新轨道，称为 sp^3 杂化轨道，这种杂化方式称为 sp^3 杂化。如：

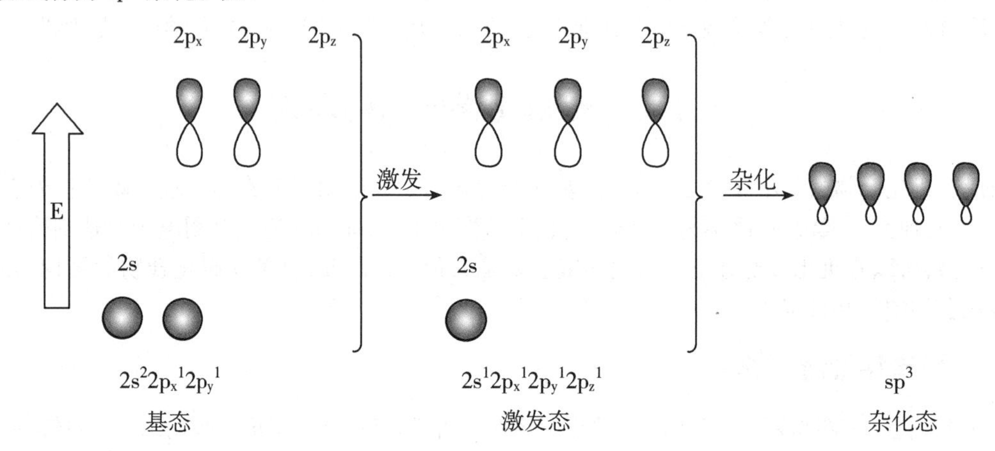

sp^3 杂化轨道的形状是一头大一头小，绝大部分电子云集中在头大的方向，增加了和另一个电子云发生重叠的可能性，使形成的共价键更牢固。四个 sp^3 杂化轨道以碳原子的原子核为中心，伸向正四面体的四个顶点，各杂化轨道之间都保持 109.5°的夹角（图 1-1）。

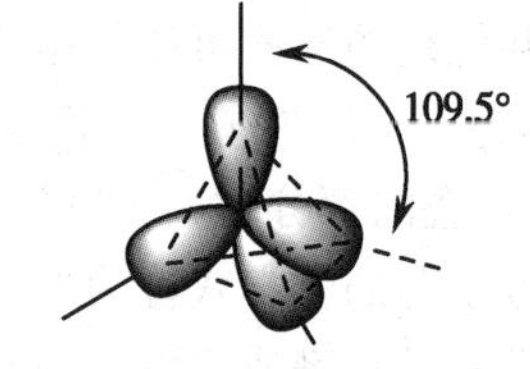

图 1-1　sp^3 杂化的碳原子

当一个碳原子与其他四个原子直接键合，该原子为饱和碳原子，都发生 sp^3 杂化。例如：CH_4、$CHCl_3$、$CH_3CH_2CH_3$ 中的碳原子均为 sp^3 杂化。

（二）sp^2 杂化

由激发态一个 2s 轨道和两个 2p 轨道重新组合成三个能量等同的杂化轨道，称 sp^2 杂化。如：

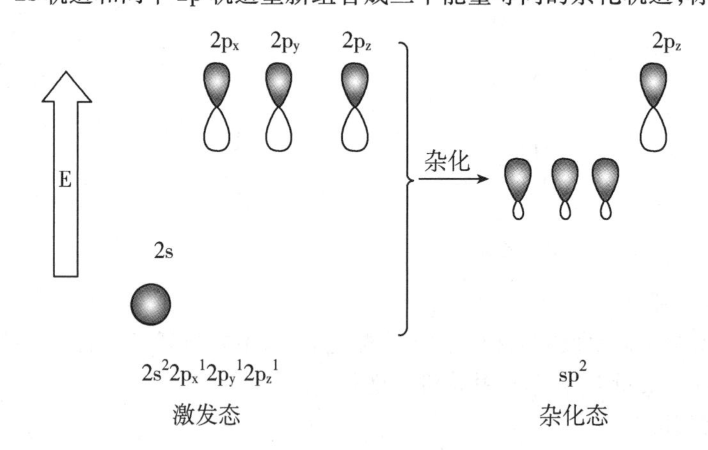

sp^2 杂化轨道的形状与 sp^3 相似，三个 sp^2 杂化轨道处于同一平面，呈平面正三角形分布，轨道夹角为 120°，余下的一个未参与杂化的 2p 轨道保持原来的形状，它的对称轴垂直于三个 sp^2 杂化轨道所在的平面（图 1-2）。

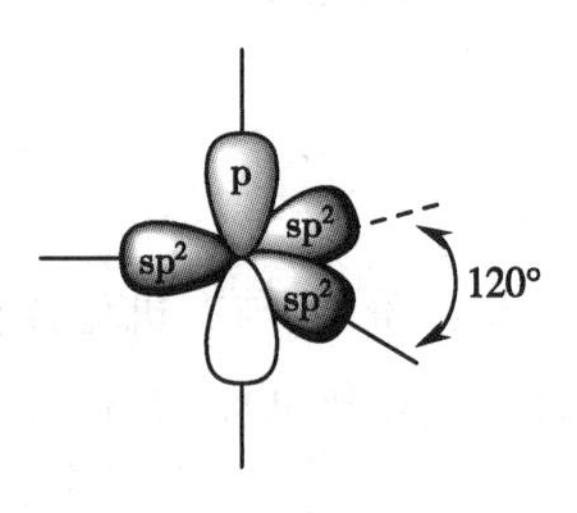

图 1-2　sp^2 杂化的碳原子

当一个碳原子与其他三个原子直接键合，该原子为 sp^2 杂化。例如：$CH_3CH{=}CH_2$、$H_2C{=}O$ 中的碳原子均发生 sp^2 杂化。

（三）sp 杂化

sp 杂化是由激发态的一个 2s 轨道和一个 2p 轨道重新组合形成二

个能量等同的杂化轨道，称 sp 杂化。如：

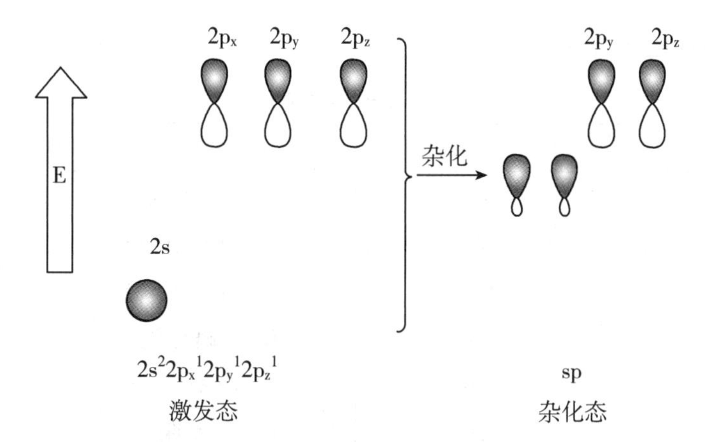

sp 杂化轨道形状与 sp^3、sp^2 杂化轨道形状相似，但比 sp^2 杂化轨道要扁平一点。两个 sp 杂化轨道伸向碳原子核的两边，它们的对称轴在一条直线上，互呈 180° 夹角。碳原子余下两个未参与杂化的 2p 轨道，保持原来形状，其轨道对称轴不仅互相垂直，而且还垂直于两个 sp 杂化轨道对称轴所在的直线（图 1-3）。

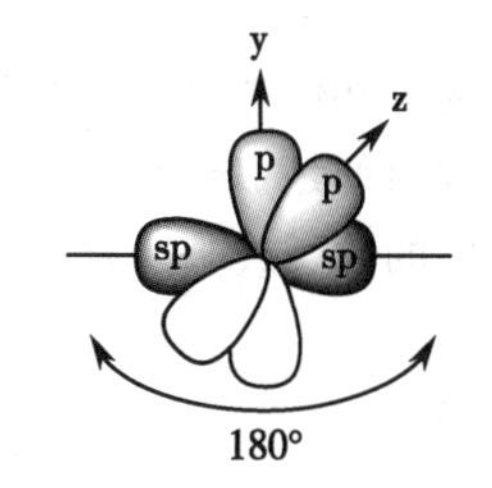

图 1-3 sp 杂化的碳原子

当一个原子与其他两个原子直接键合，该原子为 sp 杂化。三键碳均为 sp 杂化。例如：HC ≡ CH、CH_3C ≡ CH、HC ≡ N 中的碳原子为 sp 杂化。

三、共价键的类型

根据原子轨道最大重叠原理，成键时轨道之间可有两种不同的重叠方式，从而形成两种类型的共价键——σ 键和 π 键。

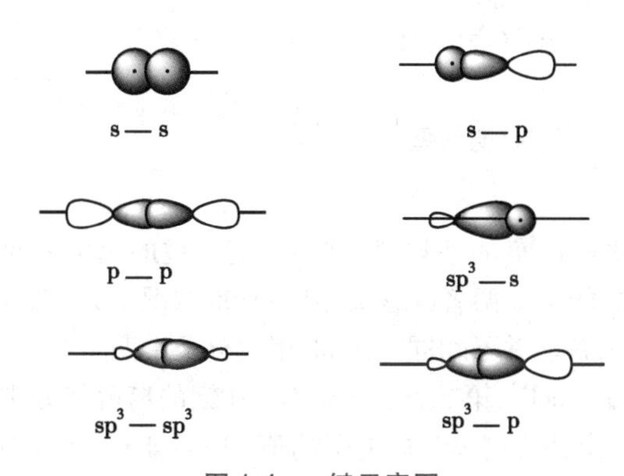

图 1-4 σ 键示意图

在化学中，两个轨道沿着轨道对称轴以“头碰头”方式重叠，由此所成的共价键称为 σ 键。比如 s 轨道与 s 轨道、s 轨道与 p 轨道、p 轨道与 p 轨道、杂化轨道与 s 轨道、杂化轨道与 p 轨道等重叠形成 σ 键，如图 1-4 所示。σ 键的电子云重叠程度大，键能较大。重叠的电子云沿键轴对称分布，呈圆柱形，绕键轴旋转不影响电子云的重叠程度，所以 σ 键可自由旋转。σ 键的电子云离核较近，受原子核的束缚较大，在外界条件影响下不易被极化。

如果两个轨道的对称轴互相平行，那么这两个轨道就可以“肩并肩”的方式重叠成键，这种共价键称为 π 键，如图 1-5 所示。π 键不能单独存在，必须与 σ 键共存。π 键的电子云对称分布在两核键轴的上下两方，所以 π 键不能自由旋转，而且电子云重叠程度较小，键能较小，发生化学反应时，π 键易断裂。π 键的电子云离原子核较远，受核的束缚较小，因此 π 键的电子云具有较大的流动性，易受外界的影响而发生极化，具有较强的化学活性。

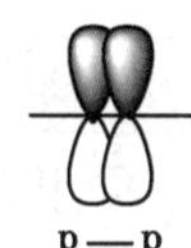

图 1-5 π 键示意图

四、共价键的键参数

键长（bond length）、键角（bond angle）、键能（bond energy）以及键的极性（polarity of bond）是表征共价键性质的物理量，称为键参数。

（一）键长

形成共价键的两个原子核间的距离称为键长，单位常以 pm 表示。不同原子组成的共价键具有不同的键长。同一类型的共价键键长在不同的化合物中可能稍有差异。例如：

$$CH_3\overset{154pm}{—}CH_2—CH_3 \qquad CH_2{=}CH\overset{151pm}{—}CH_3 \qquad CH{\equiv}C\overset{146pm}{—}CH_3$$

一些常见共价键的键长见表1-1。

表1-1 常见共价键的键长

键类型	键长/pm	键类型	键长/pm
H—H	74	C—F(氟代烷)	141
C—H	109	C—Cl(氯代烷)	177
C—C(烷烃)	154	C—Br(溴代烷)	191
C═C(烯烃)	134	C—I(碘代烷)	212
C≡C(炔烃)	120	C—O(醇)	143
C═C(苯)	139	C═O(醛酮)	122

（二）键角

两个共价键之间的夹角称为键角。键角反映了分子的空间结构。例如甲烷分子中4个C—H键间的键角都是109.5°，甲烷分子是正四面体结构。键角不仅与碳原子的杂化方式有关，还与碳原子上所连接的原子或基团有关。例如：

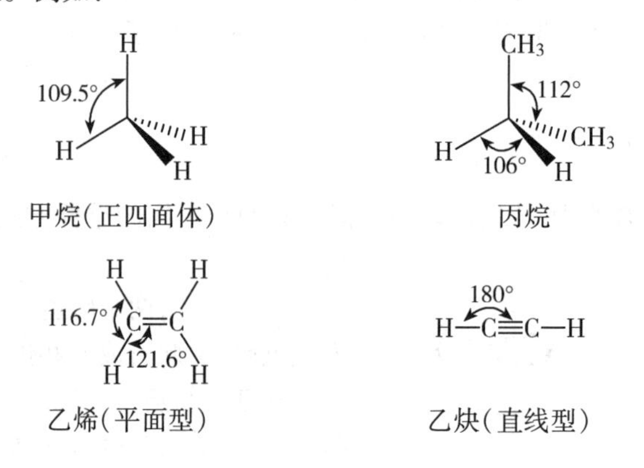

（三）键能

某一种共价键形成过程中放出的能量或者断裂时吸收能量的平均值，称为键能。键的离解能是指某一个共价键形成时所放出的能量或断裂时所吸收的能量。两者的含义不同：标准状况下，气态双原子分子的键能等于其离解能；对于多原子分子，键能和离解能并不相同。例如：甲烷分子中四个C—H键的离解能是不同的，第一个C—H键的离解能为435.1kJ·mol^{-1}，第二、三、四个C—H键的离解能分别为443.5kJ·mol^{-1}、443.5kJ·mol^{-1}、338.9kJ·mol^{-1}，这四个共价键离解能的平均值415.3kJ·mol^{-1}，即为C—H键的键能。

键能反映了两个原子的结合程度，键能越大，结合越牢固。一些常见化学键的键能列于表1-2中。

表1-2 常见共价键的键能

共价键	键能/(kJ·mol^{-1})	共价键	键能/(kJ·mol^{-1})
C—H	414	C—Cl	339
C—C	347	C—Br	285
C═C	611	C—I	218
C≡C	837	O—H	464
C—O	360	N—H	389

（四）键的极性

键的极性是由于成键的两个原子之间电负性的差异引起的。相同的原子形成的共价键，成键的电子云均等的分配在两个原子之间，不偏向任何原子，这样的共价键没有极性。不同的原子形成共价键时，由于元素的电负性（吸引电子的能力）不同，使得成键电子云靠近电负性较大的原子，使其带有部分负电荷（以 δ^- 表示），电负性小的原子带部分正电荷（以 δ^+ 表示），这样的共价键称为极性共价键。例如，氯甲烷分子中的 C—Cl 键，由于氯的电负性大于碳，成键电子云偏向氯原子，使 C—Cl 键产生了偶极。

$$\overset{\delta^+}{H_3C}\longrightarrow\overset{\delta^-}{Cl}$$

共价键的极性用偶极矩（μ）来表示。偶极矩 μ 等于正、负电荷中心的距离 d 与正或负电荷 q 的乘积，单位 C·m（库·米），国际上习惯使用 Debye（简写为 D）。1D = 3.336×10^{-30} C·m。符号$\mapsto$表示箭头指向负的一端。表 1-3 列出一些常用元素的电负性数据。从成键原子的电负性值可以大致判断共价键极性的大小，差值越大，极性越大。一般共价键电负性差值在 0.6~1.7 之间。

表 1-3　一些常用元素的电负性值

元素	电负性值	元素	电负性值	元素	电负性值
H	2.1	N	3.0	F	4.0
C(sp^3)	2.48	O	3.5	Cl	3.0
C(sp^2)	2.75	P	2.1	Br	2.8
C(sp)	3.29	S	2.5	I	2.5

杂化轨道的电负性，由于 s 电子层在内层，受核的束缚比 p 轨道大，所以 s 成分越多，轨道的电负性越大。sp^3、sp^2 和 sp 杂化轨道中的 s 成分分别为 1/4、1/3 和 1/2，因此杂化轨道电负性的大小具有以下结果：

$$sp > sp^2 > sp^3$$

分子的偶极矩是各个共价键偶极矩的矢量和。偶极矩为零的分子是非极性分子；偶极矩不为零的分子是极性分子；偶极矩越大，分子的极性越强。在双原子分子中，共价键的极性就是分子的极性。但对多原子的分子来说，分子的极性取决于分子的组成和结构。例如：

O=C=O	CCl_4	CH_3Cl
μ = 0D	μ = 0D	μ = 1.87D
二氧化碳	四氯化碳	一氯甲烷
（非极性分子）	（非极性分子）	（极性分子）

分子的极性越大，分子间相互作用力就越大。分子的极性的大小直接影响其沸点、熔点及溶解度等物理性质和化学性质。

第三节　有机化合物的分类及结构的表示

一、有机化合物的分类

有机化合物数目庞大，为便于系统学习和分析，对其进行分类。通常的分类方法有两种，一是按碳架分类；二是按官能团分类。

（一）按碳架分类

1. 开链化合物　这类化合物的碳架成直链或带有支链，也称为脂肪族化合物（aliphatic compound）。例如：

$CH_3CH_2CH_2CH_3$　　　　$CH_3CH_2CH═CH_2$　　　　$CH_3CH_2CH_2OH$

2. 环状化合物　这类化合物按环的特点又可分为以下三类：

（1）脂环族化合物(alicyclic compound)：碳原子首尾连接成环，但性质与开链化合物相似。例如：

（2）芳香族化合物(aromatic compound)：这类化合物中含有苯环结构，使其具有一些特殊的性质。例如：

 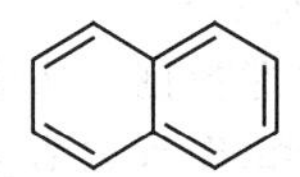 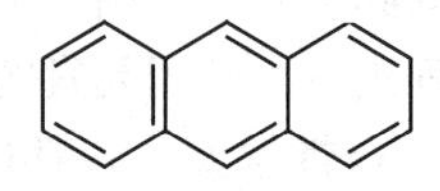

（3）杂环化合物(heterocyclic compound)：由碳原子和杂原子(如N、S、O、P等)连接而成的环状化合物。例如：

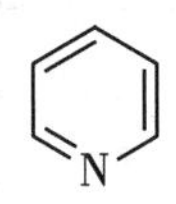

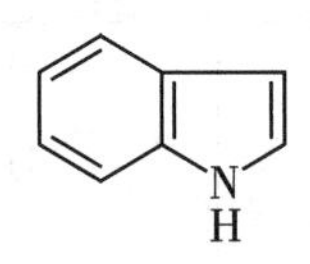

（二）按官能团分类

官能团(functional group)也称功能团，是指有机化合物分子中主要发生化学反应的原子或原子团。凡是含有相同官能团的化合物在化学性质上基本是相同的。所以按官能团分类就为研究数目庞大的有机化合物提供了更方便更系统的研究方法。一些常见官能团列于表1-4中。

表1-4　常见官能团及其结构

化合物类别	官能团	官能团名称	实例	
烷烃	C—C	碳-碳单键	CH_3CH_3	乙烷
烯烃	C═C	碳-碳双键	$CH_2═CH_2$	乙烯
炔烃	C≡C	碳-碳三键	CH≡CH	乙炔
卤代烃	X	卤素	CH_3Cl	一氯甲烷
芳烃		苯环，萘环(芳环)	C_6H_6，$C_{10}H_8$	苯，萘
醇	—OH	醇羟基	C_2H_5OH	乙醇
酚	—OH	酚羟基	C_6H_5OH	苯酚
醚	C—O—C	醚键	$C_2H_5OC_2H_5$	乙醚
醛	—CHO	醛基	CH_3CHO	乙醛
酮	$>C=O$	酮基	CH_3COCH_3	丙酮
羧酸	—COOH	羧基	CH_3COOH	乙酸
酯	—COOR	酯基	$CH_3COOCH_2CH_3$	乙酸乙酯
腈	—C≡N	氰基	CH_3CN	乙腈
硝基化合物	$—NO_2$	硝基	CH_3NO_2	硝基甲烷
胺	$—NH_2$ —NHR	氨基 胺基	CH_3NH_2 $(CH_3)_2NH$	甲胺 二甲胺

二、有机化合物结构的表示

分子式是以元素符号表示分子组成的式子，它不能表明分子的结构，因此在有机化学中应用甚少。必须使用构造式或构型式表示。

（一）有机化合物构造的表示

分子中原子相互连接的顺序和方式称为构造。表示分子构造的化学式称为构造式。有机化合物构造式的表示有三种方法：

1. 蛛网式　在蛛网式中，以一条短线表示一对电子。

例如：

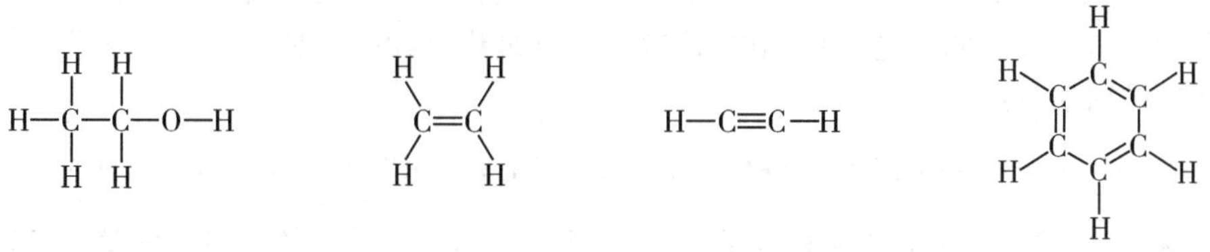

乙醇　　乙烯　　乙炔　　苯

该书写方法清楚的表示出分子中各原子之间的结合关系，缺点是书写繁琐。

2. 结构简式　为了书写方便，常常将单键省去（环状化合物环上的单键不能省去），分子中相同的原子合并，在该原子的元素符号的右下角用阿拉伯数字写出数目。例如：CH_3CH_2OH、$CH_2{=}CH_2$、$HC{\equiv}CH$。

3. 键线式　键线式只需写出锯齿形骨架，用锯齿线的角（120°）及其端点代表碳原子，每个碳原子上所连接的氢原子可以省略不写，但除氢原子以外的其他原子必须写出。例如：

2-甲基戊烷　　3-甲基-2-戊醇

（二）有机化合物立体结构的表示

在具有确定构造的分子中，各原子在空间的排布称为分子的构型，即它们的立体结构。立体结构常借助分子模型表示。最常用的模型是球棍模型和比例模型（斯陶特模型）。甲烷立体结构的球棍模型和比例模型表示如图 1-6 所示。也可以用楔线式来表示中心碳原子（或其他原子）上各个价键在三维空间中的结构，其中细线“—”表示在纸面上的键，楔形实线“▲”表示纸面前方的键，楔形虚线“⋯”表示伸向纸面后方的键。

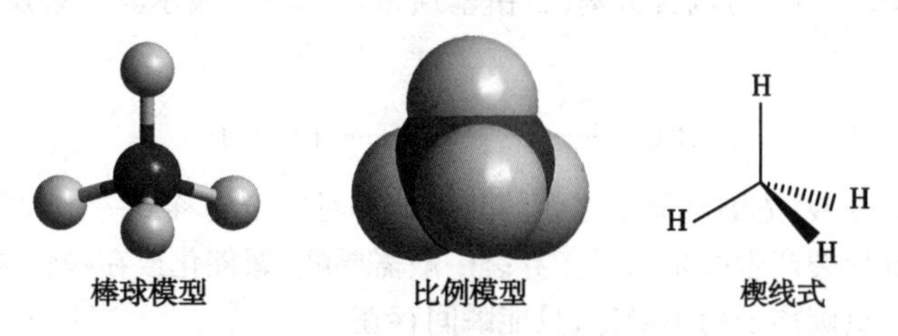

图 1-6　甲烷分子的模型和楔线式

第四节　有机化合物分子中的电子效应、共价键的断裂方式和有机反应类型

一、有机化合物分子中的电子效应

（一）诱导效应

诱导效应（inductive effect）是指在有机物分子中，由于原子或者基团电负性的差异，使分子中成键

电子云向某一方向发生偏移的效应，常用"I"表示。例如：

$$-\overset{|}{\underset{|}{C_4}}\longrightarrow\overset{|\,\delta\delta\delta^+}{\underset{|}{C_3}}\longrightarrow\overset{|\,\delta\delta^+}{\underset{|}{C_2}}\longrightarrow\overset{|\,\delta^+}{\underset{|}{C_1}}\longrightarrow\overset{\delta^-}{Cl}$$

在碳链的一端连有一个氯原子，由于氯的电负性大于碳，使氯原子带部分负电荷（δ^-），C_1 上带部分正电荷（δ^+），从而使 C_1—C_2 共价键上的一对电子也偏向 C_1，使 C_2 带有比 C_1 更少一些的正电荷，依次下去，C_2 又使 C_3 带有比 C_2 更少的电荷。也就是说氯原子的作用影响可通过诱导作用传递到相邻的碳原子上去，影响碳链上其他共价键上的电子云分布。由吸电子基团引起的诱导效应称为吸电子诱导效应（-I 效应）；斥电子基团引起的诱导效应称为斥电子诱导效应（+I 效应）。

在比较各种原子或基团的诱导效应时，常以氢原子为标准。原子或基团的电负性小于氢的，叫斥电子基，用"+I"表示，反之叫吸电子基，用"-I"表示。有机化合物中常见的一些原子及取代基的电负性的大小次序排列如下：

$$-F>-Cl>-Br>-I>-OCH_3>-NHCOCH_3>-C_6H_5>-CH{=}CH_2>H>-CH_3>-C_2H_5>-CH(CH_3)_2>-C(CH_3)_3$$

诱导效应有两个特点：①沿着 σ 键分子链传递；②渐远渐减。诱导效应传递到第三个碳上已经很小，到第五个碳原子，完全消失，一般经过 2 至 3 个碳原子可以忽略不计。诱导效应是一种静电作用，是永久性的。

（二）共轭效应

单键和双键相互交替的共轭体系或者其他的共轭体系中，在受到外电场的影响（如试剂进攻）时，电子效应可以通过 π 电子的运动，沿着整个共轭链传递，这种通过共轭体系传递的电子效应称为共轭效应（conjugation effect），常用"C"表示。受这种效应的影响使得分子能量降低，稳定性增强，键长趋于平均化。根据共轭作用的结果，共轭效应也分斥电子的共轭效应（+C 效应）和吸电子的诱导效应（-C 效应）。

共轭效应沿着整个共轭体系传递的特点是单、双键出现交替极化现象，其强度不因链的增长而减弱（详见第三章）。

二、共价键的断裂方式和有机反应类型

有机化合物发生化学反应，总是伴随着一部分共价键的断裂和新的共价键的生成。根据共价键断裂的方式，可以将有机反应分成不同的类型。

（一）共价键的断裂

共价键的断裂有均裂和异裂两种方式。均裂是指均等的分裂，即成键的两原子从共享的一对电子中各得到一个电子，分别形成带有单电子的原子或者基团。均裂产生的带单电子的原子或基团称为自由基（free radical）。例如甲烷（CH_4）的一个碳氢键均裂，形成均带有一个单电子的 $H_3C\cdot$ 和 $\cdot H$，"$H_3C\cdot$"为甲基自由基，"$\cdot H$"为氢自由基，自由基通常用"R·"表示。均裂反应一般在光照条件或高温加热下进行。

$$H_3C—H \xrightarrow{均裂} H_3C\cdot + \cdot H$$

异裂是指非均等的分裂，成键两原子之间的共用电子对完全转移到一个原子上，形成带两个带相反电荷的离子。共价键异裂产生的是离子。异裂一般需要酸、碱催化或在极性物质存在下进行。

自由基、正碳离子、负碳离子均不稳定，只能瞬间存在。

$$H_3C-\overset{CH_3}{\underset{CH_3}{C}}-Cl \xrightarrow{异裂} H_3C-\overset{CH_3}{\underset{CH_3}{C^+}} + Cl^-$$

（二）有机反应类型

根据共价键的断裂方式，有机反应分为两大类：自由基型反应和离子型反应。共价键均裂生成自由基而引发的反应称为自由基反应；共价键异裂生成离子而引发的反应称为离子型反应。

离子型反应根据反应实际的不同，又可分为亲电反应和亲核反应。

亲电反应又可再分为亲电加成反应和亲电取代反应；亲核反应也可再分为亲核加成反应和亲核

取代反应。

在有机反应中还有一类反应，叫协同反应，这类反应的特点是化学键断裂和新化学键形成同时（或几乎同时）进行。协同反应为数不多，本书涉及的主要是自由基型反应和离子型反应。

第五节 有机化学中的酸碱理论

有机化学中的酸碱理论是理解有机反应的最基本的概念之一，目前广泛应用于有机化学的是 Bronsted-Lowry 酸碱质子理论和 Lewis 酸碱电子理论。

一、Bronsted-Lowry 酸碱质子理论

Bronsted 认为，凡是能释放出质子的分子或离子都是酸；凡是能与质子结合的分子或离子均为碱。酸释放出质子后生成碱，这个碱称共轭碱（conjugate base）；碱接受质子后生成酸，这个酸称为共轭酸（conjugate acid）。酸碱质子理论体现了酸碱两者相互转化、相互依存的关系。例如：

$$\underset{\text{酸}}{HCl} + \underset{\text{碱}}{NH_3} \rightleftharpoons \underset{\text{共轭酸}}{NH_4^+} + \underset{\text{共轭碱}}{Cl^-}$$

$$\underset{\text{酸}}{H_2SO_4} + \underset{\text{碱}}{C_2H_5OH} \longrightarrow \underset{\text{共轭酸}}{C_2H_5OH_2^+} + \underset{\text{共轭碱}}{HSO_4^-}$$

在共轭酸碱中，一种酸的酸性愈强，其共轭碱的碱性就愈弱；同理，一种碱的碱性愈强，其共轭酸的酸性就愈弱。酸碱反应中平衡总是有利于生成较弱的酸和较弱的碱。

酸的强度，通常用酸在水中的离解平衡常数 K_a 或其负对数 pK_a 表示，K_a 越大或 pK_a 越小，酸性越强，碱的强度则用碱在水中的离解平衡常数 K_b 或其负对数 pK_b 表示，K_b 越大或 pK_b 越小，碱性越强。在水溶液中，酸的 pK_a 与共轭碱的 pK_b 之和为 14。即：碱的 $pK_b = 14 -$ 共轭酸 pK_a。

二、Lewis 酸碱电子理论

Lewis 认为，凡是能接受外来电子对的都称为酸，凡是能给予电子对的都称为碱。也就是说，酸是电子对的接受体；碱是电子对的给予体。

根据 Lewis 酸碱概念，缺电子的分子、原子和正离子都属于 Lewis 酸。如三氟化硼（BF_3）中硼的外层有 6 个电子，可以接受一对电子。因此三氟化硼是 Lewis 酸。同样，三氯化铁也是 Lewis 酸，在三氯化铁（$FeCl_3$）分子中铁原子外层也是六个电子，也能接受一对电子。Lewis 碱是具有孤对电子的分子、负离子或 π 电子对等。如 NH_3、RSH、ROH、X^-、HO^-、RO^-等都是 Lewis 碱。

Lewis 酸能接受外来电子对，因此它具有亲电性，在反应中有亲近另一分子负电荷中心的倾向，所以又叫做亲电试剂（electrophilic reagent）；Lewis 碱能给予电子对，因而它具有亲核性，在反应时有亲近另一分子正电荷中心的倾向，称为亲核试剂（nucleophilic reagent）。

有机化学中，常常把一个有机反应的发生，归因于两个分子或离子不同电性部分（亲电部分和亲核部分）相互作用的结果。所以 Lewis 酸碱及亲电、亲核的概念，是学习有机化学必须掌握的基本概念。

学习小结

1. 基本概念　有机化合物；有机化学；同分异构体；同分异构现象；共价键；σ 键；π 键；键长；键角；键能；构造式；官能团；共价键的均裂和异裂；亲核试剂；亲电试剂。

2. 基本知识点　有机化合物的结构特点和性质特点；价键理论的要点；杂化轨道理论的要点；共价键的类型；共价键的性质；键的极性和分子的极性；有机化合物的分类；有机化合物结构的表示；诱导效应；共轭效应；有机反应类型；酸碱电子理论；酸碱质子理论。

（曹晓群）

扫一扫，测一测

思考题

1. 将下列化合物中标有字母的碳—碳键，按照键长增加排列其顺序。

①$CH_3\overset{a}{—}CH_2—CH_3$　②$CH_3\overset{b}{—}C≡CH$　③$CH_3\overset{c}{—}CH=CH_2$

④$CH_3—C\overset{d}{≡}CH$　⑤$CH_3—CH\overset{e}{=}CH_2$

2. 写出下列酸的共轭碱。

①CH_3COOH　②H_3O^+　③CH_3OH　④HCl　⑤H_2O　⑥H_2CO_3

3. 指出下列化合物或离子哪些是路易斯酸，哪些是路易斯碱？

①$ZnCl_2$　②$CH_3CH_2NH_2$　③BF_3　④$FeCl_3$　⑤$CH_2=CH_2$　⑥$CH_3CH_2OCH_2CH_3$

4. 指出下列化合物所含官能团的名称和所属的类别。

①$CH_3—C≡CH$　②$CH_3—O—CH_3$

③$CH_3—CH(OH)—CH_2—CH_3$　④$C_6H_5—NO_2$

⑤$CH_3—C(=O)—OCH_3$　⑥$(CH_3)_2C=O$

⑦$C_5H_9—COOH$（环戊基）　⑧$C_6H_5—CHO$

⑨$CH_3—CH_2—NH_2$　⑩$C_6H_5—OH$

第二章 烷烃和环烷烃

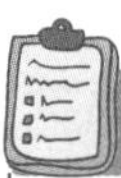

学习目标

1. 掌握烷烃和环烷烃的概念、通式、结构特点；烷烃同分异构；烷烃和单环环烷烃的命名方法；构象和优势构象的概念；烷烃和环烷烃主要化学性质。

2. 熟悉饱和碳原子的 sp^3 杂化；环烷烃的空间结构；烷烃和环烷烃的类型；乙烷和环己烷的典型构象；环己烷中的直立键和平伏键。

3. 了解螺环和桥环的化学命名；Baeyer(拜耳)张力学说与构象稳定性；烷烃和环烷烃的物理性质；烷烃自由基取代的反应机制；烷烃在医学上的应用。

有机化合物中有一类数量众多，组成上仅含碳、氢两种元素的化合物，称为碳氢化合物，又称烃(hydrocarbon)。烃分子中的氢原子被其他种类原子或原子团替代衍生出许多其他种类有机物。因此，烃可看作是有机物的母体，是最简单的一类有机物。根据结构的不同，烃可分为如下若干种类。

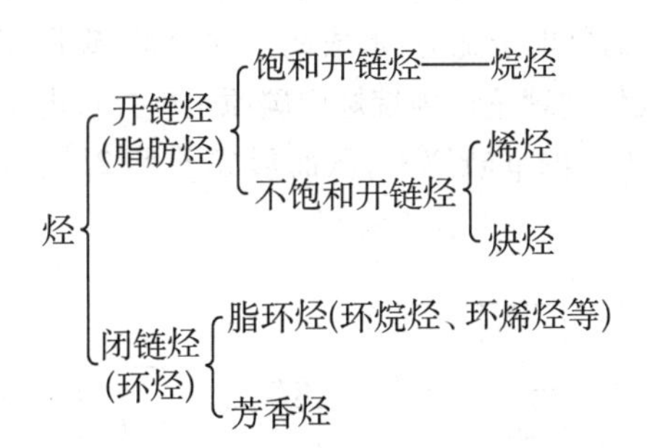

烃是古老生物埋藏于地下经历特殊地质作用形成，主要存在于自然界天然气、石油和煤炭中，是不可再生的宝贵资源，是社会经济发展的重要能源物质，也是化学合成生活用品、医疗用品、药物等的基础性原料。本章讨论烷烃和环烷烃。

第一节 烷 烃

分子中碳原子彼此连接成链状结构的烃称开链烃，因其结构与人体脂肪酸链状结构相似，因而又称脂肪烃，具有这种结构特点的有机物统称脂肪族化合物(fatty compound)。分子中碳原子间以单键连接，其余价键与氢原子连接的开链烃称为饱和开链烃，又称烷烃(alkane)。

一、烷烃的结构、分类和命名

（一）烷烃的结构

1. 甲烷分子结构　甲烷是家用天然气、沼气和煤矿瓦斯的主要成分，广泛存在于自然界中，是最简单的烷烃。

甲烷分子式是 CH_4，由一个碳原子与四个氢原子分别共用一对电子，以四个共价单键结合而成。如下图 2-1(a)所示。

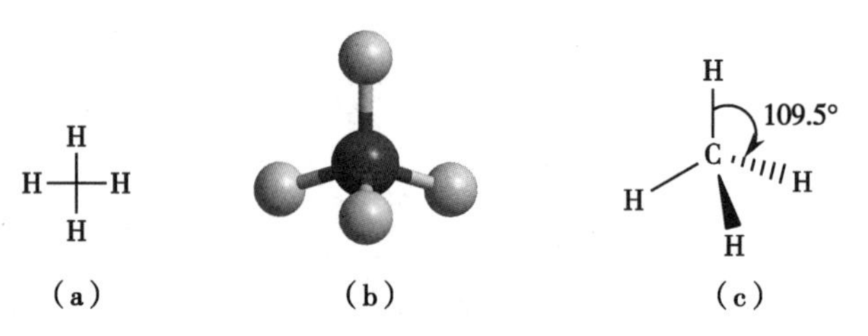

图 2-1　甲烷分子结构示意图

(a)甲烷结构式；(b)；甲烷球棍模型；(c)甲楔线式。

结构式(structural formula)并不能反映甲烷分子中的五个原子在空间的位置关系。原子的空间位置关系属于分子结构的一部分，因而也是决定该物质性质的重要因素之一。化学学科常借助球棍模型来形象地表示分子的空间结构(不同颜色和大小的球表示不同原子，小棍表示共价键)。根据现代物理方法研究结果表明，甲烷分子空间结构如图 2-1(b)所示。球棍模型直观，但不方便书写，要将甲烷的立体结构在纸平面上表示出来，常通过实和虚的楔形线来实现。如图 2-1(c)所示，虚楔形线表示在纸平面后方，远离观察者，实楔形线表示在纸平面前方，靠近观察者，实线表示在纸平面上，这种表示方式称楔线式，也称透视式或伞形式。

将甲烷楔线式中的每两个氢原子用线连接起来，甲烷在空间形成四面体。根据现代物理方法测定，甲烷分子为正四面体，碳原子处于正四面体的中心，四个氢原子位于正四面体的四个顶点。四个碳氢键的键长均为 0.109nm，键能为 414.9kJ·mol^{-1}，所有 H—C—H 的键角均为 109.5°。

碳原子核外价电子层结构为 $2s^22p^2$，按照经典价键理论，共价键的形成是成键原子价电子的电子配对过程。碳原子价电子层 2p 轨道上只有两个单电子，因而碳原子应该只能以两个 2p 轨道上的单电子分别与两个氢原子 1s 轨道上的单电子配对，形成两个共价键，碳原子为二价原子，但是甲烷中碳原子有四个共价键，呈四价。现代价键理论认为烷烃中碳原子核外价电子层结构 $2s^22p^2$ 中的 s 轨道上的一个电子吸收能量激发到能量稍高的 p 轨道上，从而形成了 $2s^12p^3$ 价电子层结构，即四个单电子，因而烷烃碳原子显示为四价。

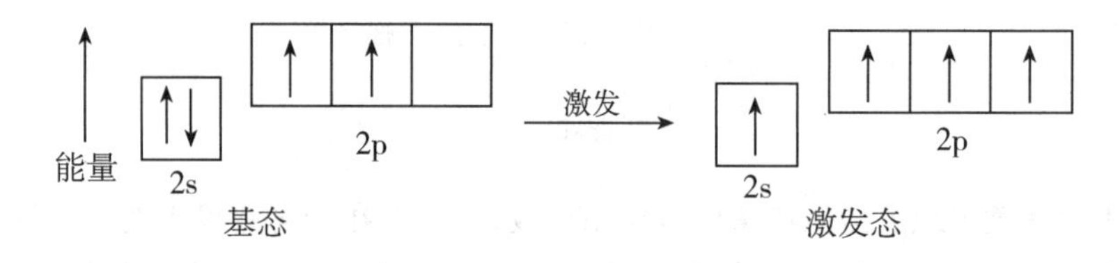

但因 s 轨道与 p 轨道能量不同，所以碳原子以一个 s 轨道、三个 p 轨道分别与四个氢原子的四个 s 轨道交叠，电子配对形成的四个共价键中有一个应该与其他三个能量不同，键长也应不同，但事实是它们都完全一样。为了解决这个困惑，化学家们提出了杂化轨道理论，该理论认为碳原子在与其他四个原子成键时首先将能量不同的一个 s 轨道与三个 p 轨道进行重新组合，形成四个能量相同、成键能力更强的 sp^3 杂化轨道。如图 2-2 所示。

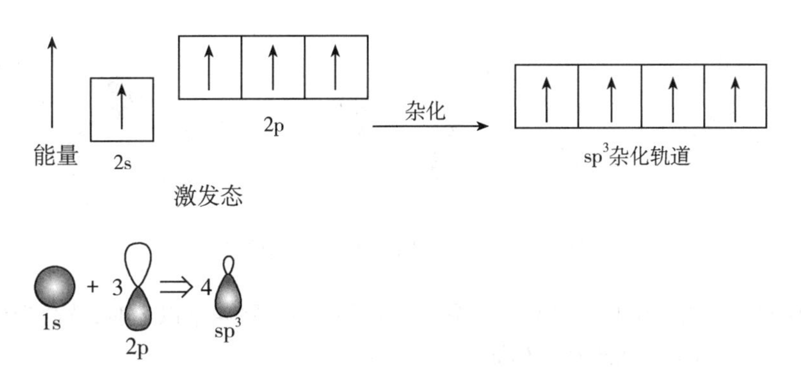

为了使轨道上电子之间的排斥力最小，四个轨道只有呈正四面体分布，即轨道之间夹角均为109.5°时，彼此之间距离最远，排斥力最小，如图2-2(a)所示。原子成键时，成键轨道重叠越大，形成的共价键越稳定，四个氢原子只有沿着四个sp^3杂化轨道伸展方向(即沿四面体四个顶点方向)才能完成最大重叠，形成最稳定的四个碳氢σ键，分子内任意两个共价键之间的夹角为109.5°，如图2-2(b)所示。

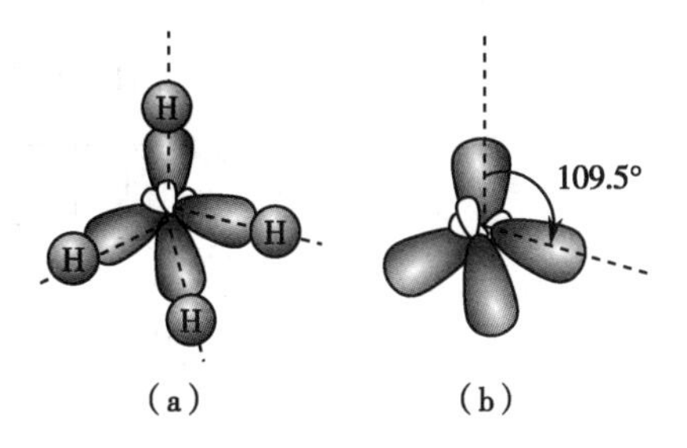

图2-2　甲烷分子正四面体构型的形成
(a)甲烷中碳的sp^3杂化轨道的空间取向；(b)甲烷分子共价键的形成。

甲烷分子四面体结构的形成

2. 烷烃同系物的结构　烷烃除了甲烷之外，还有含2个碳的乙烷、3个碳的丙烷等。它们在分子组成和结构上都有其规律。根据烷烃的定义，将烷烃按碳原子数目递增的次序排列，如表2-1所示。

表2-1　烷烃同系列

名称	分子式	结构简式	同系差
甲烷	CH_4	CH_4	CH_2
乙烷	C_2H_6	CH_3CH_3	CH_2
丙烷	C_3H_8	$CH_3CH_2CH_3$	CH_2
丁烷	C_4H_{10}	$CH_3CH_2CH_2CH_3$	CH_2
戊烷	C_5H_{12}	$CH_3CH_2CH_2CH_2CH_3$	CH_2
己烷	C_6H_{14}	$CH_3CH_2(CH_2)_3CH_3$	CH_2

从表2-1中烷烃的结构简式，可以发现相邻两个烷烃在组成上都相差一个CH_2，这样排列的一系列化合物叫同系列(homologous series)。同系列中的任意两个化合物互称同系物(homolog)，而相邻两个化合物分子式之差CH_2称为同系差。若烷烃分子中碳原子数目为n，则氢原子数目为2n+2，因此，所有烷烃都可以用C_nH_{2n+2}来表示，称为烷烃通式(general formula)。根据烷烃组成规律，知道烷烃分子中碳原子或氢原子数目，就能得出该烷烃分子式，例如，八个碳原子的辛烷分子式应为C_8H_{18}。

烷烃同系物分子中的碳原子都是饱和碳原子，原子间均以共价单键相连，每个碳原子与之相连的四个原子用线连起来均构成四面体。且键角均接近甲烷的109.5°，这是由饱和碳原子的sp^3杂化轨道沿四面体方向分布所决定的。因而，烷烃同系物分子中的碳链并非结构式中看到的直线排列，而是呈锯齿状，每个碳原子的四根共价键伸展开都类似甲烷分子那样接近正四面体，这是烷烃同系物分子结构的特点。图2-3为三种烷烃同系物的球棍模型。

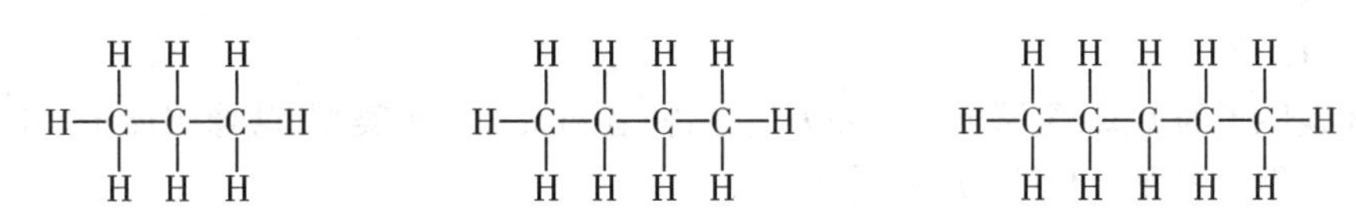

笔记

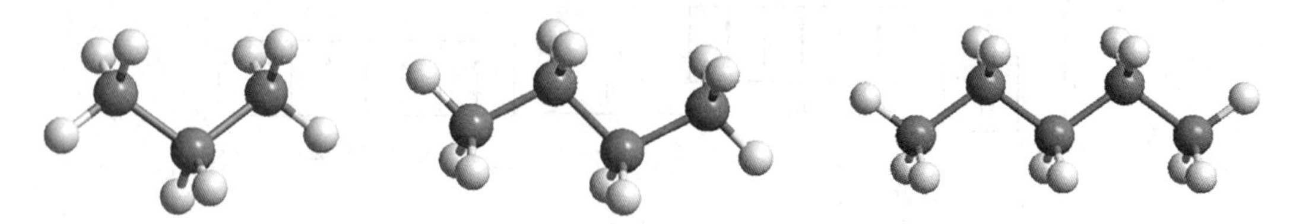

图 2-3　三种烷烃同系物的球棍模型

有机化合物同分异构现象非常普遍。当烷烃分子中碳原子在四个以上时，就会产生同分异构体，例如：C_4H_{10} 有两种异构体，结构式和结构简式如下：

```
                          H  H  H
  H  H  H  H              |  |  |
  |  |  |  |           H—C——C——C—H
H—C——C——C——C—H            |  |  |
  |  |  |  |              H  |  H
  H  H  H  H              H—C—H
                             |
                             H

CH3—CH2—CH2—CH3        CH3—CH—CH3
                           |
                           CH3
     正丁烷                 异丁烷
```

C_5H_{12} 有三种异构体，结构式和结构简式如下：

```
                                                          H
                                                          |
                              H  H  H  H               H—C—H
  H  H  H  H  H               |  |  |  |               H  |  H
  |  |  |  |  |            H—C——C——C——C—H              |  |  |
H—C——C——C——C——C—H             |  |  |  |             H—C——C——C—H
  |  |  |  |  |               H  |  H  H               |  |  |
  H  H  H  H  H               H—C—H                    H  |  H
                                 |                     H—C—H
                                 H                        |
                                                          H

                                                          CH3
                                                          |
CH3—CH2—CH2—CH2—CH3        CH3—CH—CH2—CH3           CH3—C—CH3
                               |                          |
                               CH3                        CH3
       正戊烷                    异戊烷                     新戊烷
```

随着分子中碳原子数的增多，同分异构体的数目迅速增加。例如：C_6H_{14} 有 5 种同分异构体，C_7H_{16} 有 9 种同分异构体，$C_{10}H_{22}$ 有 75 种同分异构体。

从戊烷三种同分异构体的结构式中，可以看出烷烃分子中的碳原子的连接环境并不相同。根据分子中碳原子所连碳原子数目的不同，可将碳原子分为伯、仲、叔和季四种类型。只与一个碳原子直接相连的碳原子称伯碳（primary carbon），又称一级碳原子或 1°碳原子；与两个碳原子直接相连的碳原子称仲碳（secondary carbon），又称二级碳原子或 2°碳原子；依次类推与三个、四个碳原子相连的碳原子分别称叔碳（tertiary carbon）（三级碳原子或 3°碳原子）和季碳（quaternary carbon）（四级碳原子或 4°碳原子）。例如：

```
        6
        CH3
 1     2|  3    4    5
 CH3—C——CH—CH2—CH3
        |   |
        CH3 CH3
        7   8
```

伯碳（1°）：C^1、C^5、C^6、C^7、C^8

仲碳（2°）：C^4

叔碳（3°）：C^3

季碳（4°）：C^2

根据相连碳原子的类型，氢原子也可分为伯氢、仲氢和叔氢三种类型，就像碳原子一样，不同的类型在化学反应过程中表现出不同的反应活性。

（二）烷烃的分类与命名

根据烷烃分子碳链上碳原子数目多少进行分类，将烷烃碳原子数目较少的烷烃称为低级烷烃（lower alkanes）；而将烷烃碳原子数目较多的烷烃称为高级烷烃（higher alkane）。这种分类方法也常用于其他类型有机化合物。碳原子数目多少只具有相对意义，没有绝对界限，且对于不同类型有机化合物低级与高级所对应的碳原子数也不相同。此外，烷烃还可以根据碳链连接情况进行分类，将分子中碳原子依次连接成线状的烷烃称为直链烷烃（straight-chain alkane）；而将分子中碳链上带有分支的烷烃称为支链烷烃（branched alkanes）。

烷烃数目庞大，结构复杂，要进行学习和研究需要进行科学的命名。名称不仅要反映出分子组成（即分子所含元素种类和原子数目），还应能反映出分子化学结构的信息，也就是要做到一个名称只能对应一个特定结构化合物，但一个化合物因命名方法的差异可以有几个不同的名称。我国有机化合物的命名遵循《有机化学命名原则》，该原则由中国化学会（Chinese Chemical Society，CCS）在参考国际纯粹与应用化学联合会（IUPAC）的基础上，并结合我国汉字特点制订而成。烷烃的命名是学习其他种类有机化合物命名的基础，也是学好有机化学的基础。

1. 普通命名法　普通命名法适用于结构相对简单的烷烃。命名规则如下：

（1）分子中碳原子数目从一到十，分别对应用天干（甲、乙、丙、丁、戊、己、庚、辛、壬、癸）表示，命名为“某烷”，若碳原子数超过十个时，用中文小写数字十一、十二……等表示。例如：

CH_4	C_2H_6	$C_{12}H_{26}$
甲烷	乙烷	十二烷

（2）当烷烃存在同分异构体时，用前缀“正”（*n*-）、“异”（*iso*-）、“新”（*neo*-）加以区分。直链烷烃称“正某烷”（常省略“正”字）；碳链一端第二位碳原子上连有一个甲基，此外无其他支链的烷烃，据碳原子总数称“异某烷”；若碳链一端第二位碳原子上连有两个甲基，此外无其他支链的烷烃，据碳原子总数称“新某烷”。例如 C_5H_{12} 的三种异构体的名称：

$CH_3—CH_2—CH_2—CH_2—CH_3$	$CH_3—\underset{\lvert \atop CH_3}{CH}—CH_2—CH_3$	$CH_3—\overset{CH_3 \atop \lvert}{\underset{\lvert \atop CH_3}{C}}—CH_3$
正戊烷	异戊烷	新戊烷

普通命名法只适用于结构相对简单的烷烃，要命名复杂烷烃，则需应用系统命名法。

2. 系统命名法　要学习烷烃的系统命名法，首先应熟悉一些常见基团的结构和名称。烷烃分子形式上去掉一个一价氢原子后余下的原子团称烷基（alkyl），常用“R-”表示。简单烷基的命名是将其对应的烷烃名称中的“烷”字改为“基”字。当烷基存在异构体时，可用前缀“正”（*n*-）、“异”（*iso*-）、“仲”（*sec*-）、“叔”（*tert*-）等区分。见表 2-2 所示。

表 2-2　常见烷基及名称

烷烃	名称	烷基	名称
CH_4	甲烷（methane）	$CH_3—$	甲基（methyl）
$CH_3—CH_3$	乙烷（ethane）	$CH_3—CH_2—$	乙基（ethyl）
$CH_3—CH_2—CH_3$	丙烷（propan）	$CH_3—CH_2—CH_2—$	正丙基（*n*-propyl）
		$CH_3—\underset{\lvert}{CH}—CH_3$	异丙基（*iso*-propyl）
$CH_3—CH_2—CH_2—CH_3$	丁烷（butane）	$CH_3—CH_2—CH_2—CH_2—$	正丁基（*n*-butyl）
		$CH_3—\underset{\lvert}{CH}—CH_2—CH_3$	仲丁基（*sec*-butyl）
$CH_3—\underset{\lvert \atop CH_3}{CH}—CH_3$	异丁烷（*iso*-butane）	$CH_3—\underset{\lvert \atop CH_3}{CH}—CH_2—$	异丁基（*iso*-butyl）
		$CH_3—\overset{\lvert}{\underset{\lvert \atop CH_3}{C}}—CH_3$	叔丁基（*tert*-butyl）

从直链烷烃一端失去伯氢称“正某基”；只有第二位上有一个甲基，且从长链的另一端失去伯氢称“异某基”；从直链烷烃上去掉一个仲氢所得的烷基称为“仲某基”；去掉一个叔氢后所得的烷基称“叔某基”。

系统命名法以普通命名法为基础，主要步骤和原则如下：

（1）选主链：选择含碳原子数最多的碳链作为主链，据主链碳原子数称“某烷”。“某”字的用法和普通命名法相同，主链以外的碳链作支链（取代基）。若有多条等长主链，则选含支链最多者（最多原则）。

```
CH3—CH—CH2—CH3                ×  5      4      3
    |                             CH3—CH2—CH—CH2—CH3
    CH3                        √             |
                                           2 CH—CH3
                                             |
                                           1 CH3
```

2-甲基丁烷　　　　2-甲基-3-乙基戊烷

（2）编号码：从靠近支链最近的一端开始，用阿拉伯数字给主链碳原子依次编号，确定支链位次。编号应使支链位次之和最小。若有多个支链位次之和相同的编号，则应让简单支链编号最小（最小原则）。

```
     CH3                       √ 1     2     3    4    5     6
     |                           CH3—CH2—CH—CH—CH2—CH3
CH3—C—CH2—CH—CH3               × 6     5     4    3    2     1
     |      |                                 |    |
     CH3    CH3                              CH3  CH2CH3
```

2,2,4-三甲基戊烷　　　　3-甲基-4-乙基己烷

（3）定名称：先写支链位次（用阿拉伯数字表示），后用“-”隔开，再写支链名称，最后写主链碳原子数确定的“某烷”。

当主链上连有多个支链时，采用先简后繁、同类归并的原则。相同支链合并，将其位次由小到大依次写在前面，数字中间用“，”隔开，再用小写汉字二、三等数字表示相同支链的数目。

```
                                   CH3
CH3—CH—CH—CH3                      |
    |   |                      CH3—C—CH2—CH3
    CH3 CH3                        |
                                   CH3
```

2,3-二甲基丁烷　　　　2,2-二甲基丁烷

不同支链，则按照支链与主链直接相连原子的原子序数从小到大的顺序书写。例如：2-氯-3-甲基丁烷中两个支链分别是氯原子和甲基，与主链直接相连的分别是氯原子和甲基碳原子，碳原子序数小因而写在前，而氯原子序数大，写在后面。

```
CH3—CH—CH—CH3            CH3—CH—CH—CH3
    |   |        ====>        |   |
    CH3 Cl                 H—C—H Cl
                             *|   *
                              H
```

2-甲基-3-氯丁烷

若比较的两个原子的原子序数相同，则再继续比较它们各自连接的原子序数大小，直到比出结果。例如：2,2,4-三甲基-3-乙基戊烷中甲基和乙基首先比较的两个碳原子的原子序数相同，需比较两个碳原子上由各自连接的原子序数大小，甲基中碳原子连 3 个氢原子，而乙基中碳原子连接 1 个碳原子和 2 个氢原子，因而，甲基先写，乙基后写。

```
                                                2
                                                H
                                              1 |  3
    CH3 CH2CH3                          CH3 H—C—CH3
    |   |                               |     *|
CH3—C—CH—CH—CH3       ====>       CH3—C———CH—CH—CH3
    |      |                            |          |
    CH3    CH3                          CH3     H—C—H
                                                1 *| 3
                                                   H
                                                   2
```

2,2,4-三甲基-3-乙基戊烷

含复杂支链烷烃的命名

当烷烃主链上有复杂支链时，则需要将复杂支链与主链直接连接的碳标记为 1 号（或以带撇数字标记），然后按照烷烃命名法给复杂支链进行命名。如下示例：首先选择复杂支链中包含 1′号碳在内最长碳链为主链，确定支链母体名称为丙基，然后给最长碳链编号，确定主链上的支链甲基在 2′号，最后书写。

$$\overset{1}{H_3C}-\overset{2}{H_2C}-\overset{3}{CH_2}-\overset{4}{CH_2}-\overset{5}{CH}(\overset{1'}{CH_2}-\overset{2'}{CH}(CH_3)-\overset{3'}{CH_3})-\overset{6}{CH_2}-\overset{7}{CH_2}-\overset{8}{CH_2}-\overset{9}{CH_3}$$

5-(2′-甲基丙基)壬烷

二、烷烃的物理性质

有机化合物的物理性质通常包括物质的存在状态、颜色、气味、相对密度、熔点、沸点和溶解度等。对于一种纯净有机化合物来说，一定条件下，这些物理常数有固定的数值，因此是判定该化合物的重要参数。甲烷常温是一种无色、无味、难溶于水、密度比空气小的气体，甲烷的同系物与甲烷结构相似，但同系物之间也存在一定的差异，因而烷烃同系物总体呈现随相对分子质量的递增而有规律地变化。表 2-3 列出了部分烷烃的一些物理常数。

表 2-3　部分烷烃的物理性质（常温常压）

名称	分子式	结构简式	常温下状态	熔点/℃	沸点/℃
甲烷	CH_4	CH_4	气	-182.5	-164.0
乙烷	C_2H_6	CH_3CH_3	气	-183.3	-88.63
丙烷	C_3H_8	$CH_3CH_2CH_3$	气	-189.7	-42.07
丁烷	C_4H_{10}	$CH_3(CH_2)_2CH_3$	气	-183.4	-0.5
戊烷	C_5H_{12}	$CH_3(CH_2)_3CH_3$	液	-129.7	36.07
庚烷	C_7H_{16}	$CH_3(CH_2)_5CH_3$	液	-90.61	98.42
辛烷	C_8H_{18}	$CH_3(CH_2)_6CH_3$	液	-56.79	125.7
癸烷	$C_{10}H_{22}$	$CH_3(CH_2)_8CH_3$	液	-29.7	174.1
十六烷	$C_{16}H_{34}$	$CH_3(CH_2)_{14}CH_3$	液	18.1	286.5
十七烷	$C_{17}H_{36}$	$CH_3(CH_2)_{15}CH_3$	固	22.0	301.8
十九烷	$C_{19}H_{40}$	$CH_3(CH_2)_{17}CH_3$	固	32.0	330.0

烷烃随分子中碳原子数的增加，物理性质呈现如下规律性的变化：

1. 常温常压下，C_1～C_4 的直链烷烃是气体，C_5～C_{16} 是液体，C_{17} 以上是固体。

2. 烷烃沸点主要与分子间作用力有关（范德华力）。分子量越大，分子间范德华引力越强，沸点越高。对于同分异构体，支链越多，分子间接触面越小，范德华引力越小，因而沸点越低。例如：

正戊烷　　沸点　36℃　　熔点　-129℃
异戊烷　　沸点　25℃　　熔点　-159℃
新戊烷　　沸点　9℃　　熔点　-18℃

正戊烷和新戊烷分子之间接触面示意图

熔点虽也随烷烃分子量增加而升高，但不完全一致，这主要因为物质熔点除与分子量有关之外，

还与该物质在晶体中排列紧密程度密切相关。同分异构体中，对称性高的分子堆积紧密，熔点较高。如新戊烷高于正戊烷和异戊烷。

3. 烷烃的极性很小，不溶于强极性的水，易溶于非极性或者弱极性的有机溶剂如四氯化碳、乙醚、苯等，这符合“相似相溶”经验规则。同样液态的烷烃也常被用作有机溶剂。例如戊烷和己烷的混合物（也称石油醚）常用来提取中草药中的活性有机成分。

4. 烷烃的相对密度也随着碳原子数的增加而增大，但增加的幅度很小，始终都小于水（1kg/L）。

三、烷烃的化学性质

烷烃分子中，原子间均以较稳定的 σ 键连接。常温下，化学性质非常稳定，与强酸、强碱、强氧化剂、强还原剂等均不起反应。例如与高锰酸钾、重铬酸钾和溴水等都不反应。但烷烃稳定性是相对的，在光照、加热、催化剂等特定条件下，也能发生化学反应。

（一）取代反应

烷烃在光照、高温或催化剂的作用下，可与卤素单质发生取代反应（substituent reaction）。

1. 卤代反应　甲烷与氯气在光照下发生如下反应：

$$CH_4 + Cl_2 \xrightarrow{h\nu} CH_3Cl + HCl$$

$$CH_3Cl + Cl_2 \xrightarrow{h\nu} CH_2Cl_2 + HCl$$

$$CH_2Cl_2 + Cl_2 \xrightarrow{h\nu} CHCl_3 + HCl$$

$$CHCl_3 + Cl_2 \xrightarrow{h\nu} CCl_4 + HCl$$

甲烷分子中的氢原子逐一被氯原子所替代，生成一氯甲烷、二氯甲烷、三氯甲烷（又称氯仿）和四氯甲烷（又称四氯化碳）。有机化合物分子中某个原子或基团被其他原子或基团替代的反应称为取代反应。若是被卤素原子替代则称卤代反应（halogenation reaction），产物为卤代烃。

2. 卤代反应的自由基取代机制　烷烃的卤代反应属于自由基反应，反应机制如下：

（1）链引发（chain initiation）：反应第一阶段，开始产生自由基的过程。

$$Cl : Cl \xrightarrow{h\nu} 2Cl\cdot$$

氯气分子首先在光照下获得能量，共价键发生均裂，离解成活泼的氯自由基（即氯原子）。

（2）链增长（chain growth）：反应第二阶段，不断产生新自由基的过程。

$$Cl\cdot + H : CH_3 \longrightarrow HCl + \cdot CH_3$$

$$\cdot CH_3 + Cl : Cl \longrightarrow CH_3Cl + Cl\cdot$$

活泼的氯自由基从甲烷分子中夺取一个氢原子，生成活泼的甲基自由基，甲基自由基又从氯气分子夺取一个氯原子，生成氯自由基，新的氯自由基不断重复上述反应，也可以与刚形成的一氯甲烷反应，生成二氯甲烷，反应继续进行，会生成三氯甲烷和四氯甲烷。

甲烷氯代反应的每一步会消耗一个自由基的同时，又为下一步反应产生一个新的自由基，从而使反应能够持续下去，这样的反应又称链式反应（chain reaction）。

（3）链终止（chain termination）：反应第三阶段，自由基互相结合消亡的过程。

$$Cl\cdot + Cl\cdot \longrightarrow Cl_2$$

$$CH_3\cdot + \cdot CH_3 \longrightarrow CH_3CH_3$$

$$Cl\cdot + \cdot CH_3 \longrightarrow CH_3Cl$$

随着反应的进行，体系中自由基逐渐增多，自由基互相结合的机会也逐渐增大，同时反应体系中的杂质或反应容器也会消耗部分自由基，随着自由基的消亡殆尽，反应也随即终止。从上述烷烃卤代反应机制可以看出，反应一旦触发，就会产生连锁效应，直到自由基完全结合为止。爆炸、燃烧多属于

这类反应。

自由基与人体健康

自由基反应广泛存在于自然界，人体也不例外，体内有氧代谢会产生自由基，它参与机体的代谢，也可被机体清除，两者处于平衡。但在外界辐射、吸烟、吸入微粒、药物等因素影响下，体内产生过量的自由基，使蛋白质变性、酶促反应的酶失活、细胞及组织损伤，从而对身体造成伤害。资料证明，身体的炎症、衰老、肿瘤等疾病产生机制均与体内过多的自由基有着密切关系。维生素E、维生素C和胡萝卜素等在体内能与氧自由基结合，形成相对稳定的物质，终止自由基反应，从而可以削弱自由基对机体的损伤。

如果是丙烷与溴单质光照，溴单质发生均裂后的溴自由基进攻丙烷上的仲氢，生成2-溴丙烷，进攻两端的伯氢生成1-溴丙烷。丙烷伯氢和仲氢原子数比为3∶1，从概率上判断应该两种产物中1-溴丙烷是2-溴丙烷的三倍，但事实上2-溴丙烷在产物中含量高于1-溴丙烷，2-溴丙烷是丙烷与溴反应的主产物。

$$CH_3-CH_2-CH_3+Br_2\xrightarrow{h\nu}\begin{cases}CH_3-\dot{C}H-CH_3\xrightarrow{\cdot Br}CH_3-\underset{}{\overset{Br}{\overset{|}{C}H}}-CH_3 & 55\%\\ CH_3-CH_2-\dot{C}H_2\xrightarrow{\cdot Br}CH_3-CH_2-CH_2-Br & 45\%\end{cases}$$

自由基结构与稳定性

在反应的链增长阶段，首先生成烷基自由基，而自由基的稳定性决定了生成该自由基的速率，自由基一旦形成则迅速与溴自由基结合为产物。仲型丙基自由基的稳定性高于伯型自由基的稳定性，因而生成2-溴丙烷的速率更快。这也是叔氢原子反应活性高于仲型和伯型的本质因素。

（二）氧化反应

烷烃常温下，不与氧化剂反应，但都可以在空气中燃烧，彻底氧化为二氧化碳和水，同时放出大量的热。例如：天然气中甲烷的燃烧：

$$CH_4+2O_2\xrightarrow{点燃}CO_2+2H_2O+Q$$

若氧气不足，则会生成有毒的一氧化碳和水。因而在使用天然气时，应保持室内通风，以免发生一氧化碳中毒。人体内也在不断地发生燃烧氧化反应，产生的能量供给细胞，不过体内的氧化是在酶催化下的缓和反应，不像甲烷燃烧那样剧烈。另外，为人体提供能量的不是甲烷，而是烃的衍生物——糖类和脂肪。

烷烃除了在点燃或者高温发生燃烧氧化之外，也能在催化剂作用下被空气氧化。如石蜡等高级烷烃在高锰酸钾催化下，被空气中的氧气氧化生成多种脂肪酸。

$$RCH_2CH_2R'+O_2\xrightarrow[\triangle]{KMnO_4}RCOOH+R'COOH$$

中学化学教材和大学无机化学教材都是从电子得失和电子偏移的角度定义氧化还原反应。但是因有机化合物几乎均为共价化合物，其参与的氧化还原反应很难从电子的得失和偏移进行判断。因而，有机化学常从得氧失氧和得氢失氢的角度来判定氧化还原反应。得氧或失氢的反应称为氧化反应（oxidation reaction）；失氧或得氢的反应称为还原反应（reduction reaction）。氧化还原反应也是常见且重要的有机反应类型。

烷烃同系物的结构与甲烷相似，根据结构与性质的关系，由甲烷的性质可以推测其他烷烃的性质。这是学习有机化学最为重要的一种思维方法。

基于烷烃在物理和化学性质上的特点，也有一些在医药上的应用。最常见的有液体石蜡，液体石蜡是十八个碳到二十四个碳原子的烷烃混合物，常温是无色透明的液体，不溶于水和醇，溶于醚和氯仿。医药上用作缓泻剂；也常作基质，用于滴鼻剂或喷雾剂的配制。其次是固体石蜡，它是二十五个碳到三十四个碳原子的烷烃混合物，常温是白色蜡状固体。医药上用于蜡疗和调节软膏的硬度。另

外还有液体石蜡和固体石蜡的混合物凡士林，常含色素而呈黄色，是呈软膏状半固体，不溶于水，溶于乙醚和石油醚。因不被皮肤吸收，且化学性质稳定，不与药物起反应。因此，常用作软膏的基质。

第二节　环　烷　烃

分子中原子间以单键连接，且碳原子首尾连接成环状的烃称环烷烃(cycloalkane)。环烷烃结构、性质与烷烃相似。

一、环烷烃的分类、命名与结构

(一) 环烷烃的分类

根据环烷烃分子中碳环的数目不同分为单环和多环。只含一个碳环称单环烷烃；含两个以上称多环烷烃。

单环　　　　多环

单环烷烃根据成环碳原子数目不同分为小环(3~4C)、普通环(5~6C)、中环(7~12C)和大环(>12C)。其中5碳和6碳的环烷烃最为稳定，也最常见和重要。

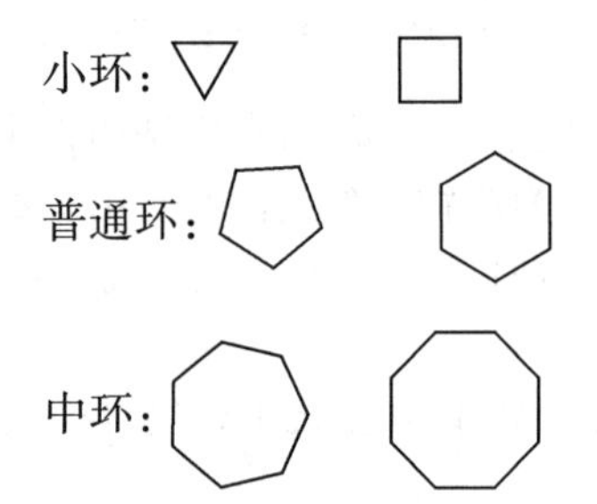

多环烷烃又可以根据环与环之间的连接形式不同分为螺环和桥环。环与环之间共用一个碳原子的多环烷烃称螺环烷烃(spiro cycloalkane)；环与环之间共用两个以上碳原子的多环烷烃称桥环烷烃(bridged cycloalkane)。

螺环　　　　桥环

(二) 环烷烃的命名

1. 单环烷烃的命名　单环烷烃组成上比相应的开链烷烃少两个氢原子，通式为C_nH_{2n}。命名也与开链烷烃相似，将名称前冠以“环”字即可。如环丙烷、环戊烷、环己烷等。

环丙烷　　　　环戊烷　　　　环己烷

若环上有支链，则以环烷烃为母体，支链作取代基，以最简单支链连接的环碳开始给碳环编号，确定支链的位次，称为“某基环某烷”。

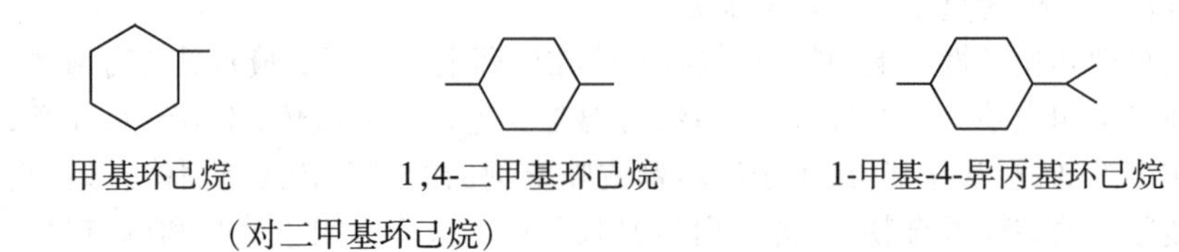

甲基环己烷　　　　1,4-二甲基环己烷(对二甲基环己烷)　　　　1-甲基-4-异丙基环己烷

2. 螺环烷烃与桥环烷烃的命名　螺环烷烃是环与环之间共用一个碳原子的多环烷烃，共用的碳原子称螺原子。

螺[2.4]庚烷

螺环烷烃的命名是根据环上碳原子的总数称螺某烷，在螺与某烷之间用一方括号，其中用阿拉伯数字标明除螺原子外的每个环上碳原子的数目，按照数字由小到大的顺序排列，数字与数字之间用下角圆点隔开。

当螺环烷烃上带有支链时，则从螺原子的邻位碳原子开始，从小环经螺原子再到大环的顺序编号，确定螺环烷烃上的支链位次。

2-甲基螺[4.5]癸烷

桥环烷烃是环与环之间共用两个以上碳原子的多环烷烃。共用的碳原子称桥头碳原子，从桥头一端到另一端的碳链称桥路。

桥环烷烃的命名步骤如下：

（1）确定母体和环数：母体名称由环上原子总数确定，称“某烷”；将桥环通过断键转化为开链化合物所需断裂共价键的最少次数确定为环数。

（2）编号：从一个桥头碳原子开始沿最长桥路到另一桥头碳原子再沿次长桥路回到第一个桥头碳原子，当桥环烃上带有支链时，则按先大环后小环的顺序编号。

（3）书写：先以汉字“双”“叁”（或大写数字二、三）等表示环数，用方括号表示各桥上碳原子数，方括号内按编号顺序用阿拉伯数字依次写出每个桥上除桥头碳原子外的碳原子数，数字之间用下标圆点隔开，最后写母体“某烷”。

螺环与桥环烷烃的编号原则记忆图

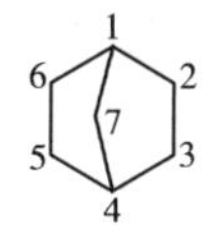

双环[2.2.1]庚烷

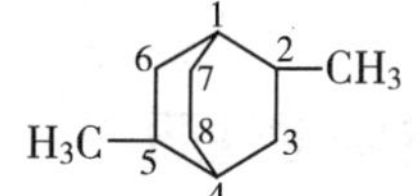

2,5-二甲基双环[2.2.2]辛烷

（三）环烷烃的结构

1. 环烷烃的顺反异构　环烷烃分子中，环上碳碳σ键受环的限制，无法像烷烃中那样自由旋转，因此，当环上连有二个或以上取代基时，这些取代基在空间可以有不同的排列方式，形成同分异构体。如1,4-二甲基环己烷。若将环己烷视为一平面，则二个甲基在环平面同侧称顺式，异侧称反式，分别在其名称前冠以“顺”（*cis*-）或“反”（*trans*-）字。

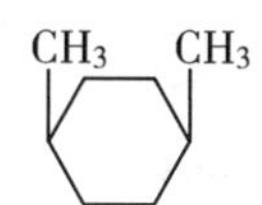

顺-1,4-二甲基环己烷

反-1,4-二甲基环己烷

在1,4-二甲基环己烷的顺反两种异构体中，分子中原子间的连接顺序和结合方式完全相同，只是两个甲基在空间的排列方式不同。像这种因分子中碳碳σ键不能自由旋转，分子中的原子或基团在空间形成不同排列产生的同分异构称为顺反异构（*cis-trans* isomerism），彼此互称顺反异构体（*cis-trans* isomers）。顺反异构属于立体异构中的构型异构。

2. 环烷烃的稳定性　实验事实证明环的稳定性与环的大小有关，三碳环最不稳定，四碳环比三碳环稍稳定一些，五碳环和六碳环较为稳定。为了从结构上对这一事实给出合理的解释，1885年拜耳（Baeyer）提出了张力学说。他假定成环碳原子处于同一平面，且成环后形成特定的键角。环丙烷分子

笔记

拜耳张力学说主要观点

呈正三角形，键角为60°，环丁烷是正四边形，键角为90°，环戊烷为正五边形，键角为108°，环己烷是正六边形，键角是120°。

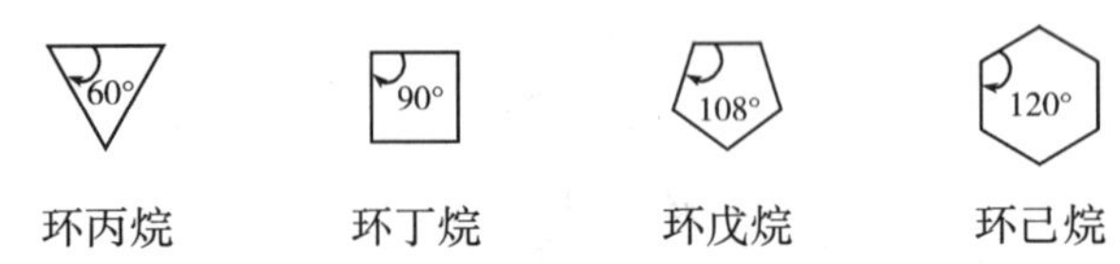

根据饱和碳原子 sp^3 杂化轨道成键后正常键角应为109.5°，环烷烃的键角与正常键角比较，存在一定的角度偏差，环烷烃分子的键角有恢复到正常键角的倾向，因而环内部存在张力，这个张力称角张力(angle strain)。环的键角偏离正常键角109.5°越大，环中张力越大，环越不稳定，所以环丙烷不如环丁烷稳定，环戊烷和环己烷比较稳定。Baeyer张力学说比较直观地说明了环的稳定性与环大小的关系，对于初学者认识环烷烃性质很有帮助，但Baeyer张力学说是建立在成环碳原子都处同一平面这一假定基础之上的，与实际情况并不完全相符，另外环烷烃稳定性除了与角张力有关，还可能受范德华力等其他因素的影响。

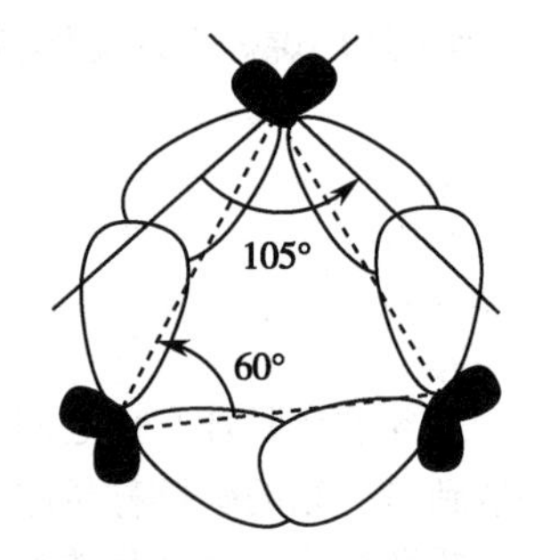

图2-4　环丙烷分子中的弯曲键示意图

根据现代价键理论的观点，成键原子之间要形成稳定的共价键，须使成键两原子各自的原子轨道处于最大重叠。环烷烃的饱和碳原子 sp^3 杂化轨道成键后键角应为109.5°，但是环丙烷分子中任意两个碳原子的 sp^3 杂化轨道不可能在两原子直线方向上成60°完成最大重叠。现代仪器研究发现，环丙烷分子中的 sp^3 杂化轨道在两碳原子连线之外发生了部分重叠，形成弯曲状重叠的弯曲键，见图2-4。该键比烷烃中的σ键弱，容易受外界电场作用，发生断键，因而环丙烷化学性质最不稳定。随着环的增大，环内部角度逐渐增大，且除环丙烷之外，成环碳原子并不都在同一平面上，这更使得环烷烃分子内的键角逐渐与正常键角109.5°靠近。因而，环戊烷和环己烷比较稳定。几种环烷烃稳定性顺序如下：

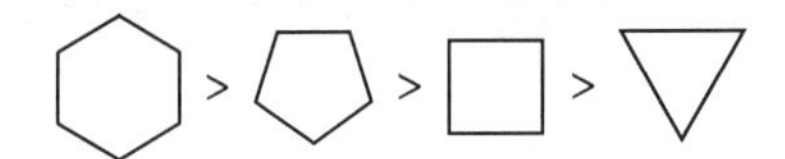

二、单环烷烃的物理性质

单环烷烃不溶于水，熔沸点也随分子中碳原子数的增加而逐渐增大，分子对称性和分子之间的接触面均比烷烃要高和大，因而熔沸点比相同碳原子数的烷烃要高。密度也比相应的烷烃要高一些。部分单环烷烃的物理常数见表2-4。

表2-4　部分单环烷烃的物理常数(常温常压)

名称	分子式	常温下状态	熔点/℃	沸点/℃
环丙烷	C_3H_6	气	-127.4	-32.9
环丁烷	C_4H_8	气	-50	12
环戊烷	C_5H_{10}	液	-93.8	49.3
环己烷	C_6H_{12}	液	6.5	80.7
环庚烷	C_7H_{14}	液	-12	118.5

三、单环烷烃的化学性质

单环烷烃与烷烃相比，分子内原子间均以σ单键结合，所以化学性质非常相似，但单环烷烃由于碳链成环，结构与烷烃不完全相同，因而化学性质也有不同于烷烃之处。总体上单环烷烃较为稳定，一般与强酸、强碱、强氧化剂等均不反应。

（一）取代反应

环戊烷和环己烷结构与烷烃更为相似，较易发生取代反应。例如环己烷与溴，在高温或光照下能发生卤代反应，生成卤代环己烷及溴化氢。

$$\text{环己烷} + Br_2 \xrightarrow{h\nu} \text{溴代环己烷}(-Br) + HBr$$

与烷烃卤代反应一样，环烷烃的卤代也属于自由基取代反应。

（二）开环加成

含四个碳原子以下的环烷烃因分子中存在弯曲幅度较大的 σ 单键，很容易受外界电场作用而断裂，发生加成反应（加成反应将在第三章不饱和烃中详细介绍）。

1. 与氢气加成　环丙烷和环丁烷在催化剂作用下，能与氢气发生开环加成生成相应的烷烃。

$$\text{环丙烷} + H_2 \xrightarrow[80℃]{Ni} \text{丙烷}$$

$$\text{环丁烷} + H_2 \xrightarrow[200℃]{Ni} \text{丁烷}$$

从反应形式上看，氢气中两个氢原子分别连接到被打开的碳环两端碳原子上，产物转变为开链化合物，这类反应称为开环加成反应。环戊烷和环己烷等则较难发生开环反应。

2. 与卤素和卤化氢加成　环丙烷常温下就能与溴、碘化氢发生开环加成反应。

$$\text{环丙烷} + Br_2 \longrightarrow Br\text{—}CH_2CH_2CH_2\text{—}Br$$

1,3-二溴丙烷

$$\text{环丙烷} + HI \longrightarrow CH_3CH_2CH_2\text{—}I$$

1-碘丙烷

环丁烷在加热时才能与溴、碘化氢发生开环加成。

$$\text{环丁烷} + Br_2 \xrightarrow{\triangle} Br\text{—}CH_2CH_2CH_2CH_2\text{—}Br$$

1,4-二溴丁烷

$$\text{环丁烷} + HI \xrightarrow{\triangle} CH_3CH_2CH_2CH_2\text{—}I$$

1-碘丁烷

环戊烷和环己烷也很难与卤素、卤化氢发生开环加成反应。从上述反应不难看出，环丙烷和环丁烷最为活泼，容易发生开环加成；环戊烷和环己烷等相对稳定，较难开环，容易发生取代。但是两类环烷烃都难发生氧化，即便是最活泼的环丙烷也不能被高锰酸钾氧化。

第三节　构　　象

烷烃分子中成键原子可以围绕 σ 单键键轴任意旋转。例如在乙烷分子中，碳碳单键可以自由转动，假定固定其中一个碳原子，另一个碳原子围绕碳碳单键旋转，则每转动一个角度，乙烷分子中原子在空间就会形成一个特定排列（图 2-5）。这个排列称为乙烷的一个构象（conformation），不同构象之间互称构象异构体。构象异构属于立体异构的一种。

构象异构与构型异构的差异

一、乙烷和丁烷的构象

（一）构象表示

在纸平面上将烷烃的空间构象以及构象异构体之间的差异表示出来，常用锯架式和纽曼投影式（Newman projection）。

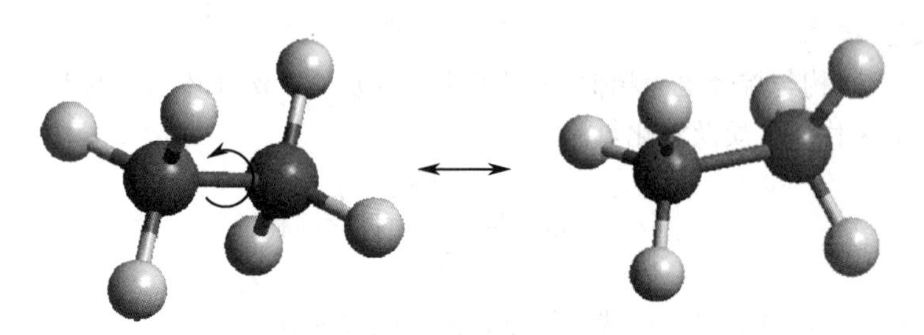

图 2-5　围绕 C-C σ 单键转动形成不同乙烷构象

锯架式是在分子球棍模型基础上，用实线表示分子中各原子或基团在空间的相对位置关系的一种表示形式。具体画法是先画一与水平线成 45° 的碳碳单键，再分别画出每个碳原子上的三个互成 120° 的碳氢单键。

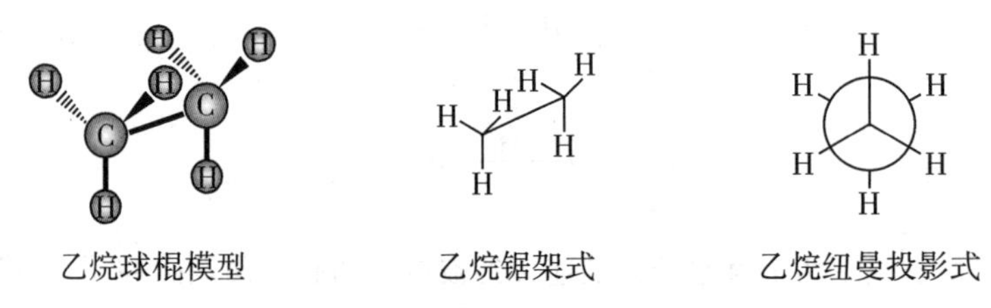

乙烷球棍模型　　乙烷锯架式　　乙烷纽曼投影式

纽曼投影式也是在分子球棍模型基础上，将视线放在碳碳单键键轴上，距离观察者较近的一个碳原子用一圆点表示，从该点分别画三条互成 120° 的线表示碳上的键，用圆圈表示后面的碳原子，从圆圈边缘向外画三条互成 120° 的短线表示后一个碳原子上的键。纽曼投影式书写方便，且在表示分子空间结构时比较直观。

（二）乙烷和丁烷的构象

由于碳碳单键的自由旋转，乙烷可以有若干个构象，但在这些构象中，交叉式和重叠式最为典型，其他构象处于两者之间的状态。

锯架式

纽曼投影式

乙烷交叉式构象　　乙烷重叠式构象

在乙烷交叉式构象中，一个碳原子上的碳氢键处于另一个碳原子上两个碳氢键中间位置。此时，两个碳原子上连接的氢原子相距最远，相互之间的斥力最小，因而分子内能最小，也最稳定，这种构象称优势构象（preferential conformation）。在乙烷重叠式中，两个碳原子上的碳氢键两两重叠，两个碳原子上连接的氢原子相距最近，相互之间的斥力最大，分子有恢复到最稳定的交叉式构象的趋势，因而分子内既存在角张力，又有扭转张力（torsion strain），分子内能最大，最不稳定（图 2-6）。其他构象的内能和稳定性介于两者之间。尽管乙烷构象之间内能不同，但差异较小，常温下分子间的碰撞就足以使不同构象之间快速转变，因而乙烷实质上是交叉式和重叠式等若干构象异构体的平衡混合物。交叉式最稳定，在平衡混合物中占有最高比例，所以一般情况下用交叉式表示乙烷。

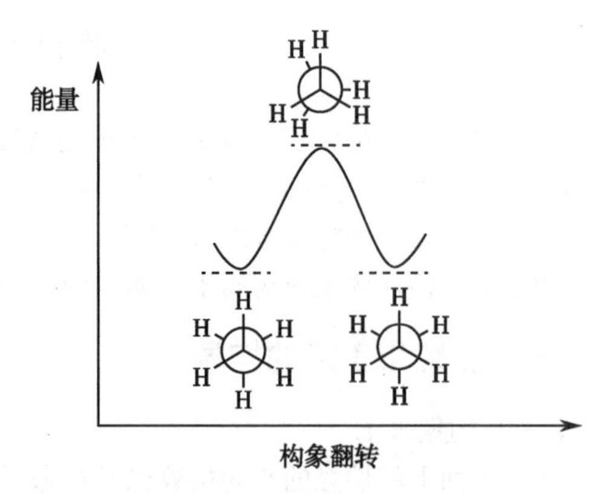

图 2-6　乙烷分子能量与构象变化关系

丁烷分子中有三个碳碳单键，每个碳碳单键都可

以通过自由旋转产生若干构象异构体。若固定丁烷两端碳原子，旋转中间两碳原子的单键，也会产生无数个构象，每转动一个60°就得到一个典型构象，这样一共得到四种典型构象。如下所示：

锯架式

纽曼投影式

全重叠式　　邻位交叉式　　部分重叠式　　对位交叉式

在全重叠式中，体积最大的两个甲基处于重叠状态，距离最小，分子内斥力最大，能量最高，最不稳定；在对位交叉式中，体积最大的两个甲基距离最远，分子内斥力最小，能量最低，最稳定。四种构象内能高低顺序为：

全重叠式>部分重叠式>邻位交叉式>对位交叉式

尽管丁烷不同构象之间存在内能差，但同样不能分离出单个构象异构体，和乙烷一样，丁烷也是若干构象的平衡混合体，其中对位交叉式是优势构象，是丁烷主要存在形式。

二、环丙烷、环丁烷和环戊烷的构象

烷烃通过碳碳单键的旋转产生不同构象，环烷烃分子中碳碳单键的旋转因环的存在而受阻，但若两个以上碳碳单键协同转动，则也会产生若干不同构象，且伴有键角的变化。

（一）环丙烷构象

环丙烷分子中三个碳原子只能同处一个平面，因而只有一种平面式构象。

环丙烷球棍模型　　环丙烷平面式构象

环丙烷分子内存在较大角张力，且环丙烷平面式构象中，所有碳氢键都处于重叠状态，存在扭转张力。因而，环丙烷是极不稳定的环烷烃。

（二）环丁烷构象

环丁烷存在两种典型构象，一种是四个碳原子位于同一平面的平面式构象，与环丙烷相似，分子内存在较大角张力和扭转张力，因而平面式构象是环丁烷最不稳定的构象；另一种则是平面式构象中的一个碳原子沿平面向上或向下翻转形成的外形似蝴蝶的蝶式构象（butterfly conformation），虽然角张力稍有增大，但相连碳原子上的碳氢键处于交叉式，分子内角张力减小更多，因而蝶式构象是环丁烷的优势构象。

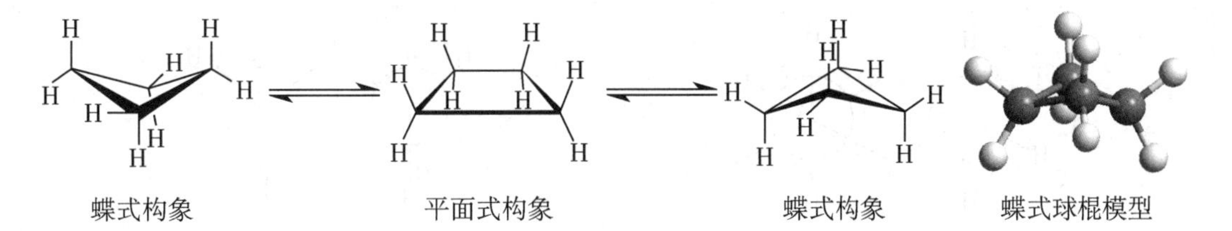

蝶式构象　　平面式构象　　蝶式构象　　蝶式球棍模型

环丁烷在室温下可由一种蝶式构象经平面式构象翻转为另一种蝶式构象，通常环丁烷是以几种构象的平衡混合体存在。

（三）环戊烷构象

环戊烷也存在两种典型构象，一种是四个碳原子位于同一平面，另一个碳原子沿平面向上或向下

翻转形成的信封式构象；另一种是三个碳原子位于同一平面，另外二个碳原子分别位于平面上下方的半椅式构象。在这两种典型构象中碳碳单键的键角比环丙烷和环丁烷构象中碳碳单键键角更接近109.5°，环也更稳定，但在信封式构象中，平面碳原子上的碳氢键处于重叠式状态，扭转张力大，内能相对半椅式构象较高，因而半椅式构象是环戊烷的优势构象。

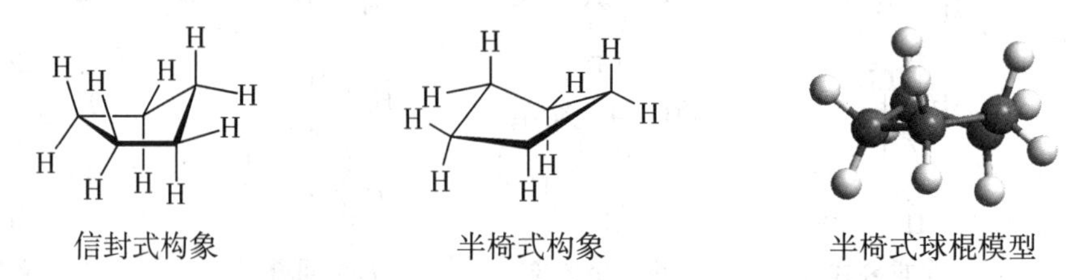

信封式构象　　　半椅式构象　　　半椅式球棍模型

环戊烷的衍生物是自然界生物体内广泛存在的结构，如生命体遗传基因中的核糖。为了书写的方便，一般用正五边形表示五元环，环上的原子或基团写在环的上下方（具体书写方式可参见第十三章糖类）。

环戊烷　　　核糖

三、环己烷的构象

环己烷典型构象的稳定性分析

环己烷构象微课

（一）椅式与船式构象

环己烷分子存在椅式（chair form）和船式（boat form）两种典型构象。在这两种构象中，环内所有碳碳单键键角均接近饱和碳四面体键角，几乎没有角张力。在船式构象中，C_1 和 C_4 上的两个氢原子相距较近，相互之间斥力较大，而在椅式构象中靠得最近的 C_1 和 C_3 上的两个氢原子距离也要远很多，因而没有斥力。

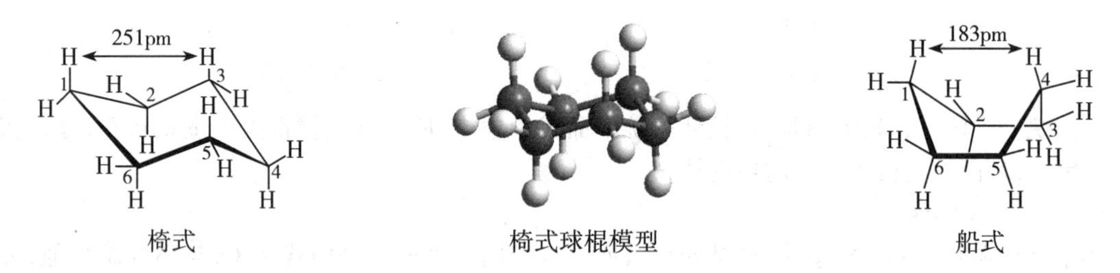

椅式　　　椅式球棍模型　　　船式

另外从环己烷纽曼投影式分析，分别沿着椅式构象和船式构象中的 C_5、C_6 和 C_2、C_3 之间的键轴观察，椅式构象处于交叉式，没有扭转张力，船式构象处于重叠式，存在扭转张力。通过上述构象分析，船式构象没有角张力，但存在扭转张力和范德华斥力；而椅式构象既没有角张力，也没有扭转张力和范德华斥力，内能最低，是环己烷的优势构象。

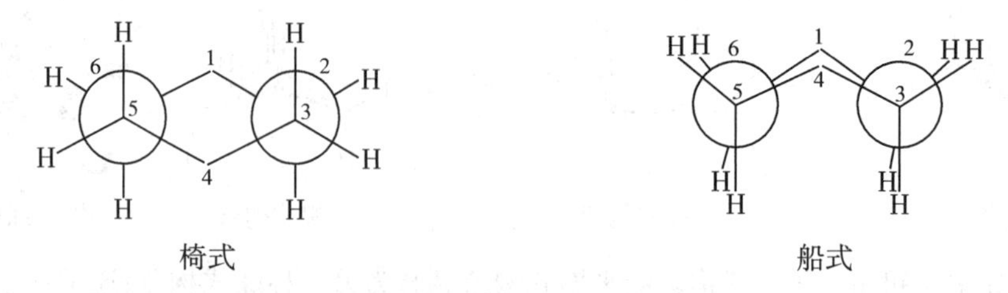

椅式　　　船式

环己烷的衍生物也是自然界生物体内广泛存在的结构单元，为了书写的方便，一般用正六边形表示六元环，环上的原子或基团写在环的上下方。有时为了表示环上原子或基团在空间位置关系，也常使用椅式构象。

环己烷　　　　葡萄糖环式结构　　　　葡萄糖椅式构象

（二）竖键与横键

在环己烷椅式构象中，C_1、C_3、C_5 与 C_2、C_4、C_6 各形成上下两个互相平行的平面。环上十二个碳氢键可分为两类，一类是垂直于两个互相平行的平面；包含实线和虚线键共六个，称 a 键，也称直立键或竖键；另一类则是相对于平面向下或向上略微倾斜一定角度的六个键称 e 键，也称平伏键或横键。

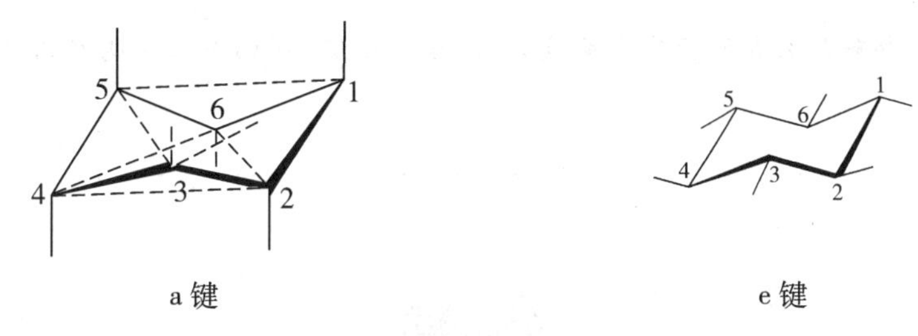

a 键　　　　e 键

环己烷不同构象之间能通过碳碳单键的转动实现互相转变。椅式环己烷也可以通过环的扭转从一种椅式构象翻转到另一种椅式构象，同时原来的 a 键和 e 键分别转变成 e 键和 a 键，如下式所示。

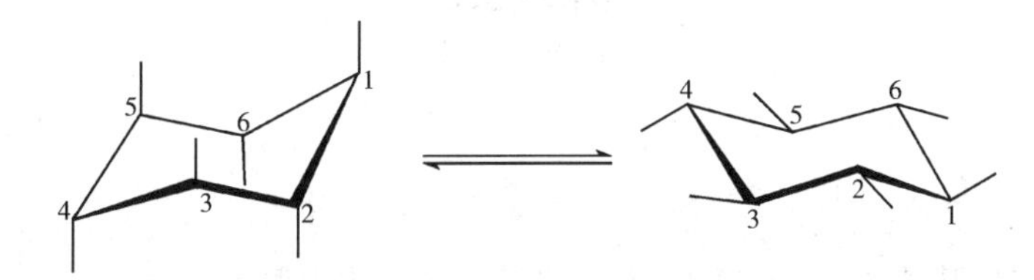

（三）取代环己烷的优势构象

在环己烷椅式构象中，处于 a 键上的氢原子之间的距离要比处于 e 键上的氢原子之间的距离近得多，若 1 号碳原子 a 键上的氢原子被甲基取代形成甲基环己烷，如下左式所示，C_1 上的甲基受 C_3 和 C_5 上的氢原子排斥作用，内能较高，稳定性差；若甲基取代 1 号碳原子 e 键上的氢，如下右式所示，则甲基受到 C_3 和 C_5 上的氢原子排斥作用较小，内能较低，稳定性高，是甲基环己烷的优势构象。

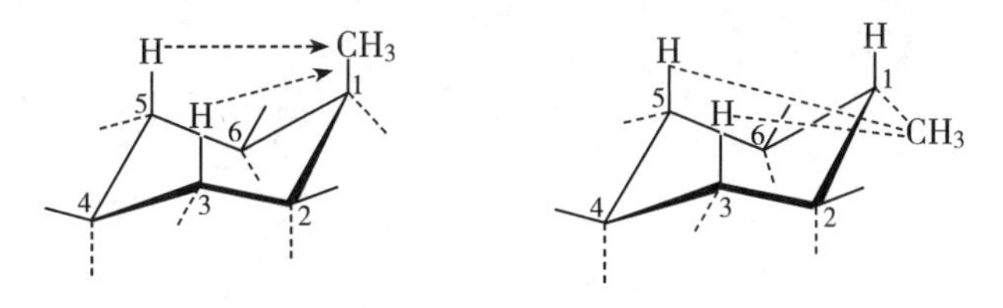

环己烷椅式构象的碳环可以翻转，e 键和 a 键实现转化，因此甲基环己烷为两种椅式构象的平衡混合体，如下式所示。因甲基在 e 键的甲基环己烷是优势构象，所以在构象平衡混合体中占有更高比例，是甲基环己烷的主要存在形式。

一元取代环己烷中，取代基位于 e 键的构象是优势构象。二元或多元取代环己烷最稳定的构象一般是取代基位于 e 键最多的构象。当环己烷上有不同取代基时，一般较大取代基位于 e 键的构象是优势构象。

学习小结

1. 烷烃和环烷烃中碳原子均为 sp^3 杂化态,其杂化轨道呈四面体形态分布。本章学习的关键是从结构角度理解两者的共性和差异。

2. 共性是分子内碳碳和碳氢均以共价单键连接,因而命名和理化性质都十分相似;差异是环烷烃首尾连接成环,从而导致部分环烷烃的键角偏离饱和碳原子 109.5°,化学性质稳定性降低。

3. 烷烃典型化学反应是自由基取代反应;3C、4C 的环烷烃易于开环加成,而 5C、6C 环烷烃易于自由基取代。

4. 注意构象与构造、构型之间的概念差异。一般情形,构象异构体是同一化合物的不同存在形式,两者互相转化无须断键,只需转动单键;而构造异构体和构型异构体是不同化合物,必须断键才能相互转化。

5. 从角张力、扭转张力和范德华力角度分析,理解乙烷、环己烷不同构象的稳定性以及优势构象。

(刘德智)

扫一扫,测一测

思考题

1. 请以 3,3-二甲基-4-乙基己烷为例,说出系统命名法的步骤。
2. 如何用化学方法将丙烷和环丙烷区分开。
3. 用纽曼投影式分别画出异丙基环己烷和反-1,3-二甲基环己烷的优势构象。
4. 分子式为 C_5H_{12} 的烃,三种异构体分别与氯气光照,A 只得到一种一氯代物,B 得到三种一氯代物,C 能得到四种不同的一氯代物,试推测 A、B 和 C 的构造式。

第三章 不饱和烃

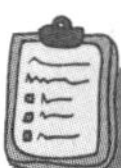

学习目标

1. 掌握烯烃和炔烃的结构特征、命名方法及其主要化学性质。
2. 熟悉烯烃的顺反异构现象及其表示方法；共轭效应以及对有机化合物性质的影响。
3. 了解亲电反应历程及烯烃和炔烃的物理性质。

分子中含有碳碳双键或三键的烃称为不饱和烃（unsaturated hydrocarbon）。因为烯烃（alkene）中含有碳碳双键（C═C），炔烃（alkyne）中含有碳碳三键（C≡C），所以它们均属于不饱和烃。由于这两类不饱和键的存在，使烯烃和炔烃的化学性质有很多相似之处，而且也比烷烃要活泼得多。不饱和烃是非常重要的有机化合物，它们及其衍生物在临床上有很重要的应用价值。例如，维生素A、β-胡萝卜素等。

第一节 烯 烃

一、烯烃的结构、同分异构和命名

（一）烯烃的结构

分子中含有碳碳双键的碳氢化合物称为烯烃，根据所含双键的数目，可分为单烯烃和多烯烃，通常烯烃指的是单烯烃。含有一个碳碳双键的开链烯烃比同碳原子的烷烃少两个氢原子，所以通式为 C_nH_{2n}。

碳碳双键为烯烃的官能团，最简单的烯烃是乙烯（$CH_2{=}CH_2$）。乙烯分子的键角均接近 120°，如图 3-1(a) 所示。这表明乙烯中的碳原子发生了 sp^2 杂化，即碳原子以一个 2s 轨道和两个 2p 轨道进行杂化，形成三个能量完全相同的 sp^2 杂化轨道。在形成乙烯分子时，两个碳原子各用一个 sp^2 杂化轨道沿着键轴方向“头碰头”互相重叠，形成一个碳碳 σ 键，再各用两个 sp^2 杂化轨道与氢原子的 1s 轨道形成两个碳氢 σ 键，每个 sp^2 杂化的碳原子上还各有一个未参与杂化的 p 轨道，这两个 p 轨道的对称轴都垂直于 sp^2 杂化轨道所在的平面，彼此平行，“肩并肩”从侧面互相重叠形成 π 键，这样在两个碳原子之间就形成两个共价键（一条 σ 键，一条 π 键），即碳碳双键。乙烯的分子结构如图 3-1(b) 所示。

在乙烯分子中，一个碳碳 σ 键和四个碳氢 σ 键都在同一平面上，π 键垂直于 σ 键所在的平面，所以乙烯分子是平面结构。由于碳碳双键原子之间的电子云密度大于碳碳单键，因此使两个碳原子的原子核更加靠近了，导致碳碳双键的键长比碳碳单键的短。因为碳碳双键是由一个 σ 键和一个 π 键组成的，使双键上的两个碳原子不能像 σ 键那样自由旋转，所以碳碳双键上所连接的原子或基团具有

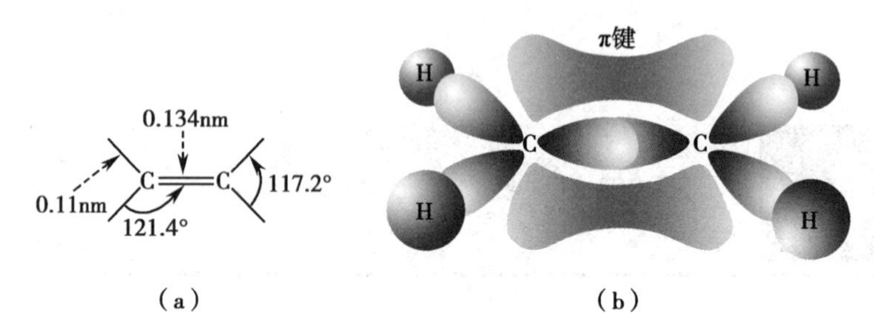

图 3-1　乙烯的分子结构示意图
(a)结构式;(b)电子云图。

固定的空间排列,从而产生顺反异构现象。

碳碳双键的平均键能是 610.28kJ·mol^{-1},约是单键(346.94kJ·mol^{-1})的 1.76 倍,说明 π 键电子云的重叠程度不如 σ 键。因此 π 键比 σ 键容易断裂,这也是烯烃发生化学反应的主要部位。

(二)同分异构现象

烯烃的异构现象比较复杂,其异构体的数目比相同碳原子的烷烃要多。构造异构中包括碳链异构、双键位置异构,另外还有因双键而引起的顺反异构。

1. 构造异构　以戊烯为例,它有五个构造异构体:

$CH_3CH_2CH_2CH{=}CH_2$　(1)

$CH_3CH_2CH{=}CHCH_2$　(2)

$CH_3\underset{\displaystyle CH_3}{\underset{|}{C}}HCH{=}CH_2$　(3)

$CH_3\overset{\displaystyle CH_3}{\overset{|}{C}}{=}CHCH_3$　(4)

$CH_3CH_2\underset{\displaystyle CH_3}{\underset{|}{C}}{=}CH_2$　(5)

(1)、(2)与(3)、(4)、(5)之间是由于碳链的骨架不同而引起的异构,称为碳链异构。而(1)、(2)之间或(3)、(4)、(5)之间的碳骨架相同,是由于双键在碳链位置不同而引起的异构,称为位置异构。

2. 顺反异构　产生顺反异构的原因是由于烯烃分子中存在着限制碳原子自由旋转的双键,当双键碳原子上连接不同的原子或基团时,这些原子或基团在双键碳原子上的空间排列方式是固定的,即产生了和环烷烃一样的顺反异构现象。例如,2-丁烯有以下两种构型。

$\begin{matrix} H & & & & H \\ & \diagdown & & \diagup & \\ & & C{=}C & & \\ & \diagup & & \diagdown & \\ H_3C & & & & CH_3 \end{matrix}$
顺-2-丁烯

$\begin{matrix} H & & & & CH_3 \\ & \diagdown & & \diagup & \\ & & C{=}C & & \\ & \diagup & & \diagdown & \\ H_3C & & & & H \end{matrix}$
反-2-丁烯

当两个相同的原子或基团(例如氢原子或甲基)在双键同侧时称为顺式,在双键异侧时称为反式。

并不是所有烯烃都能产生顺反异构,只有当每个双键碳原子所连接的两个原子或基团不同时,烯烃才有顺反异构体,即顺反异构体必须符合下列结构特点。

$\begin{matrix} a & & & & a \\ & \diagdown & & \diagup & \\ & & C{=}C & & \\ & \diagup & & \diagdown & \\ b & & & & b \end{matrix}$　　$\begin{matrix} a & & & & a \\ & \diagdown & & \diagup & \\ & & C{=}C & & \\ & \diagup & & \diagdown & \\ b & & & & d \end{matrix}$　　$\begin{matrix} a & & & & e \\ & \diagdown & & \diagup & \\ & & C{=}C & & \\ & \diagup & & \diagdown & \\ b & & & & d \end{matrix}$

例如,1-丁烯、2-甲基-2-丁烯均无顺反异构体。

$\begin{matrix} H & & & & H \\ & \diagdown & & \diagup & \\ & & C{=}C & & \\ & \diagup & & \diagdown & \\ H & & & & CH_2CH_3 \end{matrix}$
1-丁烯

$\begin{matrix} H_3C & & & & H \\ & \diagdown & & \diagup & \\ & & C{=}C & & \\ & \diagup & & \diagdown & \\ H_3C & & & & CH_3 \end{matrix}$
2-甲基-2-丁烯

顺反异构体属于不同的化合物,不仅理化性质不同,往往还有不同的生理活性。一些有生理活性的物质也常常存在特定的构型,主要是由于双键碳原子上的原子或基团的空间距离不同,导致原子或基团之间的相互作用力大小不同,从而使其生理活性出现差异。例如,己烯雌酚是雌激素,供药用的是反式异构体,生理活性较强;而顺式异构体由于两个羟基间距离较小,生理活性弱。

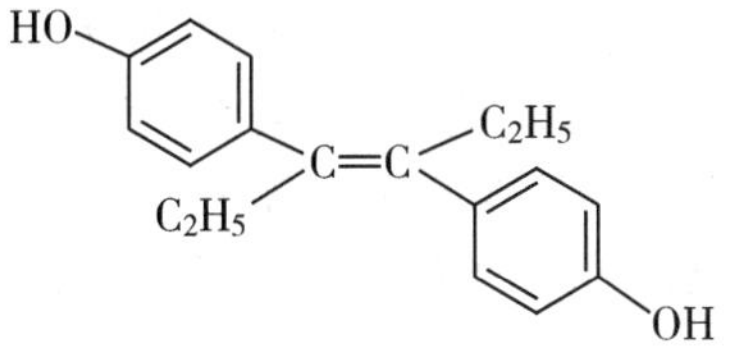

反己烯雌酚 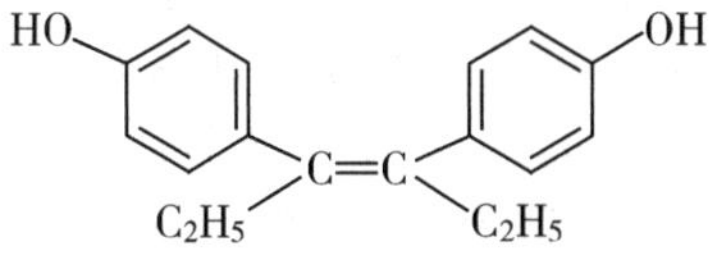　　　　顺己烯雌酚

(三) 烯烃的命名

1. 普通命名法　简单的烯烃常用普通命名法命名。

$CH_2{=}CH_2$　乙烯

$CH_2{=}CHCH_3$　丙烯

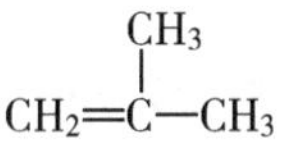

$CH_2{=}C(CH_3){-}CH_3$　异丁烯

2. 系统命名法　烯烃的系统命名法与烷烃相似,其命名原则为:

(1) 选主链:选择含有双键在内的最长的碳链为主链,按主链中所含碳原子的数目命名为“某烯”;多于 10 个碳的烯烃用小写中文数字加“碳烯”命名,如十一碳烯。

(2) 编号:从靠近双键的一端开始,依次给主链碳原子编号,双键的位次以两个双键碳原子中编号较小的一个表示,写在“某烯”的前面,并用半字线“-”隔开。若双键居于主链中央,编号应从距离取代基近的一端开始。

(3) 取代基的位次、数目和名称写在双键位次之前。例如:

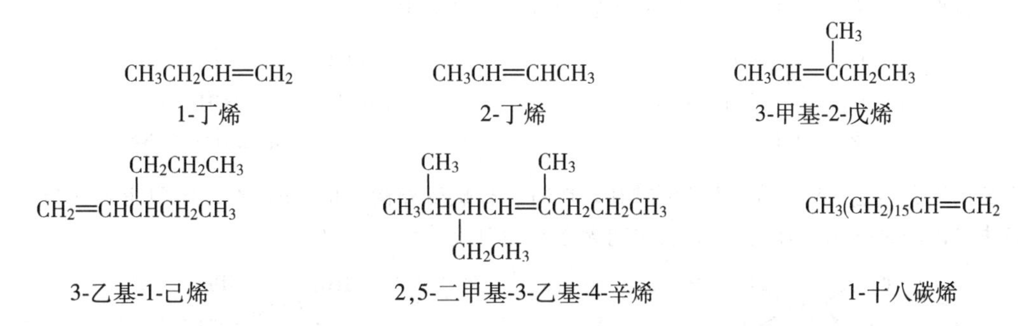

烯烃去掉一个氢原子称为烯基,命名烯基时其编号从游离价键所在的碳原子开始。下面是几个常见的烯基:

$CH_2{=}CH{-}$　乙烯基

$CH_3{-}CH{=}CH{-}$　丙烯基

$CH_2{=}CH{-}CH_2{-}$　烯丙基

3. 顺反异构体的两种标记方法

(1) 顺反构型标记法:只适用于两个双键碳原子上连有相同的原子或基团的分子。当两个相同原子或基团处于双键同侧时,称为顺式;分处于双键异侧时,称为反式。命名时需在烯烃名称前加上表示构型的“顺”或“反”加以区别。例如:

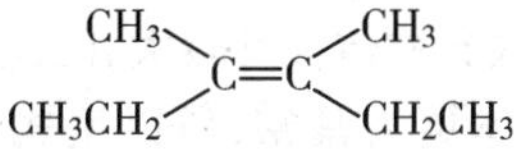

顺-3,4-二甲基-3-己烯 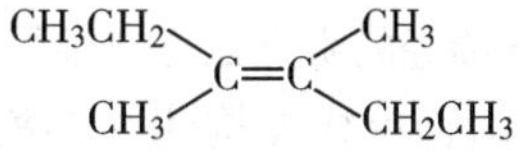　　　　反-3,4-二甲基-3-己烯

(2) *Z/E* 构型标记法:当双键碳原子上连接四个不相同的原子或基团时,则无法用顺反命名法命名,需要用以“次序规则”为基础的 *Z/E* 构型命名法命名。

次序规则是确定有机化合物取代基优先次序的规则,利用此规则可以将所有基团按次序进行排列。次序规则的主要内容如下:

1) 按原子序数的大小排序,原子序数较大的原子次序优先(称为较优基团)。如果两个原子为同位素,则相对原子质量较大的次序优先。例如:

$$I > Br > Cl > S > P > F > O > N > C > H$$

2）若与双键碳原子直接相连的原子相同，则比较与该原子相连的其他原子的原子序数，如果第二个原子仍然相同，再依次顺延逐级比较，直到比较出较优基团为止。例如—CH_3 和—CH_2CH_3，第一个原子相同都是碳，接下来比较碳原子所连接的原子。—CH_3 中与碳原子相连的是三个氢原子，—CH_2CH_3 中与碳原子相连的是一个碳原子和两个氢原子，碳原子的原子序数大于氢，因此—CH_2CH_3 为较优基团。

3）若基团中含有不饱和键时，可分别看作碳原子与两个或三个相同的原子连接。

—C(H)=O　看作　(H)C(O)(O)—　　　　—C≡N　看作　—C(N)(N)(N)

常见基团的优先排列顺序如下：

—$C(CH_3)_3$>—$CH(CH_3)_2$>—$CH_2CH_2CH_3$>—CH_3>—H

—COOR>—COOH>—COR>—CHO>—C≡N>—C≡CH>—CH=CH_2

当采用 *Z/E* 构型命名法时，首先根据次序规则，确定每个双键上基团的优先次序，若两个优先基团在双键轴线的同侧称为 *Z* 构型（*Z* 型），若在异侧称为 *E* 构型（*E* 型）。

(a)(b)C=C(d)(c)　*E* 型

(a)(b)C=C(c)(d)　*Z* 型

a 优于 b
c 优于 d

书写时将 *Z* 或 *E* 写在化合物名称的前面，并用半字线隔开。

(CH_3)(CH_3CH_2)C=C($CH(CH_3)_2$)($CH_2CH_2CH_3$)
（*Z*）-3-甲基-3-庚烯

(CH_3)(CH_3CH_2)C=C(H)($CH_2CH_2CH_3$)
（*E*）-3-甲基-4-异丙基-3-庚烯

Z/E 构型命名法适用于所有顺反异构体，在命名有顺反异构的烯烃时，*Z/E* 构型命名法与顺反构型命名法可以同时并用，但两种命名法之间无必然的对应关系。例如：

(CH_3)(Br)C=C(CH_2CH_3)(Br)
（*Z*）-2,3-二溴-2-戊烯（顺-2,3-二溴-2-戊烯）

(CH_3)(Br)C=C(Br)(CH_2CH_3)
（*E*）-2,3-二溴-2-戊烯（反-2,3-二溴-2-戊烯）

(H)(CH_3CH_2)C=C(Br)(CH_2CH_3)
（*E*）-3-溴-3-己烯（顺-3-溴-3-己烯）

(CH_3)(H)C=C(Br)(CH_3)
（*Z*）-2-溴-2-丁烯（反-2-溴-2-丁烯）

二、烯烃的物理性质

烯烃与烷烃的物理性质相似，在常温下，含 2~4 个碳原子的烯烃为气体，5~18 个碳原子的烯烃为液体，19 个碳原子以上的烯烃为固体。烯烃的熔点、沸点、密度和溶解度均随着碳原子数的增加而呈现规律性变化。通常直链烯烃的沸点比支链烯烃的异构体高；由于顺式异构体极性较大，因此顺式异构体的沸点高于反式异构体，而反式异构体在晶格排列中比顺式异构体更为紧密，所以反式异构体的熔点较高。烯烃的密度均小于 $1g\cdot cm^{-3}$，难溶于水而易溶于有机溶剂。一些烯烃的物理常数见表 3-1。

表 3-1　一些烯烃的物理常数

名称	结构式	熔点/℃	沸点/℃	密度/($g\cdot cm^{-3}$)
乙烯	CH_2=CH_2	−169.1	−103.7	0.610
丙烯	CH_2=$CHCH_3$	−185.2	−47.4	0.610
2-甲基丙烯	CH_2=$C(CH_3)_2$	−140.4	−6.9	0.590
1-丁烯	CH_2=$CHCH_2CH_3$	−185.3	−6.1	0.625

续表

名称	结构式	熔点/℃	沸点/℃	密度/($g \cdot cm^{-3}$)
顺-2-丁烯	$CH_3(H)C{=}C(H)CH_3$（两个 CH_3 同侧）	-139.0	3.7	0.621
反-2-丁烯	$CH_3(H)C{=}C(CH_3)H$（两个 CH_3 异侧）	-105.5	0.9	0.604

三、烯烃的化学性质

烯烃的化学性质比烷烃活泼，烯烃的化学性质主要表现在官能团碳碳双键上。碳碳双键是由一个 σ 键和一个 π 键组成，其中 π 键的键能较小，电子云分布在双键平面的上下方，受原子核的束缚力较弱，容易受外界电场的影响而发生极化，从而导致断裂，因此烯烃典型的化学反应是加成反应，另外还有氧化反应、聚合反应等。

（一）亲电加成反应

烯烃的加成反应是指烯烃分子中的 π 键断裂，双键碳原子上分别加两个原子或基团，生成两个较稳定的 σ 键，使烯烃变成饱和化合物。

$$>C=C< + E—Nu \longrightarrow -\underset{E}{\underset{|}{C}}-\underset{Nu}{\underset{|}{C}}-$$

1. 催化加氢　烯烃与氢通常不反应，加入催化剂可降低反应的活化能，使反应容易进行。烯烃在 Pt、Pd、Ni 等金属催化剂的作用下与氢发生加成反应，生成相应的烷烃。

$$RCH=CHR' + H_2 \xrightarrow{Pt} RCH_2CH_2R'$$

随着双键碳原子上取代基的增多，空间位阻的增大，催化加氢的速率降低。不同烯烃催化加氢的相对速率为：

乙烯>一烷基取代烯烃>二烷基取代烯烃>三烷基取代烯烃>四烷基取代烯烃

2. 加卤素　在常温下烯烃与卤素在四氯化碳或三氯甲烷等溶剂中能发生反应，生成邻二卤代烃。

$$RCH=CHR' + X_2 \longrightarrow R\underset{}{\overset{X}{\overset{|}{C}}}H\overset{X}{\overset{|}{C}}HR'$$

其中氟与烯烃反应十分剧烈，同时还伴有副反应发生，与氟的加成通常需要在特殊条件下才能进行；而碘活性太低，很难与烯烃发生加成反应。因此烯烃与卤素加成反应主要是加氯和溴。例如：

$$\underset{\text{2-丁烯}}{CH_3CH=CHCH_3} + Br_2 \xrightarrow{CCl_4} \underset{\text{2,3-二溴丁烷}}{CH_3\overset{Br}{\overset{|}{C}}H\overset{Br}{\overset{|}{C}}HCH_3}$$

烯烃与溴的加成产物二溴代烷为无色化合物，其反应现象为溴的四氯化碳溶液的红棕色褪去。该反应易发生，操作简单，现象明显，是实验室鉴别烯烃最常用的方法。

研究发现乙烯与溴发生反应时，若反应介质中有氯化钠存在，反应产物中除了 1,2-二溴乙烷外，还有少量的 1-氯-2-溴乙烷。说明在反应过程中氯离子参与了反应，由此可推断两个溴原子不是同时加到双键碳原子上，反应是分步进行的离子型反应。

$$\underset{\text{乙烯}}{CH_2=CH_2} + Br_2 \xrightarrow{NaCl} \underset{\text{1,2-二溴乙烷}}{\underset{Br}{\underset{|}{C}}H_2\underset{Br}{\underset{|}{C}}H_2} + \underset{\text{1-氯-2-溴乙烷}}{\underset{Br}{\underset{|}{C}}H_2\underset{Cl}{\underset{|}{C}}H_2}$$

溴与烯烃的加成分为两步。第一步是烯烃与极化的溴分子（$\overset{\delta^+}{Br}—\overset{\delta^-}{Br}$）中带部分正电荷的溴加成生

成环状的溴鎓离子中间体，同时生成溴负离子。

$$\text{>C=C<} + \overset{\delta^+}{Br}-\overset{\delta^-}{Br} \xrightarrow{\text{慢}} \underset{\text{溴鎓离子中间体}}{\text{>C}\overset{Br^+}{-}\text{C<}} + Br^-$$

第二步是溴负离子从溴鎓离子的背面进攻碳原子，生成反式加成产物。若反应介质中有氯离子，氯离子也可以进攻溴鎓离子，形成对应的产物。

$$\text{>C}\overset{Br^+}{-}\text{C<} + Br^- \xrightarrow{\text{快}} \underset{\text{反式加成产物}}{\text{(Br)>C-C<(Br)}}$$

第一步反应涉及共价键的断裂，活化能较高，是决定反应速率的关键步骤。在第一步反应中是极化了的溴分子中带正电荷的部分进攻 π 电子云，因此称此加成反应为亲电加成反应。烯烃与卤化氢、硫酸和水的加成都属于亲电加成反应（electrophilic addition reaction）。

3. 加卤化氢　烯烃与卤化氢发生亲电加成反应，生成一卤代烷。为了避免水与烯烃的加成，通常将干燥的卤化氢气体通入烯烃，有时也使用中等极性的无水溶剂。

$$\underset{\text{乙烯}}{CH_2=CH_2} + HCl \longrightarrow \underset{\text{氯乙烷}}{\underset{H}{CH_2}-\underset{Cl}{CH_2}}$$

$$RCH=CHR + HX \longrightarrow RCH_2\underset{X}{CH}R$$

$$\underset{\text{2-丁烯}}{CH_3CH=CHCH_3} + HBr \longrightarrow \underset{\text{2-溴丁烷}}{CH_3\underset{H}{CH}\underset{Br}{CH}CH_3}$$

烯烃与卤化氢加成的活性顺序为 HI>HBr>HCl>HF，HI 和 HBr 很容易与烯烃加成，HF 与烯烃加成的同时还会使烯烃聚合。

当结构不对称的烯烃（如丙烯）与卤化氢加成时，可以生成两种不同的加成产物。

$$CH_2=CHCH_3 + HX \longrightarrow \underset{\text{产物一}}{CH_3\underset{X}{CH}CH_3} + \underset{\text{产物二}}{\underset{X}{CH_2}CH_2CH_3}$$

但实验结果表明，一般是以一种产物为主，上述反应中产物一为主产物。俄罗斯化学家马尔可夫尼可夫（V. V. Markovnikov）总结了一条经验规则：当不对称烯烃与不对称试剂发生加成反应时，不对称试剂带正电荷的部分，总是加到含氢较多的双键碳原子上，而带负电荷的部分则加到含氢较少或不含氢的双键碳原子上。此规则称为马尔可夫尼可夫规则，简称马氏规则。例如：

$$\underset{\text{2-甲基-2-戊烯}}{CH_3\overset{CH_3}{C}=CHCH_2CH_3} + HBr \longrightarrow \underset{\text{2-甲基-2-溴戊烷(主要产物)}}{CH_3\overset{CH_3}{\underset{Br}{C}}CH_2CH_2CH_3} + CH_3\overset{CH_3}{CH}\underset{Br}{CH}CH_2CH_3$$

诱导效应可以很好地解释马氏规则。以丙烯与氯化氢的加成反应为例，反应时丙烯中的甲基属于给电子基团，它可以使双键的 π 电子云偏移，导致 C-1 带有部分负电荷，C-2 带有部分正电荷，当与氯化氢进行反应时，亲电试剂氢离子先加到带部分负电荷的双键碳原子上，形成碳正离子中间体，然后氯离子加到带正电荷的碳原子上。

$$\overset{3}{C}H_3 \longrightarrow \overset{\delta^+}{\overset{2}{C}H}=\overset{\delta^-}{\overset{1}{C}H_2} + \overset{\delta^+}{H}-\overset{\delta^-}{Cl} \xrightarrow{\text{慢}} \underset{\text{碳正离子中间体}}{CH_3\overset{+}{C}HCH_3} + Cl^-$$

$$CH_3\overset{+}{C}HCH_3 + Cl^- \xrightarrow{快} CH_3\underset{}{\overset{Cl}{\overset{|}{C}}}HCH_3$$

应用马氏规则时要注意，当不对称烯烃与溴化氢加成，在有过氧化物存在时，主要生成"反"马氏规则的产物。例如：

$$CH_3CH{=}CH_2 + HBr \xrightarrow{ROOR} CH_3CH_2CH_2Br$$

由于过氧化物的存在改变了反应历程，属于游离基加成，反应过程中没有碳正离子中间体产生，因此反应产物为反马氏规则产物，这种现象称为过氧化物效应（peroxide effect）。其反应机制为：

链的引发：$ROOR \longrightarrow 2RO\cdot$

$RO\cdot + HBr \longrightarrow ROH + Br\cdot$

链的增长：$CH_3CH{=}CH_2 + Br\cdot \longrightarrow CH_3\dot{C}HCH_2Br$

$CH_3\dot{C}HCH_2Br + HBr \longrightarrow CH_3CH_2CH_2Br + Br\cdot$

链的终止：$2Br\cdot \longrightarrow Br_2$

$CH_3\dot{C}HCH_2Br + Br\cdot \longrightarrow CH_3CHBrCH_2Br$

$$2CH_3\dot{C}HCH_2Br \longrightarrow \begin{matrix} CH_3CHCH_2Br \\ | \\ CH_3CHCH_2Br \end{matrix}$$

由于自由基的相对稳定性次序为：$R_3\dot{C}>R_2\dot{C}H>R\dot{C}H_2>\dot{C}H_3$，因此在链增长阶段，溴自由基进攻双键时，就会生成较稳定的仲碳自由基，仲碳自由基再与氢原子结合生成反马氏规则产物 1-溴丙烷。

在卤化氢中，只有 HBr 与烯烃加成才能观察到过氧化物效应，而 HF、HCl 和 HI 都没有过氧化物效应。这是因为 HF 和 HCl 的键较牢固，不能形成自由基；虽然 HI 的键较弱，容易形成自由基，但其自由基活性较低，难以与碳碳双键发生自由基加成反应。

4. 加水 一般情况下，烯烃不能直接与水发生加成反应，在酸催化下（如硫酸、磷酸等），烯烃可与水加成生成醇。工业上常用此方法制备低分子量的醇。不对称烯烃与水加成同样遵守马氏规则。例如：

$$\underset{乙烯}{CH_2{=}CH_2} + H_2O \xrightarrow[300℃]{H_3PO_4} \underset{乙醇}{CH_3CH_2OH}$$

$$\underset{2\text{-}甲基丙烯}{CH_3{-}\overset{CH_3}{\overset{|}{C}}{=}CH_2} + H_2O \xrightarrow{H_2SO_4} \underset{叔丁醇}{CH_3{-}\underset{OH}{\underset{|}{\overset{CH_3}{\overset{|}{C}}}}{-}CH_3}$$

除乙烯外，其他烯烃的水合产物均为仲醇和叔醇。

（二）氧化反应

烯烃易被氧化，氧化反应发生在双键上，π 键首先断开，当反应条件加强时，σ 键也会断裂。所以一定要注意，反应条件不同烯烃的氧化产物不同。

在碱性或中性介质中，烯烃可以被冷的高锰酸钾溶液氧化，生成邻二醇，同时高锰酸钾紫红色褪去，生成褐色的二氧化锰沉淀。该反应现象明显，反应条件简单，常用作烯烃的定性鉴别。

$$RCH{=}CHR' \xrightarrow[KMnO_4]{OH^-/H^+} \underset{OH}{\underset{|}{RCH}}{-}\underset{OH}{\underset{|}{CHR'}} + MnO_2\downarrow$$

在高锰酸钾的酸性溶液中或加热的条件下，烯烃的双键发生断裂，结构不同的烯烃可被氧化成二氧化碳、羧酸、酮或它们的混合物。根据烯烃的氧化产物可以判断出烯烃的结构，该反应的实验现象是高锰酸钾溶液褪色。

$$R{-}CH{=}CH_2 \xrightarrow[H^+]{KMnO_4} \underset{羧酸}{R{-}\overset{O}{\overset{\|}{C}}{-}OH} + CO_2 + H_2O$$

$$R-CH=C\begin{matrix}R'\\R''\end{matrix} \xrightarrow[H^+]{KMnO_4} \underset{\text{羧酸}}{R-\overset{O}{\overset{\|}{C}}-OH} + \underset{\text{酮}}{O=C\begin{matrix}R'\\R''\end{matrix}}$$

例如：

$$\underset{\text{丙烯}}{CH_3CH=CH_2} \xrightarrow[H^+]{KMnO_4} \underset{\text{乙酸}}{CH_3COOH} + CO_2 + H_2O$$

$$\underset{\text{2-甲基2-丁烯}}{CH_3\underset{CH_3}{\underset{|}{C}}=CHCH_3} \xrightarrow[H^+]{KMnO_4} \underset{\text{丙酮}}{CH_3\underset{O}{\underset{\|}{C}}CH_3} + \underset{\text{乙酸}}{CH_3COOH}$$

（三）聚合反应

在一定条件下，烯烃分子可发生自身加成反应，由多个小分子结合生成大分子，这种反应称为聚合反应。在反应过程中，烯烃分子中 π 键打开，分子间自身加成连接成具有重复链节单元的高分子化合物，这种化合物称为聚合物，合成聚合物的小分子称为单体。例如：

$$\underset{\text{乙烯}}{nCH_2=CH_2} \longrightarrow \underset{\text{聚乙烯}}{\text{-}[CH_2-CH_2]_n\text{-}}$$

$$\underset{\text{氯乙烯}}{nClCH=CH_2} \longrightarrow \underset{\text{聚氯乙烯(用于塑料制品和人工关节)}}{\text{-}[\underset{}{\overset{Cl}{\overset{|}{C}}}HCH_2]_n\text{-}}$$

$$\underset{\text{四氟乙烯}}{nF_2C=CF_2} \longrightarrow \underset{\text{聚四氟乙烯(用于人工食管)}}{\text{-}[CF_2CF_2]_n\text{-}}$$

塑料标识号

第 1 号：PET（聚对苯二甲酸乙二醇脂），这种材料制作的容器，常见矿泉水瓶、碳酸饮料瓶等。耐热至 70℃ 易变形，有对人体有害的物质融出。

第 2 号：HDPE（高密度聚乙烯），常见白色药瓶、清洁用品、沐浴产品。不要再用来做水杯，或者用来做储物容器装其他物品。

第 3 号：PVC（聚氯乙烯），常见雨衣、建材、塑料膜、塑料盒等。只能耐热 81℃。高温时容易有不好的物质产生，很少被用于食品包装。

第 4 号：LDPE（低密度聚乙烯），常见保鲜膜、塑料膜等。高温时有有害物质产生，有毒物随食物进入人体后，可能引起乳腺癌、新生儿先天缺陷等疾病。

第 5 号：PP（聚丙烯），常见豆浆瓶、优酪乳瓶、果汁饮料瓶、微波炉餐盒。可以耐受高达 167℃ 的高温，是唯一可以放进微波炉的塑料盒，可在小心清洁后重复使用。

第 6 号：PS（聚苯乙烯），常见碗装泡面盒、快餐盒。不能微波，以免因温度过高而释出化学物。装酸（如柳橙汁）、碱性物质后，会分解出致癌物质。

第 7 号：其他。常见 PC 类，如水壶、太空杯、奶瓶。PA 类，即尼龙，多用于纤维纺织和一些家电等产品内部的制件。PC 在高温情况下易释放出有毒的物质双酚 A，对人体有害。

四、重要的烯烃

（一）乙烯

乙烯在常温下为无色稍带甜味的气体，易燃。几乎不溶于水，易溶于乙醇、乙醚等有机溶剂。乙烯有较强的麻醉作用，麻醉迅速，但苏醒也快。因此长期接触乙烯有头晕、乏力和注意力不集中等症状。乙烯可用作水果和蔬菜的催熟剂。乙烯用量最大的是生产聚乙烯，聚乙烯是日常生活中最常用的高分子材料之一，广泛用于日常用品制造、食品及制药等领域。

（二）β-胡萝卜素

胡萝卜素最初是从胡萝卜中发现的，有α、β、γ三种异构体，其中β-胡萝卜素的活性最强且最重要。

β-胡萝卜素是深橘红色并带有金属光泽的晶体，熔点为183~184℃，不溶于水，易溶于有机溶剂。β-胡萝卜素进入人体后，可被小肠黏膜或肝脏中的加氧酶转变为维生素A（又名视黄醇），所以又被称为维生素A原。由于摄入过量维生素A会造成中毒，因此不易直接食用大量的维生素A，人体所需维生素A通常可以通过储备的足量的β-胡萝卜素转化得来，所以β-胡萝卜素是维生素A的一个安全来源。

β-胡萝卜素

OH

维生素A

β-胡萝卜素广泛存在于植物的花、叶、果实及蛋黄、奶油中，其中绿色蔬菜、甘薯、胡萝卜、木瓜等β-胡萝卜素的含量丰富，而胡萝卜中的含量是最高的。随着对天然β-胡萝卜素需求的增加，人们开始从海藻中提取β-胡萝卜素。

β-胡萝卜素被认为是最有希望的抗氧化剂。它可以防止和消除体内代谢过程中产生的自由基。β-胡萝卜素还具有防癌、抗癌、防治白内障及抗射线对人体损伤等功效。β-胡萝卜素是人体必需的维生素之一，正常人每天需摄入6mg。

（三）角鲨烯

角鲨烯最初是从鲨鱼的肝脏中发现的，其化学名为2,6,10,15,19,23-六甲基-2,6,10,14,18,22-二十四碳六烯，又称鱼肝油萜。各种鲨鱼的肝脏中都含有角鲨烯，一般认为深海鲨鱼肝中含量高，其他动物油脂中也含有较低角鲨烯，如牛脂、猪油。

角鲨烯广泛分布在人体内膜、皮肤、皮下脂肪、肝脏、指甲、脑等器官内，在人体脂肪细胞中浓度很高，皮脂中含量也较多，每人每天可分泌角鲨烯125~425mg，头皮脂分泌量最高。角鲨烯在植物中分布也很广，但含量不高，多低于植物油中不皂化物的5%，仅少数含量较多，如橄榄油含有角鲨烯150~700mg/100g，米糠油含量为332mg/100g。

角鲨烯能促进肝细胞再生并保护肝细胞，从而改善肝脏功能；具有抗疲劳和增强机体的抗病能力，提高人体免疫功能的功效；能保护肾上腺皮质功能，提高机体的应激能力；具有抗肿瘤的作用，尤其在癌切除外科手术后或采用放化疗时使用，效果显著，其最大的特点是防止癌症向肺部转移。角鲨烯是一种无毒性的具有防病治病作用的海洋生物活性物质。

角鲨烯

第二节　二　烯　烃

一、二烯烃的结构、分类和命名

（一）二烯烃的结构和分类

分子中含有两个或两个以上碳碳双键的不饱和烃称为多烯烃，其中含有两个碳碳双键的不饱和烃称为二烯烃（diene）。开链二烯烃的通式为 C_nH_{2n-2}（$n\geqslant3$）。根据二烯烃中碳碳双键的相对位置不同，将其分为隔离二烯烃、累积二烯烃和共轭二烯烃。

1. 隔离二烯烃（isolated diene）（又称孤立二烯烃）　其两个碳碳双键被两个或两个以上单键隔开，例如1,5-己二烯。隔离二烯烃两个碳碳双键距离较远，彼此影响小，因此其化学性质与单烯烃相似。

$$>C{=}\underset{|}{C}-(CH_2)_n-\underset{|}{C}{=}C<$$

隔离二烯烃（$n\geqslant1$）

2. 累积二烯烃（cumulated diene）　两个碳碳双键与同一个碳原子相连，如丙二烯。此类二烯烃稳定性较差，因此在自然界中存在较少。

$$>C{=}C{=}C<$$

累积二烯烃

3. 共轭二烯烃（conjugated diene）　两个碳碳双键中间隔一个单键，这样的两个双键称为共轭双键。共轭二烯烃除了具有单烯烃的性质外，还具有特殊的性质。本节将以1,3-丁二烯为例，重点讨论共轭二烯烃的结构特点及其特殊性质。

$$>C{=}\underset{|}{C}-\underset{|}{C}{=}C<$$

共轭二烯烃

（二）二烯烃的命名

二烯烃的命名与单烯烃相似，首先选择含有两个碳碳双键在内的最长碳链为主碳链，根据主碳链上碳原子的数目，称为“某二烯”，然后从距离双键最近的一端开始编号，将双键的位次写在某二烯的前面，最后确定取代基的位次和名称。

$$CH_2{=}CH-\underset{\displaystyle CH_3}{\underset{|}{C}}{=}CH-\underset{\displaystyle CH_3}{\underset{|}{CH}}-CH_3$$

3,5-二甲基-1,3-己二烯

$$CH_3-\underset{\displaystyle CH_2}{\underset{\|}{C}}-CH_2-\underset{\displaystyle CH_2CH_3}{\underset{|}{CH}}-CH{=}CH_2$$

2-甲基-4-乙基-1,5-己二烯

二、共轭二烯烃的结构和共轭效应

（一）1,3-丁二烯的结构

最简单的共轭二烯烃是1,3-丁二烯（$\overset{1}{C}H_2{=}\overset{2}{C}H-\overset{3}{C}H{=}\overset{4}{C}H_2$）。在1,3-丁二烯分子中，四个碳原子都是 sp^2 杂化，碳原子之间以 sp^2 杂化轨道形成三条碳碳 σ 键，每个碳原子剩余的 sp^2 杂化轨道分别与氢原子的1s轨道重叠，形成六条碳氢 σ 键，分子中所有原子都在同一平面上。四个碳原子上的未杂化的p轨道垂直于分子所在平面，并且互相平行，从侧面相互重叠形成 π 键。

1,3-丁二烯分子中C-1、C-2及C-3、C-4之间可以重叠形成两个 π 键，由于两个 π 键靠得很近，所以在C-2、C-3之间的p轨道也发生一定程度的重叠，由此可见C-2、C-3之间并不是一个单纯的 σ 键，而是具有 π 键的性质。这样重叠的结果使分子中 π 电子的运动范围不再局限于两个碳原子之间，而是在整个分子内的四个碳原子上运动，这种现象称为 π 电子的离域，这样的 π 键称为大 π 键或共轭 π

键(图 3-2)。

（二）共轭效应

像1,3-丁二烯分子这样,具有共轭 π 键的结构体系称为 π-π 共轭体系。除了1,3-丁二烯分子外,在单双键间隔的多烯烃中都存在 π-π 共轭体系。在共轭体系中,π 电子的离域使电子云密度平均化,体现在键长也发生平均化;π 电子的离域也使电子可以在更大的空间运动,从而降低了体系的内能,使分子更稳定,即共轭体系比相应的非共轭体系稳定。

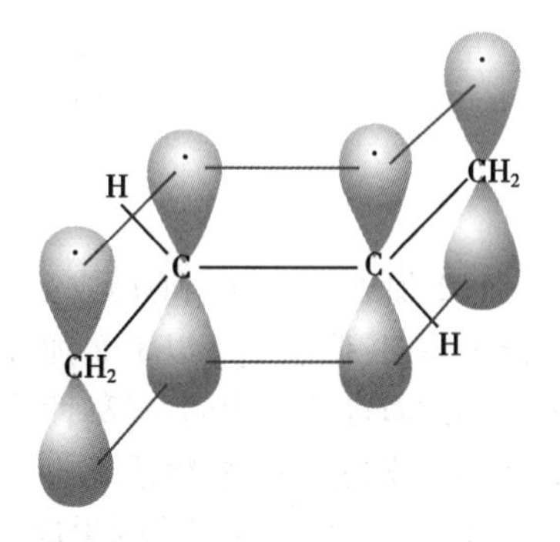

图 3-2　1,3-丁二烯分子的大 π 键示意图

在共轭体系中,由于 π 电子的离域,当共轭体系的一端受到外电场的影响时,这种影响(电子效应)会沿着共轭链传递,这种通过共轭体系传递的电子效应称为共轭效应(conjugation effect)。像1,3-丁二烯由 π-π 共轭产生的共轭效应称为 π-π 共轭效应。此外还有 p-π 共轭、σ-π 超共轭等。共轭效应也分斥电子共轭效应和吸电子共轭效应。它和诱导效应的产生原因和作用方式是不同的。诱导效应是建立在定域键基础上,是短程作用,单向极化;共轭效应是建立在离域基础上,是单双键交替极化,其强度不因共轭链的增长而减弱。例如:

$$\overset{\delta^+}{H_2C}=\overset{\delta^-}{CH}-\overset{\delta^+}{CH}=\overset{\delta^-}{CH_2} \qquad \oplus$$

共轭效应　　　　外电场

三、共轭二烯烃的化学性质

由于共轭体系的存在,共轭二烯烃除了具有单烯烃的一般性质,如加成、氧化和聚合等反应外,还能发生一些特殊的反应。

1. 1,2-加成与1,4-加成　1,3-丁二烯与亲电试剂(如卤素、卤化氢等)发生加成反应时,除了生成一个碳碳双键加成(1,2-加成)的产物外,还会生成在共轭体系的两端碳原子上加成(1,4-加成)的产物。

$$CH_2=CH-CH=CH_2 + HCl \longrightarrow \underset{\text{1,2-加成产物}}{CH_2=CH-\underset{Cl}{\underset{|}{CH}}-\underset{H}{\underset{|}{CH_2}}} + \underset{\text{1,4-加成产物}}{\underset{Cl}{\underset{|}{CH_2}}-CH=CH-\underset{H}{\underset{|}{CH_2}}}$$

反应机制与单烯烃相同,也是分两步进行的。第一步是氯化氢异裂产生的 H^+ 进攻1,3-丁二烯,当 H^+ 接近共轭链上的 π 电子云时,π 电子出现交替极化现象,形成了交替分布的负电中心,可能形成两种正碳离子。

$$\overset{\delta^+}{H_2C}=\overset{\delta^-}{CH}-\overset{\delta^+}{CH}=\overset{\delta^-}{CH_2} + H^+ \longrightarrow \underset{(\text{I})}{H_2C=CH-\overset{+}{C}H-CH_3} + \underset{(\text{II})}{H_2C=CH-CH_2-\overset{+}{C}H_2}$$

(Ⅰ)中的正碳离子为烯丙基正碳离子,其正电荷所在的碳原子为 sp^2 杂化,有一个空的 p 轨道,π 电子可以转移到空的 p 轨道上去,这种由 π 键和 p 轨道组成的大 π 键体系称为 p-π 共轭体系。p-π 共轭使烯丙基正碳离子更加稳定,有利于亲电加成反应的进行。(Ⅱ)中的正碳离子无 p-π 共轭效应,稳定性差,因此反应第一步主要生成较稳定的烯丙基正碳离子中间体。

因为烯丙基正碳离子为共轭体系,所以 π 电子离域使其正电荷也呈现交替极化分布现象。烯丙基正碳离子可以用下面两个共振式或者共振杂化体表示:

$$H_2C=CH-\overset{+}{C}H-CH_3 \longleftrightarrow H_2\overset{+}{C}-CH=CH-CH_3$$

$$\overset{\delta^+}{\underset{4}{CH_2}}\cdots\underset{3}{CH}\cdots\overset{\delta^+}{\underset{2}{CH}}-\underset{1}{CH_3}$$

反应第二步是氯离子分别进攻正电中心 C_2 和 C_4,得到1,2-加成产物和1,4-加成产物。

$$\overset{\delta^+}{\underset{4}{C}}H_2{\cdots}\underset{3}{C}H{\cdots}\overset{\delta^+}{\underset{2}{C}}H-\underset{1}{C}H_3 + Cl^- \longrightarrow \begin{cases} CH_2=CH-\underset{|\atop Cl}{C}H-\underset{|\atop H}{C}H_2 \\ \underset{|\atop Cl}{C}H_2-CH=CH-\underset{|\atop H}{C}H_2 \end{cases}$$

1,2-加成产物与1,4-加成产物是同时存在的,它们在产物中所占的比例,取决于反应条件。一般情况下,在较低温度下以1,2-加成产物为主,在较高温度下,以1,4-加成产物为主。这是因为1,4-加成产物的双键位于中间,对称性较好,较稳定;1,2-加成产物的双键位于末端,对称性较差,不太稳定。故从热力学角度考虑,生成1,4-加成产物比生成1,2-加成产物有利。因此提高温度有利于热力学稳定产物——1,4-加成产物的生成,而且1,2-加成产物也可以转化为较稳定的1,4-加成产物。但从另一角度分析,生成1,2-加成产物比生成1,4-加成产物的活化能低,因此低温时1,2-加成比1,4-加成的反应速率要快,故以1,2-加成产物为主。

例如:

$$CH_2=CH-CH=CH_2 + Br_2 \xrightarrow[\text{低温}]{\text{1,2-加成}} \underset{}{\overset{Br}{\overset{|}{C}}}H_2-\overset{Br}{\overset{|}{C}}H-CH=CH_2$$

3,4-二溴-1-丁烯(55%)

$$CH_2=CH-CH=CH_2 + Br_2 \xrightarrow[\text{高温}]{\text{1,4-加成}} \overset{Br}{\overset{|}{C}}H_2-CH=CH-\overset{Br}{\overset{|}{C}}H_2$$

1,4-二溴-2-丁烯(90%)

2. 双烯合成反应(狄尔斯-阿尔德反应)　共轭二烯烃与含双键或三键的不饱和化合物进行1,4-加成,生成具有六元环状化合物的反应称为双烯合成反应或狄尔斯-阿尔德反应(Diels-Alder reaction)。例如:

$$\text{(1,3-丁二烯)} + \| \xrightarrow{\triangle} \text{(环己烯)}$$

环己烯

反应中提供共轭双烯的化合物称为双烯体,提供不饱和键的化合物称为亲双烯体。当亲双烯体的不饱和键上连有吸电子基团(如—CHO、—CN等),成环会更容易。双烯合成反应是共轭二烯烃的特征反应,是合成六元环状化合物的一种重要手段。例如:

$$\text{(1,3-丁二烯)} + CH_2=CH-CHO \xrightarrow{\triangle} \text{(环己烯基)}-CHO$$

第三节　炔　　烃

一、炔烃的结构、同分异构和命名

分子中含有碳碳三键的不饱和烃称为炔烃,碳碳三键是炔烃的官能团,它比相应的烯烃少两个氢原子,通式为C_nH_{2n-2}($n \geqslant 2$)。

(一)炔烃的结构

最简单的炔烃是乙炔,分子式为C_2H_2,结构式为$H-C\equiv C-H$。乙炔分子中的两个三键碳原子都是sp杂化,碳原子之间各用一个sp杂化轨道形成碳碳σ键,每个碳原子的另外的一个sp杂化轨道分别与氢原子的1s轨道重叠,形成碳氢σ键,因此分子中的四个原子处于同一直线上。每个碳原子还各有两个未杂化的并且互相垂直的p轨道,分别从侧面“肩并肩”重叠,形成两个π键,这两个π键相互垂直,对称地分布在σ键的周围,所以碳碳三键是由一个σ键和两个π键组成的。另外两个π键还可以进一步互相作用,使π电子云呈圆柱状分布在σ键的周围(图3-3)。

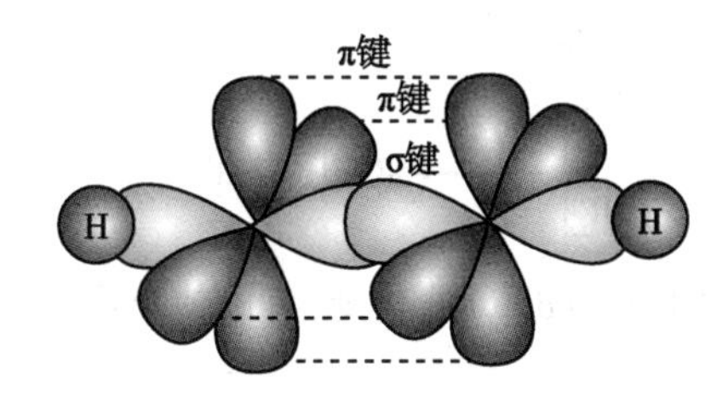

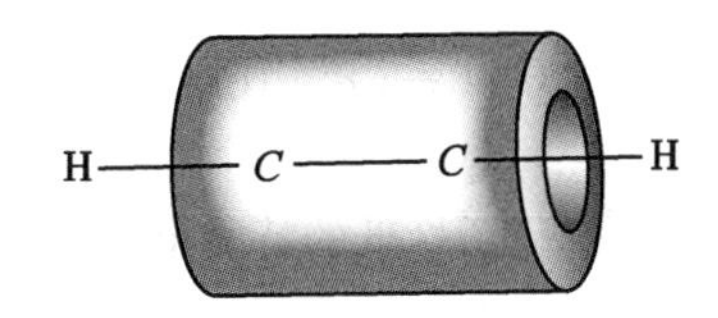

图 3-3　乙炔分子的结构示意图

（二）炔烃的异构和命名

由于炔烃中的三键只能有一个取代基，且三键的几何形状为直线型，因此炔烃无顺反异构，只有碳链异构和三键位置异构。另外三键碳原子处不能形成支链，所以与相同碳原子数的烯烃相比，炔烃异构体的数目相对较少。例如丁烯有三个构造异构体，而丁炔只有两个位置异构体。

$CH{\equiv}CCH_2CH_3$　　　　$CH_3C{\equiv}CCH_3$

炔烃的系统命名与烯烃相似，即选择含三键的最长的碳链为主碳链，从靠近三键的一端开始编号，把支链作为取代基。例如：

$$CH{\equiv}C\underset{}{\overset{CH_3}{\overset{|}{C}}}HCH_2CH_2CH_3$$

3-甲基-1-己炔

$$CH_3\overset{CH_3}{\overset{|}{C}}H{-}\overset{CH_3}{\overset{|}{\underset{CH_2CH_3}{\underset{|}{C}}}}C{\equiv}CCH_3$$

4,5-二甲基-4-乙基-2-己炔

若分子中同时含碳碳双键和碳碳三键，则选择含双键和三键的最长碳链为主碳链，编号从靠近不饱和键的一端开始；如果双键和三键距离碳端的位置相同，则从靠近的双键的一端开始编号。书写名称时遵守先烯后炔的原则，例如：

$CH_2{=}CH{-}CH_2{-}C{\equiv}C{-}CH_3$

1-己烯-4-炔

$CH{\equiv}C{-}CH_2{-}CH{=}CH_2$

1-戊烯-4-炔

二、炔烃的物理性质

炔烃的物理性质与烯烃相似，常温下乙炔、丙炔和 1-丁炔为气体，含 5~18 个碳的炔烃为液体。简单的炔烃的熔点、沸点及密度等比相同碳原子数的烷烃和烯烃高。炔烃的密度均小于 $1g \cdot cm^{-1}$。炔烃难溶于水，易溶于丙酮、石油醚、四氯化碳及苯等有机溶剂。一些炔烃的物理常数见表 3-2。

表 3-2　一些炔烃的物理常数

名称	结构式	熔点/℃	沸点/℃	液态密度/($g \cdot cm^{-3}$)
乙炔	$HC{\equiv}CH$	-81.5	-83.4	0.618 1
丙炔	$CH{\equiv}CCH_3$	-102.7	-23.2	0.671 4
1-丁炔	$CH{\equiv}CCH_2CH_3$	-125.7	8.7	0.678 4
2-丁炔	$CH_3C{\equiv}CCH_3$	-32.2	27.0	0.691 0
1-戊炔	$CH{\equiv}CCH_2CH_2CH_3$	-106.5	39.7	0.690 1
2-戊炔	$CH_3C{\equiv}CCH_2CH_3$	-109.5	56.1	0.710 7
3-甲基-1-丁炔	$CH{\equiv}CCH(CH_3)_2$		28	0.665 0

三、炔烃的化学性质

炔烃分子中含有 π 键，化学性质与烯烃相似，能发生加成、氧化、聚合等反应。由于炔烃的三键碳原子属于 sp 杂化，因此它还具有一些独特的化学性质。

（一）加成反应

炔烃有两个 π 键，能发生催化加氢及亲电加成反应。

1. 催化加氢　在铂或钯等金属催化剂的作用下，炔烃与氢加成先生成烯烃，进一步生成烷烃。反

应通常不会停留在生成烯烃的一步，最终产物是烷烃。例如：

$$RC\equiv CR' + H_2 \xrightarrow{Pt} \left[\begin{matrix} H & & H \\ & C=C & \\ R & & R' \end{matrix}\right] \xrightarrow[Pt]{H_2} RCH_2CH_2R'$$

如果使用一些催化活性低的特殊催化剂，如林德拉(Lindlar)催化剂，可以使反应停留在烯烃的阶段。例如：

$$\underset{\text{2-丁炔}}{CH_3C\equiv CCH_3} + H_2 \xrightarrow{Lindlar} \underset{\text{2-丁烯}}{CH_3CH=CHCH_3}$$

2. 加卤素　炔烃与烯烃一样，也能与氯和溴发生亲电加成反应，先生成邻二卤代烯，再进一步加成得到四卤代烷。例如：

$$RC\equiv CR' + Br_2 \longrightarrow \left[\begin{matrix} Br & & Br \\ & C=C & \\ R & & R' \end{matrix}\right] \xrightarrow{Br_2} RCBr_2-CBr_2R'$$

该反应可使溴的四氯化碳溶液褪色，因此常用于炔烃的鉴定，但此反应的反应速率要比烯烃慢，需要几分钟才能观察到溴水褪色的现象。

当分子中碳碳双键和碳碳三键同时存在时，控制卤素的用量，一般可使碳碳双键优先加成。例如：

$$\underset{\text{1-戊烯-4-炔}}{CH_2=CH-CH_2-C\equiv CH} + Br_2 \longrightarrow \underset{\text{4,5-二溴-1-戊炔}}{CH_2Br-CHBr-CH_2-C\equiv CH}$$

3. 加卤化氢　炔烃与卤化氢的加成反应是分为两步进行的，首先生成卤代烯烃，再进一步与卤化氢加成生成二卤代烷烃，不对称炔烃与卤化氢加成反应也遵守马氏规则。炔烃加成反应速率要低于烯烃。例如：

$$\underset{\text{1-丁炔}}{CH\equiv CCH_2CH_3} + HBr \longrightarrow \underset{\text{2-溴-1-丁烯}}{CH_2=CBrCH_2CH_3} \xrightarrow{HBr} \underset{\text{2,2-二溴丁烷}}{CH_3-CBr_2CH_2CH_3}$$

在适当的条件下可以使反应停留在第一步。同样炔烃与溴化氢加成，在有过氧化物存在时，生成反马氏规则产物。

4. 加水　炔烃在汞盐(如硫酸汞)的催化下，在稀硫酸溶液中，能与水发生加成反应。反应同样分为两步进行，第一步先生成烯醇，烯醇不稳定，立刻发生分子重排转化为羰基化合物。若是乙炔，终产物为乙醛；其他炔烃的终产物都为酮。例如：

$$\underset{\text{乙炔}}{CH\equiv CH} + H_2O \xrightarrow[H_2SO_4]{HgSO_4} \underset{\text{分子重排}}{\left[H-C(OH)=CH_2\right]} \longrightarrow \underset{\text{乙醛}}{H-C(=O)-CH_3}$$

$$RC\equiv CH + H_2O \xrightarrow[H_2SO_4]{HgSO_4} \left[RC(OH)=CH_2\right] \longrightarrow RC(=O)-CH_3$$

(二)金属炔化物的生成

具有 $RC\equiv CH$ 结构特征的炔烃称为端基炔烃，乙炔和端基炔烃都有直接与三键碳原子相连的氢原子。三键碳原子上的氢比较活泼，有一定的酸性，能被一些金属原子取代生成金属炔化物。

乙炔与端基炔烃可以在液氨溶液中与氨基钠反应，三键碳原子上氢被钠取代生成炔化钠，例如：

$$RC\equiv CH + NaNH_2 \xrightarrow{NH_3} \underset{\text{炔化钠}}{RC\equiv CNa} + NH_3$$

乙炔和端基炔烃与硝酸银或氯化亚铜的氨溶液反应，分别生成白色的炔化银或棕红色的炔化亚铜沉淀。例如：

$$\underset{\text{乙炔}}{HC\equiv CH} + 2Ag(NH_3)_2NO_3 \longrightarrow \underset{\text{乙炔银(白色)}}{AgC\equiv CAg\downarrow} + 2NH_4NO_3 + 2NH_3$$

$$\underset{\text{乙炔}}{HC\equiv CH} + 2Cu(NH_3)_2Cl \longrightarrow \underset{\text{乙炔亚铜(棕红色)}}{CuC\equiv CCu\downarrow} + 2NH_4Cl + 2NH_3$$

上述反应灵敏度高、速度快、现象明显，常用于乙炔及端基炔烃的鉴定。需要注意的是，金属炔化物在潮湿及低温时比较稳定，但是在干燥时会因撞击或受热而产生爆炸，因此，实验结束后，应立即加硝酸将其分解，避免发生危险。

（三）氧化反应

炔烃的碳碳三键在高锰酸钾等氧化剂的作用下会发生断裂，生成羧酸或二氧化碳。例如：

$$RC\equiv CH \xrightarrow[H^+]{KMnO_4} RCOOH + CO_2$$

$$RC\equiv CR' \xrightarrow[H^+]{KMnO_4} RCOOH + R'COOH$$

与烯烃一样，此反应可以使高锰酸钾溶液褪色，利用该实验现象可以鉴定炔烃；根据生成产物的结构可以推测原炔烃的结构。

（四）聚合反应

乙炔在催化剂的作用下，可发生聚合反应生成链状或环状化合物。两个乙炔分子经催化可合成1-丁烯-3-炔。

$$2HC\equiv CH \xrightarrow[HCl]{Cu_2Cl_2\text{-}NH_4Cl} \underset{\text{1-丁烯-3-炔}}{CH_2=CH-C\equiv CH}$$

乙炔在金属催化剂的作用下，可聚合生成环状化合物。

$$3HC\equiv CH \xrightarrow[300℃]{\text{催化剂}} \underset{\text{苯}}{C_6H_6}$$

学习小结

1. 烯烃和炔烃分子中均含有不饱和键，属于不饱和烃。

2. 烯烃的官能团为碳碳双键，由一条σ键和一条π键组成。由于π键键能小，易断裂，所以烯烃的化学性质主要表现为加成、氧化及聚合反应等。

3. 由于烯烃分子中碳碳双键的存在限制了键的自由旋转，因此烯烃除了碳链异构、位置异构外，还会产生顺反异构现象。

4. 炔烃的官能团为碳碳三键，由一条σ键和两条π键组成。因为π键的存在，炔烃与烯烃有相似的化学性质，如加成、氧化及聚合反应。但由于乙炔和端基炔烃碳碳三键的碳原子上连有氢原子，因此这种结构的炔烃具有酸性，能生成金属炔化物。

5. 炔烃能产生碳链异构和位置异构现象。

6. 根据二烯烃中两个碳碳双键的相对位置，可以将其分为隔离二烯烃、累积二烯烃和共轭二烯烃。其中共轭二烯烃因结构中存在共轭π键，表现出特殊的化学性质，如共轭加成、双烯合成反应。

（方迎春）

扫一扫,测一测

思考题

一、用化学方法鉴别下列各组化合物

1. 1-丁烯、1-丁炔

2. 乙烷、乙烯、乙炔

二、推断结构

1. 分子式为 C_4H_6 的链状化合物 A 和 B,它们都能使高锰酸钾溶液褪色,A 能与硝酸银的氨溶液作用,生成白色沉淀,而 B 不能,写出 A 和 B 可能的结构式。

2. 分子式为 C_5H_{10} 的化合物 A、B 和 C,三者都能使高锰酸钾溶液和溴的四氯化碳溶液褪色,其中 A 有顺反异构体。B 和 C 与溴化氢加成产物都为 2-甲基-2-溴丁烷,C 被酸性高锰酸钾溶液氧化后的产物是羧酸和酮。试推测 A、B 和 C 的结构式。

第四章 芳香烃

学习目标

1. 掌握苯的结构；单环芳烃的命名；苯及其同系物的化学性质；苯环上取代基的定位效应及其应用；休克尔规则。
2. 熟悉单环芳烃的分类；苯及其同系物的物理性质；萘、蒽、菲；典型的芳香性离子。
3. 了解苯环的亲电取代反应历程；致癌芳烃。

芳香烃(aromatic hydrocarbon)，简称芳烃，是芳香族化合物(aromatic compound)的母体。“芳香”两字的来源是因为在早期发现的这类化合物大多数具有芳香气味，后来发现许多芳香族化合物并没有香气，甚至有的还具有令人不愉快的臭气，因此“芳香”两字早已失去原来的含义。大量实验发现，芳香烃大多数具有苯环，苯环的特殊结构使芳香烃具有了特殊的化学性质，即在一般情况下，难以加成、难以氧化、易于进行取代反应，这些特殊性质称为“芳香性(aromaticity)”。通常将这类含有苯环结构的芳香烃称为苯型芳烃。之后的实验中，又发现一些不具有苯环结构的环状共轭多烯也有一定的芳香性，因此就将这类不含苯环结构但化学性质却有一定芳香性的环状共轭多烯称为非苯型芳烃。

苯型芳烃按照分子中苯环的数目不同，可分为单环芳烃(monocyclic aromatic hydrocarbons)和多环芳烃(polycyclic aromatic hydrocarbons)。单环芳烃是指分子中只含有1个苯环的芳烃。例如：

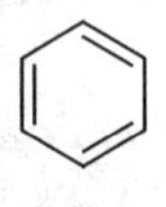

苯

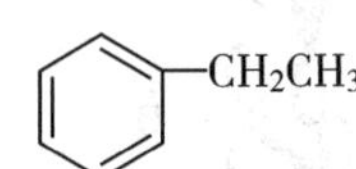

乙苯

苯乙烯

多环芳烃是指分子中含有2个或2个以上苯环的芳烃。根据苯环的连接方式不同又可分为联苯和联多苯、多苯代脂烃和稠环芳烃三类。例如：

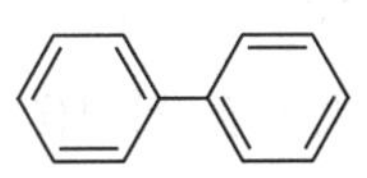

联苯

二苯甲烷

稠环芳烃(condensed aromatics)是指分子中含有2个或2个以上苯环，环和环之间通过共用2个相邻碳原子稠合而成的芳烃。例如：

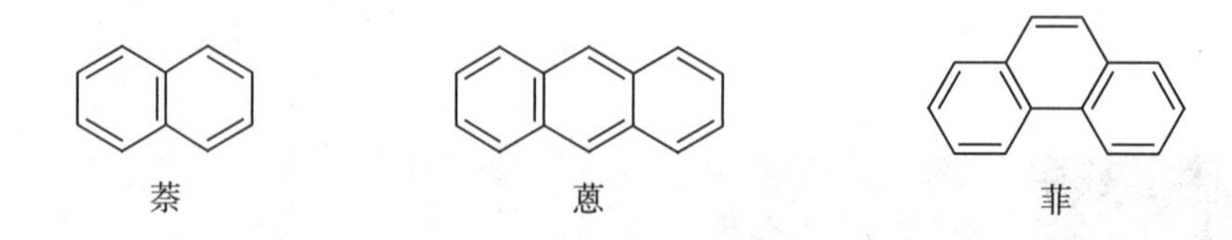

第一节　单环芳烃

一、苯的结构

苯(benzene)是最简单的芳烃,其分子式为 C_6H_6,分子中碳氢原子个数比与乙炔相同,都是 1∶1,说明苯应该具有高度不饱和性。但是为什么苯没有不饱和烃那样易加成易氧化的化学性质?在这个高度不饱和的分子中,碳和氢到底是怎样排列的呢?化学家们提出了许多假设,其中沿用至今的是 1865 年德国化学家 F. A. Kekulé 提出的环状结构,他认为苯是 1 个平面六元碳环,环上的碳原子以单双键交替排列,每 1 个碳原子还连接 1 个氢原子,此结构式称为 Kekulé 式,书写如下:

简写为

苯的 Kekulé 式较好地反映出碳是四价,能说明苯的一元取代产物只存在一种,说明苯环上 6 个碳原子和 6 个氢原子是等同的,但是它不能解释:苯结构中既然有 3 个双键为什么不能像不饱和烃那样容易发生加成和氧化反应?显然,Kekulé 式未能比较全面地反映出苯的结构。

现代杂化轨道理论认为,苯环上的 6 个碳原子都采取 sp^2 杂化,每个碳原子的 3 个 sp^2 杂化轨道分别与其相邻的 2 个碳原子的 sp^2 杂化轨道和 1 个氢原子的 s 轨道"头碰头"重叠形成 3 个 σ 键,键角均为 120°,这样 6 个碳原子就形成 1 个对称的正六边形结构,苯分子中所有的原子都在同一个平面上[图 4-1(a)]。此外,每个碳原子上未参与杂化的 p 轨道都垂直于碳环平面,相邻的 2 个 p 轨道彼此平行"肩并肩"重叠形成 1 个闭合的环状共轭(π-π)体系,这个闭合的共轭体系称为芳香大 π 键[图 4-1(b)]。大 π 键的 π 电子云对称而均匀地分布在六元碳环平面的上、下两侧[图 4-1(c)]。由于共轭效应的作用,π 电子云离域,电子云密度完全平均化,苯分子的碳碳键键长完全平均化,从而没有单双键的区别;共轭体系内能降低,因此苯分子很稳定,一般情况不发生加成反应和氧化反应。

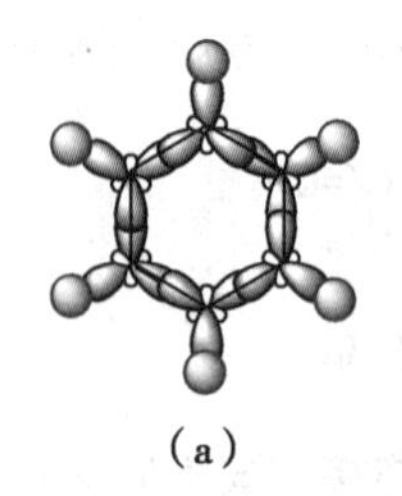

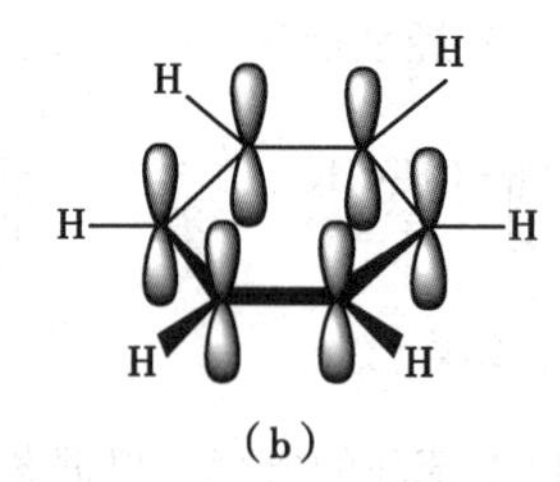

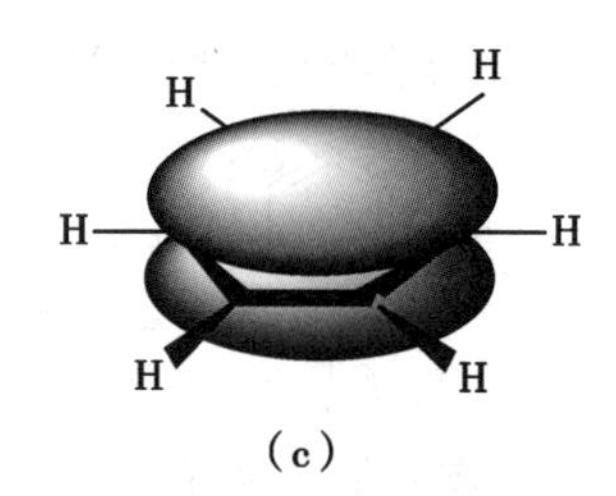

图 4-1　苯分子的结构示意图

(a)σ 键;(b)p 轨道;(c)芳香大 π 键。

苯分子的结构式也可采用一个正六边形中心加一个圆圈来表示,圆圈代表离域的 π 电子云,书写如下图所示。但习惯上苯的结构仍常采用 Kekulé 式。

苯的结构

石墨烯与富勒烯

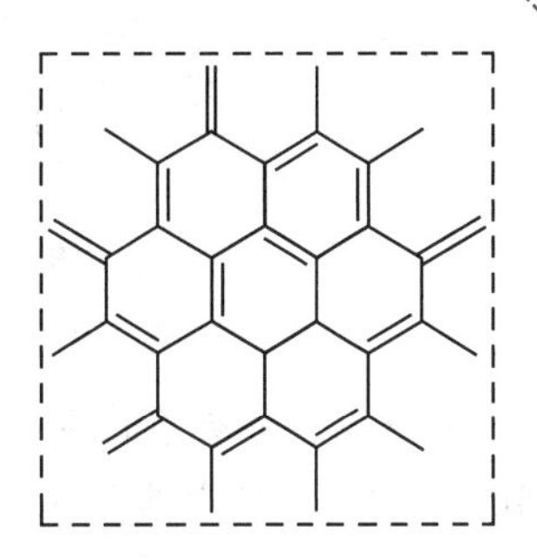

石墨烯(graphene)是一种由碳原子以 sp^2 杂化轨道组成六角型呈蜂巢晶格的二维碳纳米材料,结构如右图。石墨烯是地球上最薄、最坚固的材料。2004 年英国科学家首次从普通石墨中分离出单层石墨烯,并因此获得 2010 年诺贝尔物理学奖。石墨烯具有优异的光学、电学、力学特性,在材料学、微纳加工、能源、生物医学和药物传递等方面具有重要的应用前景,被认为是一种未来革命性的材料。

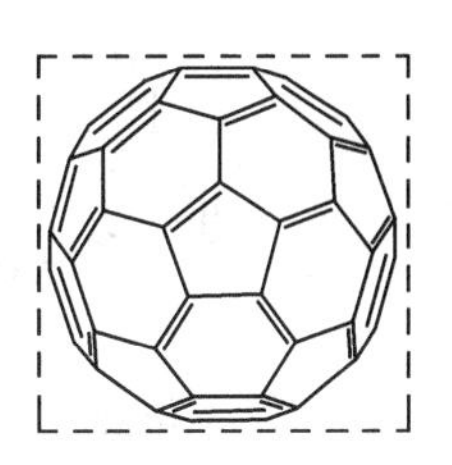

富勒烯(fullerene)是单质碳被发现的第三种同素异形体。由碳一种元素组成,以球状,椭圆状,或管状结构存在的物质,都可以被称为富勒烯,富勒烯指的是一类物质,球形的富勒烯,又称为足球烯,如右图。富勒烯与石墨结构类似,但石墨的结构中只有六元环,而富勒烯中可能存在五元环。富勒烯类化合物在抗 HIV、酶活性抑制、切割 DNA、光动力学治疗等方面有独特的功效。2018 年,我国首条吨级富勒烯生产线在内蒙古呼和浩特市正式投产。

二、单环芳烃的分类和命名

1. **一元取代苯**　以苯为母体,烷基为取代基进行命名,称为“某烷基苯”。其中,“基”字常常省略。例如:

甲苯　　乙苯

当取代基上含有 3 个或 3 个以上碳原子时,因为碳链结构不同,可以产生同分异构体。例如:

正丙苯　　异丙苯

2. **二元取代苯**　以苯为母体,烷基为取代基进行命名,编号原则是所有取代基位次之和最小。当 2 个取代基相同时,还可用“邻或 *o*-(ortho-)、间或 *m*-(meta-)、对或 *p*-(para-)”来表示取代基的相对位置。例如:

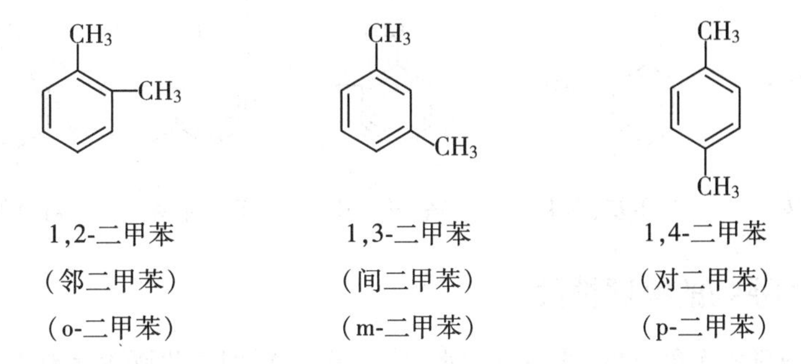

1,2-二甲苯(邻二甲苯)(o-二甲苯)　　1,3-二甲苯(间二甲苯)(m-二甲苯)　　1,4-二甲苯(对二甲苯)(p-二甲苯)

3. **三元取代苯**　以苯为母体,烷基为取代基进行命名,编号原则是所有取代基位次之和最小。当 3 个取代基相同时,还可用“连、偏、均”来表示取代基的相对位置。例如:

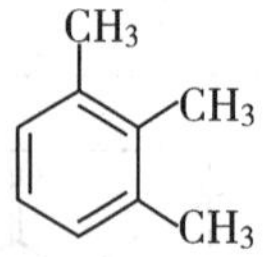

1,2,3-三甲苯　　1,2,4-三甲苯　　1,3,5-三甲苯

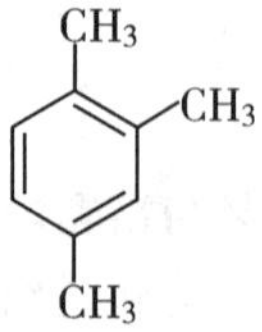

（连三甲苯）　　（偏三甲苯）　　（均三甲苯）

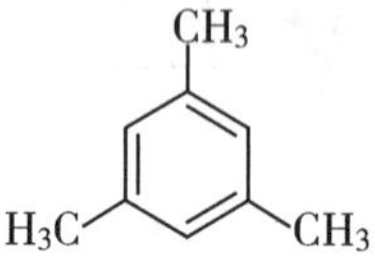

4. **苯环上连有不同烷基**　以苯为母体，烷基为取代基进行命名，编号原则是按照“优先基团”后列出的原则，苯环上的编号应使简单的烷基处于1-位，并且所有烷基位次之和最小。当其中1个烷基是甲基时，还可以甲苯为母体，此时甲基为1-位，其他烷基的编号原则同上。例如：

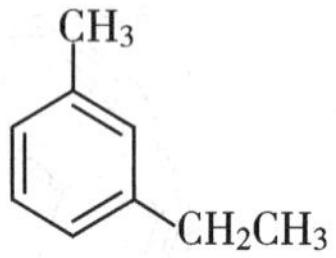

1-甲基-3-乙基苯
1-methyl-3-ethyl benzene
（3-乙基甲苯）

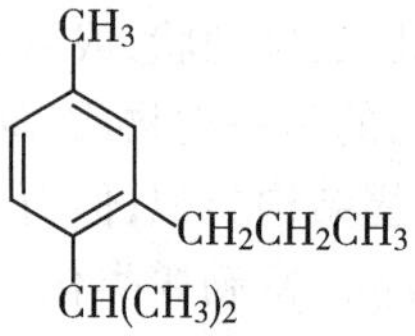

1-甲基-3-正丙基-4-异丙基苯
1-methyl-3-*n*-propyl-4-*iso*-propyl benzene
（3-正丙基-4-异丙基甲苯）

5. **苯环上连有较复杂的烷基或不饱和烃基**　以烷烃或不饱和烃为母体，苯基作为取代基进行命名。例如：

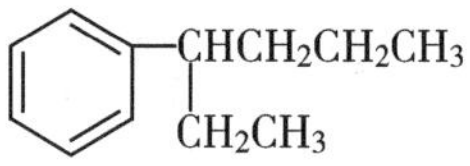

3-苯基己烷 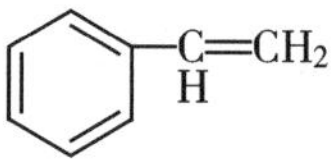　　苯乙烯 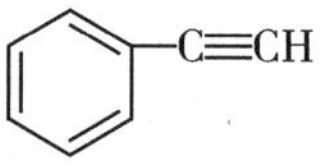　　苯乙炔

6. **分子中含有1个以上苯环**　以烃为母体，苯环作为取代基进行命名。例如：

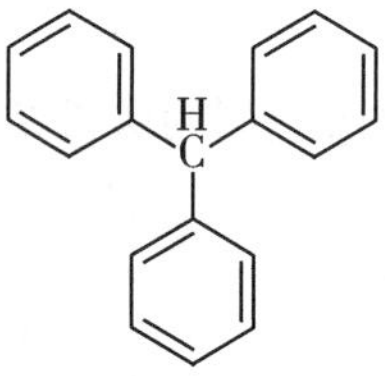

三苯甲烷

7. **芳基的命名**　芳烃分子中去掉1个氢原子后，剩下的基团称为芳基（aryl），可用“Ar—”表示。苯分子去掉1个氢原子后剩下的基团（C_6H_5—）称为苯基（phenyl），也可用“Ph—”表示。甲苯分子中甲基上去掉1个氢原子后得到的基团称为苯甲基或苄基（benzyl）。甲苯分子中苯环上去掉1个氢原子后剩下的基团称为甲苯基，根据失去的氢原子与甲基的相对位置，甲苯基有3种。例如：

单环芳香烃的命名

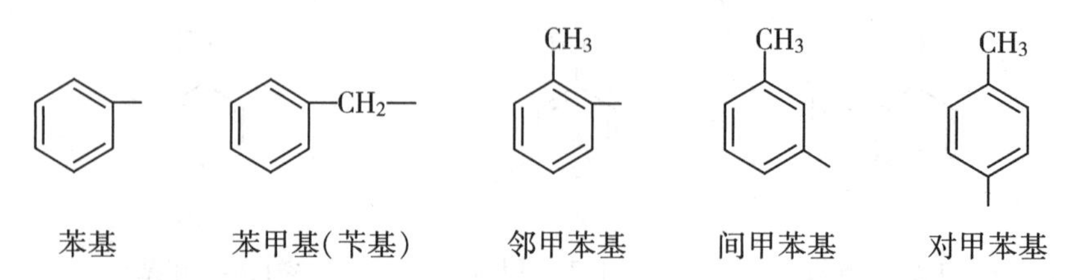

苯基　　苯甲基（苄基）　　邻甲苯基　　间甲苯基　　对甲苯基

三、苯及其同系物的物理性质

苯及其同系物一般为无色液体，均不溶于水，易溶于乙醚、四氯化碳等有机溶剂。密度比水小。在苯的同系物中每增加一个—CH_2—，沸点增加20～30℃，含相同碳原子数的异构体沸点相差不大。熔点不仅取决于相对分子量，也取决于分子的结构，一般来说，对称的分子熔点较高。苯及其同系物

笔记

易燃烧，一般都有毒性，长期吸入它们的蒸气，会损害造血器官和神经系统，因此在使用此类物质时一定要注意采取防护措施。苯及其同系物的物理常数见表4-1。

表4-1　苯及其同系物的物理常数

名称	熔点/℃	沸点/℃	密度/(g·cm^{-3})
苯	5.5	80	0.879
甲苯	-95	111	0.866
邻二甲苯	-25	144	0.880
间二甲苯	-48	139	0.864
对二甲苯	13	138	0.861
连三甲苯	-25	176	0.894
偏三甲苯	-44	169	0.889
均三甲苯	-45	165	0.864

四、苯及其同系物的化学性质

苯及其同系物都有苯环这个稳定的共轭体系，都具有芳香性，所以它们的化学性质一般发生在苯环及其附近，主要涉及苯环上C—H键断裂的取代反应、苯环侧链上α-H的活性引发的氧化反应、取代反应等。主要表现如下：

亲电取代反应
氧化反应
自由基取代反应
加成反应

（一）亲电取代反应

苯环的π电子云分布在环平面的上、下方，容易受到亲电试剂的进攻而发生苯环上的氢原子被取代的反应，因此苯环上的取代反应属于亲电取代反应(electrophilic substitution reaction)。

苯环的亲电取代反应历程可用以下通式表示：

$$C_6H_6 + E^+ \xrightarrow{慢} [C_6H_6E]^+ \xrightarrow[快]{-H^+} C_6H_5E$$

正碳离子中间体

亲电取代反应历程分两步进行。第一步：亲电试剂（带正电荷或缺电子的试剂，E^+）进攻苯环，获取1对π电子，与苯环上的1个碳原子以σ键连接，形成正碳离子中间体。此时，与亲电试剂连接的碳原子由原来的sp^2杂化变为sp^3杂化，苯环上剩下的4个π电子在其他5个碳原子组成的共轭体系中离域。正碳离子中间体是3个共振式的杂化体，不稳定。在亲电取代反应历程的第一步中，由1个稳定的苯环结构变成不稳定的碳正离子中间体，需要的活化能较大，反应速率慢，是决定整个亲电取代反应速率的一步。第二步：碳正离子中间体很快失去质子，需要的活化能较小，反应速率很快，发生亲电取代反应。

第一步：

$$C_6H_6 + E^+ \underset{}{\overset{慢}{\rightleftharpoons}} [C_6H_6E]^+$$

第二步：

$$\text{(σ-络合物, E, H)} + A^- \xrightarrow{\text{快}} C_6H_5{-}E + HA$$

1. 卤代反应　在催化剂（FeX_3 或 Fe 粉）存在下，苯与卤素作用，苯环上的氢原子被卤素（—X）取代生成卤苯，此反应称为卤代反应（halogenation reaction）。例如：

$$C_6H_6 + Cl_2 \xrightarrow[55\sim60℃]{FeCl_3\text{或}Fe} C_6H_5Cl + HCl$$

氯苯

$$C_6H_6 + Br_2 \xrightarrow[55\sim60℃]{FeBr_3\text{或}Fe} C_6H_5Br + HBr$$

溴苯

在卤代反应中，卤素的活性顺序为 $F_2>Cl_2>Br_2>I_2$。其中，氟代反应非常剧烈，不易控制；碘代反应不完全且速率太慢，所以此反应多用于制备氯苯和溴苯。

以苯的氯代为例，反应历程如下所示。首先，氯分子在三氯化铁的作用下生成带正电荷的亲电试剂 Cl^+ 和带负电荷的配离子 $[FeCl_4]^-$。其次，Cl^+ 进攻苯环生成正碳离子中间体。最后，正碳离子中间体失去 1 个 H^+，生成氯苯。

$$Cl_2 + FeCl_3 \longrightarrow Cl^+ + [FeCl_4]^-$$

$$Cl^+ + C_6H_6 \underset{}{\overset{\text{慢}}{\rightleftharpoons}} \text{(正碳离子中间体, Cl, H)}$$

$$\text{(正碳离子中间体, Cl, H)} + [FeCl_4]^- \xrightarrow{\text{快}} C_6H_5Cl + HCl + FeCl_3$$

烷基苯的卤代反应比苯更容易，主要生成邻位和对位产物。例如：

$$C_6H_5CH_2CH_3 + Cl_2 \xrightarrow{FeCl_3\text{或}Fe} o\text{-}ClC_6H_4CH_2CH_3 + p\text{-}ClC_6H_4CH_2CH_3$$

邻氯乙苯　　对氯乙苯

2. 硝化反应　浓硝酸和浓硫酸的混合物（称为混酸）与苯共热，苯环上的氢原子被硝基（$—NO_2$）取代生成硝基苯，此反应称为硝化反应（nitration reaction）。例如：

$$C_6H_6 + HNO_3(\text{浓}) \xrightarrow[55\sim60℃]{\text{浓}H_2SO_4} C_6H_5NO_2 + H_2O$$

硝基苯

在硝化反应历程中，浓硝酸在浓硫酸作用下首先产生亲电试剂硝基正离子 NO_2^+：

$$HNO_3 + H_2SO_4 \rightleftharpoons NO_2^+ + HSO_4^- + H_2O$$

然后，硝基正离子进攻苯环而发生亲电取代反应。

$$NO_2^+ + C_6H_6 \overset{\text{慢}}{\rightleftharpoons} \text{(正碳离子中间体, } NO_2\text{, H)}$$

$$\text{(正碳离子中间体, } NO_2\text{, H)} + HSO_4^- \xrightarrow{\text{快}} C_6H_5NO_2 + H_2SO_4$$

在增加硝酸浓度和提高反应温度的条件下，硝基苯可进一步硝化，主要生成间二硝基苯。例如：

$$C_6H_5NO_2 + HNO_3(\text{发烟}) \xrightarrow[95\sim100℃]{\text{浓}H_2SO_4} C_6H_4(NO_2)_2 + H_2O$$

间二硝基苯

烷基苯的硝化反应比苯更容易，主要生成邻位和对位产物。例如：

$$C_6H_5CH_2CH_3 + HNO_3(\text{浓}) \xrightarrow[20\sim30℃]{\text{浓}H_2SO_4} o\text{-}CH_3CH_2C_6H_4NO_2 + p\text{-}CH_3CH_2C_6H_4NO_2$$

邻硝基乙苯　对硝基乙苯

3. 磺化反应　苯与浓硫酸或发烟硫酸作用，苯环上的氢原子被磺酸基（$—SO_3H$）取代生成苯磺酸，此反应称为磺化反应（sulfonation reaction）。例如：

$$C_6H_6 + H_2SO_4(\text{浓}) \underset{110℃}{\rightleftharpoons} C_6H_5SO_3H + H_2O$$

苯磺酸

在磺化反应历程中，亲电试剂是三氧化硫 SO_3。

$$2H_2SO_4 \rightleftharpoons SO_3 + HSO_4^- + H_3O^+$$

$$C_6H_6 + \overset{\delta^+}{S}O_2{=}\overset{\delta^-}{O} \overset{\text{慢}}{\rightleftharpoons} [C_6H_6SO_3^-]^+ \ (\text{含}SO_3^-\text{和}H\text{的碳正离子中间体})$$

$$[C_6H_6SO_3^-]^+ + HSO_4^- \overset{\text{快}}{\rightleftharpoons} C_6H_5SO_3^- + H_2SO_4$$

$$C_6H_5SO_3^- + H_3O^+ \overset{\text{快}}{\rightleftharpoons} C_6H_5SO_3H + H_2O$$

磺化反应是可逆反应，苯磺酸遇到过热水蒸气可以发生水解反应，生成苯和稀硫酸。当在更高温度的条件下，苯磺酸可进一步磺化，主要得到间苯二磺酸。例如：

$$C_6H_5SO_3H + H_2O \overset{H+}{\rightleftharpoons} C_6H_6 + H_2SO_4$$

$$C_6H_5SO_3H + H_2SO_4(\text{浓}) \underset{220\sim230℃}{\rightleftharpoons} m\text{-}C_6H_4(SO_3H)_2$$

间苯二磺酸

烷基苯的磺化反应比苯更容易，在室温下就能与浓硫酸反应，主要得到邻位和对位产物。例如：

$$C_6H_5CH_2CH_3 + H_2SO_4(\text{浓}) \longrightarrow o\text{-}CH_3CH_2C_6H_4SO_3H + p\text{-}CH_3CH_2C_6H_4SO_3H$$

邻乙苯磺酸　对乙苯磺酸

苯磺酸易溶于水，可以将一些水溶性较差的芳香类药物通过磺化反应，在分子上引入磺酸基（$—SO_3H$），再变成磺酸的钠盐（$—SO_3Na$），以增加此类药物的水溶性。在有机合成中，常利用磺化反应的可逆性，把磺酸基作为临时占位基团，以得到所需要的产物。

4. 傅-克反应　在无水 $AlCl_3$ 等催化剂的存在下，苯与卤代烷作用，苯环上的氢原子被烷基（—R）取代生成烷基苯，此反应称为傅-克烷基化反应（Friedel-Crafts alkylation reaction）。例如：

$$C_6H_6 + CH_3CH_2Cl \xrightarrow[25℃]{AlCl_3} C_6H_5-CH_2CH_3 + HCl$$

乙苯

在傅-克烷基化反应历程中，卤代烷在三氯化铝的作用下产生亲电试剂烷基正离子 R^+。以氯乙烷与苯反应为例：

$$CH_3CH_2Cl + AlCl_3 \rightleftharpoons CH_3CH_2^+ + [AlCl_4]^-$$

$$CH_3CH_2^+ + C_6H_6 \underset{}{\overset{慢}{\rightleftharpoons}} [C_6H_6(CH_2CH_3)]^+$$

$$[C_6H_6(CH_2CH_3)]^+ + [AlCl_4]^- \xrightarrow{快} C_6H_5-CH_2CH_3 + AlCl_3 + HCl$$

若卤代烷含有 3 个或 3 个以上碳原子时，反应中常发生烷基的异构化。例如，1-溴丙烷与苯反应主要产物是异丙苯。

$$C_6H_6 + CH_3CH_2CH_2Br \xrightarrow{AlCl_3} C_6H_5-CH(CH_3)_2 + C_6H_5-CH_2CH_2CH_3$$

异丙苯(65%)　　正丙苯(35%)

在工业生产中常用易得的醇和烯代替价格较为昂贵的卤代烷来制备烷基苯。

在无水 $AlCl_3$ 等催化剂的存在下，苯与酰卤或酸酐作用，苯环上的氢原子被酰基（—COR）取代生成芳香酮，此反应称为傅-克酰基化反应（Friedel-Crafts acylation reaction）。例如：

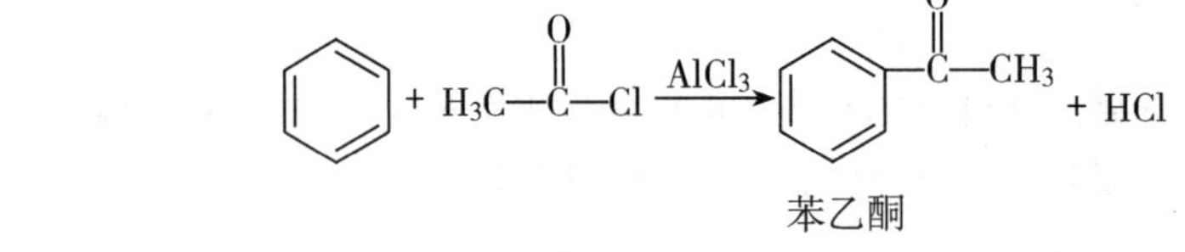

苯乙酮

苯的亲电取代

傅-克烷基化反应和傅-克酰基化反应统称为 Friedel-Crafts 反应，简称傅-克反应。这是苯环上引入支链最重要的手段，在有机合成中应用很广。当苯环上连接有强的吸电子基团（如$—NO_2$、$—SO_3H$ 等）时，苯环活性降低，通常难以发生傅-克反应。

（二）加成反应

与烯烃相比，苯不易发生加成反应，但是在有催化剂和高温、高压等特殊条件下，也能与 H_2、X_2 等加成。

1. 加氢　用镍作催化剂，在高温、加压的条件下，苯和 3 分子氢发生加成反应，生成环己烷。例如：

$$C_6H_6 + 3H_2 \xrightarrow[400\sim500°C]{Ni} C_6H_{12}$$

环己烷

2. 加氯　在紫外光或高温条件下，苯和 3 分子氯发生加成反应，生成六氯环己烷。例如：

$$C_6H_6 + 3Cl_2 \xrightarrow{\text{光照}} C_6H_6Cl_6$$

六氯环己烷

六氯环己烷俗称“六六六”，曾是一种杀虫剂，因其残毒较大，又不易分解，在我国已禁止使用。

（三）烷基苯侧链上的反应

1. 侧链卤代反应　当无催化剂存在时，在紫外光或高温条件下，烷基苯与卤素作用，不是发生苯环上的氢原子被取代，而是发生苯环侧链 α-碳上的氢原子被卤素取代。苯环侧链的卤代反应属于自由基取代反应（free radical substitution reaction）。例如：

$$C_6H_5-CH_2CH_3 + Cl_2 \xrightarrow[\text{或加热}]{\text{光照}} C_6H_5-CHClCH_3 + HCl$$

1-氯-1-苯基乙烷

2. 烷基苯的氧化反应　苯环比较稳定，难以被氧化，但苯环侧链上含 α-H 时，侧链就能被氧化剂如酸性高锰酸钾或酸性重铬酸钾溶液氧化。一般来说，不论碳链长短，最终都只保留 1 个碳原子，氧化成苯甲酸。例如：

$$C_6H_5-CH_3 \xrightarrow[\triangle]{KMnO_4/H^+} C_6H_5-COOH$$

$$C_6H_5-CH_2CH_2CH_2CH_3 \xrightarrow[\triangle]{KMnO_4/H^+} C_6H_5-COOH$$

苯甲酸

若苯环上有 2 个含 α-H 的烷基，可被氧化成二元羧酸。例如：

$$m\text{-}C_6H_4(CH_2CH_3)(CH(CH_3)_2) \xrightarrow[\triangle]{KMnO_4/H^+} m\text{-}C_6H_4(COOH)_2$$

间苯二甲酸

若苯环上没有含 α-H 的烷基，一般不能被氧化。例如：

$$C_6H_5-C(CH_3)_3 \xrightarrow[\triangle]{KMnO_4/H^+} \text{不反应}$$

所以，可利用此反应鉴别含 α-H 的烷基苯和不含 α-H 的烷基苯。

虽然苯环不易被氧化，但在高温和有催化剂等较剧烈的条件下，也可以被氧化。例如：

$$C_6H_6 \xrightarrow[400\sim500°C]{O_2, V_2O_5} \text{顺丁烯二酸酐}$$

顺丁烯二酸酐

五、苯环上取代基的定位效应及其应用

（一）定位规则

当苯环上引入第 1 个取代基时，由于苯环上 6 个氢原子是等同的，所以苯的一元取代产物不产生

异构体。但是,当苯环上已有 1 个取代基之后,再引入第 2 个取代基时,从理论上来讲它可能有 3 种位置:第 1 个取代基的邻位、间位、对位。

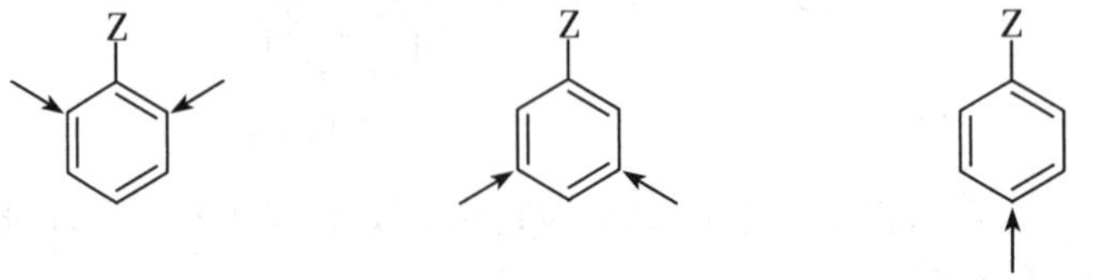

邻位(40%)　　间位(40%)　　对位(20%)

若按照统计学处理,邻位产物为 40%,间位产物为 40%,对位产物为 20%。但实际反应中并不按此比例进行,如硝基苯的硝化,得到 93%以上的间二硝基苯,而苯酚的硝化则得到几乎 100%的邻硝基苯酚和对硝基苯酚。可见,第 2 个取代基引入的位置取决于苯环上原有的取代基,故将苯环上原有的取代基称为定位基。定位基的这种影响就称为定位效应。根据定位效应的不同,定位基可分为邻、对位定位基和间位定位基两类。

1. 邻、对位定位基　又称为第一类定位基,它能使新引入的取代基进入其邻位和对位,同时使苯环活化(卤素除外)。邻、对位定位基的结构特点是定位基中与苯环直接相连的原子都是饱和的,且大多带有孤对电子或负电荷。常见的邻、对位定位基(按由强至弱排列):$-NR_2>-NHR>-NH_2>-OH>-OR>-NHCOR>-OCOR>-R>-Ar>-X$。

2. 间位定位基　又称为第二类定位基,它能使新引入的取代基进入其间位,同时使苯环钝化。间位定位基的结构特点是定位基中与苯环直接相连的原子都是不饱和的或带正电荷。常见的间位定位基(按由强至弱排列):$-N^+R_3>-NO_2>-CN>-SO_3H>-CHO>-COR>-COOH$。

3. 苯环上已有 2 个取代基的定位效应

(1) 当原有的 2 个取代基的定位效应一致:第 3 个取代基进入苯环的位置由 2 个取代基共同的定位效应来决定。例如:

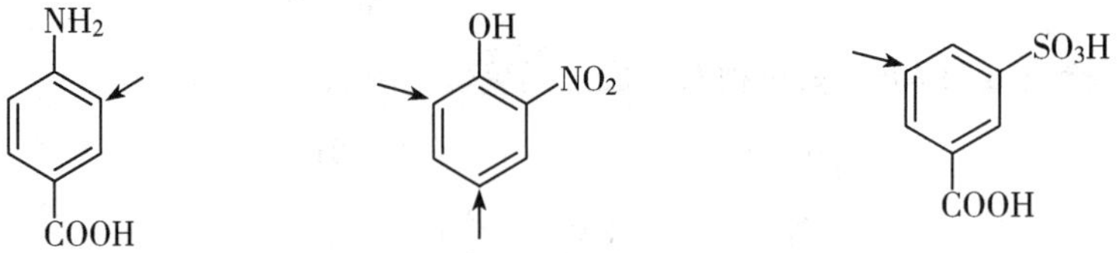

(2) 当原有的 2 个取代基的定位效应不一致:又可分为两种情况。

1) 原有的 2 个取代基属于同一类定位基:第 3 个取代基进入苯环的位置要由定位效应强的取代基来决定。例如:

2) 原有的 2 个取代基属于不同类型定位基:第 3 个取代基进入苯环的位置一般由邻、对位定位基来决定。例如:

以上只是一般规律,在实际应用中还要考虑取代基的空间位阻作用。因为空间位阻作用的影响,使新引入的取代基不易进入 2 个定位基中间的位置。

(二) 定位规则的理论解释

苯环是 1 个闭合的共轭体系,π 电子云密度完全平均分布。但当苯环上引入 1 个取代基后,由于取代基的影响，使苯环上电子云密度分布的发生变化。在整个苯环的闭合共轭体系中出现了电子云密度较大和较小的现象，从而使各个位置进行亲电取代反应时，难易程度有所不同。定位基对苯环的影响可通过电子效应（诱导效应和共轭效应）和立体效应来进行解释。

1. 邻、对位定位基的影响

（1）甲基（$—CH_3$）：是给电子基，通过给电子诱导效应（+I）使苯环上的电子云密度增加，从而使苯环活化。给电子诱导效应沿共轭体系较多地传递给甲基的邻、对位，使其电子云密度比间位的要大，所以当发生亲电取代反应时，主要生成甲基的邻、对位产物。

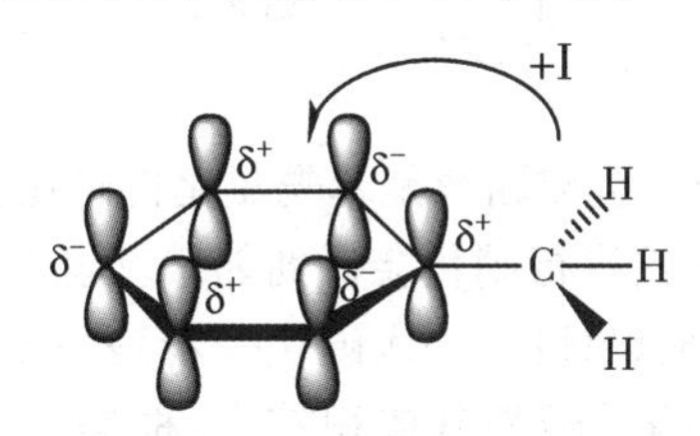

（2）羟基（—OH）：是吸电子基，通过吸电子诱导效应（-I）使苯环上的电子云密度降低；同时羟基中的氧原子 p 轨道上的孤对电子与苯环形成 p-π 共轭体系，具有给电子共轭效应（+C）。两者相互矛盾，在这里给电子共轭效应起主导作用，所以总的结果使苯环上的电子云密度增大，从而使苯环活化。并且羟基的邻、对位电子云密度增加地较多，使其电子云密度比间位的要大，所以当发生亲电取代反应时，主要生成羟基的邻、对位产物。烷氧基（—OR）、氨基（$—NH_2$）的情况与羟基类似。

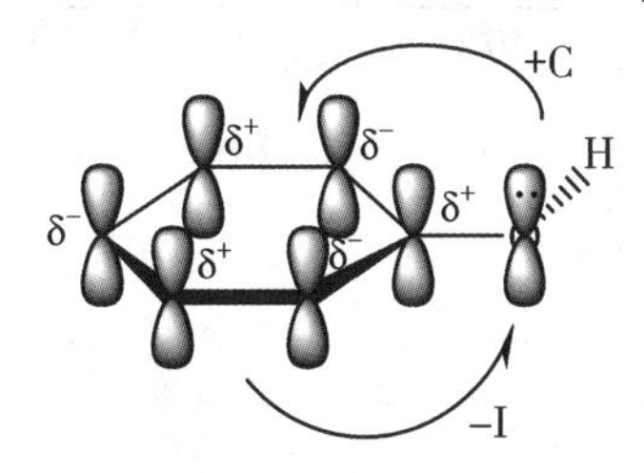

（3）卤素（—X）：是强吸电子基，通过吸电子诱导效应（-I）使苯环上的电子云密度降低；同时卤素原子 p 轨道上的未共用电子对与苯环形成 p-π 共轭体系，具有给电子共轭效应（+C）。与羟基不同的是，卤素的吸电子诱导效应起主导作用，所以总的结果使苯环上的电子云密度降低，从而使苯环钝化。而给电子共轭效应又会使卤素的邻、对位电子云密度比间位的要大，所以当发生亲电取代反应时，主要生成卤素的邻、对位产物。以氯苯为例。

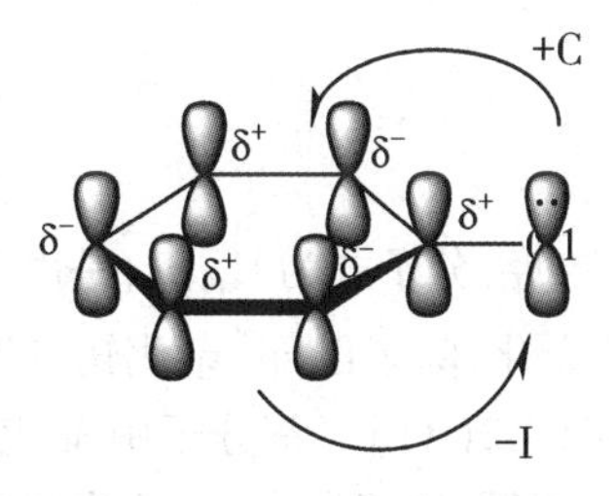

2. 间位定位基的影响　间位定位基中与苯环直接相连的原子大多数是不饱和的。以硝基为例，硝基（$—NO_2$）是吸电子基，当硝基连接在苯环上时，通过吸电子诱导效应（-I）和吸电子 π-π 共轭效应（-C），使苯环电子云密度降低，从而使苯环钝化。并且硝基的邻、对位电子云密度降低更多，使硝基的间位电子云密度比邻、对位的要大，所以当发生亲电取代反应时，主要生成硝基的间位产物。氰基（—CN）、磺酸基（$—SO_3H$）、醛基（—CHO）等情况与硝基类似。带正电荷的取代基也会使苯环钝化。

苯环亲电反应的定位规则

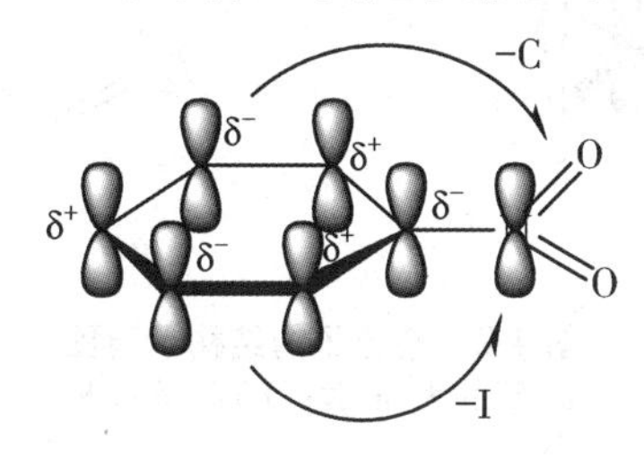

（三）定位规则的应用

应用定位基的定位规则可以预测苯环取代反应的主要产物，所以在设计和合成苯的衍生物时，定位规则具有重要的指导作用。例如：

1. 以甲苯为原料制备间硝基苯甲酸　合成路线是甲苯先氧化再硝化。

$$\text{甲苯}(CH_3) \xrightarrow[\triangle]{KMnO_4/H^+} \text{苯甲酸}(COOH) \xrightarrow[55\sim60°C]{\text{浓}HNO_3/\text{浓}H_2SO_4} \text{间硝基苯甲酸}(COOH,\ NO_2)$$

2. 以苯为原料制备邻硝基氯苯　合成路线是苯先氯化再磺化，然后硝化，最后利用水解反应脱去磺酸基，得到目标产物。如果氯苯直接进行硝化会得到邻硝基氯苯和对硝基氯苯两种产物，要想制得目标产物还需要进行分离。在此合成设计中，加入磺化一步是利用了磺化反应的可逆性，先用磺酸基（$—SO_3H$）占据氯原子的对位，这是因为磺酸基体积较大，根据空间位阻作用，对氯苯磺酸是主要产物，并且加入磺酸基后，2 个定位基的定位效应是一致的，然后经过硝化再水解得到目标产物，避免了分离这一步。

$$\text{苯} \xrightarrow[Fe\text{或}FeCl_3]{Cl_2} \text{氯苯}(Cl) \underset{110°C}{\overset{\text{浓}H_2SO_4}{\rightleftharpoons}} \text{对氯苯磺酸}(Cl,\ SO_3H) \xrightarrow[55\sim60°C]{\text{浓}HNO_3/\text{浓}H_2SO_4} (Cl,\ NO_2,\ SO_3H) \xrightarrow{H_2O/H^+} \text{邻硝基氯苯}(Cl,\ NO_2)$$

第二节　稠 环 芳 烃

稠环芳烃是指分子中含有 2 个或 2 个以上苯环，环和环之间通过共用 2 个相邻碳原子稠合而成的多环芳香烃。重要的稠环芳烃有萘、蒽、菲，它们是合成染料、药物的重要原料。

一、萘

（一）萘的结构和命名

萘（naphthalene）是最简单的稠环芳烃，分子式为 $C_{10}H_8$，是由 2 个苯环共用 2 个相邻碳原子稠合而成。在萘分子中，每个碳原子均为 sp^2 杂化，除了以 sp^2 杂化轨道形成 C—C σ 键外，各碳原子还以 p 轨道侧面重叠形成闭合的共轭大 π 键[图 4-2（a）]。萘分子中 π 电子处于离域状态，具有芳香性，但与苯不同的是，萘分子 π 电子云平均化程度不如苯那么高，这也可以从萘的 C—C 键的键长上看出[图 4-2（b）]。

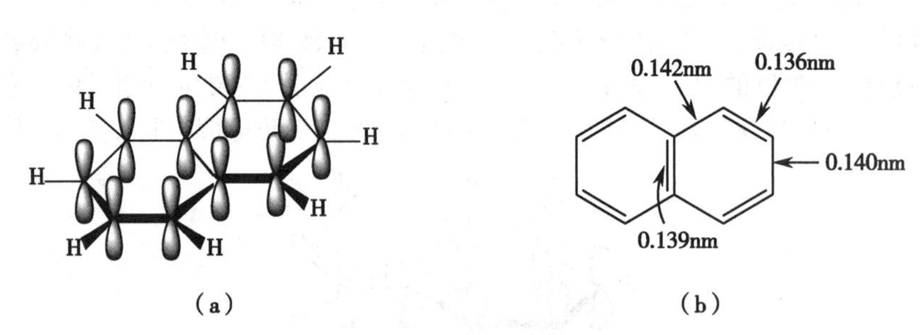

图 4-2　萘分子的结构示意图
（a）萘的大 π 键；（b）碳碳键长。

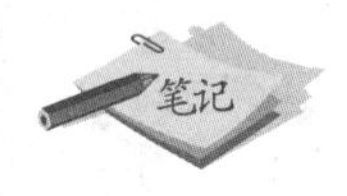

萘分子中碳原子的位次编号如下所示：

(α)8　(α)1　(β)7　2(β)　(β)6　3(β)　5(α)　4(α)

其中，1、4、5、8 位是等同的，又称为 α 位碳原子，2、3、6、7 位是等同的，又称为 β 位碳原子。因此，萘的一元取代物有 α-取代物和 β-取代物两种位置异构体。

命名时可以用阿拉伯数字标明取代基的位置，也可以用希腊字母标明取代基的位置。例如：

1-氯萘（α-氯萘）　　2-萘磺酸（β-萘磺酸）

（二）萘的物理性质

萘为白色片状结晶，熔点 80.5℃，沸点 218℃，有特殊气味，易升华，不溶于水，易溶于乙醇、乙醚等有机溶剂，常用作防蛀剂。萘可从煤焦油中分离得到，是重要的化工原料，主要用途是生产邻苯二甲酸酐。

（三）萘的化学性质

萘具有芳香烃的一般特性，但萘的电子云密度平均化不如苯，其化学性质比苯要活泼，取代反应、加成反应、氧化反应都比苯更容易进行。

1. 取代反应　萘环上 α-位的电子云密度要比 β-位的大，所以发生取代反应时，主要得到 α-位取代产物。

（1）卤代反应：萘在 $FeCl_3$ 的催化下，与卤素反应，主要生成 α-卤萘。萘的卤代反应主要有氯代反应和溴代反应。例如：

$$+ Cl_2 \xrightarrow[\triangle]{FeCl_3}$$

α-氯萘(70%)

（2）硝化反应：萘与混酸（HNO_3 和 H_2SO_4）在常温下即可反应，主要生成 α-硝基萘。例如：

$$\xrightarrow[25°C]{HNO_3/H_2SO_4}$$

α-硝基萘(95%)

（3）磺化反应：萘与浓硫酸反应，温度不同时，所得产物不同。低温时主要生成 α-萘磺酸；高温时则主要生成 β-萘磺酸，这是因为磺酸基体积较大，α-位的取代反应具有较大的空间位阻。磺化反应是一个可逆反应。例如：

H_2SO_4，80°C → α-萘磺酸(96%)

H_2SO_4，165°C → β-萘磺酸(85%)

160°C

2. 加成反应　萘易发生加成反应，在不同的条件下催化加氢，可生成不同的加成产物。例如：

$+ H_2$

Ni,140~160°C,300kPa
或Pd-C,加压，加热
四氢化萘

Ni,200°C,1 000~3 000kPa
或Pd-C,加压，加热
十氢化萘

3. 氧化反应　萘比苯更容易被氧化，在下列条件下，萘可被氧化成邻苯二甲酸酐。这是工业上生产邻苯二甲酸酐的方法之一。

O_2,V_2O_5
400~500°C

邻苯二甲酸酐

二、其他稠环芳烃

（一）蒽和菲

1. 蒽和菲的结构　蒽（anthracene）和菲（phenanthrene）的分子式都为 $C_{14}H_{10}$，由 3 个苯环稠合而成，两者互为同分异构体。它们的结构与萘相似，分子中所有原子都在同一平面，存在着闭合的共轭大 π 键，C—C 键键长和电子云密度同样不能完全平均化。蒽和菲的结构式和碳原子编号如下：

(α) 8　(γ) 9　(α) 1
(β)7　2(β)
(β)6　3(β)
5 (α)　10 (γ)　4 (α)

蒽

1　2　3　4　5　6　7　8　9　10

菲

2. 蒽和菲的性质　蒽和菲存在于煤焦油中。蒽为无色片状晶体，有蓝色荧光，熔点 216℃，沸点 342℃，易升华，不溶于水，也难溶于乙醇和乙醚，但易溶于热苯。菲为无色结晶，熔点 100℃，沸点 340℃，不溶于水，易溶于乙醚和苯中。

蒽和菲的芳香性比苯和萘都要差，容易发生氧化、加成等反应。蒽和菲的 9 位、10 位最活泼，易氧化成醌。也可与卤素反应，所得产物仍保留 2 个完整的苯环。例如：

$KMnO_4$
H_2SO_4

9,10-蒽醌

Br_2

9,10-二溴-9,10-二氢蒽

$KMnO_4$
H_2SO_4
[O]

9,10-菲醌

2,2′-联苯二甲酸

取代 → 9-溴菲（Br）

Br_2

加成 → 9,10-二溴-9,10-二氢菲（Br，Br）

（二）致癌芳烃

致癌芳烃(carcinogenic aromatic hydrocarbon)是指能引起恶性肿瘤的一类多环稠苯芳香烃,大多数是蒽和菲的衍生物。例如:

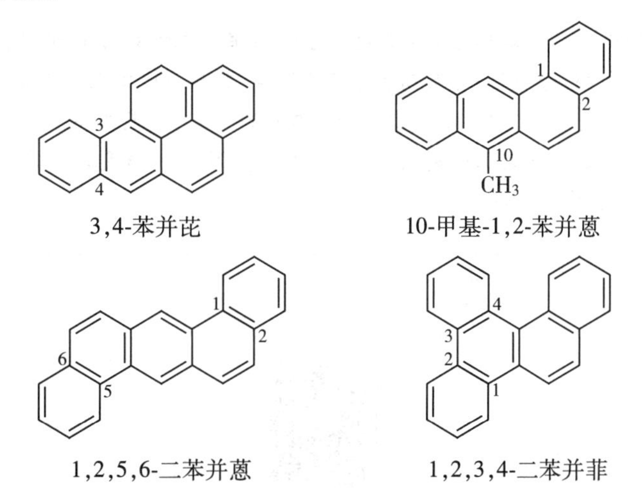

3,4-苯并芘　　10-甲基-1,2-苯并蒽

1,2,5,6-二苯并蒽　　1,2,3,4-二苯并菲

其中,3,4-苯并芘的致癌作用最强。汽车、飞机及各种机动车辆所排出的废气中和香烟的烟雾中均含有多种致癌芳烃。煤的燃烧、干馏以及有机物的燃烧、焦化等也都可以产生此类致癌物质。

第三节　非苯芳烃

前2节讨论的芳香烃都具有苯环,在化学性质上表现出苯环的特殊稳定性,不易发生加成和氧化反应,易发生取代反应,即具有"芳香性"。后来发现许多单环闭合共轭多烯的结构中虽不具有苯环特征,但却具有一定的芳香性。这一类化合物称为非苯型芳香烃,简称非苯芳烃。

一、Hückel规则

1931年德国化学家W. Hückel提出了1个判断芳香体系的规则:1个具有同平面的、闭合共轭体系的环状烯烃,只有当它的π电子数符合通式4n+2(n为0、1、2、3…)的化合物才具有芳香性。这个规则称为休克尔规则(Hückel rule),又称为4n+2规则。只要符合休克尔规则的分子都具有不同程度的芳香性。例如苯,苯具有1个同平面的环状闭合共轭体系,它的π电子数为6,符合休克尔规则,所以苯具有芳香性。同理,萘、蒽、菲等也符合休克尔规则,也都具有芳香性。

二、芳香性离子

某些环状烯烃虽然没有芳香性,但转变成离子(正离子或负离子)后,则可显示芳香性。例如:环丙烯正离子、环戊二烯负离子、环庚三烯正离子和环辛四烯二价负离子。

环丙烯正离子

环戊二烯负离子

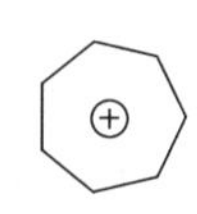

环庚三烯正离子

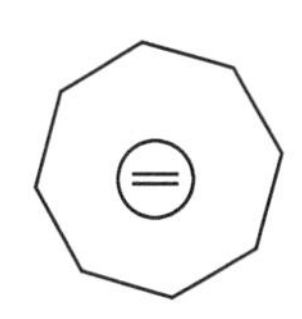

环辛四烯二价负离子

环丙烯分子没有芳香性，当其失去1个氢原子和1个电子后就成为具有2个π电子的环丙烯正离子。环丙烯正离子就是1个π_3^2的环状闭合共轭离子，π电子数符合休克尔规则（n=0），因此具有芳香性。

环戊二烯分子也没有芳香性，当其转变为环戊二烯负离子后，其π电子数由4个转变为6个，形成1个π_5^6的环状闭合共轭离子，π电子数符合休克尔规则（n=1），因此也具有芳香性。

同理，环庚三烯正离子，其π电子数为6，形成1个π_7^6的环状闭合共轭离子，π电子数符合休克尔规则（n=1），而环辛四烯二价负离子，其π电子数为10，形成1个π_8^{10}的环状闭合共轭离子，π电子数符合休克尔规则（n=2），故它们都具有芳香性。

学习小结

1. 注重对所学知识点的理解和应用；多做练习以加深对本章内容的理解和掌握。
2. 基本概念　芳香烃；芳香性；单环芳烃；稠环芳烃；芳基；邻、对位定位基；间位定位基等。
3. 基本知识点　苯的结构；单环芳烃的命名；典型的芳基；苯及其同系物的化学性质（亲电取代反应、加成反应、氧化反应）；定位规则及其应用；萘、蒽、菲的结构及其化学性质（氧化反应、加成反应）；休克尔规则；典型的芳香性离子。

（闫金红）

扫一扫，测一测

思考题

1. 芳香烃是如何分类的？它主要来源于何处？
2. 为什么芳香烃难于发生亲电加成反应，而易于发生亲电取代反应？什么是亲电取代反应？
3. 芳香烃的取代基分为几类？各有什么特点？
4. 一个化合物具有芳香性必须具备哪些条件？

第五章 立体化学基础

学习目标

1. 掌握分子结构与分子旋光性的关系；对映异构体、外消旋体等概念。
2. 熟悉偏振光、旋光性、比旋光度、手性碳原子、手性分子等基本概念；对映异构体构型的表示方法和命名。
3. 了解无手性碳原子的旋光异构现象；手性分子的形成和外消旋体的拆分；手性药物的生理活性和药理作用。

对映异构（enantiomers）又称旋光异构（optical isomerism）或是光学异构（optical isomerism），是由旋光性的不同而产生的立体异构现象。而物质的旋光性与生理、病理、药理现象有密切关系，自然界中的很多物质都存在着对映异构现象，尤其在生物体内有重要生理活性物质的特殊性质与旋光性有关。例如组成人体蛋白质的氨基酸以及人体所需的糖类物质等，都存在着对映异构现象。

第一节 偏振光和旋光性

一、偏振光和物质的旋光性

光（自然光）是一种电磁波，其振动方向垂直于光波前进的方向。自然光含有各种波长的光线而组成的光束，可在与前进方向垂直的各个平面上任意方向振动（图 5-1）。

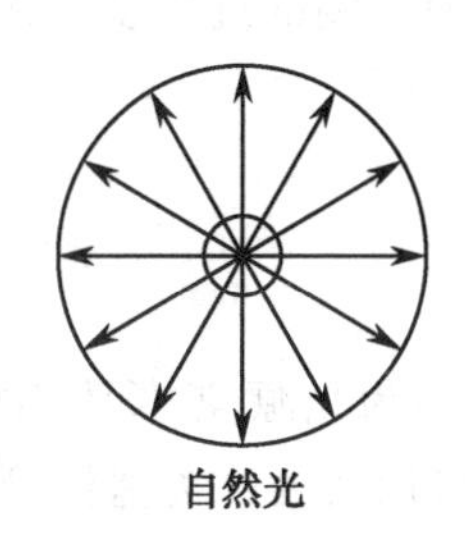

图 5-1 光振动平面示意图

当自然光通过一种由冰晶石制成的尼科尔（Nicol）棱镜时，只有振动方向与棱镜晶轴方向相一致的光线才能透过，透过棱镜的光就只在某一个平面方向上振动，这种光称为平面偏振光，简称偏振光（polarized light）。偏振光振动的平面称为偏振面。凡能使偏振光的偏振面旋转的性质称为旋光性（optical rotation）。具有旋光性的物质称为旋光性物质。

自然界中有许多物质具有使偏振光的偏振面发生改变的这种旋光现象，这样的物质具有旋光性或光学活性。例如，在两个晶轴相互平行的尼科尔棱镜之间放入乙醇（ethanol）、丙酮（acetone）等物质时，通过第二个尼科尔棱镜观察仍能见到最大强度的光，视场光强不变，说明它们不具有旋光性；但在两个尼科尔棱镜之间放入葡萄糖（glucose）、果糖（fructose）或乳糖（lactose）等物质的溶液时，通过第二个尼科尔棱镜观察，视场光强减弱，只有将第二个尼科尔棱镜向左或向右旋转一定角度后，又能

恢复原来最大强度的光，即葡萄糖、果糖或乳糖将偏振光的偏振面旋转了一定的角度，说明它们具有旋光性。

二、旋光仪

偏振光的偏振面被旋光性物质所旋转的角度称为旋光度(optical rotation)，用 α 表示。测定物质旋光度的仪器称为旋光仪，旋光仪的结构和组成见图 5-2。旋光仪主要由 1 个单色光源、2 个尼科尔棱镜、1 个盛放样品的盛液管和 1 个能旋转的刻度盘组成。其中第 1 个棱镜是固定的，称为起偏镜，第 2 个棱镜可以旋转，称为检偏镜。

图 5-2 中 α 表示旋光度；虚线表示旋转前偏振光的振动方向；实线表示旋转后偏振光的振动方向。

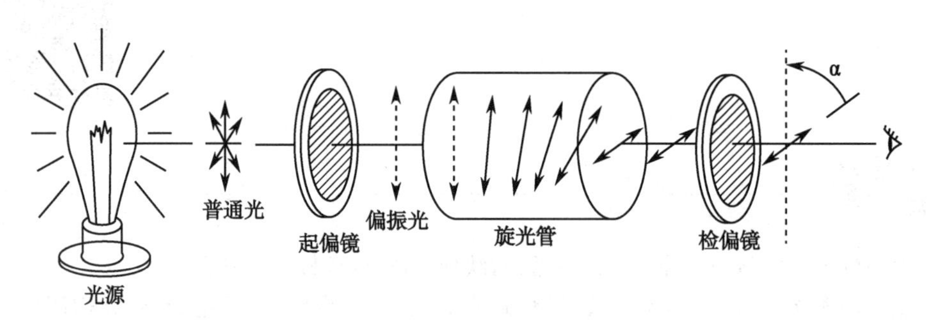

图 5-2　旋光仪结构示意图

测定旋光度时可将被测物质装在盛液管里测定。若被测物质无旋光性，则偏振光通过盛液管后偏振面不被旋转，可以直接通过检偏镜，视场光亮强度不会改变；如果被测物质具有旋光性，则偏振光通过盛液管后，偏振面会被旋转一定的角度(如 5-2 图所示的 α 角)，此时偏振光就不能直接通过检偏镜，视场会变暗；只有检偏镜也旋转相同的角度，才能让旋转了的偏振光全部通过，视场恢复原来的亮度。如果从面对光线射入的方向观察，能使偏振光的偏振面按顺时针方向旋转的旋光性物质称为右旋体，用符号"+"或"d"表示；反之，则称为左旋体，用符号"-"或"l"表示。

三、旋光度和比旋光度

物质的旋光性除了与物质本身的特性有关外，还与测定时所用溶液的浓度、盛液管的长度、测定时的温度、光的波长以及所用溶剂等因素有关。对于某一物质来说，用旋光仪测得的旋光度并不是固定不变的，所以说旋光度不是物质固有的物理常数。因此，为了能比较物质的旋光性能的大小，消除这些不可比因素的影响，通常采用比旋光度$[\alpha]_{\lambda}^{t}$来描述物质的旋光性。比旋光度$[\alpha]_{\lambda}^{t}$是物质固有的物理常数，可以作为鉴定旋光性物质的重要依据。比旋光度定义为：在一定的温度下，盛液管长度为 1dm，待测物质的浓度为 $1g \cdot ml^{-1}$，光源波长为 589nm(即钠光灯的黄线)时所测的旋光度。旋光度与比旋光度之间的关系可用下式表示：

$$[\alpha]_{\lambda}^{t}=\frac{\alpha}{c\times l}$$

式中 t 为测定时的温度(℃)，一般是室温；λ 为光源波长，常用钠光(D)作为光源，波长为 589nm；α 为实验所测得的旋光度(°)；c 为待测溶液的浓度($g \cdot ml^{-1}$)，液体化合物可用密度；l 为盛液管长度(dm)。

比旋光度和物质的熔点、沸点、密度等一样，是重要的物理常数，有关数据可在手册或文献中查到。通过旋光度的测定，可以计算出物质的比旋光度。利用比旋光度可以进行旋光性物质的定性鉴定及含量和纯度的分析。

第二节　对映异构

一、手性分子和旋光性

大家知道，人的左手和右手外形相似，但不能完全重合。如果把左手放到镜面前面，其镜像恰好与右手相同，左右手的关系实际上是实物与镜像的关系，互为对映但不能重合。我们将这种实物与其镜像不能重合的特征称为物质的手性（chiral）。如图 5-3 所示，镜子中右手的镜像［图 5-3（a）］是左手图［5-3（b）］的正面像。自然界中存在许多具有手性的物质。

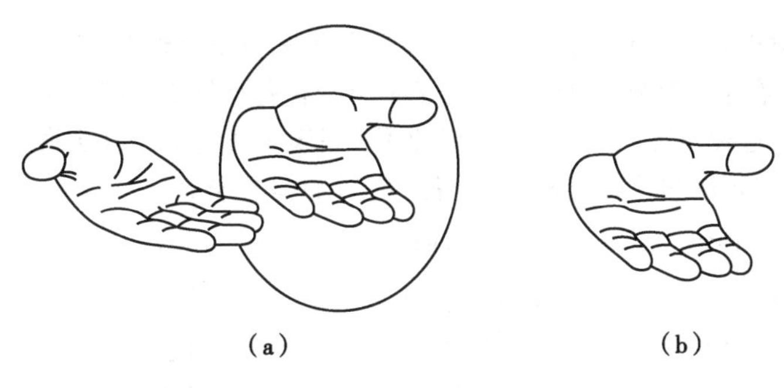

图 5-3　左右手和手性关系

1. 手性分子　自然界中的一些有机化合物的分子存在着实物与镜像不能重合的特性，即手性。我们把这种有手性的分子称为手性分子（chiral molecular），没有手性的分子称为非手性分子。如乳酸（lactic acid）分子、苹果酸（malic acid）分子就是手性分子，而乙醇分子、丙酸（propionic acid）分子等是非手性分子。以乳酸手性分子为例，图 5-4 为两种乳酸分子模型，乳酸分子有两种构型，如同人的左右手一样，相似而又不能重合。

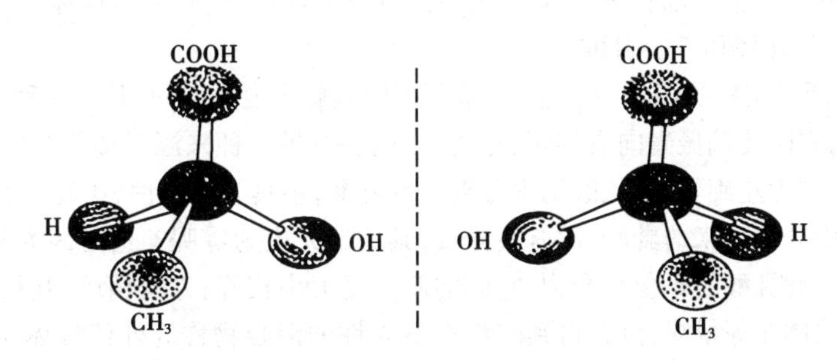

图 5-4　两种乳酸分子的模型

自然界中一部分化合物具有旋光性，而大多数化合物则不具有旋光性，研究结果表明，物质是否具有旋光性与物质分子的结构有关，具有旋光性的物质分子都是手性分子。

判断一个分子是否为手性分子，关键要看该分子中是否存在对称（symmetric）因素，例如看其分子中是否存在对称面或对称中心等，如果在一个分子中找不到任何对称因素，则该分子就是手性分子，具有旋光性。若存在对称因素，该分子都能与自己的镜像相重合，就不具有手性，无旋光性。

对称因素包括对称面、对称中心和对称轴，其中应用较多的是对称面和对称中心。

（1）如果一个分子能被一个假想的平面切分为具有实物和镜像关系的两个平面，则该平面就是分子的对称面（symmetric plane），对称面用符号 σ 表示。如顺-1,2 二氯乙烯具有两个对称面（图 5-5），一个是 6 个原子所在的平面，另一个是通过双键垂直于分子平面的平面。

（2）对称中心是设想分子中有一个点，从分子的任何一原子或基团向该点引一直线并延长出去，在距该点等距离处总会遇到相同的原子或基团，则这个点称为分子的对称中心（symmetric center）。如图 5-6 所示，对称中心用符号 i 表示。

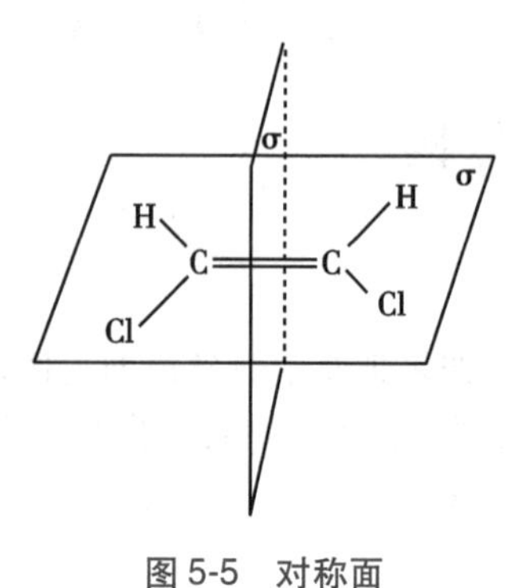

图 5-5　对称面

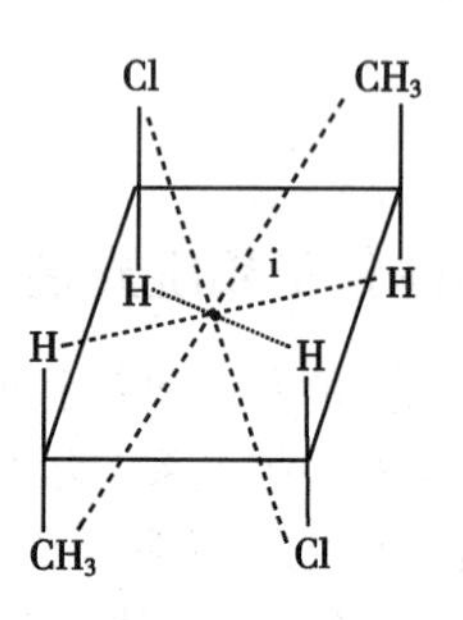

图 5-6　对称中心

一般来说，具有对称面或对称中心的分子是非手性的，该分子无旋光性，也没有旋光异构体。

2. **手性碳原子**　在很多有机化合物手性分子中至少含有这样 1 个碳原子，它与 4 个不同原子或原子团相连接，我们把这种连接 4 个不同原子或原子团的碳原子称为手性碳原子或不对称碳原子，用 C＊表示。例如乳酸、丙氨酸和甘油醛等分子中都含有手性碳原子。

乳酸	丙氨酸	甘油醛
COOH	COOH	CHO
H—C*—OH	H_2N—C*—H	H—C*—OH
CH_3	CH_3	CH_2OH

3. **对映体**　乳酸是具有旋光性的化合物，与手性碳原子相连的 4 个不同原子或原子团，有两种不同的空间排列方式，即有两种不同的构型（图 5-4）。将两种模型分子中的手性碳原子相互重合，再将连在该碳原子上的任何 2 个原子团，如甲基和羧基重合，而剩下的氢原子和羟基则不能重合。正如人的左右手关系一样，相似但又不能重合，互为实物和镜像。我们将这种彼此成实物和镜像关系，不能重合的一对立体异构体，称为对映异构体，简称对映体（enantiomers）。产生对映体的现象称为对映异构现象。由于每个对映异构体都有旋光性，所以又称旋光异构体或光学异构体。一对对映体分为右旋体和左旋体，如（+）-乳酸和（-）-乳酸。

4. **外消旋体**　通过实验我们知道，乳酸的来源不同其旋光度也不同，其中一种来源于人体肌肉剧烈运动之后而产生，它能使偏振光向右旋转，称为右旋乳酸；另一种来源于葡萄糖的发酵而产生，它能使偏振光向左旋转，称为左旋乳酸；从酸奶中分离出的乳酸，不具有旋光性，比旋光度为零。

为什么从酸奶中分离出来的乳酸，没有旋光性，其比旋光度为零呢？这是因为从牛奶发酵得到的乳酸是右旋乳酸和左旋乳酸的等量混合物，它们的旋光度大小相等，方向相反，互相抵消，使旋光性消失的缘故。一对对映体在等量混合后，得到的没有旋光性的混合物称为外消旋体（raceme），用（±）或 dl 表示。如外消旋乳酸，可表示为：（±）-乳酸或 dl-乳酸。

二、含 1 个手性碳原子的化合物

（一）对映异构体构型的表示方法

对映体在结构上的区别仅在于原子或原子团的空间排布方式的不同，用平面结构式无法表示，为了更直观、更简便地表示分子的立体空间结构，一般用费歇尔（Fischer）投影式表示。该方法是将球棍模型按一定的方式放置，然后将其投影到平面上，即得到 1 个平面的式子，这种式子称为费歇尔投影式。投影的具体方法是：将立体模型所代表的主链位于竖线上，将编号小的碳原子写在竖线的上方，指向后方，其余 2 个与手性碳原子连接的横键指向前方，手性碳原子置于纸面中心，用十字交叉线的交叉点表示。按此法进行投影，即可写出费歇尔投影式。例如，乳酸对映异构的模型及投影式如图 5-7。

依费歇尔投影法的规定，可归纳为：①横线和竖线的十字交叉点代表手性碳原子；②横线上连接的原子或原子团代表的是透视式中位于纸面前方的两个原子或原子团；③竖线上连接的原子或原子团代表的是透视式中位于纸面后方的两个原子或原子团。

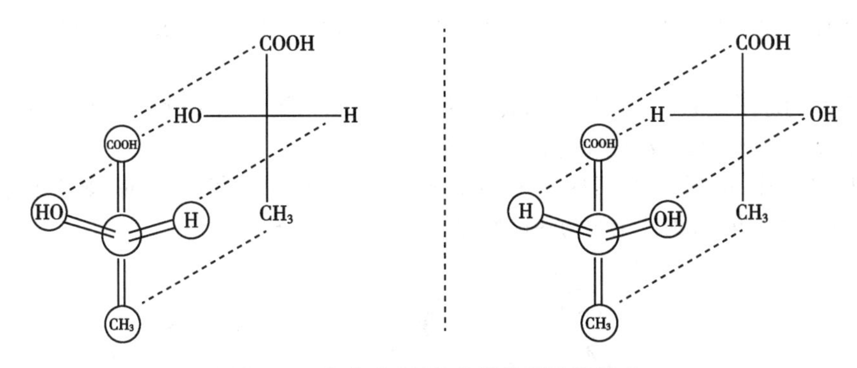

图 5-7　乳酸对映异构体的模型及投影式

（二）对映异构体构型的命名

当 1 个分子中手性碳原子增多时，对映异构体的数目也会增多。1 对对映体中的 2 个异构体之间的差别就在于构型不同，因此，对映体的名称之前应注明其构型。对映体构型的命名有以下两种方法。

1. ***D/L* 构型命名法**　D 是拉丁语 Dextro 的字首，意为“右”；L 是拉丁语 Laevo 的字首，意为“左”。在有机化学发展早期，科学家们还没有实验手段可以测定分子中的原子或原子团在空间的排列状况，为了避免混淆，费歇尔选择了以甘油醛作为标准，对对映异构体的构型作了一种人为的规定。指定（+）-甘油醛的构型用羟基位于右侧的投影式表示，并将这种构型命名为 *D*-构型；（−）-甘油醛的构型用羟基位于左侧的投影式来表示，并将这种构型命名为 *L*-构型。例如：

CHO H—┼—OH CH_2OH	CHO HO—┼—H CH_2OH
D-(+)-甘油醛	*L*-(−)-甘油醛

D-和 *L*-表示构型，而（+）和（−）则表示旋光方向。构型是人为指定的，从模型或投影式都看不出来，而旋光方向能通过旋光仪才能测出。旋光性物质的构型与旋光方向是两个概念，两者之间没有必然的联系和对应关系。所以不能根据旋光方向去判断构型，反之亦然。

在人为规定了甘油醛的构型基础上，就能将其他含手性碳原子的旋光化合物与甘油醛联系起来，以确定这些旋光化合物的构型。例如，将右旋甘油醛的醛基氧化为羧基，再将羟甲基还原为甲基得到乳酸。在上述氧化及还原步骤中，与手性碳原子相连的任何一根化学键都没有断裂，所以与手性碳原子相连的原子团在空间的排列顺序不会改变，因此，这种乳酸也属于 *D* 型。实验测定，右旋乳酸为 *L* 型，而左旋乳酸为 *D* 型。例如：

COOH HO—┼—H CH_3	COOH H—┼—OH CH_3
L-(+)-乳酸	*D*-(−)-乳酸

由于这种确定构型的方法是人为规定的，并不是实际测定的，所以称为相对构型。1951 年魏欧德用 X-射线衍射法，成功的测定了一些对映异构体的真实构型（绝对构型），发现人为规定的甘油醛的相对构型，恰好与真实情况完全相符，所以相对构型就成为它的绝对构型。

现在 *D/L* 构型命名法主要用于糖类和氨基酸等构型的命名。

由于 *D/L* 构型命名法只适用于表示 1 个手性碳原子的化合物，对于含有多个手性碳原子的化合物，该方法具有局限性，使用不方便。所以国际纯粹和应用化学联合会（IUPAC）建议采用了 *R/S* 构型命名法。

2. ***R/S* 构型命名法**　*R/S* 构型命名法是目前广泛使用的一种命名方法。该方法不需要与其他化合物联系比较，而是对分子中每个手性碳原子的构型直接命名。其命名规则和步骤如下：

（1）将手性碳原子上的 4 个原子或原子团（以 a、b、c、d 代表 4 个原子或原子团）按次序规则从大到小排序：a>b>c>d。

（2）将最小的原子或原子团 d 摆在离观察者最远的位置，视线与手性碳原子与原子或原子团 d 保持在一条直线上，其他原子或原子团朝着观察者。

（3）最后按 a→b→c 画圆，并观察 a→b→c 的排列顺序，如果为顺时针方向，则该化合物的构型为 *R* 构型，如果为逆时针方向，则该化合物的构型为 *S* 构型，如图 5-8。

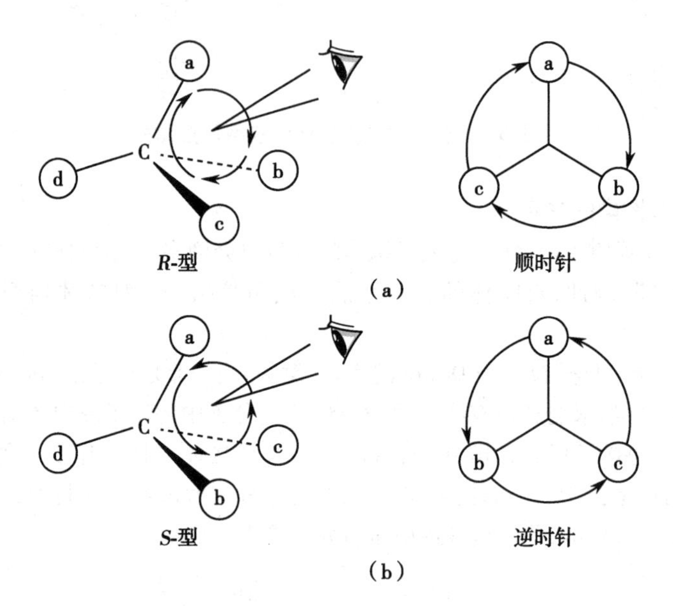

图 5-8　*R*/*S* 构型命名法

例如用 *R*/*S* 构型命名法分别命名 *D*-(+)-甘油醛和 *L*-(−)-甘油醛的构型。

在 *D*-(+)-甘油醛分子中，与手性碳原子相连的 4 个基团由大到小的顺序为：—OH>—CHO>CH_2OH>—H，则以氢原子为四面体的顶端，底部的 3 个角是 OH、—CHO、CH_2OH，它们是接顺时针方向依次排列，所以是 *R*-构型。

CHO
H—┼—OH ≡ H——C（CHO、OH、CH_2OH）←视线方向
CH_2OH

D-(+)-甘油醛　　*R*-构型

L-(−)-甘油醛分子中，底部的 3 个角 OH、—CHO、CH_2OH，按逆时针方向依次排列，所以是 *S*-构型。

视线方向→（OHC、HO、HOH_2C）C——H ≡ HO—┼—H
CHO / CH_2OH

S-构型　　*L*-(−)-甘油醛

对费歇尔投影式可直接确定其 *R*、*S* 构型，规则为：①当最小基团 d 处于横键的左、右端时，a→b→c 顺时针方向排列的为 *S*-构型，逆时针方向排列的为 *R*-构型；②当最小基团 d 处于竖键的上、下端时，a→b→c 顺时针方向排列的为 *R*-构型，逆时针方向排列的为 *S*-构型。

例如乳酸：

COOH
|
H—C*—OH
|
CH_3

乳酸分子只含有 1 个手性碳，所连接的 4 个原子或原子团按次序规则排列成序：—OH>—COOH>CH_3>—H，其对映体为：

S-乳酸　　*R*-乳酸

直接根据投影式确定构型时，应该注意投影式中竖直方向的原子或原子团是伸向纸面后方，而水平方向的原子或原子团伸向纸面前方。此外，*D*/L 构型和 *R*/*S* 构型是两种不同的构型命名法，它们之间不存在固定的对应关系，化合物的构型和旋光方向之间也不存在固定的对应关系。

三、无手性碳原子的旋光异构现象

大多数具有旋光性的化合物分子内都存在手性碳原子，但还有一些化合物虽不含手性碳原子，就整个分子而言却包含了手性因素，使其与它的镜像不能重合，导致产生一对对映体。也就是说，有些旋光物质的分子中不含手性碳原子。下面列举两类实例：

1. 丙二烯型化合物　丙二烯类化合物(>C═C═C<)的结构特点是与中心碳原子相连的两个 π 键所处的平面彼此相互垂直。当丙二烯双键两端碳原子上各连有不同的取代基时，分子没有对称面和对称中心，就产生了手性因素，存在着对映体。如 2,3-戊二烯已分离出对映体：

如果任一端碳原子上连有两个相同的取代基，化合物具有对称面，不具有旋光性。

2. 联苯型化合物　联苯化合物分子中两个苯环是在同一平面上，为非手性分子。但当每个苯环的邻位两个氢原子被两个不同的较大基团（如—COOH、—NO_2 等）取代时，两个苯环若继续处于同一个平面上，取代基空间位阻就太大，只有两个苯环处于互相垂直的位置，才能排除这种空间位阻形成一种稳定的分子构象。这种稳定的构象包含了手性因素，产生互不重合的镜像异构体，即对映体，所以联苯邻位连接两个体积较大的取代基不相同时，分子没有对称面与对称中心，有手性，如 6,6′-二硝基-2,2′-二甲酸有两个对映体：

一对对映体

如果同一苯环上所连两个基团相同，分子无旋光性。

再如：β-连二萘酚有一对对映异构体：

四、外消旋体的拆分

对映异构体之间的化学性质几乎没有差别，其不同点主要表现在物理性质及生物活性、毒性等方面。一对对映体之间的主要物理性质，如熔点、沸点、溶解度等都相同，旋光度也相同，只是旋光方向相反。但非对映体之间主要的物理性质则不同，外消旋体虽然是混合物，但它不同于任意两种物质的混合物，它有固定的熔点。

人们从自然界的生物体内分离而获得的大多数光学活性物质是单一的左旋体或右旋体。如右旋酒石酸是从葡萄酒酿制过程中产生的沉淀物中发现的;右旋葡萄糖是从各种不同的糖类物质中得到的,甜菜、甘蔗和蜂蜜等物质中都含有右旋葡萄糖。而以非手性化合物为原料经人工合成的手性化合物,一般为外消旋体,如以邻苯二酚为原料合成肾上腺素时,得到的是不显旋光性的外消旋体。

因为一对对映体往往具有不同的生理活性,所以我们需要通过采用适当的方法将外消旋体中的左旋体和右旋体进行分离,以得到单一的左旋体或右旋体,称为外消旋体的拆分。由于对映体之间的理化性质基本上是相同的,用一般的物理分离法不能达到拆分的目的,拆分外消旋体常用的方法有化学拆分法和诱导结晶拆分法等。

(1) 化学拆分法:化学拆分法是先将外消旋体与某种具有旋光性的物质反应,转化为非对映体,由于非对映体之间具有不同的理化性质,可以用重结晶、蒸馏等方法将非对映体分离开,最后再将分离开的非对映体分别恢复成单一的左旋体或右旋体,从而达到拆分的目的。用来拆分对映体的旋光性物质称为拆分剂,如可以用碱性拆分剂来拆分酸性外消旋体。

$$(\pm)\text{酸}\begin{cases}(+)\text{酸}\\(-)\text{酸}\end{cases} + (+)\text{碱} \longrightarrow \begin{matrix}(+)\text{酸}(+)\text{碱盐}\\(-)\text{酸}(+)\text{碱盐}\end{matrix}$$

(2) 诱导结晶拆分法:诱导结晶拆分法是先将需要拆分的外消旋体制成过饱和溶液,再加入一定量的纯左旋体或右旋体的晶种,与晶种构型相同的异构体便立即析出结晶而拆分。这种拆分方法的优点是成本比较低,效果比较好;缺点是应用范围有限,要求外消旋体的溶解度要比纯对映体大。目前生产(-)-氯霉素的中间体(-)-氨基醇就是采用诱导结晶拆分法进行拆分的。

第三节　手性分子来源及生理活性

一、手性分子的来源

1. 生物体中的手性分子　在生物体内存在着许多手性化合物,而且几乎都是以单一的对映体存在。其中为人们熟知的是由活细胞产生的生物催化剂——酶(enzyme)。生物体内所有的酶分子都具有许多手性中心,如糜蛋白酶含有251个手性中心,理论上应有2^{251}个立体异构体,但实际上,只有其中的一种对映异构体存在于给定的机体中。生命细胞中几乎每种反应都需要酶催化,被酶催化而反应的化合物称为底物(substrate),大多数底物也都是手性化合物,并且也是以单一的对映体形式存在。

2. 非手性分子转化成手性分子　手性分子可以由非手性分子通过化学反应转化而成。如正丁烷在控制反应条件下发生氯化反应,可以得到一种主要的取代产物——2-氯丁烷,其分子中包含一个手性碳原子(C*),为手性化合物。

$$CH_3CH_2CH_2CH_3 \xrightarrow{Cl_2\ \text{光}} CH_3CH_2\underset{\displaystyle Cl}{\underset{|}{C}}HCH_3$$

正丁烷（非手性化合物）　　2-氯丁烷（手性化合物）

2-氯丁烷是手性化合物,但实际上却不具有旋光性。这是由于这种氯化取代产物包含着两个等量的对映体,每一个单一的对映体具有旋光性,但整体产物是没有旋光性的。因为它是外消旋体。

二、手性分子的生理活性

不同构型的对映体,在其生理活性和药理作用上有时是截然不同的。绝大多数的药物由手性分子构成,两种手性分子具有明显不同的生物活性。例如,多巴(dopa)分子中有一个手性碳原子,存在一对对映体(右旋多巴和左旋多巴)。左旋多巴被广泛应用于治疗帕金森病,而右旋多巴却没有此药理作用。

右旋多巴 左旋多巴

(无药理作用) (治疗帕金森病)

一对对映体之所以在生理活性上会有如此大的差异，是因为化学物质引起或改变细胞的反应，一般是通过作用于细胞的专一特定部位，在细胞上的这些特定部位称为受体。受体大多为蛋白质，具有手性。不同受体具有不同的立体结构，一个手性分子的立体结构只与特定受体的立体结构有互补关系，其活性部位才能适合进入受体的靶位，而产生应有的生理作用。

一对对映体的一个单一的对映体适合与特定受体结合，产生生理效应。图 5-9 所示，图中(1)和(2)为一对对映体；梯形代表两个相同的受体。其中对映体(1)与受体的结构有互补关系，能与受体结合；对映体(2)与此受体的结构没有互补关系，不能与其结合。

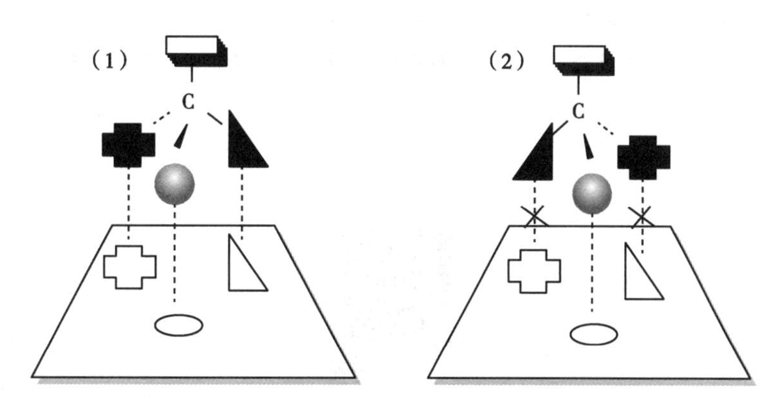

图 5-9 一对对映体与同一种受体之间的结合情况

手性药物分子必须与受体(起反应的物质)分子几何结构匹配，才能起到应有的药效。

手性药物——沙利度胺事件

沙利度胺(Thalidomide)是人类药物史上著名的案例，也是药物史上的悲剧，因服用反应停而导致的畸形婴儿据保守估计大约有 8 000 人，还导致 5 000~7 000 个婴儿在出生前就已经因畸形死亡。

后来的研究发现沙利度胺作为一个手性化合物，其 *R*-构型具有抑制妊娠反应活性，而 *S*-构型有致畸性。这也加强了人们对手性或者消旋化合物作为药物的认识。而 *R*-构型和 *S*-构型在体内会消旋化，即无论服用哪一种的光学纯化合物，在血清中都发现是消旋的。也就是说即使服用有效地 *R*-构型沙利度胺，依然无法保证其没有毒性。早在 1960 年用作镇静和安眠药，用于治疗妊娠期的不良反应。但后来发现，妊娠早期的妇女服用此药会引起胎儿严重畸形，使该药停止使用。1979 年发现，仅 *R*-(+)对映体沙利度胺具有镇静和安眠作用。而 *S*-(−)对映体对胎儿有致畸作用。反应停的两种构型：

S-(−)-N-邻苯二甲酰谷氨酸酰亚胺 *R*-(+)-N-邻苯二甲酰谷氨酸酰亚胺

学习小结

1. 只在某一个特定平面方向上振动的光称为偏振光。

2. 当偏振光通过某些物质的溶液时，偏振光的偏振面会发生旋转，这种现象称为旋光现象。

3. 旋光性物质使偏振光的偏振面所旋转的角度称为旋光度，用 α 表示；比旋光度$[\alpha]_{\lambda}^{t}$是物质固有的物理常数。

4. 与 4 个不同的原子或原子团相连接的碳原子称为手性碳原子；不能与其镜像重合的分子称为手性分子；彼此成实物和镜像关系但又不能重合的一对立体异构体，称为对映异构体，简称对映体。一对对映体在等量混合后，得到的没有旋光性的混合物称为外消旋体。

5. 含 1 个手性碳原子的化合物有 2 种旋光异构体，组成 1 对对映体。对映体的构型常用费歇尔投影式表示，构型的命名方法有 *D*、*L* 构型命名法和 *R*、*S* 构型命名法。

6. 将外消旋体中左旋体和右旋体分离开，得到单一的左旋体和右旋体，称为外消旋体的拆分。拆分外消旋体常用的方法有化学拆分法、诱导结晶拆分法等。

7. 绝大多数的药物由手性分子构成，两种手性分子具有明显不同的生理活性。

（于　辉）

扫一扫，测一测

思考题

1. 什么叫手性分子？
2. 什么叫手性碳原子？
3. 什么叫旋光度？用什么符号表示？
4. 什么叫比旋光度？用什么来表示？
5. 判断下列说法的正误。

（1）手性分子与其镜像互为对映异构体。（　）

（2）不含有对称因素的分子都是手性分子。（　　）

（3）手性分子中必定含有手性碳原子。（　　）

（4）有旋光性的分子必定有手性，必定有对映异构现象存在。（　　）

（5）含有一个手性碳原子的分子一定是手性分子。（　　）

（6）没有手性碳原子的分子一定是非手性分子，无旋光性。（　　）

第六章 卤代烃

学习目标

1. 掌握卤代烃的定义、结构、分类和命名；卤代烃的主要化学性质。
2. 熟悉卤代烃的亲核反应机制；影响亲核取代反应和消除反应竞争的因素；不饱和卤代烃的结构对其化学活性的影响。
3. 了解卤代烃的物理性质。

烃分子中的氢原子被卤素原子取代后生成的化合物称为卤代烃(halohydrocarbon)，简称卤烃，其结构通式一般用(Ar)RX表示，X表示卤素原子，是卤代烃的官能团。

天然卤代烃的种类很少，主要存在于某些海绵、海藻等海洋生物中，有的具有抗菌、抗病毒和抗肿瘤活性。大多数卤代烃是人工合成产物。卤代烃的应用非常广泛，许多卤代烃是有机合成的中间体，如氯甲烷、氯苯、苄基氯等；三氯甲烷、四氯化碳等卤代烃常用作溶剂；四氯化碳、七氟丙烷等卤代烃用作灭火剂；三氯乙烯、四氯乙烯等卤代烃用作干洗剂；氯乙烯、四氟乙烯等卤代烃用作高分子合成工业原料；还有些卤代烃及含氟(氯)有机化合物具有特殊的药理活性，广泛应用于临床，例如：氟烷($CF_3CHClBr$)是目前医学上应用的吸入式麻醉药之一；血防846是一种广谱抗寄生虫病药，常用于治疗血吸虫病、华支睾吸虫病和肺吸虫病；氟尿嘧啶是一种抗代谢抗肿瘤药，常用于治疗消化道肿瘤及其他实体瘤；诺氟沙星是一种氟喹诺酮类抗菌药，具有广谱抗菌作用，常用于敏感菌所致的泌尿道、肠道、耳鼻喉科等感染性疾病。

Cl_3C　CCl_3

血防846

HN　F　O　N　H　O

氟尿嘧啶

O　O　F　OH　N　N　HN

诺氟沙星

第一节 卤代烃的结构、分类和命名

一、卤代烃的结构

饱和卤代烃中与卤原子相连接的碳原子为sp^3杂化，碳原子的1个sp^3杂化轨道与卤原子的p轨道“头碰头”形成C—Xσ键(图6-1)。

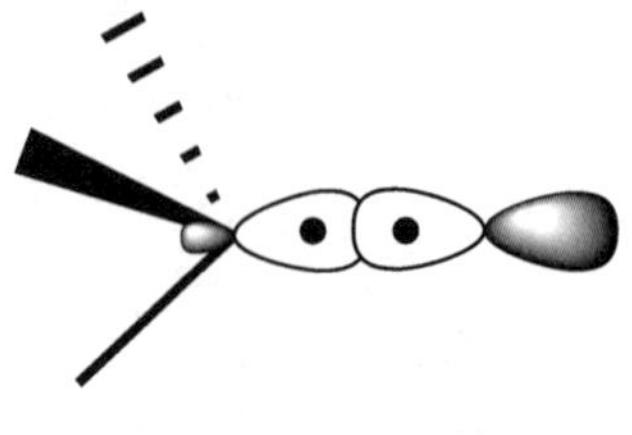

图 6-1　C—Xσ 键

由于卤原子的电负性（electronegativity）比碳原子大，C—X 键为极性共价键，C—X 键的电子云偏向卤原子，卤原子带部分负电荷，碳原子带部分正电荷。随着卤原子半径增大，C—X 键键能减小，当烃基相同时，卤代烃的反应活性为 RI>RBr>RCl>RF。

$$-\overset{|}{\underset{|}{C}}^{\delta^+}\rightarrow X^{\delta^-}$$

不饱和卤代烃的结构将在本章第四节中详细介绍。

二、卤代烃的分类

（一）按卤原子的种类分类

根据分子中卤原子的种类不同，可分为氟代烃、氯代烃、溴代烃、碘代烃。

（二）按卤原子的数目分类

根据分子中所含卤原子的数目不同，可分为一卤代烃、二卤代烃和多卤代烃。例如：

CH_3Br	CH_2Br_2	$CHBr_3$
一卤代烃	二卤代烃	三卤代烃

（三）按卤原子所连接的碳原子类型分类

根据卤原子所连接的碳原子类型不同，可分为伯卤代烃、仲卤代烃和叔卤代烃。例如：

$CH_3CH_2CH_2Br$	$CH_3CHBrCH_3$	$(CH_3)_3CBr$
伯卤代烃	仲卤代烃	叔卤代烃

（四）按卤原子所连接的烃基的类型分类

根据卤原子所连接的烃基的类型不同，可分为：

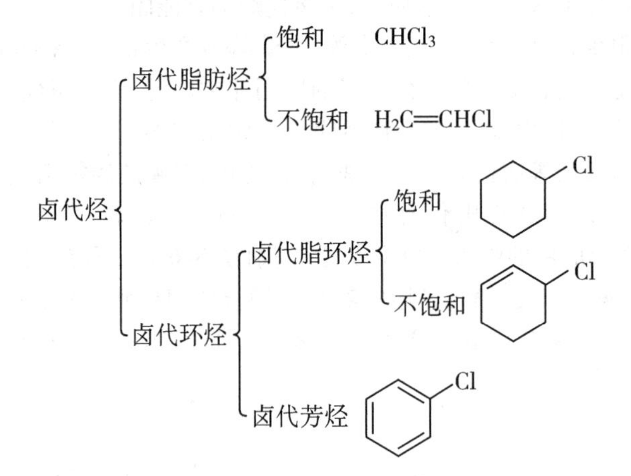

三、卤代烃的命名

（一）普通命名法

简单卤代烃可以用普通命名法命名。根据卤原子和烃基的名称，称为"卤（代）某烃"或"某烃基卤"，有些卤代烃也常用俗名。例如：

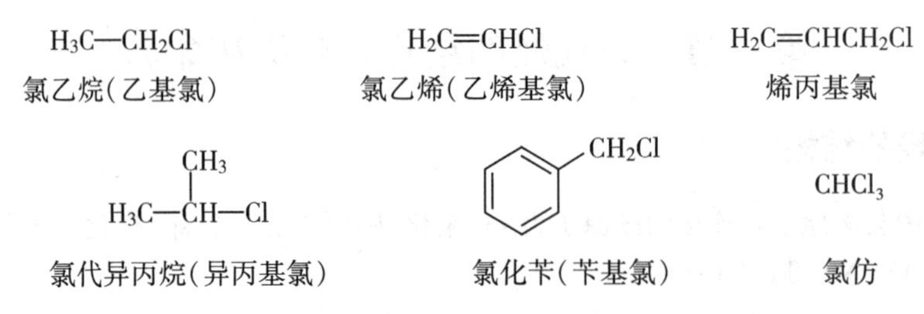

（二）系统命名法

结构较复杂的卤代烃采用系统命名法命名。

1. **饱和卤代脂肪烃**　选择连有卤原子的最长碳链作为主链，卤原子和其他支链作为取代基，按烷烃的命名规则进行命名。当两个不同取代基位次相同时，则应按“次序规则”，给予较小的基团以较小的编号；书写名称时，不同取代基按“次序规则”由小到大的先后次序排列。例如：

$CH_3CHCH_2CHCH_2CH_3$
　　Cl　　CH_3

4-甲基-2-氯己烷

$CH_3CHCH_2CH_2CHCH_3$
　　CH_3　　Br

2-甲基-5-溴己烷

2. **不饱和卤代脂肪烃**　选择含有不饱和键且连有卤原子在内的最长碳链作为主链，编号时使不饱和键的位次最小。例如：

$H_2C{=}CHCHCH_2Br$
　　CH_3

3-甲基-4-溴-1-丁烯

$CH_3C{\equiv}CCHCH_2Br$
　　CH_3

4-甲基-5-溴-2-戊炔

3. **卤代芳烃和卤代脂环烃**　当卤原子连在芳环或脂环上时，以芳烃或脂环烃为母体，卤原子作为取代基命名；当卤原子连在芳环或脂环的侧链上时，则以脂肪烃为母体，芳烃基或脂环烃基和卤原子均作为取代基来命名。例如：

1,3-二溴苯　　2-氯甲苯　　1-甲基-3-氯环己烷　　3-甲基-1-氯环己烯

$C_6H_5-CH_2CHCH_2CH_3$
　　Br

1-苯基-2-溴丁烷

$CH_3CHCH_2CHCH_3$（2位连环戊基）
　　Cl

2-环戊基-4-氯戊烷

第二节　卤代烃的物理性质

常温常压下，只有少数低级卤代烃是气体，例如：含1~3个碳原子的一氟代烷、含1~2个碳原子的一氯代烷、溴甲烷、氟乙烯、氯乙烯和溴乙烯等。其他卤代烃大多数为液体，高级卤代烃为固体。

在同系列中，卤代烃的沸点随碳原子数的增加而升高。烃基相同而卤原子不同时，沸点随卤原子的原子序数的增加而升高。在同分异构体中，直链卤代烃沸点较高，支链越多，沸点越低。

卤代烃不溶于水，但能溶于大多数有机溶剂，有些卤代烃本身也是常用的有机溶剂。一氟代烷、一氯代烷的相对密度小于1，一溴代烷、一碘代烷的相对密度大于1。随着分子中卤原子数增多，相对密度增大。一些卤代烃的物理常数见表6-1。

表6-1　一些卤代烃的物理常数

烃基+X	沸点/°C				相对密度(d_4^{20})			
	—F	—Cl	—Br	—I	—F	—Cl	—Br	—I
CH_3X	-78.4	-24.2	3.6	42.4				2.279
CH_3CH_2X	-37.7	12.3	38.4	72.3			1.440	1.933
$CH_3CH_2CH_2X$	-2.5	46.6	71	102.5		0.890	1.335	1.747
$(CH_3)_2CHX$	-9.4	34.8	59.4	89.5		0.859	1.310	1.705

续表

烃基+X	沸点/°C				相对密度(d_4^{20})			
	—F	—Cl	—Br	—I	—F	—Cl	—Br	—I
$CH_3(CH_2)_3X$	32.5	78.4	101.6	130.5	0.779	0.884	1.276	1.617
$CH_3CH_2(CH_3)CHX$	25.3	68.3	91.2	120	0.766	0.871	1.258	1.595
$(CH_3)_2CHCH_2X$	25.1	68.8	91.4	121		0.875	1.261	1.605
$(CH_3)_3CX$	12.1	50.7	73.1	100分解		0.840	1.222	—
$CH_3(CH_2)_4X$		108	130	157		0.883	1.223	1.517
CH_2X_2	-52	40	99	180分解		1.336	2.49	3.325
CHX_3	-83	61	151	升华		1.489	2.89	4.008
CX_4	-128	77	189.5	升华		1.595	3.42	4.32
$CH_2{=}CHX$	-72	-13.9	16	56				2.04
$CH_2{=}CHCH_2X$	-3	45	70	102		0.94	1.40	1.85
C_6H_5X	85	132	155	189	1.02	1.10	1.52	1.82

卤代烃的毒性

卤原子是较强的毒性基团，由于其电负性较强，产生的诱导效应使卤代烃分子极性增强，易与人体内酶系统结合。卤代烃主要通过皮肤接触、呼吸、饮水等途径被人体吸收，普遍对人体皮肤及黏膜系统具有刺激、腐蚀作用，侵害人体中枢神经系统及肝、肾等内脏器官，引起中毒。

卤代烃的毒性随卤原子的原子序数的增加而增强，卤原子数目越多其毒性也越高。低级卤代烃比高级卤代烃毒性强；饱和卤代烃比不饱和卤代烃毒性强。

卤代烃的急性中毒可引起结膜充血、头晕、恶心、呕吐、抽搐、昏迷、休克等症状；慢性中毒可导致脂质过氧化、损伤细胞膜和神经系统。多种卤代烃长期接触，还具有致癌、致畸和致突变的作用。在使用卤代烃时应保持良好的通风和防护。

第三节　卤代烃的化学性质

卤代烃的化学性质主要是由卤代烃的官能团卤原子所决定的，现以一卤代烷为代表，讨论其结构与化学性质的关系。

由于卤原子的电负性比碳原子大，所以 C—X 键为极性共价键，C—X 键的共用电子对偏向卤原子，使得与卤原子相连的 α-C 带部分正电荷，易受到亲核试剂的进攻而发生亲核取代反应。C—X 键的极性还可以通过诱导效应使 β-H 的活性增强，导致 β-H 易受强碱试剂进攻而发生消除反应。此外，卤代烃还可以与一些金属反应生成有机金属化合物，在有机合成中被广泛应用。

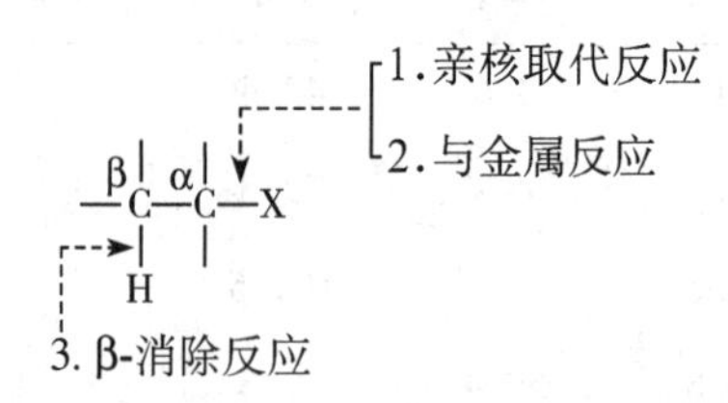

一、取代反应

由于受卤原子电负性较大的影响,带部分正电荷的α-C易受到OH^-、OR^-、ONO_2^-、CN^-等负离子或NH_3、H_2O等具有未共用电子对的分子的试剂进攻,使C—X键发生异裂,卤原子带一对电子离去,发生取代反应。这类能提供电子的试剂称为亲核试剂,通常用Nu^-或Nu:表示。由亲核试剂进攻引起的取代反应称为亲核取代反应(nucleophilic substitution reaction),用S_N表示,可用通式表示为:

$$(Nu^-)Nu: + R-\overset{\delta^+}{CH_2}-\overset{\delta^-}{X} \longrightarrow R-CH_2-Nu + X^-$$

亲核试剂　底物　产物　离去基团

一卤代烷在一定条件下能与多种亲核试剂作用,卤原子被其他原子或原子团取代可以合成多种化合物,因此,亲核取代反应是有机合成中非常重要的反应之一。常见一卤代烷的亲核取代反应如下:

(一)被羟基取代

卤代烃和水作用,卤原子被羟基(—OH)取代生成醇的反应称为卤代烃的水解反应。该反应是一个可逆反应,通常情况下,反应进行缓慢。

$$RX + H_2O \rightleftharpoons ROH + HX$$

为了加快反应速率并提高醇的产率,通常将卤代烃与强碱(NaOH、KOH)的水溶液共热进行水解,因为OH^-的亲核性比水强,使反应更容易进行。反应时常用稀醇溶剂,以利于系统成均相,增加卤代烃与亲核试剂的接触,反应更易进行。

$$RX \xrightarrow[\triangle]{NaOH/H_2O} ROH + NaX$$

(二)被烷氧基取代

卤代烃和醇钠作用,卤原子被烷氧基(—OR)取代生成醚,这是制备醚的重要方法之一,称为威廉森(Williamson)合成法。采用此法制备醚最好选用伯卤代烃,叔卤代烃在醇钠的强碱条件下主要发生消除反应生成烯烃。

$$RX + NaOR' \longrightarrow ROR' + NaX$$

(三)被氰基取代

卤代烃和氰化钠或氰化钾的醇溶液共热,卤原子被氰基(—CN)取代生成比原卤代烃多一个碳原子的腈,且腈经酸性水解可以生成羧酸,进而可以制备羧酸及其衍生物。因此,该反应是有机合成上制备腈或增长碳链的方法之一。

$$RX + NaCN \xrightarrow[\triangle]{C_2H_5OH} RCN + NaX$$

$$RCN \xrightarrow[\triangle]{H_2O/H^+} RCOOH$$

(四)与氨(胺)反应

卤代烃与氨反应生成相应的铵盐,经氢氧化钠等强碱处理生成游离的胺。该反应生成的伯胺具有更强的亲核性,可继续与卤代烃反应,最终生成伯、仲、叔胺和季铵盐的混合物。

$$RX + NH_3 \longrightarrow \underset{(RNH_2 \cdot HX)}{R\overset{+}{N}H_3X^-} \xrightarrow{NaOH} RNH_2$$

$$RNH_2 \xrightarrow{RX} R_2NH \xrightarrow{RX} R_3N \xrightarrow{RX} R_4\overset{+}{N}X^-$$

(五)与硝酸银反应

卤代烃与硝酸银的醇溶液反应生成硝酸酯和卤化银沉淀。

$$RX + AgNO_3 \xrightarrow{C_2H_5OH} RONO_2 + AgX\downarrow$$

根据不同类型卤代烷与硝酸银反应生成沉淀的快慢，可对含相同卤原子的不同类型卤代烷的进行定性鉴别。叔卤代烷常温下立即反应并生成沉淀，仲卤代烷常温下静置几分钟后缓慢生成沉淀，伯卤代烷需要加热才能生成沉淀。

（六）卤代烃的亲核取代反应机制

实验证明，溴甲烷在碱性溶液中的水解反应速率与溴甲烷与 OH^- 的浓度成正比，在动力学上属于二级反应。

$$CH_3Br + OH^- \longrightarrow CH_3OH + Br^-$$

$$v = k[CH_3Br][OH^-]$$

而叔丁基溴在碱性溶液中的水解反应速率只与叔丁基溴的浓度成正比，不受 OH^- 浓度的影响，在动力学上属于一级反应。

$$(CH_3)_3CBr + OH^- \longrightarrow (CH_3)_3COH + Br^-$$

$$v = k[CH_3Br]$$

为了解释上述现象，英国化学家休斯（Hughes）和英果尔德（Ingold）提出了两种反应机制，即单分子亲核取代反应（S_N1）机制和双分子亲核取代反应（S_N2）机制。

1. 单分子亲核取代反应（S_N1）机制　以叔丁基溴在碱性溶液中的水解反应为例，其反应机制分两步完成。

第一步：叔丁基溴中 C—Br 键发生异裂，生成叔丁基碳正离子和溴负离子，这个过程需要较高能量，反应速率较慢，是决定整个反应速率的一步。

$$(CH_3)_3C—Br \xrightleftharpoons{慢} (CH_3)_3C^+ + Br^-$$

第二步：生成的叔丁基碳正离子迅速与亲核试剂 OH^- 结合生成叔丁醇，这一步反应较快。

$$(CH_3)_3C^+ + OH^- \xrightarrow{快} (CH_3)_3C—OH$$

由于反应过程中，决定整个反应速率的一步是由一种分子控制的，即发生共价键断裂的只有一种分子，所以这类反应称为单分子亲核取代反应（unimolecular nucleophilic substitution），用 S_N1 表示。S_N1 反应机制的特点：①反应速率只与卤代烃的浓度有关；②反应分两步进行；③有活性中间体碳正离子生成。

2. 双分子亲核取代反应（S_N2）机制　以溴甲烷在碱性溶液中的水解反应为例，其反应机制一步完成。

在反应过程中，OH^- 从溴原子背面进攻带部分正电荷的 α-C，并与之逐渐结合形成较弱的键，同时 C—Br 键也逐渐变长减弱，三个 C—H 键逐渐向溴原子一边偏转，当三个氢原子和碳原子处于同一平面时，碳原子由 sp^3 杂化转化为 sp^2 杂化，氧、碳、溴三个原子处于同一直线，形成过渡态。随着反应进行，HO^- 继续接近碳原子，溴原子继续远离碳原子，O—C 键逐渐形成的同时 C—Br 键逐渐断裂，三个 C—H 键由同一平面继续向溴原子一边偏转，整个过程与大风将雨伞由里向外翻转的情况类似，最终 HO^- 和碳原子形成 O—C 键而生成甲醇，溴则带着一对电子以离子形式离去。

$$OH^- + H_3C—Br \longrightarrow \left[\overset{\delta^-}{HO}\text{----}CH_3\text{----}\overset{\delta^-}{Br} \right]^{\neq} \longrightarrow HO—CH_3 + Br^-$$

过渡态

由于反应过程中，决定整个反应速率的一步是由两种分子控制的，即发生共价键变化的有两种分子，所以这类反应称为双分子亲核取代反应（bimolecular nucleophilic substitution），用 S_N2 表示。S_N2 反应机制的特点是：①反应速率与卤代烃、亲核试剂两者的浓度均有关；②反应一步完成，旧键的断裂与新键的形成同时进行。

二、消除反应

受卤原子吸电子诱导效应的影响，β-H 具有部分正电性，易受碱的进攻失去 H^+而发生反应。卤代烃与碱的醇溶液共热，消除一分子卤化氢而生成烯烃，这种由分子中脱去小分子（如 HX、H_2O、NH_3等），生成含不饱和键化合物的反应称为消除反应（elimination reaction），用 E 表示。反应中消除的是卤原子和 β-H，所以又称为 β-消除反应。消除反应是制备烯烃或炔烃的方法之一。例如：

$$\underset{\substack{|\\ H}}{\overset{\beta}{H_3C-CH}}-\underset{\substack{|\\ Br}}{\overset{\alpha}{CH_2}} \xrightarrow[\triangle]{KOH/C_2H_5OH} CH_3CH{=}CH_2 + KBr + H_2O$$

仲卤代烷和叔卤代烷分子中存在着不同的 β-H 时，消除反应可以有不同的取向，可得到不同烯烃的混合物。例如：

$$H_3C-\underset{\substack{|\\ H}}{\overset{\beta}{CH}}-\underset{\substack{|\\ Br}}{\overset{\alpha}{CH}}-\underset{\substack{|\\ H}}{\overset{\beta'}{CH_2}} \xrightarrow[\triangle]{NaOH/C_2H_5OH} \underset{81\%}{CH_3CH{=}CHCH_3} + \underset{19\%}{CH_3CH_2CH{=}CH_2}$$

实验表明：当含有不同 β-H 的卤代烃发生消除反应时，主要脱去含氢较少的 β-C 上的氢原子，生成双键碳上连有较多烃基的烯烃。这一经验规律称为札依采夫规则（Saytzeff rule）。

亲核取代反应和消除反应通常是同时发生而又相互竞争的反应，试剂进攻 α-C 发生取代反应，进攻 β-H 则发生消除反应。

$$R-\underset{\beta}{\overset{\substack{H\\ |}}{CH}}-\underset{\alpha}{CH_2}-X \xrightarrow{OH^-} \begin{cases} RCH_2CH_2OH \\ RCH{=}CH_2 \end{cases}$$

两类反应的竞争结果主要受卤代烷的结构、进攻试剂、溶剂、温度等因素的影响。①卤代烷的结构：直链伯卤代烷主要发生取代反应，只有在强碱条件下才可发生消除反应；叔卤代烷在强碱甚至弱碱条件下主要发生消除反应，在无碱条件下才以取代反应为主；仲卤代烷及 β-C 上有侧链的伯卤代烷则视反应条件两者兼而有之。②进攻试剂的种类：进攻试剂的碱性越强，浓度越大，亲核性越弱，越有利于消除反应，反之，则有利于取代反应。③反应的溶剂：弱极性溶剂有利于消除反应，强极性溶剂有利于取代反应。④反应的温度：反应温度越高，越有利于消除反应。

三、卤代烃与金属的反应

卤代烃能与 Li、Na、K、Cu、Mg、Zn、Al 等金属反应，生成金属与碳直接相连的有机金属化合物（organometallic compound）。例如：

$$RX + Li \xrightarrow{己烷} RLi + LiX$$

$$RX + Mg \xrightarrow{无水乙醚} RMgX$$

其中，较为重要的是卤代烃在无水乙醚或四氢呋喃中与金属镁反应生成有机镁化合物，该化合物称为格利雅试剂（Grignard reagent），简称格氏试剂。格氏试剂是法国化学家格利雅（V. Grignard）首先发现并成功用于有机化合物的合成，格氏试剂的发明极大地促进了有机合成的发展，格利雅因此获得了 1912 年诺贝尔化学奖。

制备格氏试剂时，不同卤代烃与镁反应的活性有差异。烃基相同，卤原子不同的卤代烃，反应活性为 R—I>R—Br>R—Cl；卤原子相同，烃基不同的卤代烃，反应活性为：伯卤代烷>仲卤代烷>叔卤代烷。实际应用中，常用溴代烷及伯卤代烷来制备格氏试剂。

由于格氏试剂中 C—Mg 键具有强极性，使 C 原子带有部分负电荷，所以其性质非常活泼，是有机合成中重要的强亲核试剂，利用格氏试剂可以制备烷烃、醇、醛、酮、羧酸等多种有机物。

格氏试剂在乙醚中稳定，它与乙醚生成配合物，但容易与氧气、二氧化碳及各种含活泼氢的化合物（如水、醇、酸、氨、末端炔烃等）反应，因此在制备格氏试剂时应保证反应体系无水、无其他含活泼氢

的物质，同时尽可能与空气隔绝，常用氮气作保护。

$$
RMgX \begin{cases} \xrightarrow{O_2} ROMgX \xrightarrow{H_2O} ROH + HOMgX \\ \xrightarrow{CO_2} RCOOMgX \xrightarrow{H_2O} RCOOH + HOMgX \\ \xrightarrow{H_2O} RH + HOMgX \\ \xrightarrow{R'OH} RH + R'OMgX \\ \xrightarrow{NH_3} RH + H_2NMgX \\ \xrightarrow{R'COOH} RH + R'COOMgX \\ \xrightarrow{HC\equiv CR'} RH + R'C\equiv CMgX \end{cases}
$$

四、不饱和卤代烃

不饱和卤代烃分子中既含有卤原子，又含有不饱和键，是一个双官能团的化合物。因此，不饱和卤代烃的性质与卤原子和不饱和键的相对位置有关，相对位置不同，性质也有较大差异。广义上讲，卤代芳烃也属于不饱和卤代烃，因此，本节将卤代芳烃和卤代烯烃放在一起讨论。

（一）不饱和卤代烃的分类

1. 烯丙型卤代烃 其特征为卤原子与碳碳双键（苯环）相隔一个饱和碳原子，通式为：

$$R—CH═CH—CH_2—X \qquad C_6H_5—CH_2—X$$

2. 孤立型卤代烯烃 其特征为卤原子与碳碳双键（苯环）相隔两个或两个以上饱和碳原子，通式为：

$$R—CH═CH\text{—}(CH_2)_n\text{—}X \qquad C_6H_5\text{—}(CH_2)_n\text{—}X \quad (n>1)$$

3. 乙烯型卤代烃 其特征为卤原子直接与碳碳双键（苯环）相连，通式为：

$$R—CH═CH—X \qquad C_6H_5—X$$

（二）不饱和卤代烃的化学活性

不同类型的不饱和卤代烃，其化学活性存在较大差异，其活性的强弱可通过与 $AgNO_3$ 的乙醇溶液反应生成沉淀的快慢进行鉴别（表 6-2）。

表 6-2 不同类型不饱和卤代烃与 $AgNO_3$ 的乙醇溶液反应情况

类型	代表物	反应条件和现象	化学活性
烯丙型	$CH_2═CHCH_2Br$	室温下立即产生沉淀	最活泼
孤立型	$CH_2═CHCH_2CH_2Br$	加热后产生沉淀	较活泼
乙烯型	$CH_2═CHBr$	加热后也不产生沉淀	不活泼

（三）不饱和卤代烃的结构对其化学活性的影响

不饱和卤代烃化学活性的差异是由其不同结构所决定的。

1. 烯丙型卤代烃 烯丙型卤代烃的化学性质比较活泼，既可以发生 S_N1 反应，也可以发生 S_N2 反应。

如果按 S_N1 机制进行，当 C—X 键发生异裂后，产生碳正离子中间体，碳原子由原来的 sp^3 杂化转变为 sp^2 杂化，碳正离子未杂化的空的 p 轨道与相邻的 π 键平行重叠，可形成 p-π 共轭（图 6-2），使正电荷分散而比较稳定，容易形成，有利于 S_N1 反应的进行。

如果按 S_N2 机制进行，过渡态中的 sp^2 杂化碳原子的过渡状态的 p 轨道与相邻的 π 键平行重叠，形成一定程度的共轭（图 6-3），使过渡态能量降低，稳定性增加，有利于 S_N2 反应进行。

苄基卤在结构和性质上也与烯丙基卤的情况相似。

综上所述，烯丙型卤代烃无论是进行 S_N1 反应还是 S_N2 反应，都是容易进行的，因此，烯丙型卤代烃的化学活性较强。

2. 孤立型卤代烯烃　这类不饱和卤代烃卤原子与不饱和键的位置距离较远，不能形成共轭体系，卤原子与不饱和键之间相互影响较小，其反应活性与卤代烷相似。一般来讲，这类卤代烃的反应活性顺序为：叔卤代烃>仲卤代烃>伯卤代烃。

3. 乙烯型卤代烃　这类不饱和卤代烃卤原子上未成键的一对孤对电子所在的 p 轨道与 π 键平行重叠形成 p-π 共轭（图 6-4），电子云密度趋向平均化，卤原子上的非键电子离域，使 C—X 键具有部分双键的性质，C—X 键极性减弱、键长缩短、键能增高，键更牢固，不易断裂，卤原子很不容易被取代，因此，这类不饱和卤代烃的化学活性最不活泼。

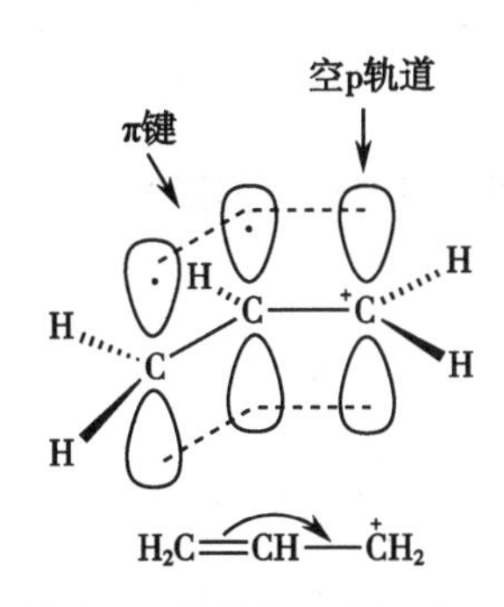

图 6-2　烯丙基正离子的 p-π 共轭

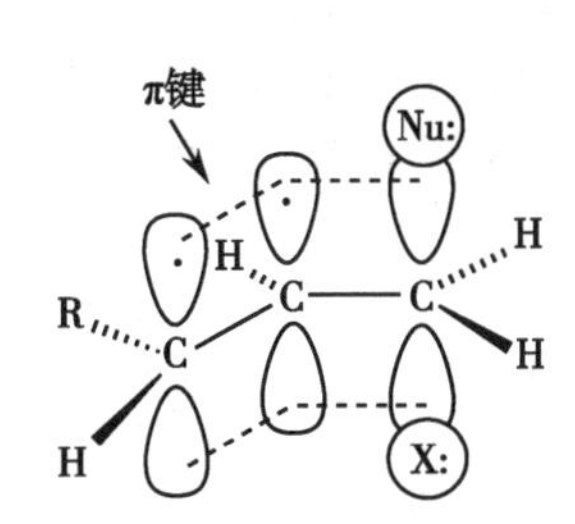

图 6-3　烯丙型卤代烃 S_N2 反应的过渡态

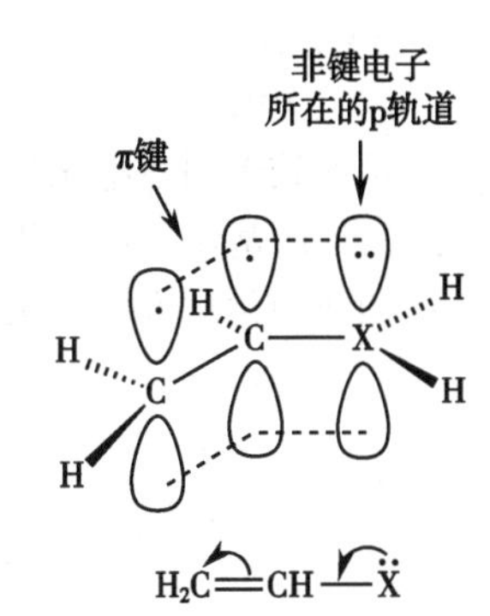

图 6-4　乙烯型卤代烃的 p-π 共轭

卤苯在结构和性质上也与卤乙烯的情况相似。

知识拓展

含氟麻醉剂

含氟麻醉剂大多数为吸入式全身麻醉剂，因其具有不易燃、不易爆、麻醉作用强、苏醒快、毒副作用小等优点，在临床上具有较为广泛的应用。目前临床使用的吸入式麻醉剂基本都是含氟麻醉剂，主要有氟代烃类如氟烷（$CF_3CHClBr$）和氟代醚类如恩氟烷（安氟醚）（CHF_2OCF_2CHFCl）、异氟烷（$CF_3CHClOCHF_2$）、地氟烷（$CF_3CHFOCHF_2$）、七氟烷（$(CF_3)_2CHOCH_2F$）等，以氟代醚类为主。

其中，恩氟烷麻醉作用强，性质稳定，起效快，无刺激性，使用计量小，吸入后大部分从肺呼出，其余经肝脏代谢毒性小，是较优良的吸入式麻醉剂，主要用于复合全身麻醉。

学习小结

1. 重点内容　卤代烃的结构、分类、命名和化学性质。

2. 基本概念　卤代烃；亲核取代反应；消除反应。

3. 基本知识点　常见一卤代烷的亲核取代反应；当含有不同 β-H 的卤代烃发生消除反应时遵循札依采夫规则；格氏试剂是重要的亲核试剂，性质活泼，制备格氏试剂时应保证反应体系无水、无其他含活泼氢的物质，同时尽可能与空气隔绝，常用氮气作保护；不饱和卤代烃的分类；不同类型的不饱和卤代烃发生亲核取代反应的活性次序为：烯丙型卤代烃>孤立型卤代烯烃>乙烯型卤代烃。

4. 加深对卤代烃的亲核反应机制、影响亲核取代反应和消除反应竞争的因素、不饱和卤代烃的结构对其化学活性的影响的理解，有利于从本质上掌握卤代烃的化学性质。

（王　曦）

扫一扫，测一测

思考题

1. 用系统命名法命名下列化合物。

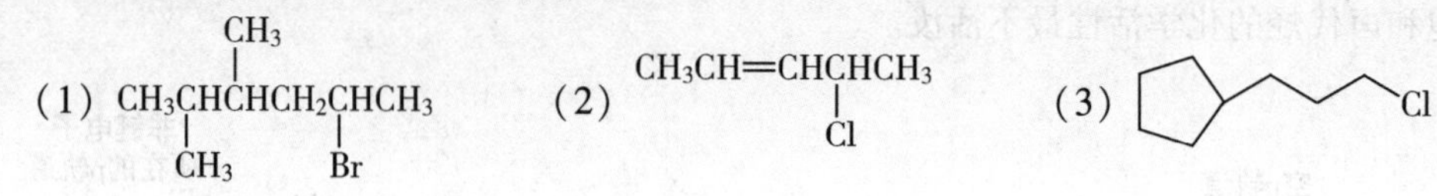

2. 试比较下列各组化合物沸点的高低。

（1）正己基溴和正庚基溴　　（2）正丁基溴和异丁基溴　　（3）间氯甲苯和间溴甲苯

3. 如何用化学方法区别1-氯丙烷、氯苯和苄基氯？

第七章 醇、酚、醚

07章 PPT

1. 掌握醇酚醚的定义、结构；醇的分类和命名；醇和酚的主要化学性质。
2. 熟悉低级醇的物理性质；酚和醚的分类；醚的性质。
3. 了解医学上常见的醇、酚和醚类化合物。

醇(alcohols)、酚(phenols)、醚(ethers)是烃的含氧衍生物。它们广泛地存在于自然界中并与医药关系密切，例如，大家熟悉的消毒酒精就是体积分数为0.75的乙醇水溶液；医院用于手、器械和环境消毒以及处理排泄物的“来苏儿”是含50%甲酚的肥皂溶液(甲酚是甲苯酚三种异构体的混合物)；乙醚在部分医学实验中用作小动物的麻醉剂，其作用不是化学性质，而是溶于神经组织脂肪中引起的生理变化。醇、酚、醚可分别用下列通式表示：

R—OH	Ar—OH	(Ar)R—O—R'(Ar')
醇	酚	醚

第一节 醇

醇是烃分子中的饱和C上的H被羟基(hydroxyl)取代后生成的化合物。醇的官能团羟基(—OH)常称作为醇羟基。醇的通式为R—OH。

一、醇的结构分类和命名

(一) 分类

醇有多种分类方法，常用的分类方法有三种：

1. 根据羟基所连的烃基结构不同分为脂肪醇、脂环醇、芳香醇，脂肪醇又可分为饱和脂肪醇与不饱和脂肪醇。

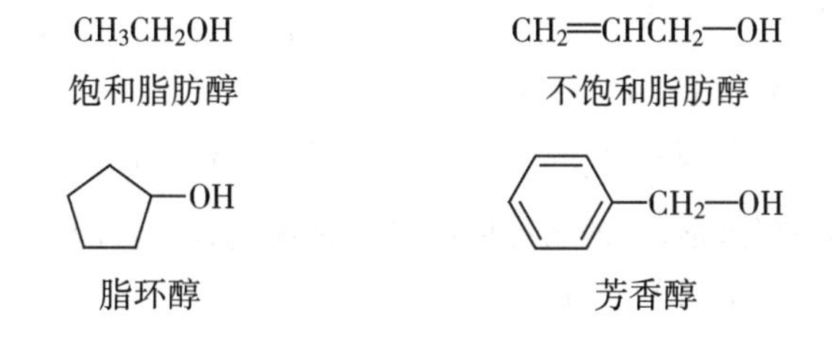

2. 根据羟基所连的碳原子的级来分类，—OH 连接在一级 C 的醇称为一级醇（1°醇）或伯醇；—OH 连接在二级 C 上的醇称为二级醇（2°醇）或仲醇；—OH 连接在三级 C 上的醇称为三级醇（3°醇）或叔醇。

$R-CH_2-OH$	$R-CH(R')-OH$	$R-C(R')(R'')-OH$
一级醇	二级醇	三级醇
伯醇	仲醇	叔醇

3. 根据分子中所含的羟基的数目，可将醇分为一元醇、二元醇等，含 2 个以上羟基的醇称为多元醇。

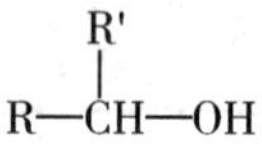

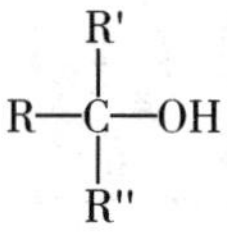

CH_3CH_2OH	$CH_2(OH)-CH_2(OH)$	$CH_2(OH)-CH(OH)-CH_2(OH)$
一元醇	二元醇	多元醇

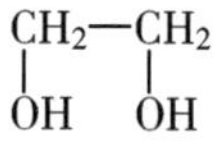

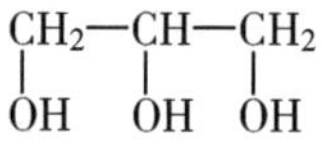

（二）命名

1. 普通命名法　普通命名法适用于结构较简单的醇，是根据与羟基所连的烃基的名称来命名。例如：

$CH_3-CH_2-CH_2-CH_2-OH$ 正丁醇

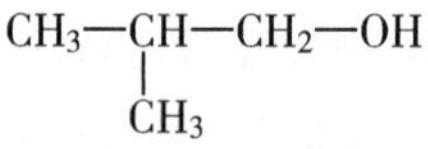

$CH_3-CH(CH_3)-CH_2-OH$ 异丁醇

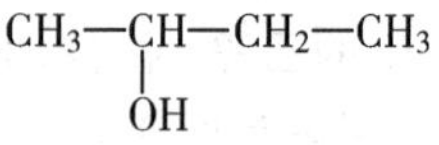

$CH_3-CH(OH)-CH_2-CH_3$ 仲丁醇

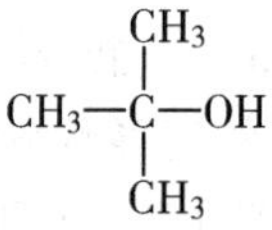

$CH_3-C(CH_3)_2-OH$ 叔丁醇

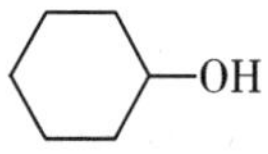

环己基—OH 环己醇

苯基—CH_2-OH 苯甲醇（苄醇）

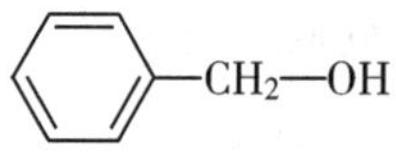

2. 系统命名法　对于结构复杂的醇，采用系统命名法命名。

（1）脂肪醇的命名：选择分子中包含连有羟基碳原子的最长碳链为主链，根据主链所含碳原子数目称为“某醇”。从靠近连有羟基碳原子一端开始给主链碳原子依次编号。将羟基的位次用阿拉伯数字写在“某醇”的前面，并用短线隔开；如有取代基，则将取代基的位次、数目及名称写在醇的名称前面。例如：

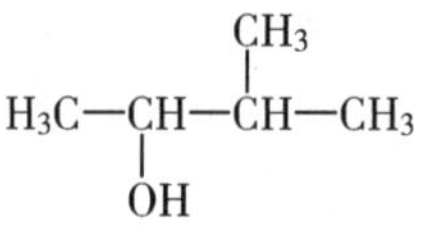

$H_3C-CH(OH)-CH(CH_3)-CH_3$ 3-甲基-2-丁醇

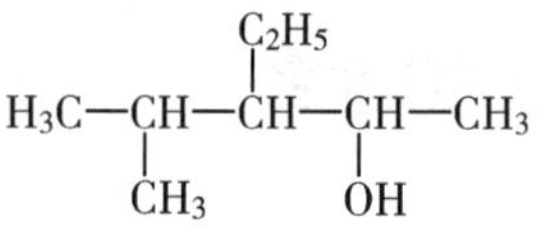

$H_3C-CH(CH_3)-CH(C_2H_5)-CH(OH)-CH_3$ 4-甲基-3-乙基-2-戊醇

（2）不饱和一元醇的命名：选择包含连有羟基碳原子和不饱和键（双键和三键）碳原子在内的最长碳链为主链，按主链所含碳原子数目称为“某烯（或炔）醇”。例如：

$CH\equiv C-CH_2-CH_2-OH$ 3-丁炔-1-醇

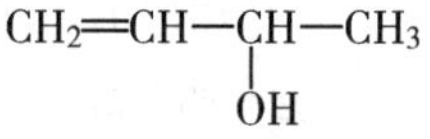

$CH_2=CH-CH(OH)-CH_3$ 3-丁烯-2-醇

（3）脂环醇的命名：可按脂环烃基的名称后加“醇”来命名，从与羟基所连的环碳原子开始编号，并尽可能使环上取代基处在较小位次。例如：

环己醇　　　　3-甲基环戊醇

（4）芳香醇的命名：则以脂肪链（侧链）为母体，芳香环为取代基来命名。例如：

C_6H_5—CH_2—OH　　　　CH_3—CH(C_6H_5)—CH_2—OH

苯甲醇（苄醇）　　　　2-苯基-1-丙醇

（5）多元醇的命名：在一元醇系统命名法的基础上，标出多元醇中羟基的位次，并根据羟基数目，称作“某几醇”。

$CH_2(OH)$—$CH_2(OH)$　　　　$CH_2(OH)$—$CH(OH)$—$CH_2(OH)$　　　　$CH_2(OH)$—CH_2—$CH_2(OH)$

乙二醇　　　　丙三醇（甘油）　　　　1,3-丙二醇

二、醇的物理性质

常温常压下，$C_1 \sim C_4$ 的醇是具有酒味的挥发性无色液体，$C_5 \sim C_{11}$ 的醇是具有不愉快气味的油状液体，C_{12} 以上的醇为无嗅无味的蜡状固体，密度小于水。

低级醇的沸点比分子量相近的烷烃高得多，例如，甲醇（相对分子质量 32）的沸点为 64.7℃，而乙烷（相对分子质量 30）的沸点为−88.6℃，两者沸点相差 153.3℃，这是因为醇在液态时分子之间能形成氢键（hydrogen bond），并以缔合形式存在，要使液态甲醇气化，必须提供更多的能量用以断裂氢键，而乙烷分子间不存在氢键，因此甲烷的沸点比乙烷高得多。醇和水分子之间都可以形成氢键，醇在水中的溶解度取决于烃基的疏水性和羟基的亲水性，低级醇及多元醇因烃基较小，其羟基（—OH）与水分子间易形成氢键，可与水无限混溶，随烃基的增大，溶解度明显下降（表 7-1）。

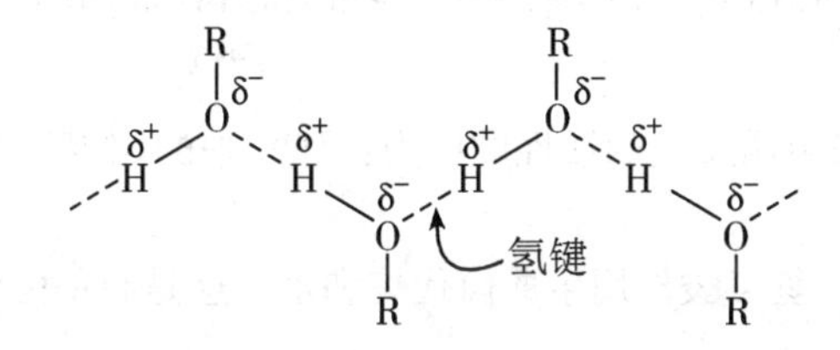

表 7-1　部分常见醇的物理性质

	化合物	熔点/℃	沸点/℃	相对密度/(g·ml⁻¹)
甲醇	CH_3OH	−97.8	64.7	0.792
乙醇	CH_3CH_2OH	−117.3	78.3	0.789
丙醇	$CH_3CH_2CH_2OH$	−126.0	97.8	0.804
异丙醇	$(CH_3)_2CHOH$	−88	82.3	0.789
正丁醇	$CH_3CH_2CH_2CH_2OH$	−89.6	117.7	0.810
环己醇	(环己基)—OH	−24	161.5	0.949
苯甲醇	$C_6H_5CH_2OH$	−15	205	1.046
乙二醇	$HOCH_2CH_2OH$	−12.6	197.5	1.113
丙三醇	$HOCH_2CH(OH)CH_2OH$	−18	290	1.261

三、醇的化学性质

醇的化学性质主要由官能团羟基(—OH)决定,同时也在一定程度上受烃基的影响。O—H 键和 C—O 键都是极性键,由于电负性强弱的不同羟基的氧原子带部分负电荷(δ^-),与氧原子相连的碳原子和氢原子带部分正电荷(δ^+),醇的反应主要发生在这两个部位。在反应中是 O—H 键断裂还是 C—O 键断裂,决定于烃基的结构和反应条件,醇的烃基结构不同,反应活性不同。

$$\mathrm{R-\overset{|}{\underset{|}{C}}^{\delta^+} \vdots \ddot{\underset{..}{O}}^{\delta^-} \vdots H^{\delta^+}}$$

醇羟基中的氧是 sp^3 杂化,两对孤对电子分别占据两根 sp^3 杂化轨道,另外两根 sp^3 杂化轨道一根与氢形成 σ 键,一根与碳的 sp^3 杂化轨道形成 σ 键。醇羟基的氧上有两对孤对电子,氧利用孤对电子与质子结合形成鎓盐(oxonium salt)。所以醇具有碱性。在醇羟基中,由于氧的电负性大于氢的电负性,因此氧和氢共用的电子对偏向于氧,氢表现出一定的活性,所以醇也具有酸性。醇的酸性和碱性与和氧相连的烃基的电子效应相关,烃基的吸电子能力越强,醇的碱性越弱,酸性越强。

此外,由于 α-H 原子和 β-H 原子有一定的活泼性,故它们还能发生氧化反应和消除反应。

(一)与活泼金属的反应

因为 O-H 是极性键,因此醇的性质与水相似,可与活泼金属(如 Na、K 等)反应,羟基上的氢原子被活泼金属置换,生成醇的金属化合物,并放出氢气和一定的热量。但由于醇分子中烷基的给电子诱导效应,使醇羟基的氢原子活性要比水分子的氢原子弱,因此醇的酸性比水弱,醇与金属钠反应时也比水缓和,在实验室,常利用此性质处理残余的金属钠,以防金属钠与水剧烈反应产生火花引起火灾。

$$\mathrm{2ROH + 2Na \longrightarrow \underset{醇钠}{2RONa} + H_2\uparrow}$$

醇钠是化学性质活泼的白色固体,呈强碱性,其碱性比氢氧化钠还强,不稳定,遇水迅速水解为醇和氢氧化钠,溶液滴入酚酞试液后呈红色。

例如,乙醇和金属钠的反应:

$$\mathrm{2CH_3CH_2OH + 2Na \longrightarrow \underset{乙醇钠}{2CH_3CH_2ONa} + H_2\uparrow}$$

各种结构不同的醇与活泼金属反应的活性顺序为:甲醇>伯醇>仲醇>叔醇

(二)与无机酸的反应

1. 与氢卤酸的反应　醇与氢卤酸作用生成卤代烷和水。这是制备卤代烷的重要方法。

$$\mathrm{ROH + HX \rightleftharpoons RX + H_2O} \qquad \mathrm{X{=}Cl、Br、I}$$

该反应的反应速率与氢卤酸的性质及醇的结构有关。它们的反应活性分别为:

HI > HBr > HCl　　烯丙醇、苄醇>叔醇>仲醇>伯醇

$$\mathrm{R-\underset{R''}{\overset{R'}{\underset{|}{\overset{|}{C}}}}-OH + HCl \xrightarrow[室温]{ZnCl_2} R-\underset{R''}{\overset{R'}{\underset{|}{\overset{|}{C}}}}-Cl}$$

$$\mathrm{R-\overset{R'}{\overset{|}{C}H}-OH + HCl \xrightarrow[室温]{ZnCl_2} R-\overset{R'}{\overset{|}{C}H}-Cl}$$

$$\mathrm{R-CH_2-OH + HCl \xrightarrow[\triangle]{ZnCl_2} R-CH_2-Cl}$$

反应所用的试剂为浓盐酸和无水氯化锌配置的溶液,称为卢卡斯(Lucas)试剂。低级一元醇(6 个 C 以下)可以溶于卢卡斯试剂,而反应产生的相应的卤代烷不溶酸中,可以根据反应出现浑浊的快慢衡量不同结构的醇的反应活性。在室温下,叔醇很快反应,立刻浑浊;仲醇作用较慢,需静置片刻才出

现浑浊或分层；伯醇在室温下数小时也无浑浊或分层现象，必须加热才能反应。

因此可以利用不同结构的醇与氢卤酸反应速率的快慢来鉴别含6个C以下伯醇、仲醇和叔醇。

2. 与含氧无机酸的酯化反应　醇可与含氧无机酸（如硝酸、亚硝酸、硫酸和磷酸等）作用，分子间脱水生成无机酸酯。这种醇和酸作用脱水生成酯的反应称为酯化反应。例如，甘油（丙三醇）与硝酸作用生成甘油三硝酸酯。临床上称作硝酸甘油，具有扩张冠状动脉血管，缓解心绞痛的作用。甘油三硝酸酯遇到震动会发生猛烈爆炸，诺贝尔将它与一些惰性材料混合后提高了其使用的安全性能，发明了硝酸甘油炸药。

$$\begin{array}{l} CH_2-OH \\ | \\ CH-OH \\ | \\ CH_2-OH \end{array} + HONO_2 \xrightarrow{浓H_2SO_4} \begin{array}{l} CH_2-ONO_2 \\ | \\ CH-ONO_2 \\ | \\ CH_2-ONO_2 \end{array} + 3H_2O$$

甘油三硝酸酯

硫酸与醇生成的硫酸酯有多种用途。低级醇的磷酸酯可作烷基化剂，高级醇的硫酸酯钠盐用作合成洗涤剂，人软骨中含有硫酸酯结构的硫酸软骨质。

磷酸与醇生成的磷酸酯广泛地存在于生物体内，具有重要的生理功能，例如，细胞的重要成分DNA、RNA、磷脂及重要的功能物质三磷酸腺苷（ATP）都含有磷酸酯的结构。另外还有许多磷酸酯是常用的农药。

（三）脱水反应

醇在浓硫酸或磷酸催化作用下加热可发生脱水反应。有两种脱水方式，分子内脱水生成烯烃，也可分子间脱水生成醚。醇的脱水方式取决于醇的结构和反应条件。

1. 分子内脱水　醇在较高温度下发生分子内脱水生成烯烃，属于β-消除反应。例如，控制温度在170℃时，乙醇发生分子内脱水生成乙烯。

$$\begin{array}{cc} H_2C & -CH_2 \\ | & | \\ H & OH \end{array} \xrightarrow[170℃]{浓H_2SO_4} H_2C=CH_2 + H_2O$$

乙烯

仲醇和叔醇分子内脱水时，遵循札依采夫（Zaitsev）规律，含氢较少的β碳原子将提供氢原子进行消除，即主要产物是双键碳原子上连有较多烃基的烯烃。

$$\underset{\displaystyle OH}{RCH_2\underset{|}{C}HCH_3} \xrightarrow[100℃]{60\%\ H_2SO_4} \underset{(主要产物)}{RCH=CHCH_3} + \underset{(次要产物)}{RCH_2CH=CH_2}$$

不同结构的醇，发生分子内脱水反应的难易程度不同，其反应活性顺序为：叔醇>仲醇>伯醇。

2. 分子间脱水　控制温度在140℃时，乙醇发生分子间脱水生成乙醚。

$$CH_3CH_2\boxed{OH + H}OCH_2CH_3 \xrightarrow[140℃]{浓H_2SO_4} \underset{乙醚}{CH_3CH_2\text{-}O\text{-}CH_2CH_3} + H_2O$$

由此可见，醇的脱水反应受温度条件影响。较高温度条件下，有利于分子内脱水生成烯烃，较低温度条件下有利于分子间脱水生成醚。

醇的脱水方式还与醇的结构有关，叔醇的容易发生分子内脱水，主要产物是烯烃，因为碳正离子的稳定性3°>2°>1°。

（四）氧化反应

在有机化合物分子中加入氧原子或脱去氢原子，即加氧脱氢都称为氧化反应。

醇分子中由于受羟基影响，α-H原子比较活泼，容易被氧化和羟基氢原子一起脱去，发生氧化反应。

醇的氧化产物取决于醇的类型，伯醇氧化生成醛，醛可以继续氧化生成羧酸；仲醇氧化生成酮，通常酮不会继续被氧化；叔醇没有α-H原子，所以难以发生氧化反应。

$$RCH_2OH \xrightarrow{[O]} RCHO \xrightarrow{[O]} RCOOH$$

伯醇　　　醛　　　羧酸

$$\underset{\text{仲醇}}{R-\underset{\underset{OH}{|}}{CH}-R'} \xrightarrow{[O]} \underset{\text{酮}}{R-\underset{\underset{O}{\|}}{C}-R'} \qquad \underset{\text{叔醇}}{R-\overset{\overset{R'}{|}\,\alpha}{\underset{\underset{OH}{|}}{C}}-R''} \xrightarrow{[O]} \text{不反应}$$

[O]代表氧化剂，醇氧化用的氧化剂有 $KMnO_4$、MnO_2、稀 HNO_3、三级丁醇铝或异丙醇铝、二环己基碳二亚胺（dicyclohexylcarbodiimide，简称 DCC）、$K_2Cr_2O_7$ 的酸性水溶液等，可将伯醇、仲醇被氧化成羧酸和酮，其中 $K_2Cr_2O_7$ 的酸性水溶液作为氧化剂时橙红色的 $Cr_2O_7^{2-}$ 离子被还原为绿色的 Cr^{3+} 离子，叔醇在同一条件下不发生反应，利用此反应颜色的变化可以区别伯醇、仲醇和叔醇。

交通警察使用的酒精监测仪中有经硫酸酸化处理的橙红色三氧化铬（CrO_3）的硅胶，如果被检司机喝过酒，呼出的气体中含有乙醇蒸气，乙醇会被三氧化铬氧化成乙醛，同时三氧化铬被还原成绿色的硫酸铬（Cr^{3+}）。分析仪中铬离子的颜色变化通过电子传感元件转换成电信号，显示被测者饮酒与否及饮酒的程度。

（五）多元醇的特性

多元醇分子中含有两个或两个以上的羟基，除了具有醇羟基的一般性质以外，由于羟基之间相互影响，多元醇还具有一些不同于一元醇的特性。例如，醇分子之间以及醇分子与水分子之间形成氢键的机会增多，所以低级多元醇的沸点比同碳原子数的一元醇高得多，同时，低级多元醇能与水以任意比例混溶，如乙二醇和丙三醇。羟基的增多还会增加醇的甜味，丙三醇就有甜味，所以又称甘油。

1. 甘油铜反应　乙二醇、甘油等分子，具有邻二醇结构的多元醇，能与新配制的氢氧化铜反应生成深蓝色的螯合物甘油铜，称为甘油铜反应。

$$\begin{matrix} CH_2-OH \\ | \\ CH-OH \\ | \\ CH_2-OH \end{matrix} + Cu(OH)_2 \longrightarrow \begin{matrix} CH_2-O \\ | \\ CH-O \\ | \\ CH_2-OH \end{matrix}\!\!>Cu + 2H_2O$$

甘油铜

利用此反应可以鉴别具有邻二醇结构的多元醇。

2. 邻二醇与高碘酸的反应　邻二醇还可以与高碘酸在较缓和的条件下进行氧化反应，具有羟基的两个相邻的碳原子的 C-C 键断裂生成醛、酮或羧酸等产物。

$$R-\overset{\overset{R}{|}}{\underset{\underset{OH}{|}}{C}}-\overset{\overset{H}{|}}{\underset{\underset{OH}{|}}{C}}-R + HIO_4 \longrightarrow \underset{\text{酮}}{R-\overset{\overset{R}{|}}{C}=O} + \underset{\text{醛}}{R-\overset{\overset{H}{|}}{C}=O} + HIO_3 + H_2O$$

反应产物醛可与希夫试剂（亚硫酸/品红水溶液）作用呈紫红色。临床上用高碘酸将细胞胞质中的糖原（邻二醇结构）氧化生成醛的结构，醛基与希夫试剂中的无色品红结合，形成紫红色化合物，附着在含有多糖类的胞质中。红色的深浅与细胞内能反应的乙二醇基的量成正比，用于对细胞组织的观测和检验，临床上称做过碘酸-雪夫反应。

四、常见的醇

（一）甲醇

甲醇（CH_3OH）最早是用木材干馏得到的，俗称木精或木醇。甲醇的外观和乙醇类似，为无色透明液体，具有酒味，易挥发，沸点 64.7℃。能与水和多种有机溶剂混溶，是优良的有机溶剂。甲醇有很广泛的用途，也是重要的有机化工原料和医药产品的原料，甲醇和汽油混合成的“甲醇汽油”可用作汽车、飞机的燃料。但是甲醇毒性很强，进入人体内很快被肝脏的脱氢酶氧化成甲醛，甲醛能凝固蛋白

质，损伤视网膜，甲醛的氧化产物甲酸难以代谢潴留在血液中，血液 pH 下降，导致酸中毒死亡。误服甲醇 10ml 可致人失明，误服 30ml 可致人死亡。一些不法商贩用工业酒精勾兑的假酒中就含有少量的甲醇。

（二）乙醇

乙醇（CH_3CH_2OH）是酒类饮品的有效成分，俗称酒精，是最常见的醇。乙醇为无色挥发性液体，具有特殊气味，沸点 78.4℃，比重比水轻，能与水及多种有机溶剂混溶，是优良的有机溶剂，也是医药、染料、香料等工业中应用最广泛的醇。

在临床上，不同浓度的乙醇有不同的作用。95%乙醇水溶液称作医用酒精，在医院常用，在家庭中则用于相机镜头和电子产品的清洁；70%～75%的乙醇水溶液能使细菌的蛋白质变性，临床上使用其作皮肤和医疗器械的消毒，称为消毒酒精；40%～50%乙醇水溶液可预防压疮，擦涂该溶液，按摩患者受压部位，能促进局部血液循环，防止压疮形成；25%～30%乙醇水溶液给高热患者擦浴，可达到物理降温的目的，因为用酒精擦拭皮肤，能使患者的皮肤血管扩张，增加皮肤散热能力，吸收并带走大量的热量，但酒精浓度不可过高，否则可能会刺激皮肤，并吸收体表大量的水分。

乙醇燃烧放出大量的热，所以乙醇也是很有前景的绿色燃料。

小量乙醇对人体的作用是先兴奋、后麻醉；大量的乙醇对人体有毒。

（三）丙三醇

丙三醇俗称甘油，为无色黏稠状液体，沸点 290℃，能与水或乙醇互溶，不溶于其他有机溶剂，有甘甜味。纯甘油有强烈吸水性，稀释的甘油能润滑皮肤，是护肤保湿化妆品的原料，医药制剂上可作溶剂、赋形剂；制备酚甘油、碘甘油等；还可制成润滑剂，如 50%甘油溶液灌肠，帮助治疗便秘。

（四）苯甲醇

苯甲醇是最简单的芳香醇，又称苄醇。无色液体，具有芳香气味，能溶于水，易溶于甲醇、乙醇等有机溶剂。苯甲醇有微弱的麻醉作用和防腐功能，临床使用 2%的苯甲醇注射用水做溶酶稀释青霉素，以减轻注射时的疼痛感；10%苯甲醇软膏或洗剂可用作局部止痒。

（五）甘露醇

甘露醇又名己六醇，为白色结晶性粉末，味甜，易溶于水。甘露醇广泛分布于植物中，许多常见的水果、蔬菜都含有甘露醇。临床用 20%甘露醇水溶液作为组织脱水剂及渗透性利尿剂，减轻组织水肿，降低眼压、颅内压等。

五、硫醇

（一）硫醇的结构与命名

硫醇（mercaptan）可以看作是醇分子中羟基上的氧原子被硫原子所取代生成的化合物。其通式为 R-SH，—SH 称作巯基（mercapto），是硫醇的官能团。

硫醇的命名与醇相似，只在相应的“醇”字前加“硫”即可。例如：

CH_3SH	CH_3CH_2SH	$H_3C—CH(SH)—CH_3$	$H_2C(SH)—CH(SH)—CH_3$
甲硫醇	乙硫醇	异丙硫醇	1,2-丙二硫醇

分子中同时含有羟基和巯基时，以醇为母体，把巯基看作是取代基。例如：

$$HSCH_2CH_2OH$$

2-巯基乙醇

（二）硫醇的物理性质

低级硫醇易挥发，有恶臭，例如丙硫醇有和洋葱类似的气味。极微量的硫醇即可被人察觉，因此工业上将硫醇作臭味剂使用，例如在无色无嗅的天然气中加入少量乙硫醇或叔丁硫醇，作为漏气“警报”。

硫原子的吸电子能力较氧弱，原子半径比较大，所以硫醇分子间不易形成分子间氢键，分子间无缔合作用，故硫醇的沸点低于相应的醇；由于硫醇中的巯基也不能与水形成氢键，故硫醇难溶

于水。

（三）硫醇的化学性质

1. 弱酸性 硫醇的化学性质与醇相似，但也有差别。

硫醇有弱酸性，酸性比醇强，能与氢氧化钠作用生成盐，称为硫醇盐。

$$R-SH + NaOH \rightleftharpoons R-SNa + H_2O$$

硫醇钠

硫醇钠比醇钠稳定，在冷水中只有微弱的水解。

2. 与重金属作用 硫醇能与重金属离子汞、铜、银、铅等的盐或氧化物作用，生成不溶于水的硫醇盐。例如：

$$2C_2H_5SH + HgO \longrightarrow (C_2H_5S)_2Hg\downarrow + H_2O$$

利用硫醇的这一性质，临床上常用含巯基的药物，如二巯丙醇、二巯丁二酸钠、二巯磺酸钠等作为重金属中毒的解毒剂。当重金属进入体内，能与体内某些酶上的巯基结合成重金属盐，使酶失去活性，即重金属中毒。给重金属中毒者使用含有巯基的解毒剂，它们和重金属离子的亲和力较强，含有巯基的解毒剂进入体内，可以夺取已和酶结合的重金属离子形成不溶性盐从尿中排出，同时释放出酶，恢复其生理活性，起到解毒作用。

第二节 酚

酚可以看作是芳香烃分子中芳环上的氢原子被羟基取代后生成的化合物，一元酚的通式为ArOH。酚中的羟基称为酚羟基，是酚的官能团。酚和醇在结构上的区别在于酚羟基和芳环碳原子直接相连，例如，C_6H_5-OH是酚，$C_6H_5-CH_2-OH$是醇。

一、酚的结构、分类和命名

1. 酚的分类 根据酚羟基所连芳基的不同可分为苯酚（最简单的酚）和萘酚等，其中萘酚因酚羟基位置不同，又分为α-萘酚和β-萘酚。

苯酚　　β-萘酚　　α-萘酚

根据酚羟基的数目不同可分为一元酚、二元酚和多元酚等，含有两个以上酚羟基统称为多元酚。

邻苯二酚（儿茶酚）　　均苯三酚（根皮酚）

二元酚　　三元酚

2. 酚的同分异构和命名 含一个取代基的一元酚有三种同分异构体，取代基与酚羟基的位置分别为邻位（*o*-）、间位（*m*-）和对位（*p*-）。例如：甲酚有三个同分异构体，邻甲苯酚、间甲苯酚、对甲苯酚。

一元酚命名时以芳环的名称后加“酚”为母体，称为“某酚”。例如苯酚。从酚羟基所连的碳原子开始给芳环编号，加上取代基的位次、数目和名称，按系统命名法的基本原则命名；也可用邻、间、对来表示取代基和酚羟基相对位置。例如：

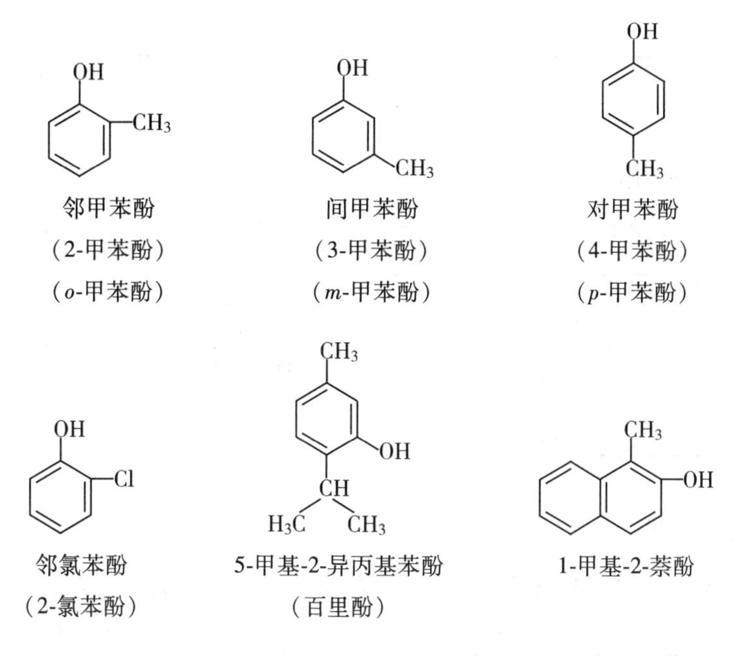

邻甲苯酚（2-甲苯酚）（*o*-甲苯酚）　间甲苯酚（3-甲苯酚）（*m*-甲苯酚）　对甲苯酚（4-甲苯酚）（*p*-甲苯酚）

邻氯苯酚（2-氯苯酚）　5-甲基-2-异丙基苯酚（百里酚）　1-甲基-2-萘酚

二元酚分子中含二个酚羟基。因两个酚羟基的相对位置不同，有邻位（*o*-）、间位（*m*-）和对位（*p*-）三种同分异构体。

二元酚命名时以苯二酚为母体，两个酚羟基的相对位置用阿拉伯数字或邻、间、对来表示。例如：

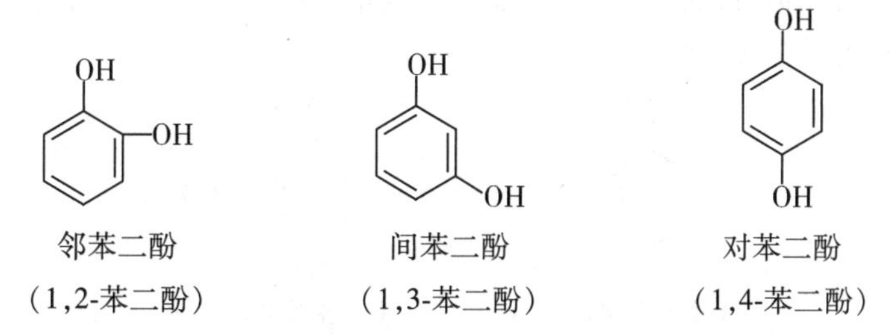

邻苯二酚（1,2-苯二酚）　间苯二酚（1,3-苯二酚）　对苯二酚（1,4-苯二酚）

对于结构复杂的一元酚，也可以把酚羟基当作取代基来命名。有些酚类化合物习惯用俗名。

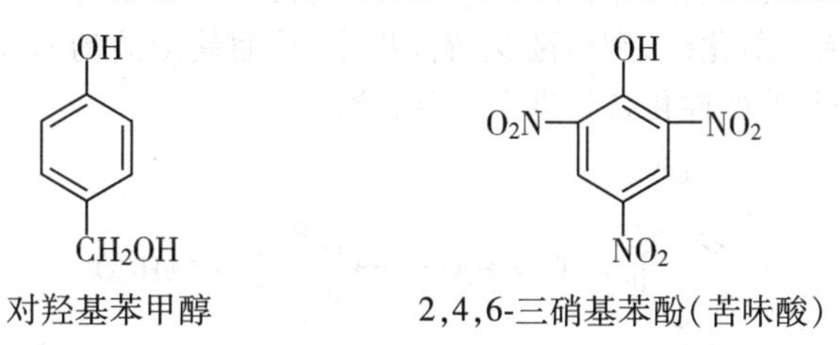

对羟基苯甲醇　2,4,6-三硝基苯酚（苦味酸）

二、酚的物理性质

在常温常压下，除少数烷基酚（如甲酚）是高沸点外的液体外，多数酚是无色结晶性固体，酚分子中含有羟基，分子间能形成氢键，所以沸点比相对分子量相近的芳烃高。酚具有特殊气味，能溶于乙醇、乙醚等有机溶剂。酚能与水形成氢键，因此在水中有一定的溶解度，但由于烃基部分较大，所以溶解度不大，随温度升高溶解度将增大。多元酚易溶于水（表 7-2）。

表 7-2　部分常见酚的物理性质

化合物		熔点/℃	沸点/℃	溶解度 g/100gH_2O	pK_a
苯酚	C_6H_5OH	43	182	9.3	9.89
邻甲苯酚	o-$CH_3C_6H_4OH$	30	191	2.5	10.20
间甲苯酚	m-$CH_3C_6H_4OH$	11	201	2.6	10.01

续表

化合物		熔点/℃	沸点/℃	溶解度 g/100gH_2O	pK_a
对甲苯酚	p-$CH_3C_6H_4OH$	35.5	201	2.3	10.17
邻氯苯酚	o-ClC_6H_4OH	8	176	2.8	8.11
间氯苯酚	m-ClC_6H_4OH	33	214	2.6	8.80
对氯苯酚	p-ClC_6H_4OH	43	214	2.7	9.20
2,4,6-三硝基苯酚	NO_2 / O_2N— —OH / NO_2	122	分解（300℃爆炸）	1.4	0.38（强酸）

三、酚的化学性质

酚类化合物和醇类化合物都含有羟基，由于酚类分子中羟基和芳环直接相连，相互影响，使得酚羟基与醇羟基有显著差异，因此表现出来的酚类化合物的化学性质与醇不同。例如苯酚 C—O 键不易断裂，而 O—H 容易异裂给出质子，具有弱酸性，酚羟基能活化苯环的邻、对位，比相应的芳烃更易发生卤代、硝化、磺化等亲电取代反应。

（一）酚的弱酸性

酚具有弱酸性，与醇相似可以和活泼金属反应，酚还能与强碱水溶液作用生成盐。醇与氢氧化钠水溶液不作用，说明酚的酸性比醇强。

OH（苯环） + NaOH ⟶ ONa（苯环） + H_2O

（微溶于水）　　苯酚钠（易溶于水）

苯酚的酸性（pK_a=9.89）比碳酸的酸性（pK_a=6.35）弱，所以碳酸可以将苯酚从其钠盐中置换出来，即向苯酚钠溶液中通入二氧化碳，则苯酚又游离出来，从而使澄清的苯酚钠溶液变浑浊。利用酚呈弱酸性的特点可以将酚与非酸性化合物进行分离和提纯。

ONa（苯环） + CO_2 + H_2O ⟶ OH（苯环） + $NaHCO_3$

苯酚钠（易溶于水）　　（微溶于水）

酚类化合物的酸性强弱与芳环上的取代基的种类和数目有关。以取代苯酚为例，如果苯环上连有吸电子基（如—X、—NO_2 等）时，可使酚的酸性增强，如果连有给电子基（如—CH_3、—C_2H_5 等烷基）时，可使酚的酸性减弱。2,4,6-三硝基苯酚，在邻、对位有三个硝基，都是吸电子基，因此 2,4,6-三硝基苯酚的酸性大大增强，其酸性几乎与无机强酸相当，俗名苦味酸。例如：

OH / CH_3　　pK_a=10.17

OH / NO_2　　pK_a=8.15

OH / O_2N NO_2 / NO_2　　pK_a=0.38

（二）苯环上的取代反应

在苯酚中，酚羟基的氧原子处于 sp^2 杂化状态，氧上两对孤对电子，一对占据 sp^2 杂化轨道，另一对

占据未参与杂化的 p 轨道，p 电子云正好能与苯的大 π 键电子云发生侧面重叠，形成 p-π 共轭体系，在 p-π 共轭体系中，氧的 p 电子云向苯环移动，p 电子云的移动导致了氧氢之间的电子云进一步向氧原子转移，从而使氢离子较易离去，总之 p-π 共轭的结果：①增强了羟基上氢的解离能力。②增加了苯环上的电子云密度。尤其是苯环上羟基邻、对位的电子云增加更多，酚羟基属于邻、对位定位基，所以苯酚的邻、对位上容易发生卤代、硝化和磺化反应。

1. 卤代反应　苯酚极易发生卤代反应。常温下，苯酚水溶液与溴水作用，立即生成不溶于水的 2,4,6 -三溴苯酚白色沉淀。

该反应非常灵敏，极稀的苯酚溶液（10mg/L）也能与溴水生成明显的沉淀，此反应常用于苯酚的鉴别和定量测定。

$$C_6H_5OH + 3Br_2 \longrightarrow C_6H_2Br_3OH \downarrow + 3H_2O$$

2,4,6-三溴苯酚

若该反应在 CS_2、CCl_4 等非极性溶剂中进行，则可以得到邻位、对位的一溴代物。

$$C_6H_5OH + Br_2 \longrightarrow p\text{-}BrC_6H_4OH + o\text{-}BrC_6H_4OH + HBr$$

对溴苯酚　邻溴苯酚

2. 硝化反应　在室温下，苯酚与稀硝酸作用生成邻硝基苯酚和对硝基苯酚的混合物。

$$C_6H_5OH + 稀HNO_3 \longrightarrow p\text{-}O_2NC_6H_4OH + o\text{-}O_2NC_6H_4OH + HBr$$

对硝基苯酚 邻硝基苯酚

硝化产物如何分离？邻硝基苯酚中羟基和硝基位置较近，易形成分子内氢键，而阻碍了羟基与水形成氢键，水溶性降低，挥发性大，可随水蒸气蒸出；而对硝基苯酚羟基和硝基处于对位，不能形成分子内氢键，但可以通过分子间氢键形成分子缔合，挥发性小，不易随水蒸气蒸出。故可用水蒸气蒸馏法将硝化后的混合产物分离开。

3. 磺化反应　苯酚与浓硫酸在较低的温度下（15～25℃）很容易进行磺化反应，主要得到邻羟基苯磺酸；但在 80～100℃ 反应时，主要产物为对羟基苯磺酸。上述两种产物进一步磺化，都得到 4-羟基苯-1,3-二磺酸：

$$C_6H_5OH \xrightarrow{浓H_2SO_4} \begin{cases} \xrightarrow{15\sim25℃} o\text{-}HOC_6H_4SO_3H \\ \xrightarrow{80\sim100℃} p\text{-}HOC_6H_4SO_3H \end{cases} \xrightarrow[80\sim100℃]{浓H_2SO_4} HOC_6H_3(SO_3H)_2$$

磺化反应是可逆的，在稀硫酸溶液中回流即可除去磺酸基。

（三）氧化反应

酚类化合物很容易被氧化，酚氧化物的颜色随着氧化程度的加深而逐渐加深，其产物复杂，如无色的苯酚在空气中氧化呈浅红色、红色至暗红色。用重铬酸钾稀硫酸溶液作氧化剂，可以得到主要产物对苯醌。醌类化合物多数有颜色。

$$\text{C}_6\text{H}_5\text{OH} \xrightarrow[\text{H}_2\text{SO}_4]{\text{K}_2\text{Cr}_2\text{O}_7} \text{O=C}_6\text{H}_4\text{=O}$$

多元酚更容易被氧化，产物为醌类化合物。例如邻苯二酚、对苯二酚可被氧化为对应的醌。

$$\text{邻苯二酚} \xrightarrow[\text{无水乙醚}]{\text{Ag}_2\text{O}} \text{邻苯醌}$$

$$\text{对苯二酚} \xrightarrow[\text{H}_2\text{SO}_4\ 94\%]{\text{Na}_2\text{Cr}_2\text{O}_7} \text{对苯醌}$$

利用酚类化合物易氧化的特点，在食品、橡胶、塑料等行业，使用酚类化合物作抗氧化剂使用。

（四）与三氯化铁的显色反应

含酚羟基的化合物大多数可以和三氯化铁溶液作用发生颜色反应。大多数酚与三氯化铁溶液作用生成带颜色的配合物离子，不同的酚产生的颜色不同（表 7-3），常见的有紫色、蓝色、绿色、棕色等，这个特性常用于酚的鉴别。例如：

$$6C_6H_5OH + FeCl_3 \longrightarrow H_3[Fe(OC_6H_5)_6] + HCl$$

表 7-3　常见各类酚与三氯化铁反应的颜色

酚	苯酚	对甲苯酚	间甲苯酚	邻苯二酚	对苯二酚
与 $FeCl_3$ 显色	蓝紫色	蓝色	蓝紫色	深绿色结晶	暗绿色
酚	间苯二酚	连苯三酚	均苯三酚	α-萘酚	β-萘酚
与 $FeCl_3$ 显色	蓝紫色	淡棕红色	紫色	紫红色沉淀	绿色沉淀

除酚类化合物以外，具有烯醇式结构的化合物也可以和三氯化铁溶液作用发生颜色反应。所以常用三氯化铁溶液鉴别酚类以及烯醇式结构的化合物。

一般来讲，酚类主要生成蓝、紫、绿色，烯醇类主要生成红褐色和红紫色。根据反应过程中的颜色变化可以鉴定它们。

—C=C—OH　　C_6H_5—OH

烯醇式结构

四、重要的酚

（一）苯酚

苯酚俗称石炭酸，能凝固蛋白质，具有杀菌作用，在医药上苯酚用作外用消毒剂和防腐剂。苯酚浓溶液对皮肤有腐蚀性，并有毒性，使用时应注意安全。苯酚易氧化，使无色的晶体呈粉红色，苯酚应使用棕色瓶，并置于避光阴凉处贮存。

1867 年，英国外科医生 J. 利斯特发现用石炭酸作消毒剂可以大量减少手术后的败血症，明显降低了患者死亡率。此后一百多年来，苯酚作为强力消毒剂一直在医院临床中使用。临床上用 2%~5% 苯酚水溶液处理污物、消毒用具和外科器械，还用于环境的消毒。1%苯酚甘油溶液用于中耳炎的外用消毒。

苯酚是检验各种新型消毒剂消毒能力的标准。石炭酸系数，即是指在一定时间内，被试药物能杀死全部供试菌的最高稀释度与达到同效的石炭酸最高稀释度之比。

（二）甲酚

甲酚来源于煤焦油，又称煤酚。甲酚有邻甲苯酚、间甲苯酚、对甲苯酚三种同分异构体，不易分离，常使用它们的混合物。甲酚难溶于水，易溶于肥皂溶液，常配成 50%的甲酚肥皂溶液，称煤酚皂溶液，俗称“来苏儿”，其杀菌能力比苯酚强，毒性比苯酚小，是医院常用的消毒剂，用做手、器械、环境消毒及处理排泄物。使用前要稀释为 2%~5%的溶液。甲酚对皮肤有一定刺激作用和腐蚀作用。

第三节　醚

醚可以看作是水分子的两个氢被两个烃基取代后形成的化合物，也可看作是醇或酚的羟基上的氢被其他烃基取代生成的化合物。醚的通式表示为（Ar）R—O—R′（Ar′），C—O—C 称为醚键（ether bond），是醚类化合物的官能团。

一、醚的结构、分类和命名

（一）醚的分类

醚可根据与氧原子相连的烃基结构，分为单醚、混醚和环醚。两个烃基相同的醚称为单醚，如乙醚；两个烃基不同称为混醚，如苯甲醚；具有环状结构的醚称为环醚，如环氧乙烷。

还可以根据烃基种类不同，将醚分为脂肪醚和芳香醚，两个烃基都是脂肪烃基的称为脂肪醚；其中一个或者两个都是芳香烃基的则属于芳香醚（表 7-4）。

表 7-4　醚的分类

	单醚	混醚	环醚
脂肪醚	$CH_3CH_2—O—CH_2CH_3$	$CH_3CH_2—O—CH_3$	
芳香醚	$C_6H_5—O—C_6H_5$	$C_6H_5—O—CH_3$	O（五元环）

（二）醚的命名

脂肪族简单醚，根据烃基的名称，称作（二）某醚，烃基是烷基，所以“二”字可以省去，直接称为“某醚”。

芳香族简单醚，根据芳香烃基的名称，称作二某醚（“二”字不能省略）。

$CH_3CH_2—O—CH_2CH_3$　乙醚

$CH_3—O—CH_3$　甲醚

$C_6H_5—O—C_6H_5$　二苯醚

混合醚的命名，按烃基名称称作“某某′醚”。命名脂肪族混合醚时，把较小烃基名称写在较大烃基名称之前，如甲乙醚；命名芳香族混醚时，把芳香烃基的名称写在脂肪烃基名称之前，如苯甲醚。

$CH_3—O—CH_2CH_3$　甲乙醚

$CH_3—O—CH(CH_3)_2$　甲异丙醚

$C_6H_5—O—CH_3$　苯甲醚

环醚可以称为环氧某烷，或者按杂环化合物的名称命名。

环氧乙烷　　　　四氢呋喃　　　　四氢吡啶

结构复杂的醚，采用系统命名法，把烃氧基看作取代基进行命名。

$$\underset{\displaystyle\mathrm{OCH_3}}{\mathrm{CH_3\overset{CH_3}{C}H\,\overset{}{C}H\,\overset{CH_2CH_3}{C}HCH_2CH_3}}$$

2-甲基-4-乙基-3-甲氧基己烷

$CH_3OCH_2CH_2OCH_3$

1,2-二甲氧基乙烷

二、醚的物理性质

常温常压下，甲醚和甲乙醚是气体，其余大多数醚均为无色、有特殊气味的易燃液体。比水轻。因为醚分子间不能形成氢键缔合，所以醚的沸点与相对分子量相同的醇相比要低得多。例如，乙醇的沸点为78.5℃，甲醚为-24.9℃。低级醚易挥发，形成的蒸气易燃，所以使用时应远离火源（表7-5）。

表7-5　部分常见醚的物理常数

名称	沸点/℃	密度/(g·cm^{-3})	名称	沸点/℃	密度/(g·cm^{-3})
甲醚	-24.9	0.67	二苯醚	259	1.075
甲乙醚	10.8	0.725	苯甲醚	155	0.994
乙醚	34.6	0.713	四氢呋喃	66	0.889
丙醚	90.5	0.736	1,4-二氧六环	101	1.034
异丙醚	69	0.735	环氧乙烷	14	0.882(10℃)
正丁醚	142	0.769	环氧丙烷	34	0.83

由于醚中氧原子上的孤对电子仍能与水分子间形成氢键，因此低级醚在水中仍有一定的溶解度。醚是优良的有机溶剂，许多有机物能溶于醚，而醚在许多反应中活性很低，所以在有机反应中常用醚作溶剂。

三、醚的化学性质

醚分子中的氧原子与两个烃基相连，分子极性很小，因此醚的化学性质不活泼（环醚除外），一般对氧化剂、还原剂、碱都十分稳定，稳定性仅次于烷烃。醚在常温下不与金属钠反应，可以用金属钠作醚的干燥剂。

醚的稳定性是相对的，由于醚键（C—O—C）的存在，在一定的条件下，醚也可以发生一些其特有的反应。

（一）锌盐的生成

由于醚键中的氧原子具有两对孤对电子对，能接受强酸（H_2SO_4、HCl等）中的质子，以配位键的形式结合生成锌盐。

$$\mathrm{R{-}\ddot{\underset{\cdot\cdot}{O}}{-}R' + HCl \longrightarrow [R{-}\underset{H}{\overset{\cdot\cdot}{O}}{-}R']^{+}Cl^{-}}$$

$$\mathrm{R{-}\ddot{\underset{\cdot\cdot}{O}}{-}R' + H_2SO_4 \longrightarrow [R{-}\underset{H}{\overset{\cdot\cdot}{O}}{-}R']^{+}HSO_4^{-}}$$

锌盐是一种弱碱强酸盐，只有在低温和浓酸中才稳定，加水稀释会立刻分解为原来的醚和酸。

而烷烃不溶于强酸，所以可利用此反应鉴别醚与烷烃或卤代烃，也可将醚从烷烃或卤代烃中分离出来。

（二）醚键的断裂

在较高温度下，强酸能使醚键断裂，使醚键断裂的最有效试剂是浓的氢卤酸，其中氢碘酸的作用最强。烷基醚生成卤代烷和醇，若氢碘酸过量，则生成的醇可以和氢碘酸继续反应生成卤代烷。

$$R—O—R' + HI \xrightarrow{\triangle} RI + R'OH$$

$$R'OH + HI \xrightarrow{\triangle} R'I + H_2O$$

脂肪族混醚发生反应醚键断裂时，一般是小烃基形成卤代烃；芳香族混醚则生成酚和卤代烃。

$$C_6H_5—OR + HI \xrightarrow{\triangle} C_6H_5—OH + RI$$

醚分子中含有甲氧基时，可用此反应测定醚分子中甲氧基的含量，称为蔡塞尔（Zeisel）甲氧基含量测定法。

（三）过氧化物的生成

醚的性质相对稳定，一般的氧化剂如 $KMnO_4$、$K_2Cr_2O_7$ 不能氧化醚，但是一些烷基醚与空气长期接触或光照，α-C 原子上的氢原子会缓慢发生氧化反应，生成不易挥发的过氧化物。例如：

$$C_2H_5—O—C_2H_5 \longrightarrow CH_3CH_2—O—CH(O—O—H)CH_3$$

过氧化物不稳定，受热易分解发生爆炸，因此在蒸馏醚时应避免蒸干。在使用搁置较长时间的醚时，需要检查醚中是否产生过氧化物，并除去过氧化物，避免发生意外。一个简便的检查方法是：若被检查的醚可以使湿润的碘化钾/淀粉试纸变蓝，则表明醚中含有过氧化物。使用硫酸亚铁或亚硫酸钠溶液洗涤醚，可以除去醚中的过氧化物。

储存醚时应使用棕色瓶，远离火源，密封、低温、避光保存。

四、常见的醚

（一）乙醚

常温下乙醚为无色透明液体，有特殊刺激气味，极易挥发、易燃、易爆，沸点 34.5℃。乙醚蒸气与空气混合达到一定比例时，遇火可引起爆炸，使用时应注意远离火源，并保证室内空气流通。乙醚微溶于水，易溶于乙醇等有机溶剂，其本身也是优良的有机溶剂，常用作提取天然药物中脂溶性成分的溶剂。

纯净的乙醚性质十分稳定。在空气的作用下能氧化成过氧乙醚。为确保安全，在使用乙醚前，必须检验是否含有过氧乙醚。乙醚应使用棕色瓶密封、避光，放阴冷处保存。

乙醚具有麻醉作用，早期在医学上用做吸入性全身麻醉药，副作用是会引起头晕、恶心、呕吐等，现在已被更好的麻醉药所替代。但乙醚仍然在部分医学实验中使用。

（二）环氧乙烷

环氧乙烷又称氧化乙烯，是最简单的环醚。常温下，是一种无色有毒气体，沸点 11℃，能溶于水，也能溶于乙醇、乙醚等有机溶剂中，通常保存在钢瓶里。

环氧乙烷是三元环，环状结构不稳定，故性质活泼，在酸或碱的催化作用下可与许多含活泼氢的化合物发生开环加成反应。

$$H_2C—CH_2(—O—) + H—OH \longrightarrow H_2C(OH)—CH_2(OH)$$

乙二醇

环氧乙烷在医学上主要作为气体杀菌剂，属于高效灭菌剂，穿透力强，可杀灭各种微生物。主要用于消毒医疗器械、内镜及一次性使用的医疗用品。

冠醚与超分子

1967年美国杜邦公司的佩德森(Pedorson,冠醚化学之父)在研究烯烃聚合催化剂时首次合成并发现了含有—O—CH_2CH_2—结构单元的大环化合物,它是一类大环多元醚化合物,因其结构很像王冠,称为冠醚(crown ether),佩德森也被称为“冠醚化学之父”。因发现一类具有特殊结构和性质的环状化合物,这一开拓性的成就,佩德森等三位科学家获得了1987年的Nobel化学奖。命名时用“冠”表示冠醚,在“冠”字前面写出环中的总原子数(碳和氧),并用一短线隔开,在“冠”字后表示环中的氧原子数,也用一短线隔开,就得全名:

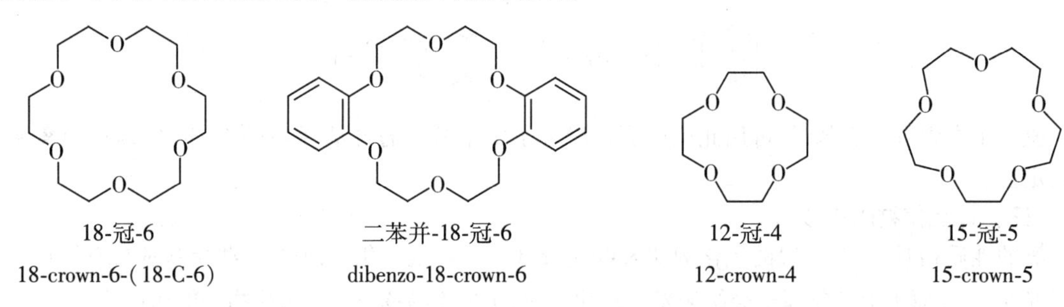

随后美国化学家克里姆(Cram)在研究冠醚的基础上根据其选择性的络合作用创立了“主客体化学”,即具有显著“识别能力”的某些冠醚可以作为“主体”,有选择性地与作为“客体”的底物发生配合,如18-冠-6与KCN中K^+的配合。克里姆的意图旨在模拟酶和底物的作用。法国化学家莱恩(Lehn)在1968年首次合成了冠醚化学的新成员“穴醚”,并根据其选择性的配位作用创立了“超分子化学”。

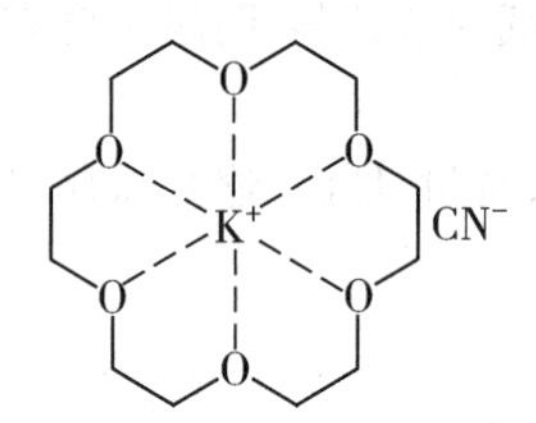

通过分子间的相互作用(非共价键)而形成的分子聚集体称为超分子。超分子体系所具有的独特有序结构正是以其组分分子间非共价键弱相互作用为基础的。有下面几种:①构筑单元与构筑单元间构成选择性相互作用体系;②分子络合物体系;③分子-表面化学吸附体系;④氢键体系;⑤生物大分子体系,如DNA、酶-底物。

超分子化学发展并深化了两个重要概念,一是分子间弱的相互作用力可以通过加和以及协同效应从而形成强的分子间作用力,其强度能达到或接近共价键的水平,这是得到稳定的超分子体系的基础。另一个重要概念是通过组装过程可使超分子体系具有新的性质。由于每一种分子间作用力是弱的,这使其具有丰富的动力学特征,蕴藏着丰富的信息内容。超分子化学是化学、物理、生物学的交叉学科,它比分子本身复杂得多。组成、结构、性质不同的超分子中存储着丰富的信息,所以超分子体系将是一个程序化的分子体系,涉及信息的储存、检出和传递,同信息科学也有密切的关系。今后,随着研究的深入,涉及的领域必将越来越广泛,所涉及的相互作用力也将越来越复杂,其应用的领域也将越来越扩展。

学习小结

1. 醇酚醚的定义、结构通式、官能团是学习重点，醇和酚都含有羟基，特别注意区别醇羟基是连接到饱和碳原子上，而酚羟基是直接连接在苯环碳原子上。

2. 醇酚醚的分类中，醇的分类是学习有机物分类的基础，今后学习的各种有机物的分类方法与醇相似。

3. 醇酚醚的普通命名法、系统命名法。注意许多有机物常用俗名。

4. 醇酚醚的物理性质，除了学习一般的物理性质外，重点理解氢键的形成和对熔沸点及在水中溶解度的影响。

5. 醇酚醚的化学性质的学习时充分理解结构决定性质的含义。

醇、酚、醚

（张刘生）

扫一扫，测一测

思考题

1. 低级醇的熔点和沸点比碳原子数相同的烷烃的熔点和沸点高得多，请加以解释。
2. 写出分子式为 $C_4H_{10}O$ 的所有同分异构体。
3. 以苯为起始原料，设计一条合成苦味酸的路线。

第八章 醛、酮、醌

1. 掌握醛和酮的结构特征和分类;醛和酮的命名方法及化学性质。
2. 熟悉醛酮的物理性质;醌的化学性质。
3. 了解醌的结构特点、命名和化学性质。

醛(aldehydes)、酮(ketones)和醌(quinones)都是含有羰基(carbonyl group)的化合物,羰基是碳原子和氧原子通过双键相连的基团,即$-\overset{\overset{\displaystyle O}{\|}}{C}-$。这类化合物(尤其是醛和酮)在性质和制备上有很多相似之处。许多化学产品和药物都具有醛和酮的结构,且醛和酮能够发生多种化学反应,是有机合成的重要中间体,因此它们是一类非常重要的化合物。人体代谢产物也有不少是含有醛和酮结构的化合物;醛和酮也广泛分布于自然界,有些是植物药中的有效成分,例如:鱼腥草中的抗菌消炎成分是鱼腥草素,其结构为癸酰乙醛,因此在医药上也有非常重要的应用价值。

第一节 醛 和 酮

一、醛和酮的结构、分类及命名

1. 醛和酮的结构　醛和酮分子中都有羰基,因此也称为羰基化合物。羰基分别和一个烃基、一个氢原子相连的化合物称为醛(甲醛中羰基与两个氢原子相连);羰基和二个烃基相连的化合物称为酮。它们的结构通式如下:

醛 $\begin{matrix}(H)R\diagdown \\ H\diagup\end{matrix}C=O$　　酮 $\begin{matrix}R\diagdown \\ R'\diagup\end{matrix}C=O$

醛的官能团是醛基$-\overset{\overset{\displaystyle O}{\|}}{C}-H$,简写为—CHO;酮分子中的羰基又称为酮基,是酮的官能团。

醛和酮分子中的羰基碳原子是sp^2杂化的,它以3个sp^2杂化轨道分别与氧原子及其他2个原子形成3个σ键,这3个σ键处于同一平面,键角约为120°;碳原子未参与杂化的p轨道与氧原子的p轨道彼此平行重叠形成π键,π键与3个σ键所在的平面垂直。可见,羰基的碳氧双键与烯烃的碳碳双键相似,也是由1个σ键和1个π键组成,π电子云也是分布于σ键所在平面的两侧;但是,由于氧原子的电负性较大,吸引电子的能力较强,碳氧双键之间的电子云强烈地偏向氧原子一边,使羰基氧原

子带有部分负电荷，碳原子带有部分正电荷，因此羰基具有极性。

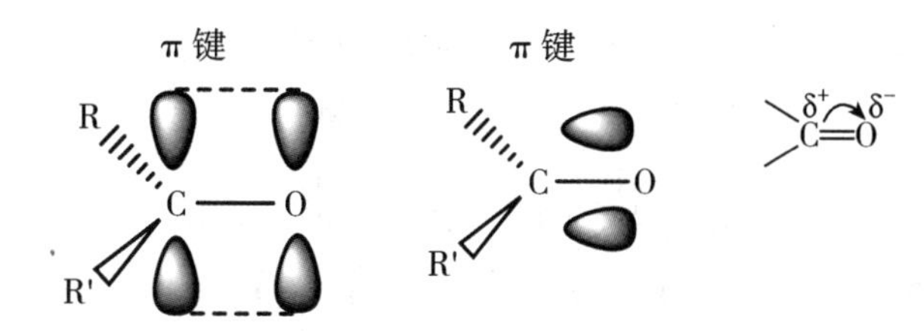

由于羰基具有强吸电子作用，使连接在羰基上的烷基显示出明显的供电效应，烷基的这种给电子作用使羰基碳原子上的正电荷有所减弱，而且也使羰基化合物的稳定性有所增加。

2. 醛和酮的分类

（1）根据羰基所连烃基的结构，可将醛和酮分为脂肪醛和芳香醛、脂肪酮和芳香酮两大类。

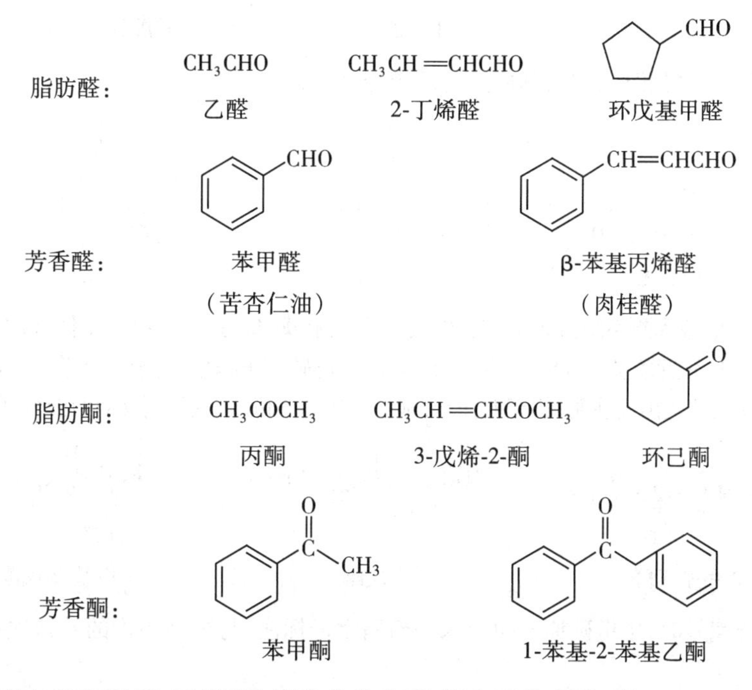

（2）根据烃基的饱和程度，可将醛和酮分为饱和醛、酮和不饱和醛、酮。

饱和醛、酮：　$(CH_3)_2CHCHO$ 异丁醛　　$CH_3COCH(CH_3)CH_2CH_3$ 3-甲基-2-戊酮

不饱和醛、酮：　$CH_2=CHCHO$ 丙烯醛　　$CH_2=CHCH_2COCH_3$ 4-戊烯-2-酮

（3）根据酮分子中羰基所连的两个烃基是否相同，可将一元酮分为简单酮和混合酮。

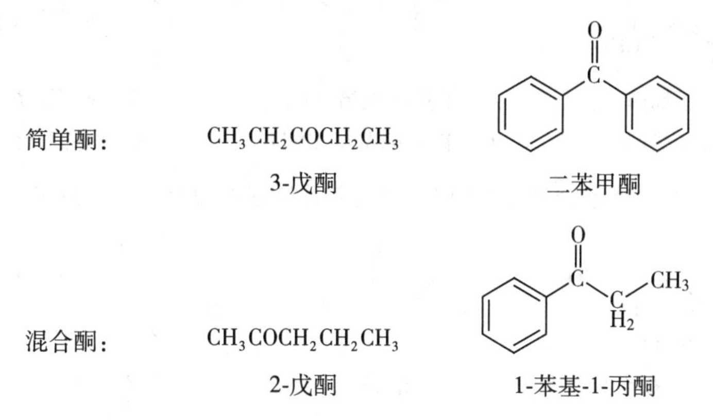

（4）根据分子中所含羰基的数目，可将醛和酮分为一元醛和酮和多元醛和酮。例如：

一元醛和酮：

CH_3CH_2CHO　　$CH_3CH_2COCH_3$　　（环己基-CHO）

丙醛　　丁酮　　环己基甲醛

多元醛和酮：

$OHC-CH_2-CHO$　　$CH_3COCH_2COCH_3$　　（环己烷-1,2-二酮）

丙二醛　　2,4-戊二酮　　1,2-环己二酮

3. 醛和酮的命名　简单的醛和酮使用普通命名法。结构复杂的醛和酮则使用系统命名法。

（1）普通命名法：醛的普通命名法与醇相似，只需根据碳原子称为“某醛”。例如：

CH_3CH_2CHO　　$CH_3CH_2CH_2CHO$　　$(CH_3)_2CHCH_2CHO$

丙醛　　正丁醛　　异戊醛

酮的普通命名法与醚相似，按羰基所连的两个烃基来命名。

$H_3C-CO-CH_2CH_3$　　$C_6H_5-CO-CH_2-CH_3$　　$C_6H_5-CO-C_6H_5$

甲乙酮　　苯乙酮　　二苯酮

（2）系统命名法：醛和酮系统命名法与醇相似，选择含有羰基的最长碳链为主链，根据主链碳原子数称为“某醛”或“某酮”；从靠近羰基（官能团）的一端开始对主链碳原子编号，由于醛基总是在碳链一端，因此不需注明位次，但酮基的位次需要注明；如有取代基，则将取代基的位次、数目、名称写在醛或酮的前面。

$\overset{4}{H_3C}-\overset{3}{H_2C}-\overset{2}{CH}(CH_3)-\overset{1}{CHO}$　　$\overset{5}{H_3C}-\overset{4}{CH_2}-\overset{3}{CH_2}-\overset{2}{C}(=O)-\overset{1}{CH_3}$　　$\overset{5}{H_3C}-\overset{4}{CH}(CH_3)-\overset{3}{CH_2}-\overset{2}{C}(=O)-\overset{1}{CH_3}$

2-甲基丁醛　　2-戊酮　　4-甲基-2-戊酮

对醛和酮主链编号时，主链碳原子也可采用希腊字母标注，与羰基相连的碳依次用 α、β、γ、δ……等表示。

$HOCH_2CH_2CHO$　　$(CH_3)_2CHCH_2COCH_3$　　$(CH_3)_2CHCH_2CH(C_2H_5)CHO$

β-羟基丙醛　　β-甲基-2-戊酮　　γ-甲基-α-乙基戊醛

（3-羟基丙醛）　　（4-甲基-2-戊酮）　　（4-甲基-2-乙基戊醛）

对不饱和醛和酮命名时，选择含有羰基与不饱和键的最长碳链为主链，称为“某烯醛”或“某烯酮”。对主链碳原子编号时，使羰基位次最小。

$\overset{4}{C}H_3-\overset{3}{C}H=\overset{2}{C}H-\overset{1}{C}HO$　　$\overset{5}{C}H_3-\overset{4}{C}(CH_3)=\overset{3}{C}H-\overset{2}{C}(=O)-\overset{1}{C}H_3$　　$C_6H_5-\overset{3}{C}H=\overset{2}{C}H-\overset{1}{C}HO$

2-丁烯醛　　4-甲基-3-戊烯-2-酮　　3-苯基丙烯醛

（α-丁烯醛）　　（β-甲基-α-戊烯-2-酮）　　（β-苯基丙烯醛）

芳香醛和酮命名时，以脂肪醛和脂肪酮为母体，芳香烃基作为取代基来命名。

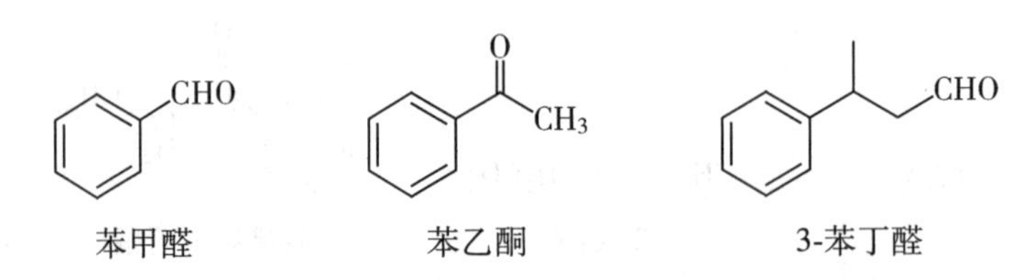

苯甲醛　　苯乙酮　　3-苯丁醛

脂环酮的命名与脂肪酮相似，编号从羰基开始。

环己酮　　2-甲基环戊酮

多元醛和酮命名时，则应选取含羰基最多的最长碳链为主链。

$OHCCH_2CH_2CHO$	$CH_3COCH_2COCH_3$	$CH_3COCH_2COCH(CH_3)_2$
丁二醛	2,4-戊二酮	5-甲基-2,4-己二酮

二、醛和酮的物理性质

甲醛常温下是气体，其他低级和中级脂肪醛和脂肪酮（C_{12} 以下）的脂肪醛和酮是液体，高级脂肪醛和脂肪酮（大于 C_{12}）多为固体；芳香醛和芳香酮为液体或固体。低级醛具有强烈的刺激气味，中级醛和酮具有花果香味，常用于香料及食品工业。

由于羰基的极性增加了分子间的吸引力，因此醛和酮的沸点比相对分子质量相近的烃及醚高；但由于羰基分子间不能形成氢键，因此沸点较相应的醇低。醛和酮的羰基氧原子可以与水形成氢键，故低级醛酮可以与水混溶，随着相对分子质量的增加，在水中溶解度不断降低，含六个碳以上的醛和酮几乎不溶于水，但可溶于乙醚、甲苯等有机溶剂中。脂肪族醛和酮相对密度小于1，芳香族醛酮大于1。表8-1为一些常见醛和酮的物理性质。

表 8-1　常见醛和酮的物理性质

化合物		熔点/℃	沸点/℃	相对密度（d_4^{20}）	溶解度/[g·(100gH_2O)$^{-1}$]
甲醛	HCHO	-92	-21	0.815（-20℃）	易溶
乙醛	CH_3CHO	-121	21	0.795（10℃）	16
丙醛	CH_3CH_2CHO	-81	49	0.80	7
苯甲醛	C_6H_5CHO	-26	178	1.046	0.3
丙酮	CH_3COCH_3	-95	56	0.7899	互溶
丁酮	$CH_3COCH_2CH_3$	-86	80	0.8504	26
2-戊酮	$CH_3CO(CH_2)_2CH_3$	-78	102	0.81	6.3
3-戊酮	$CH_3CH_2COCH_2CH_3$	-40	102	0.82	5
环己酮	环己酮结构式（C=O）	-45	155	0.9478	2.4
苯乙酮	$C_6H_5COCH_3$	21	202	1.024	不溶
二苯酮	$C_6H_5COC_6H_5$	48	306	1.083	不溶

三、醛和酮的化学性质

1. 羰基的亲核加成反应　羰基的 C═O 双键与 C═C 双键相似，也能发生加成反应。但由于羰

基有极性,碳原子带有部分正电荷,氧原子带有部分负电荷,发生加成反应时一般是亲核试剂(Nu:A)中带负电荷的部分(Nu^-)首先进攻羰基碳原子,然后带正电荷的部分(A^+)加到羰基氧原子上。这种由亲核试剂进攻引起的加成反应称为亲核加成反应(nucleophilic addition)。羰基加成反应与碳碳双键的亲电加成不同,属于亲核加成。醛和酮的加成反应可用通式表示如下:

$$\text{(H)R(R')}\overset{\delta^+}{C}=\overset{\delta^-}{O} + \text{Nu:A} \longrightarrow \text{(H)R(R')}C(O^-)(Nu) \xrightarrow{A^+} \text{(H)R(R')}C(OA)(Nu)$$

(1) 与氢氰酸加成:醛、脂肪族甲基酮和八个碳原子以下的环酮能与氢氰酸加成,芳香酮难与氢氰酸反应。生成的产物称 α-羟基腈(又称 α-氰醇)。

$$\text{R((H_3C)H)}C=O + HCN \rightleftharpoons \text{R((H_3C)H)}C(OH)(CN)$$

反应产物比原来的醛和酮增加了一个碳原子,是有机合成上增长碳链的方法之一。例如:

$$H_3C(H)C=O + HCN \rightleftharpoons H_3C(H)C(OH)(CN)$$

如果在反应体系中加入酸,反应速率减慢;加入碱,反应速率加快。实验证明 CN^-离子浓度直接影响化学反应速度。这是因为氢氰酸是弱酸,在溶液中存在下列平衡:

$$HCN \underset{H^+}{\overset{OH^-}{\rightleftharpoons}} H^+ + CN^-$$

显然,加酸降低了 CN^-浓度,加碱增加了 CN^-浓度。一般认为,醛和酮与氢氰酸的加成反应分两步进行,首先 CN^-进攻带部分正电荷的羰基碳原子,在 π 键断裂形成新的 σ 键的同时,电子对转移到氧原子上,形成负氧离子中间体。这一步是决定整个反应速率的慢步骤。第二步是生成的中间体立即与氢离子结合,生成 α-羟基腈。

$$\text{R(R')}\overset{\delta^+}{C}=\overset{\delta^-}{O} + CN^- \underset{}{\overset{\text{慢}}{\rightleftharpoons}} \left[\text{R(R')}C(O^-)(CN)\right] \underset{H^+}{\overset{\text{快}}{\rightleftharpoons}} \text{R(R')}C(OH)(CN)$$

醛和酮与其他亲核试剂的加成反应,也是试剂中带负电荷的部分首先进攻羰基碳原子,然后带正电荷的部分加到氧原子上。因此醛和酮的加成反应,一般是亲核加成,这是羰基加成的特点。

$$\text{R(R')}\overset{\delta^+}{C}=\overset{\delta^-}{O} + Nu^- \overset{\text{慢}}{\rightleftharpoons} \left[\text{R(R')}C(O^-)(Nu)\right] \underset{A^+}{\overset{\text{快}}{\rightleftharpoons}} \text{R(R')}C(OA)(Nu)$$

醛和酮进行亲核加成反应的难易不仅与亲核试剂的亲核性有关外,还与羰基化合物的结构有关。即取决于羰基碳原子上连接的原子或基团的电子效应和空间效应。不同结构的醛和酮进行亲核加成反应活性不同,由易到难次序如下:

$$\text{H(H)}C=O > \text{R(H)}C=O > \text{R(H_3C)}C=O > \text{R(R')}C=O$$

上述次序,是电子效应和空间效应综合作用的结果。从电子效应看:烷基是供电子基,与羰基相连后,将降低羰基碳原子的正电性,因而不利于亲核加成反应。从空间效应看:烷基与羰基相连后,不仅降低了羰基碳的正电性,同时增大了空间位阻,使亲核试剂不易接近羰基碳原子,亲核加成反应难以进行。

(2) 与亚硫酸氢钠加成:醛、脂肪族甲基酮及八个碳原子以下的环酮,与饱和亚硫酸氢钠溶液发生加成反应,生成醛和酮的亚硫酸氢钠加成物。

$$\text{R((H_3C)H)}C=O + :S(=O)(O^-Na^+)-OH \rightleftharpoons \text{R((H_3C)H)}C(O^-Na^+)(SO_3H) \rightleftharpoons \text{R((H_3C)H)}C(OH)(SO_3^-Na^+)$$

此反应是可逆反应，生成的加成产物能溶于水而难溶于饱和亚硫酸氢钠溶液（40%），因而析出白色结晶，反应中需加入过量的饱和亚硫酸氢钠溶液，使平衡向右移动。醛和酮的亚硫酸氢钠加成物若与酸或碱共热，又能分解为原来的醛和酮。因此常利用这个反应分离和提纯醛和酮。

$$\mathrm{R(H_3C)H\text{-}C(OH)SO_3^-Na^+} \xrightarrow{\triangle} \mathrm{R(H_3C)HC{=}O} + \begin{cases} \xrightarrow{\text{稀碱}} \mathrm{Na_2SO_3} \\ \xrightarrow{\text{稀酸}} \mathrm{SO_2} \end{cases}$$

醛和酮的亚硫酸氢钠加成物与氰化钠作用，则磺酸基可被氰基取代，生成α-羟基腈。这种制备α-羟基腈的方法可避免反应中使用或产生易挥发且有剧毒的氢氰酸，并且产率也比较高。

$$\mathrm{R(H_3C)H\text{-}C(OH)SO_3^-Na^+} \xrightarrow{\mathrm{NaCN}} \mathrm{R(H_3C)H\text{-}C(OH)CN} + \mathrm{Na_2SO_3}$$

（3）与醇加成：醛在干燥氯化氢存在下，与醇发生加成反应生成半缩醛（hemiacetal），半缩醛一般不稳定（环状半缩醛较稳定），它和另一分子醇继续作用，失去一分子水，得到稳定的缩醛（acetal）。

$$\mathrm{RHC{=}O} + \mathrm{H{-}OR'} \underset{}{\overset{\text{干燥HCl}}{\rightleftharpoons}} \underset{\text{半缩醛}}{\mathrm{R{-}CH(OH){-}OR'}}$$

$$\mathrm{R{-}CH(OH){-}OR'} + \mathrm{H{-}OR'} \overset{\text{干燥HCl}}{\rightleftharpoons} \underset{\text{缩醛}}{\mathrm{R{-}CH(OR'){-}OR'}} + \mathrm{H_2O}$$

例如：

$$\mathrm{CH_3CHO} + 2\mathrm{CH_3OH} \xrightarrow{\text{干燥HCl}} \mathrm{H_3C{-}CH(OCH_3){-}OCH_3}$$

缩醛可以看作是同碳二元醇的醚，其性质与醚相似，对碱及氧化剂相当稳定，但在酸性溶液中易水解为原来的醛。在有机合成中利用这一性质来保护醛基，使醛基在反应中不受破坏，待反应完毕后，再用稀酸水解释放原来的醛基。

$$\mathrm{R{-}CH(OR'){-}OR'} + \mathrm{H_2O} \xrightarrow{\mathrm{H^+}} \mathrm{RCHO} + 2\mathrm{R'OH}$$

某些酮与醇也可发生类似的反应，生成半缩酮和缩酮。但反应缓慢，甚至难于进行。因此制备简单的缩酮，是采用其他的方法来制备。例如，制备丙酮缩二乙醇，不是用丙酮与两分子乙醇反应，而是采用丙酮和原甲酸乙酯反应。

$$\mathrm{R_2C{=}O} + \mathrm{HC(OC_2H_5)_3} \xrightarrow{\mathrm{H^+}} \mathrm{R_2C(OC_2H_5)_2} + \mathrm{HOOC_2H_5}$$

若使酮在酸催化下与乙二醇作用，并设法移去反应生成的水，便得到环状缩酮。

$$\mathrm{(H_3C)_2C{=}O} + \begin{array}{l}\mathrm{HO{-}CH_2}\\ \mathrm{HO{-}CH_2}\end{array} \overset{\mathrm{H^+}}{\rightleftharpoons} \mathrm{(H_3C)_2C}\begin{array}{l}\mathrm{O{-}CH_2}\\ \mathrm{O{-}CH_2}\end{array} + \mathrm{H_2O}$$

（4）与氨的衍生物加成：醛和酮可与氨的衍生物，如羟胺、肼、苯肼、2,4-二硝基苯肼和氨基脲等发生亲核加成反应，产物分子内容易失水，分别生成肟、腙、苯腙、2,4-二硝基苯腙以及缩氨脲等。这种反应称为加成-消除反应。其反应可用通式表示如下：

$$\underset{(R')H}{\overset{R}{}}\overset{\delta^+}{C}=\overset{\delta^-}{O}+H-\overset{R}{\underset{..}{N}}-Y \rightleftharpoons \left[\underset{(R')H}{\overset{R}{}}\overset{OH}{\underset{}{C}}-\overset{H}{\underset{R}{N}}-Y\right]\xrightarrow{-H_2O}\underset{(R')H}{\overset{R}{}}C=N-Y$$

醛和酮与氨衍生物加成反应的产物可概括如下：

—Y	—OH	—NH_2	—NH—C_6H_5	2,4-$(NO_2)_2C_6H_3$—NH—	—$NHCONH_2$
H_2NY	羟胺	肼	苯肼	2,4-二硝基苯肼	氨基脲
>C=N—Y	肟	腙	苯腙	2,4-二硝基苯腙	缩氨脲

反应结果>C ═O 变成了>C ═N-，上述反应也可简单表示如下：

$$\underset{(R')H}{\overset{R}{}}C=O+H_2N-Y\longrightarrow \underset{(R')H}{\overset{R}{}}C=N-Y+H_2O$$

$$(H_3C)_2C=O+H_2N-OH\longrightarrow (H_3C)_2C=N-OH+H_2O$$

$$\underset{H}{\overset{H_3C}{}}C=O+H_2N-NH-C_6H_5\longrightarrow \underset{H}{\overset{H_3C}{}}C=N-NH-C_6H_5+H_2O$$

醛和酮与氨的衍生物加成的产物大多是晶体，且具有固定的熔点，故测定其熔点就可以推知是由哪一种醛或酮所生成的，尤其是2,4-二硝基苯肼几乎能与所有的醛和酮发生反应，立即生成橙黄色或橙红色2,4-二硝基苯腙沉淀，因而常用来鉴别醛和酮。产物用稀酸加热水解，可得到原来的醛和酮，常用于醛和酮的分离和提纯。

在药物分析中，常用氨的衍生物作为鉴定具有羰基结构的药物的试剂，所以把这些氨的衍生物称为羰基试剂。

（5）与格氏试剂（Grignard reagent）加成：格氏试剂R-MgX中的碳镁键是极性键，碳原子带部分负电荷，镁原子带部分正电荷。带部分负电荷的碳原子具有很强的亲核性，极易与醛和酮发生亲核加成反应。加成产物经水解后生成醇，这是由格氏试剂制备醇的重要方法，经常用于合成结构复杂的醇。

$$>\overset{\delta^+}{C}=\overset{\delta^-}{O}+\overset{\delta^-}{R}-\overset{\delta^+}{MgX}\xrightarrow{无水乙醚}>C\begin{matrix}OMgX\\R\end{matrix}\xrightarrow{H_3O^+}>C\begin{matrix}OH\\R\end{matrix}+Mg(OH)X$$

甲醛与格氏试剂反应，得到比格氏试剂增加1个碳原子的伯醇，其他醛与格氏试剂反应，得到仲醇，酮与格氏试剂反应，得到叔醇。例如：

$$\underset{H}{\overset{H}{}}C=O+C_6H_{11}-MgCl\xrightarrow[②H_2O,H_2SO_4]{①无水乙醚}C_6H_{11}-CH_2OH$$

$$\underset{H}{\overset{H_3C}{}}C=O+C_6H_5-CH_2MgCl\xrightarrow[②H_2O,H_2SO_4]{①无水乙醚}C_6H_5-CH_2CH(OH)CH_3$$

$$\underset{H_3C}{\overset{H_3C}{}}C=O+CH_3CH_2MgCl\xrightarrow[②H_2O,H_2SO_4]{①无水乙醚}H_3C-\underset{OH}{\overset{CH_3}{C}}-CH_2CH_3$$

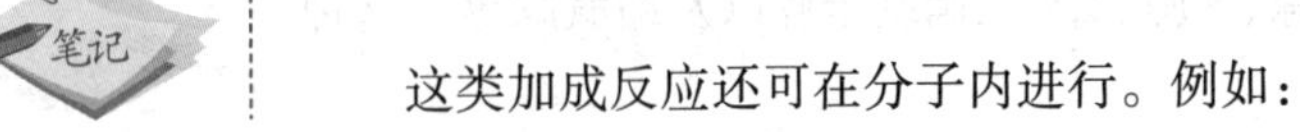

这类加成反应还可在分子内进行。例如：

$$BrCH_2CH_2CH_2COCH_3 \xrightarrow[\text{四氢呋喃(THF)}]{Mg,\text{微量}HgCl_2} \text{1-甲基环丁醇}$$

2. α-氢原子的反应　醛和酮分子中与羰基直接相连的碳原子称为α-碳原子，α-碳原子上的氢原子称为α-氢原子（α-H）。受羰基吸电子效应的影响，使醛和酮α-碳原子上的碳氢键极性增大，使α-H比较活泼，称为α-活泼氢，具有α-H的醛和酮性质比较活泼，可以发生一些反应。

$$H-\overset{|}{\underset{|}{C}}-\overset{|}{C}=O$$

（1）羟醛缩合反应：在稀酸或稀碱的作用下，具有α-氢原子的醛可相互加成，一分子醛的α-氢原子加到另一分子醛的羰基氧原子上，其余部分加到羰基碳原子上，生成β-羟基醛，这个反应称为羟醛缩合或醇醛缩合（aldol condensation）。例如：

$$H_3C(H)C=O + H-CH_2CHO \xrightarrow{\text{稀}OH^-} CH_3\underset{}{\overset{OH}{\overset{|}{C}}}HCH_2CHO$$

β-羟基丁醛（3-羟基丁醛）

碱性条件下，羟醛缩合的反应机制以乙醛为例表示如下：

$$CH_3CHO \xrightleftharpoons{OH^-} {}^-CH_2CHO \xrightleftharpoons{H_3C-\overset{O}{\overset{\|}{C}}-H} CH_3\overset{O^-}{\overset{|}{C}}HCH_2CHO \xrightleftharpoons{H_2O} CH_3\overset{OH}{\overset{|}{C}}HCH_2CHO + OH^-$$

从反应机制可以看出，羟醛缩合实际上也是亲核加成反应。

β-羟基醛的α-氢原子受β-碳原子上的羟基和邻近羰基的影响，非常活泼，极易发生分子内脱水反应，生成α，β-不饱和醛。

$$CH_3\overset{OH}{\overset{|}{C}}H\overset{H}{\overset{|}{C}}HCHO \xrightarrow{\triangle} CH_3CH=CHCHO + H_2O$$

2-丁烯醛

含有α-H的两种不同的醛在稀碱作用下发生的羟醛缩合反应，称为交叉羟醛缩合。由于生成四种不同的产物，产率低，分离困难，因此在合成上实用价值不大。但可用不含α-H的醛（如甲醛、苯甲醛等）和一种含有α-氢的醛和酮进行交叉缩合，则可用于制备。

$$C_6H_5CHO + CH_3CHO \xrightarrow{\text{稀}OH^-} C_6H_5\underset{OH}{\underset{|}{C}}HCH_2CHO \xrightarrow{-H_2O} C_6H_5CH=CHCHO$$

$$2CH_3COCH_3 \xrightarrow[Soxhlet]{Ba(OH)_2} H_3C-\overset{CH_3}{\overset{|}{\underset{OH}{\underset{|}{C}}}}-CH_2COCH_3(70\%)$$

$$3HCHO + H-\overset{H}{\overset{|}{\underset{H}{\underset{|}{C}}}}-CHO \xrightarrow[55\sim60°C]{Ca(OH)_2} HOH_2C-\overset{CH_2OH}{\overset{|}{\underset{CH_2OH}{\underset{|}{C}}}}-CHO$$

由于甲醛的羰基比较活泼，在进行交叉羟醛缩合时，能在乙醛的α-碳原子上引入3个羟甲基。为了减少副反应，需将乙醛和碱溶液同时分别慢慢地加到甲醛溶液中，使甲醛始终过量，有利于交叉羟醛缩合产物（三羟甲基乙醛）的生成。

羟醛缩合是增长碳链的一种方法，在有机合成中具有重要用途。

具有α-氢原子的酮也能发生类似的羟酮缩合反应，但比较困难，只能得到少量β-羟基酮。若用特殊的方法或设法使产物生成后离开反应体系，使平衡向右移动，也可得到较高的产率。例如，丙酮可在索氏提取器（Soxhlet extractor）中用不溶性的碱催化进行羟醛缩合反应。

$$2CH_3COCH_3 \xrightarrow[\text{Soxhlet}]{Ba(OH)_2} H_3C-\underset{\underset{OH}{|}}{\overset{\overset{CH_3}{|}}{C}}-CH_2COCH_3(70\%)$$

（2）卤代和卤仿反应：在酸或碱催化下，醛和酮分子中的α-H可被卤素取代，生成α-卤代醛和酮。在酸催化下，可通过控制反应条件，得到一卤代物。例如：

$$H_3C-\overset{\overset{O}{\|}}{C}-CH_3+Br_2 \xrightarrow{H^+} H_3C-\overset{\overset{O}{\|}}{C}-CH_2Br$$

在碱（常用卤素的氢氧化钠溶液或次卤酸钠）催化下反应，具有$H_3C-\overset{\overset{O}{\|}}{C}-$结构的醛和酮（如乙醛和甲基酮），甲基的3个氢原子都被卤原子取代，生成三卤代物，很难控制在一卤代物阶段。

$$H_3C-\overset{\overset{O}{\|}}{C}-R(H) \xrightarrow{X_2,NaOH} X_3C-\overset{\overset{O}{\|}}{C}-R(H)$$

三卤代物在碱性溶液中不稳定，立即分解成三卤甲烷（卤仿）和羧酸盐。

$$X_3C-\overset{\overset{O}{\|}}{C}-R(H) \xrightarrow{NaOH} (H)RCOONa+CHX_3$$

由于有卤仿生成，故称卤仿反应。如果用次碘酸钠（I_2+NaOH）作试剂，产生具有特殊气味的黄色结晶的碘仿，这个反应称为碘仿反应（iodoform reaction）。例如：

$$H_3C-\overset{\overset{O}{\|}}{C}-CH_3 \xrightarrow{I_2,NaOH} CH_3COONa+CHX_3$$

次碘酸钠是氧化剂，能将$H_3C-\underset{\underset{H}{|}}{\overset{\overset{OH}{|}}{C}}-$结构的醇氧化成乙醛或甲基酮。因此具有$H_3C-\underset{\underset{H}{|}}{\overset{\overset{OH}{|}}{C}}-$结构的醇也能发生碘仿反应。

$$CH_3CH_2OH \xrightarrow{I_2,NaOH} CH_3CHO \xrightarrow{I_2,NaOH} CHI_3\downarrow+HCOONa$$

$$H_3C-\underset{\underset{H}{|}}{\overset{\overset{OH}{|}}{C}}-R(H) \xrightarrow{I_2,NaOH} H_3C-\overset{\overset{O}{\|}}{C}-R(H) \xrightarrow{I_2,NaOH} CHI_3\downarrow+(H)RCOONa$$

故碘仿反应可作为具有$H_3C-\overset{\overset{O}{\|}}{C}-$结构的醛和酮和具有$H_3C-\underset{\underset{H}{|}}{\overset{\overset{OH}{|}}{C}}-$结构醇的鉴别反应。

3. 氧化反应和还原反应

（1）氧化反应：醛具有较强的还原性，非常容易被氧化，除了可被$KMnO_4$、$K_2Cr_2O_7$等强氧化剂氧化外，甚至弱的氧化剂，例如托伦（Tollens）试剂和斐林（Fehling）试剂可将醛氧化成羧酸。而弱氧化剂不能使酮氧化，因此可以利用这一性质来区别醛和酮。

托伦试剂是硝酸银的氨溶液，主要成分是$[Ag(NH_3)_2]^+$，它能将醛氧化成羧酸，而$[Ag(NH_3)_2]^+$被还原成金属银沉积在试管壁上形成银镜，故称银镜反应。

$$(Ar)RCHO+2[Ag(NH_3)_2]OH \xrightarrow{\triangle} (Ar)RCOONH_4+2Ag\downarrow+3NH_3\uparrow+H_2O$$

斐林（Fehling）试剂是由硫酸铜、酒石酸钾钠和氢氧化钠按一定比例配制而成。作为氧化剂的是二价铜离子。醛与斐林试剂作用被氧化成羧酸，Cu^{2+}离子则被还原成砖红色的Cu_2O沉淀。

$$RCHO+2Cu^{2+}+NaOH+H_2O \longrightarrow RCOONa+Cu_2O\downarrow+4H^+$$

芳香醛不能被斐林试剂氧化，因此用斐林试剂可区别脂肪醛和酮、脂肪醛和芳香醛。

酮虽然不能被弱氧化剂氧化，但能被强氧化剂（$KMnO_4$，HNO_3）等氧化，发生碳链断裂，生成小分子羧酸的混合物，在合成上价值不大。但环己酮在强氧化剂作用下生成己二酸，是工业上制备己二酸

的方法。

$$\text{环己酮(C}_6\text{H}_{10}\text{=O)} + HNO_3 \xrightarrow{V_2O_5} HOOC(CH_2)_4COOH$$

（2）还原反应：醛和酮都可以被还原，用不同的还原剂，可以把羰基还原成醇羟基。

1）催化加氢：醛和酮在金属催化剂 Ni、Pd、Pt 的催化下，可被加氢还原为伯醇或仲醇。

$$\underset{(R')H}{\overset{R}{}}\!\!>C=O + H_2 \xrightarrow[\triangle]{Ni} \underset{(R')H\quad H}{\overset{R\quad OH}{C}}$$

醛和酮分子含有不饱和键时，如碳碳不饱和键、$—NO_2$、—CN 等，羰基和不饱和键同时被还原。

$$H_3CHC=CHCHO \xrightarrow[Ni]{H_2} CH_3CH_2CH_2CH_2OH$$

2）金属氢化物还原：金属氢化物如硼氢化钠（$NaBH_4$）、氢化铝锂（$LiAlH_4$）等，是还原羰基为羟基的常用的试剂，但不使碳碳不饱和键还原。氢化铝锂的还原性比硼氢化钠强，不仅能将醛、酮还原成相应的醇，而且还能还原羧酸、酯、酰胺、腈等，反应产率很高。

氢化铝锂能与质子溶剂反应，因而要在乙醚等非质子溶剂中使用，然后水解。

$$H_3CHC=CHCHO \xrightarrow[②H^+,H_2O]{①LiAlH_4,乙醚} CH_3CH=CHCH_2OH$$

3）克莱门森（E. Clemmensen）反应：用锌汞齐和浓盐酸作还原剂，醛和酮分子中的羰基还原亚甲基，称为克莱门森还原法，在有机合成上被广泛用于制备烷烃、烷基芳烃或烷基酚类。

$$C_6H_5-\overset{O}{\overset{\|}{C}}-CH_3 \xrightarrow[\triangle]{Zn\text{-}Hg/HCl} C_6H_5-CH_2CH_3$$

4）基斯内尔-沃尔夫-黄鸣龙还原反应（Kishner-Wolff-Huang reduction reaction）：将醛和酮还原为烃的另一种方法，是将醛和酮与纯肼作用变成腙，然后将腙和乙醇钠及无水乙醇在高压釜中加热到180℃左右，得到的腙受热分解放出氮气，同时形成亚甲基。此法为基斯内尔-沃尔夫法。

我国化学家黄鸣龙改进了这个方法，先将醛（酮）、氢氧化钠、肼的水溶液和一个高沸点的水溶性溶剂（如二缩乙二醇等）一起加热，使醛、酮变成腙，再蒸出过量的水和过量的肼，待温度达到腙的分解温度（约 200℃），继续回流至还原反应完成。黄鸣龙方法的优点是反应可在常压下进行，反应时间由原来的几十小时缩短为几小时，同时还可以用肼的水溶液代替昂贵的无水肼，使得这个反应成为一个易于实现和操作的过程。

$$C_6H_5-\overset{O}{\overset{\|}{C}}CH_2CH_3 \xrightarrow[二缩乙二醇,\triangle]{H_2NNH_2,H_2O,NaOH} C_6H_5-CH_2CH_2CH_3$$

（3）歧化反应：不含 α-H 的醛（如甲醛、苯甲醛、乙二醛等）与浓碱共热，发生自身氧化还原反应，一分子醛被氧化成酸，另一分子醛被还原成醇。这类反应是康尼查罗（S. Cannizzaro）于 1853 年首先发现的，故称康尼查罗（Cannizzaro）反应。

$$2HCHO \xrightarrow[\triangle]{浓NaOH} HCOONa + CH_3OH$$

$$2\,C_6H_5CHO \xrightarrow[\triangle]{浓NaOH} C_6H_5COONa + C_6H_5CH_2OH$$

在反应中，若氧化作用和还原作用发生在同一分子内部处于同一氧化态的元素上，使该元素的原子（或离子）一部分被氧化，另一部分被还原。这种自身的氧化还原反应称为歧化反应（disproportionation）。康尼查罗反应是歧化反应的一种。

两种不同的不含 α-H 的醛在浓碱条件下进行的康尼查罗反应称交错康尼查罗反应，产物是混合物，无制备价值。若甲醛与其他不含 α-H 的醛作用，则产物比较简单，由于甲醛的还原性比其他醛强，因此甲醛被氧化成甲酸，而另一种醛被还原成醇。

$$C_6H_5CHO + HCHO \xrightarrow[\triangle]{浓NaOH} C_6H_5CH_2OH + HCOONa$$

4. 醛的显色反应 品红是一种红色染料，将二氧化硫通入品红水溶液中后，品红的红色褪去，得到的无色溶液，称为希夫(Schiff)试剂。醛与希夫试剂作用可显紫红色，反应非常灵敏，而酮则不能。因此常用希夫试剂来鉴别醛类化合物。

四、重要的醛和酮

1. 甲醛 甲醛(formaldehyde)俗称蚁醛。常温下为无色具有强烈刺激性气味的气体，沸点为-21℃，有刺激性气味。能与水及乙醇、丙酮等有机溶剂按任意比例混溶，37%~40%甲醛水溶液俗称"福尔马林(formalin)"。甲醛在常温下即能自动聚合生成具有环状结构的三聚甲醛，水溶液长时间放置可产生浑浊或出现白色沉淀，这是由于甲醛自动聚合形成多聚甲醛($HO-[CH_2O]_n-H$, $n=8\sim100$)。三聚甲醛和多聚甲醛加热都可解聚重新生成甲醛。

甲醛与浓氨水作用，生成一种环状结构的白色晶体，叫环六亚甲基四胺($C_6H_{12}N_4$)，药品名为乌洛托品，医药上用作利尿剂，是治疗风湿痛的药物；在医药工业中也作为原料用来生产氯霉素。

家居中的甲醛污染及防治方法

室内甲醛主要来源于建筑材料、家具、人造板材、各种粘合剂涂料和合成纺织品等等。一般矿物燃料燃烧排放的甲醛量很小，但吸烟是甲醛的一个重要排放源。据测定每支烟可排放约 2.4mg 甲醛，而从香烟直接吸入体内的烟气中甲醛的浓度可能超过警戒浓度 400 多倍。各类人造板材及其家具在制作中通常采用脲醛树脂作为胶黏剂，可能是甲醛的最大排放源。据报道，现在市面上的很多家具，它的甲醛含量都是严重超标的，合格率不足一半。为了较好去除家居中的甲醛污染，常用的方法有：①通风法：装修刚结束污染释放量最大，最好的办法就是开窗通风。新房装修完成后，一定要天天通风。②植物法：室内适当的种养一些绿色植物，如吊兰等。③活性炭法：活性炭可以吸附甲醛等有害物质，在衣橱、书柜、电视柜等家具上(里)适当摆放一些活性炭。建议同时放置一些纳米活矿石吸附，可以有效地分解甲醛、苯等有害气体。活性炭持续时间为 3~6 个月，之后会饱和失去活性。④光触媒法：光触媒即锐钛矿型二氧化钛，通过可见光活化的光触媒能够在有光线的地方持续不断分解空气中家具中存在的甲醛，并具有长期持续的效果，能达到 5 年之久，并且本身不具有毒副作用，是目前最流行也是最绿色的甲醛清除方法。

2. 乙醛 乙醛(acetaldehyde)是无色、易挥发、具有刺激性气味的液体，沸点 21℃，能溶于水、乙醇和乙醚。乙醛是重要的有机合成原料，主要用于合成乙酸、乙醇、季戊四醇和丁醇等。乙醛也容易聚合，在酸的催化下可聚合成三聚乙醛，加稀酸蒸馏则解聚为乙醛。

乙醛经氯化得三氯乙醛，它易与水加成得到水合三氯乙醛，简称水合氯醛，是一种比较安全的催眠药和镇静药。

3. 苯甲醛 苯甲醛(benzaldehyde)是最简单的芳香醛。常温下为无色液体，沸点 179℃，具有苦杏仁味，又叫苦杏仁油。微溶于水，易溶于乙醇和乙醚。苯甲醛常以扁桃苷(amygdalin)的结合状态存在于水果中，如桃、杏、梅的核仁中。苯甲醛久置空气中即被氧化成苯甲酸白色晶体，因此在保存苯甲醛时常加入少量对苯二酚作抗氧剂。

苯甲醛是有机合成的重要的原料，用于制备药物、香料和染料。

4. 丙酮　丙酮(acetone)是最简单的酮,它是无色、易挥发、易燃的液体,具有特殊香味。沸点56.5℃,能与水、乙醚等混溶,并能溶解多种有机物,是一种良好的有机溶剂。丙酮是重要的有机合成原料,用于合成有机玻璃、环氧树脂等产品,制备氯仿、碘仿、乙烯酮等化合物。

丙酮以游离状态存在于自然界中,如茶油、松脂精油、柑橘精油等;糖尿病患者由于代谢不正常,体内常有过量的丙酮产生,并随尿液或呼吸排出。临床上检查尿中是否含有丙酮,可用亚硝酰铁氰化钠{$Na_2[Fe(CN)_5NO]$}溶液和氨水,如有丙酮存在,即呈紫红色。

第二节　醌

醌是一类具有共轭体系的环己二烯二酮类化合物。较常见的有苯醌、萘醌、蒽醌及其衍生物。醌类化合物都具有下列醌型结构。

或

对苯醌　　邻苯醌

一、醌的命名

醌是作为芳烃衍生物来命名的,命名时以苯醌、萘醌等作为母体,用较小阿拉伯数字标出两个羰基的位置,也可用邻、对、远等字或α、β等希腊字母标明,写在醌的前面。母体上如有取代基,则把取代基的位置、数目、名称写在母体名称前面。例如:

2,3-二甲基-1,4-苯醌

α-萘醌
(1,4-萘醌)

β-萘醌
(1,2-萘醌)

2,6-萘醌
(远-萘醌)

蒽醌　　菲醌

二、醌的性质

醌类化合物都是固体。具有醌型结构的化合物都有颜色,对位的醌多为黄色,邻位的醌多为红色或橙色。所以醌类化合物是许多染料和指示剂的母体。

醌是具有共轭体系的环己二烯二酮类化合物,具有烯烃和羰基化合物的典型性质,因此既能发生碳碳双键的亲电加成和羰基的亲核加成,又能发生1,4-或1,6-共轭加成反应。

1. 碳碳双键的加成　醌分子中的碳碳双键与卤素、卤化氢等亲电试剂发生加成反应。

$\xrightarrow{Br_2}$　$\xrightarrow{Br_2}$

2. 羰基与氨衍生物的加成　醌分子中的羰基能与氨的衍生物发生亲核加成反应。例如:

$$\text{对苯醌} \xrightarrow{H_2NOH} \text{对苯醌单肟} \xrightarrow{H_2NOH} \text{对苯醌二肟}$$

3. 1,4-加成和1,6-加成　醌和氢卤酸、氢氰酸等试剂发生1,4-加成。例如：

$$\text{对苯醌} \xrightarrow{HCl} [\text{中间体}] \longrightarrow \text{2-氯对苯二酚}$$

醌可以还原成酚。例如：对苯醌可以还原成对苯二酚（又叫氢醌），此反应为1,6-共轭加成反应。而对苯二酚又可以氧化成对苯醌。在电化学上，利用两者之间的氧化还原反应可以制成氢醌电极，可用来测定氢离子浓度。

在醌、酚间的氧化-还原反应过程中，生成一种稳定的中间产物——醌氢醌，它是深绿色晶体，熔点171℃；难溶于冷水，易溶于热水，同时解离成醌和氢醌。

$$\text{对苯醌} \underset{[O]}{\overset{[H]}{\rightleftharpoons}} \text{对苯二酚(氢醌)}$$

对苯醌　　对苯二酚(氢醌)　　醌氢醌

醌类化合物对皮肤、黏膜有刺激作用；有抑菌、杀菌作用，可用做防腐剂；也常用作有机合成试剂，制作医药和染料。

学习小结

1. 醛、酮的结构　醛、酮的官能团是羰基，羰基具有极性。

2. 醛、酮的化学性质　醛、酮的反应主要表现在以下三个方面

（1）亲核加成反应：羰基碳呈现缺电子性，易受亲核试剂进攻而发生一系列亲核加成反应。醛、甲基酮、少于八个碳原子的环酮可与氢氰酸、饱和亚硫酸氢钠加成，醛、酮可与格氏试剂加成，用于制备各种醇类，与醇加成生成半缩醛（不稳定）、缩醛，可用来保护羰基，与羰基试剂反应，加成产物是很好的结晶，可用于醛、酮的鉴别和分离、提纯。

（2）α-氢的反应：具有α-H的醛、酮在稀碱作用下，发生羟醛缩合反应，生成β-羟基醛，这是增长碳链的一种方法；具有CH_3CHOH—和CH_3CO—结构的化合物与碘的氢氧化钠溶液作用，产生黄色碘仿沉淀，用于这类化合物的鉴别。

（3）氧化、还原反应：醛、酮可被$KMnO_4$、$K_2Cr_2O_7$等强氧化剂氧化。醛可被弱氧化剂托伦试剂氧化，产生银镜，脂肪醛可被斐林试剂氧化生成砖红色沉淀。醛、酮用锌汞齐和浓盐酸作还原剂，使羰基还原为亚甲基。用催化加氢可将醛、酮还原成醇。氢化铝锂可选择性还原羰基。不含α-H的醛在浓碱作用下发生歧化反应。

3. 醌的结构和化学性质　醌是一类具有共轭体系的环己二烯二酮类化合物，醌类化合物具有醌型结构。醌可分别在双键或羰基处发生加成反应，还可发生1,4-加成和1,6-加成反应。

（张　威）

扫一扫，测一测

思考题

1. 用简单的化学方法区分丙酮、丙醛和丙醇；2-戊酮和 3-戊酮；苯乙醛和苯乙酮；丙醛和苯甲醛。

2. 下列化合物中，哪些化合物能发生碘仿反应？哪些化合物能与托伦试剂反应？哪些化合物能与斐林试剂反应？

（1）C_6H_5-CHO　　（2）$C_6H_5-\overset{O}{\overset{\|}{C}}CH_3$

（3）$O=\langle\text{环己烷}\rangle-CH_3$　　（4）CH_3CH_2OH

（5）CH_3CH_2CHO　　（6）$CH_3CH_2\overset{O}{\overset{\|}{C}}CH_2CH_3$

3. 某化合物 A 的分子式为 $C_5H_{12}O$，氧化后得 B，B 的分子式为 $C_5H_{10}O$，B 能和苯肼反应，也能发生碘仿反应。A 和浓 H_2SO_4 共热得化合物 C，C 的分子式为 C_5H_{10}，C 经酸性高锰酸钾氧化后得 1 分子丙酮和 1 分子乙酸，推测 A、B、C 的结构式，并写出有关反应方程式。

第九章 羧酸及取代羧酸

1. 掌握羧酸及取代羧酸的结构和化学性质。
2. 熟悉羧酸及取代羧酸的分类、命名和物理性质。
3. 了解重要的羧酸及取代羧酸；羧酸及取代羧酸在医药上的应用。

羧酸（carboxylic acid）是具有酸性的有机化合物，羧酸分子是由烃基（或氢原子）与羧基相连所组成的化合物，羧酸也可以看成是烃分子中的氢原子被羧基取代后生成的化合物，羧基（—COOH，carboxy group）是羧酸的官能团。羧酸的通式可用 RCOOH（除甲酸外）、ArCOOH 来表示。羧酸分子中烃基上的氢原子被其他原子或原子团取代后生成的化合物称为取代羧酸（substituted carboxylic acid）。常见的取代羧酸有卤代酸、羟基酸、羰基酸（氧代酸）和氨基酸等。

羧酸和取代羧酸是许多有机化合物氧化的最终产物，通常以游离态、盐和酯的形式广泛存在于自然界，是一类与人们生活密切相关的化合物。许多羧酸和取代羧酸具有明显的生理活性，它们在动植物代谢过程中起着重要作用。同时，羧酸和取代羧酸既是有机合成的重要原料，也是与医药关系十分密切的重要有机化合物，有些常用药物本身就是羧酸或取代羧酸。

第一节 羧　酸

一、羧酸的结构、分类和命名

（一）羧酸的结构

羧酸分子中的羧基是由羟基和羰基组成的，羧基碳原子为 sp^2 杂化，其三个杂化轨道分别与烃基碳原子、羰基氧原子及羟基氧原子形成三个 σ 键，未参加杂化的 p 轨道与羰基氧原子的 p 轨道形成 π 键，此 π 键与羧基中羟基氧原子上含孤对电子的 p 轨道形成 p-π 共轭体系。

由于 p-π 共轭体系的形成，使羟基氧原子的电子云向羰基移动，使电子云平均化。这样使羧基碳原子的正电性减弱，羰基的极性降低，不易发生类似醛、酮羰基的亲核加成反应；但使羟基中氧氢键的

笔记

极性增强，即 O—H 键变弱，有利于氢的电离，所以羧酸具有酸性。

（二）羧酸的分类

羧酸通常有两种分类方法，按照烃基的种类不同，羧酸可分为脂肪族羧酸、脂环族羧酸和芳香族羧酸；脂肪族羧酸、脂环族羧酸可分为饱和的脂肪族羧酸、脂环族羧酸和不饱和的脂肪族羧酸、脂环族羧酸。按照羧酸分子中所含羧基的数目的不同，羧酸可分为一元酸、二元羧酸和多元酸。

CH_3COOH	$HOOCCH_2COOH$	HOOC(H)C=C(COOH)CH_3
脂肪酸	脂肪酸	不饱和脂肪酸
一元酸	二元酸	二元酸

环己基—COOH	COOH—环己烯—COOH	苯基—COOH
脂环酸	不饱和脂环酸	芳香酸
一元酸	二元酸	一元酸

（三）羧酸的命名

羧酸的命名方法主要有普通命名法和系统命名法两种。

1. 普通命名法　许多羧酸可以从天然产物中获得，因此羧酸的普通命名法是根据最初的来源来命名，也称为俗名。甲酸最初从蚂蚁中得到，俗称蚁酸；乙酸是食醋的主要成分，俗称为醋酸；其他还有草酸、琥珀酸、巴豆酸、苯甲酸、肉桂酸、油酸、硬脂酸等。

2. 系统命名法　羧酸的系统命名法与醛相似，命名时将“醛”字改为“酸”字。饱和脂肪族羧酸命名时，选择含羧基的最长碳链作为主链，称为“某酸”，主链碳原子的编号从羧基碳原子开始，取代基的位次可用阿拉伯数字表示，也可用希腊字母来表示取代基的位次，从与羧基相邻的碳原子开始，依次为 α、β、γ……等。

CH_3COOH	$CH_3CH(CH_3)COOH$	$CH_3CH(CH_3)CH_2CH(CH_3)COOH$
乙酸（醋酸）	2-甲基丙酸	2，4-二甲基戊酸
	α-甲基丙酸	α，γ-二甲基戊酸

不饱和脂肪酸命名时，应选择含羧基和不饱和键都在内的最长碳链作为主链，称为“某烯酸”或“某炔酸”，主链碳原子的编号从羧基碳原子开始，并注明双键、三键的位置。例如：

$CH_3CH{=}CHCOOH$	$CH_2{=}C(CH_2CH_3)COOH$	$CH_3C(CH_3){=}CHCH(CH_3)COOH$
2-丁烯酸（巴豆酸）	2-乙基-2-丙烯酸	2，4-二甲基-3-戊烯酸

二元酸的命名是以包含两个羧基碳原子在内的最长碳链作为主链，按主链的碳原子的数目称为“某二酸”，将取代基的位置和名称写在“某二酸”之前。例如：

HOOC—COOH	$HOOCCH_2CH_2COOH$	$HOOCCH(CH_3)CH_2CH(CH_3)COOH$
乙二酸（草酸）	丁二酸（琥珀酸）	2，4-二甲基戊二酸

芳香族羧酸和脂环族羧酸，可把芳香环和脂肪环作为取代基来命名。另外，不论羧基直接连在芳香环和脂肪环上还是连在芳香环和脂肪环侧链上，均可把芳香环和脂肪环作为取代基来命名。例如：

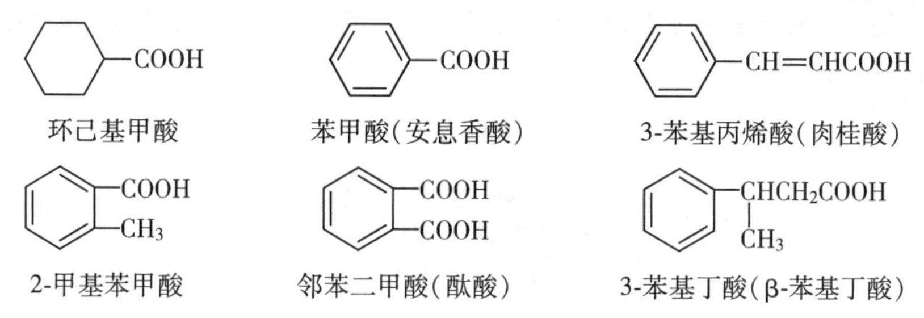

环己基甲酸　　苯甲酸（安息香酸）　　3-苯基丙烯酸（肉桂酸）

2-甲基苯甲酸　　邻苯二甲酸（酞酸）　　3-苯基丁酸（β-苯基丁酸）

二、羧酸的物理性质

在饱和一元羧酸中，甲酸、乙酸、丙酸是具有刺激性气味的液体，含4~9个碳原子的羧酸是有腐败恶臭气味的油状液体，含10个碳原子以上的高级脂肪羧酸是无味蜡状的固体。脂肪族二元羧酸和芳香族羧酸都是结晶性固体。

饱和脂肪酸熔点随着分子中碳原子数的增加呈锯齿形变化。含偶数碳原子的羧酸其熔点比其相邻的两个含奇数碳原子羧酸分子的熔点高。这可能是由于偶数碳原子羧酸分子较为对称，在晶体中排列更紧密的缘故。

羧酸的沸点比相对分子质量相近的醇还要高。例如，甲酸和乙醇的相对分子质量相同，都是46。但乙醇的沸点为78.5℃，而甲酸为100.5℃。这是由于羧酸分子间可以形成分子间氢键而缔合成较稳定的二聚体或多聚体，羧酸分子间的这种氢键比醇分子间的更稳定。这种双分子的二聚体很稳定，甚至在气态时也存在。

$$R-C\begin{matrix} \nearrow O\cdots\cdots H-O \searrow \\ \searrow O-H\cdots\cdots O \nearrow \end{matrix}C-R$$

低级羧酸（1~4个碳原子的羧酸）能与水混溶，这是由于羧酸分子中的羟基能与水分子形成氢键。随着分子量的增大，羧酸的溶解度逐渐减小，高级一元羧酸不溶于水而易溶于乙醇、乙醚、氯仿等有机溶剂。多元酸的水溶性大于相同碳原子的一元酸，芳香族羧酸的水溶性较小。一些常见羧酸的物理常数如表9-1所示。

表9-1　常见羧酸的物理常数

名称	熔点/℃	沸点/℃	相对密度/(g·cm^{-3})	pK_{a1}
甲酸	8.4	100.5	1.220	3.77
乙酸	16.6	118	1.040	4.76
丙酸	-22	141	0.992	4.88
丁酸	-7.9	162.5	0.959	4.82
异丁酸	-47	154.4	0.949	4.85
正戊酸	-50	187	0.930	4.81
正己酸	-9.5	205	0.920	4.85
正辛酸	16.5	237	0.910	4.85
乙二酸	189.5	—	—	1.46
己二酸	153	276	—	4.43
苯甲酸	122.4	249	1.265	4.19
邻苯二甲酸	231	—	1.539	2.89

三、羧酸的化学性质

羧酸的化学性质主要发生在官能团羧基上，羧基是由羟基和羰基组成。由于羰基的π键与羟基氧原子上的未共用电子对形成p-π共轭体系，所以在羧酸的化学性质中，羰基和羟基的性质并不明显，而羧基具有独特的性质。

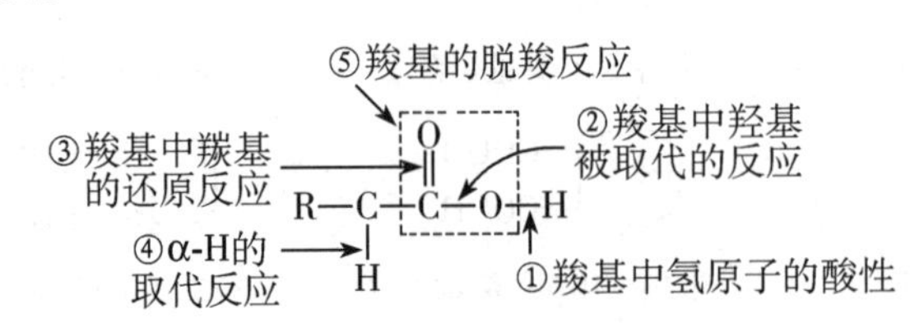

（一）酸性

由于p-π共轭体系的形成，使羧基上羟基氧原子上的电子云向羰基转移，氧氢键的极性增强。因此羧酸具有酸性，在水溶液中能电离出氢离子。

$$R—COOH + H_2O \rightleftharpoons R—COO^- + H_3O^+$$

羧酸一般是弱酸，饱和一元羧酸的 pK_a 一般在3～5之间。一元羧酸的酸性比无机强酸（如盐酸、硫酸等）弱，但羧酸的酸性比碳酸、酚类要强，能与氢氧化钠、碳酸钠、碳酸氢钠等反应生成羧酸盐。而苯酚的酸性比碳酸弱，不能与碳酸氢钠反应，利用此性质可以分离、区分羧酸和酚类化合物。

$$RCOOH + NaOH \longrightarrow RCOONa + H_2O$$

$$2RCOOH + Na_2CO_3 \longrightarrow 2RCOONa + CO_2\uparrow + H_2O$$

$$RCOOH + NaHCO_3 \longrightarrow RCOONa + CO_2\uparrow + H_2O$$

羧酸的钠盐、钾盐一般易溶于水，因此常将一些难溶于水的药物制成易溶于水的盐，增加其水溶性，便于临床应用。如把含有羧基的难溶性的青霉素G转化为青霉素G的钠盐或钾盐，供临床注射用。工农业、医药卫生等领域广泛应用各种羧酸盐。

在羧酸盐中加入无机酸时，羧酸又游离出来，转化为原来的羧酸。利用这一性质，不仅可以鉴别羧酸和苯酚，还可以用来分离提纯有关羧酸类化合物，从动植物体中提取含羧基的有效成分就是利用了此性质。

$$RCOONa + HCl \longrightarrow RCOOH + NaCl$$

羧酸酸性的强弱与它们的结构有关，在饱和的一元羧酸中，其酸性大小次序为：甲酸>乙酸>丙酸>丁酸。羧酸酸性的强弱可用 pK_a 来表示，pK_a 越小羧酸的酸性越强；甲酸（$pK_a=3.77$）的酸性比其他一元羧酸（$pK_a=4.7～5.0$）的酸性都强。这是由于其他羧酸分子中的烷基的给电子诱导效应使其酸性减弱。

芳环是吸电子基团，芳香羧酸的酸性要比饱和一元羧酸的酸性强。大多数芳香酸的酸性比甲酸弱，如苯甲酸的 $pK_a=4.17$，甲酸的 $pK_a=3.77$。这是因为苯环的大π键与羧基中羰基的π键形成π-π共轭体系，使苯环上的电子云向羧基转移，结果是苯甲酸分子中羧基上的氧氢键极性减弱，氢的电离能力降低，所以苯甲酸的酸性比甲酸弱。芳环上的取代基对芳香酸酸性的影响较大，当羧基的对位连有硝基、卤素原子等吸电子基时，酸性增强；而对位连有甲基、甲氧基等斥电子基时，则酸性减弱。至于邻位取代基的影响，因受位阻影响比较复杂；间位取代基的影响不能在共轭体系内传递，影响较小。例如：对硝基苯甲酸>对氯苯甲酸>对甲氧基苯甲酸>对甲基苯甲酸。

二元羧酸的酸性比饱和一元酸强，特别是乙二酸，它是由两个羧基直接相连而成的，由于两个羧基的相互影响，使酸性显著增强，乙二酸的 $pK_{a1}=1.46$，其酸性比磷酸的 $pK_{a1}=1.59$ 还强。随着二元羧酸两个羧基间的碳原子数的增加，羧基间的影响减弱，酸性降低。

（二）羧酸衍生物的生成

羧酸分子中羧基上的羟基可以被卤素原子（—X）、酰氧基（—OOCR）、烷氧基（—OR）、氨基（$—NH_2$）取代，分别生成了酰卤、酸酐、酯和酰胺等羧酸衍生物。

1. 酰卤的生成　羧酸与三氯化磷、五氯化磷、氯化亚砜（亚硫酰氯）等作用，分子中的羟基被氯原子取代则生成酰氯。例如：

$$R—\overset{\overset{O}{\|}}{C}—OH + PCl_3 \xrightarrow{\triangle} R—\overset{\overset{O}{\|}}{C}—Cl + H_3PO_3$$

$$R—\overset{\overset{O}{\|}}{C}—OH + PCl_5 \xrightarrow{\triangle} R—\overset{\overset{O}{\|}}{C}—Cl + POCl_3 + HCl\uparrow$$

$$R-\overset{O}{\overset{\|}{C}}-OH + SOCl_2 \xrightarrow{\triangle} R-\overset{O}{\overset{\|}{C}}-Cl + SO_2\uparrow + HCl\uparrow$$

三种制备方法中，最常用的方法是氯化亚砜与羧酸的反应，该反应所得的酰氯纯度高、易分离，因而产率高，是一种合成酰卤的好方法。酰氯是具有高度反应活性的一类化合物，广泛应用于药物和有机合成中。

芳香族酰卤一般由五氯化磷或氯化亚砜与芳香族羧酸作用。芳香族酰氯的稳定性较好，水解反应缓慢。苯甲酰氯是常用的苯甲酰化试剂。

$$C_6H_5-COOH + SOCl_2 \longrightarrow C_6H_5-COCl + SO_2\uparrow + HCl\uparrow$$

2. **酸酐的生成**　羧酸（除甲酸外）在脱水剂（如五氧化二磷、乙酐等）作用下，发生分子间脱水，生成酸酐。例如：

$$R-\overset{O}{\overset{\|}{C}}-OH + HO-\overset{O}{\overset{\|}{C}}-R \xrightarrow[\triangle]{P_2O_5} R-\overset{O}{\overset{\|}{C}}-O-\overset{O}{\overset{\|}{C}}-R + H_2O$$

$$C_6H_5-COOH + (CH_3CO)_2O \xrightarrow{\triangle} (C_6H_5-CO)_2O + CH_3COOH$$

由于乙酐能较迅速与水反应，且价格便宜，生成的乙酸有容易除去，因此，常用乙酐作为制备其他酸酐的脱水剂。

1,4 或 1,5 二元羧酸不需要任何脱水剂，加热分子内脱水生成环状（五元或六元）酸酐，五元或六元环状的酸酐（环酐）比较稳定。如邻苯二甲酸酐是由邻苯二甲酸直接加热脱水得到。

$$C_6H_4(COOH)_2 \xrightarrow{\triangle} C_6H_4(CO)_2O + H_2O$$

3. **酯的生成**　羧酸与醇在酸（常用浓硫酸）的催化作用下生成酯的反应，称为酯化反应。酯化反应是可逆反应，为了提高酯的产率，可增加某种反应物的浓度，或及时蒸出反应生成的酯或水，使平衡向生成物方向移动。

$$RCOOH + R'OH \underset{}{\overset{H^+}{\rightleftharpoons}} RCOOR' + H_2O$$

实验证明，酯化反应是羧酸的酰氧键发生了断裂，羧基中的羟基被醇分子中的烃氧基取代，生成酯和水。如用含有示踪原子 ^{18}O 的甲醇与苯甲酸反应，结果发现 ^{18}O 在生成的酯中。酸催化下的酯化反应属于亲核加成-消除反应机制；同时，羧酸和醇的结构对酯化反应的速度影响也很大。

$$C_6H_5-\overset{O}{\overset{\|}{C}}-OH + H-{}^{18}OCH_3 \underset{\triangle}{\overset{H^+}{\rightleftharpoons}} C_6H_5-\overset{O}{\overset{\|}{C}}-{}^{18}OCH_3 + H_2O$$

4. **酰胺的生成**　在羧酸中通入氨气生成羧酸的铵盐，铵盐受热发生分子内脱水生成酰胺。

$$RCOOH + NH_3 \longrightarrow RCOONH_4 \xrightarrow{\triangle} R-\overset{O}{\overset{\|}{C}}-NH_2 + H_2O$$

（三）还原反应

羧酸分子中的羰基受羟基的影响，失去了典型羰基的性质。在一般情况下，羧酸很难被还原，与大多数还原剂不能发生反应，只能被强还原剂氢化锂铝（$LiAlH_4$）还原成伯醇。还原时常用无水乙醚或四氢呋喃作溶剂，最后用稀酸水解得到产物。

$$RCOOH \xrightarrow[H^+,H_2O]{LiAlH_4} R-CH_2-OH$$

氢化锂铝是一种选择性还原剂，它可以还原具有羰基结构的化合物。用氢化锂铝还原羧酸时，不但产率高，而且分子中的碳碳不饱和键（如双键和三键）不受影响，只还原羧基而生成不饱和醇。例如：

$$H_2C{=}CHCH_2COOH \xrightarrow[H^+,H_2O]{LiAlH_4} H_2C{=}CHCH_2CH_2OH$$

（四）α-氢的取代反应

羧酸分子中α-碳原子上的氢原子，由于受羧基的影响，使α-H具有一定的活性。但由于羧基中存在着p-π共轭体系，使羧酸中羰基的致活作用比醛中羰基小，所以羧酸的α-H卤代反应需要在红磷或三卤化磷的催化作用下才能进行，反应后生成的产物是α-卤代酸。

$$RCH_2COOH \xrightarrow[P]{Cl_2} RCHClCOOH \xrightarrow[P]{Cl_2} RCCl_2COOH$$

羧酸分子中α-氢原子可逐个被卤原子取代，生成一卤取代物、二卤取代物和三卤取代物。

$$\underset{\text{乙酸}}{CH_3COOH} \xrightarrow[P]{Cl_2} \underset{\text{一氯乙酸}}{ClCH_2COOH} \xrightarrow[P]{Cl_2} \underset{\text{二氯乙酸}}{Cl_2CHCOOH} \xrightarrow[P]{Cl_2} \underset{\text{三氯乙酸}}{Cl_3CCOOH}$$

（五）脱羧反应

羧酸分子脱去羧基放出二氧化碳的反应称为脱羧反应。饱和一元酸一般比较稳定，通常情况下不易发生脱羧反应。但在特殊条件下才可发生脱羧反应，低级羧酸的钠盐及芳香族羧酸的钠盐在碱石灰（NaOH-CaO）存在下加热，可脱羧生成烃。例如：

$$CH_3COONa \xrightarrow[\triangle]{CaO/NaOH} CH_4\uparrow + Na_2CO_3$$

这是实验室用来制取纯甲烷的方法。

二元羧酸分子中，当两个羧基直接相连或连在同一个碳原子上时受热易于发生脱羧反应，反应后生成比原羧酸少一个碳原子的一元羧酸。如乙二酸、丙二酸加热时发生脱羧反应生成一元羧酸；丁二酸、戊二酸加热时发生分子内脱水反应生成环状酸酐；己二酸、庚二酸加热时发生脱羧和脱水反应生成少一个碳原子的环酮。

$$HOOC{-}COOH \xrightarrow{\triangle} HCOOH + CO_2\uparrow$$

$$HOOCCH_2COOH \xrightarrow{\triangle} CH_3COOH + CO_2\uparrow$$

$$\begin{matrix} H_2C{-}C(=O)OH \\ | \\ H_2C{-}C(=O)OH \end{matrix} \xrightarrow{\triangle} \begin{matrix} H_2C{-}C(=O) \\ | \quad\quad \diagdown \\ \quad\quad\quad O \\ | \quad\quad \diagup \\ H_2C{-}C(=O) \end{matrix} + H_2O$$

$$\begin{matrix} H_2C{-}CH_2{-}COOH \\ | \\ H_2C{-}CH_2{-}COOH \end{matrix} \xrightarrow{\triangle} \begin{matrix} H_2C{-}CH_2 \\ | \quad\quad \diagdown \\ \quad\quad\quad C{=}O \\ | \quad\quad \diagup \\ H_2C{-}CH_2 \end{matrix} + CO_2\uparrow + H_2O$$

脱羧反应是生物体内的重要生物化学反应，物质代谢生成CO_2就是羧酸在脱羧酶的作用下脱羧的结果。

四、重要的羧酸化合物

（一）甲酸

甲酸（HCOOH）俗称蚁酸，存在于蜂类、蚁类等昆虫的分泌物中。甲酸具有刺激性气味的无色液

甲酸的立体结构

体，沸点为100.5℃，易溶于水，有很强的腐蚀性，使用时要避免与皮肤接触。被蜂类、蚂蚁蜇伤后引起的痒、肿、痛，就是由甲酸引起的。12.5g/L的甲酸水溶液称为蚁精，可治疗风湿病。甲酸具有杀菌作用，可作消毒剂或防腐剂。

甲酸是最简单的脂肪酸，它的结构比较特殊，分子中既有羧基的结构，又有醛基的结构。因此甲酸既有羧酸的性质，又有醛类的性质，能与托伦试剂、斐林试剂等发生反应，也能被高锰酸钾等氧化剂氧化。

（二）乙酸

乙酸（CH_3COOH）俗称醋酸，是食醋的主要成分，普通食醋中含6%～8%的乙酸。乙酸具有刺激性气味的无色液体，熔点16.6℃，沸点118℃，纯乙酸在低于熔点时，凝结成冰状固体，常称为冰醋酸。乙酸能与水按任何比例混溶，也可溶于乙醇、乙醚和其他有机溶剂。

乙酸是人类最早发现并使用的一种酸，可作为消毒防腐剂。医药上常用0.5%～2%的乙酸溶液洗涤烧伤感染的创面，乙酸还有消肿治癣、预防感冒等作用。

乙酸是常用的有机试剂，也是染料、香料、塑料及制药等工业不可缺少的原料。

（三）乙二酸

乙二酸（HOOC—COOH）俗称草酸，是最简单的二元酸。乙二酸是无色晶体，通常含有两分子的结晶水，可溶于水和乙醇，不溶于乙醚。草酸在饱和脂肪二元酸中酸性最强，具有还原性，容易被氧化，在分析化学中常用来标定高锰酸钾溶液。草酸可作为媒染剂用于印染工业中，在日常生活中草酸溶液可以用来除去铁锈或蓝墨水的痕迹。

（四）苯甲酸

苯甲酸（C_6H_5COOH）是最简单的芳香酸，最初是从安息香树的树胶中得到的，故俗称为安息香酸。苯甲酸是无色晶体，熔点122.4℃，易溶于热水、乙醇和乙醚中，受热易升华。

苯甲酸是重要的有机合成原料，可用于制备染料、香料、药物等。苯甲酸及其钠盐有杀菌防腐作用，所以常用作食品和药液的防腐剂。

（五）花生四烯酸

花生四烯酸（arachidonic acid，AA），化学名称为5，8，11，14-二十碳四烯酸。它是人体内含量丰富、分布最广的多不饱和脂肪酸。

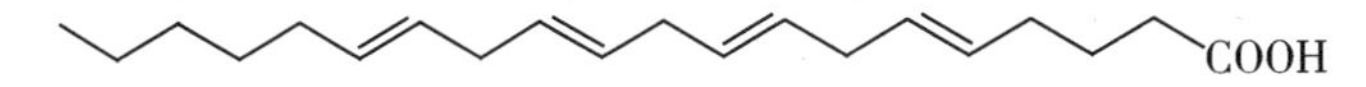

花生四烯酸是人体重要的结构酯类物质和代谢底物，具有酯化胆固醇、增加血管弹性、降低血液黏度、调节细胞功能等一系列的生理和药理活性。它也是胎儿脑发育的一种条件必需脂肪酸，具有促进脑发育的功能；同时它可以提高智力，增强记忆，改善视力，是人体大脑和视神经发育的重要物质。花生四烯酸对预防心血管疾病、糖尿病和肿瘤等也具有重要功效，能有效地降低高血糖、高血脂和高胆固醇。

第二节　卤　代　酸

一、卤代酸的结构、分类和命名

羧酸分子中烃基上的氢原子被卤素原子（—X）取代后生成的化合物称为卤代酸。卤代酸是分子中既含有卤素原子又含有羧基的双官能团化合物。由于卤代酸分子中既含卤素原子又含羧基，两个官能团相互影响而产生一些特殊性质。

卤代酸可以根据卤素原子与羧基的相对位置，分为α-、β-、γ-、δ-卤代酸；也可以根据卤素原子的种类不同分为氟代羧酸、氯代羧酸、溴代羧酸和碘代羧酸。

取代羧酸分子中含两种或几种官能团的化合物用系统命名法命名时，在这些官能团中选择一种作为主官能团，并以相应的化合物为母体，其他的官能团都看作是取代基。只要是分子中含有羧基，该化合物一般即以相应的羧酸为母体，其他官能团作为取代基来命名。卤代酸的命名是以羧酸为母

体，而将卤原子作为取代基来命名。

二、卤代酸的性质

（一）卤代酸的酸性

羧酸的烃基上（特别是 α-碳原子上）连有电负性大的卤素原子，它们的吸电子诱导效应使氢氧间电子云偏向氧原子，氢氧键的极性增强，氢原子就更容易电离，使卤代酸的酸性增大。基团的电负性愈大，卤代酸中卤素原子的数目愈多，与羧基的距离愈近，则吸电子诱导效应愈强，从而使卤代酸的酸性更强。如：

$$FCH_2COOH>ClCH_2COOH>BrCH_2COOH>ICH_2COOH>CH_3COOH$$

pK_a　　2.66　　2.81　　2.87　　3.13　　4.76

$$Cl_3CCOOH>Cl_2CHCOOH>ClCH_2COOH>CH_3COOH$$

pK_a　　0.08　　1.29　　2.81　　4.76

$$CH_3CH_2CHClCOOH>CH_3CHClCH_2COOH>CH_2ClCH_2CH_2COOH>CH_3CH_2CH_2COOH$$

pK_a　　2.86　　4.41　　4.70　　4.82

（二）卤代酸的特性

α-卤代酸中的卤原子由于受羧基的影响，活性增强，容易与各种亲核试剂发生亲核取代反应。利用此性质可制备 α-羟基酸、α-氨基酸、α-氰基酸等。如在稀碱溶液中，α-卤代酸发生水解反应生成 α-羟基酸。

$$\underset{\underset{Cl}{|}}{RCHCOOH} + H_2O \xrightarrow[\triangle]{OH^-} \underset{\underset{OH}{|}}{RCHCOOH} + HCl$$

β-卤代酸在同样的条件下发生消除反应，生成 α，β-不饱和酸。

$$\underset{\underset{Br}{|}}{RCHCH_2COOH} \xrightarrow[\triangle]{OH^-} RHC{=}CHCOOH + HBr$$

γ-或 δ-卤代酸在碱的作用下则生成五元或六元环内酯。

$$\underset{\underset{Cl}{|}}{RCHCH_2CH_2COOH} \xrightarrow[H_2O]{Na_2CO_3} \text{γ-内酯（R 取代的五元环内酯）} + HCl$$

γ-内酯

第三节　羟　基　酸

一、羟基酸结构、分类和命名

羧酸分子中烃基上的氢原子被羟基（—OH）取代后生成的化合物称为羟基酸。广泛存在于动植物体内，它们中有的是生物体内进行生命活动的物质，有的是合成药物的原料和食品调味品。

羟基酸是分子中既含有羟基又含有羧基的双官能团化合物。羟基酸可以根据烃基的类别分为醇酸和酚酸两大类。醇酸是羟基连在脂肪族羧酸的碳链上，酚酸是羟基连在芳香族羧酸的芳香环上。醇酸还可以根据羟基与羧基的相对位置，分为 α-，β-，γ-，δ-羟基酸。

羟基酸的命名是以相应的羧酸作为母体，把羟基作为取代基来命名的。自然界存在的常见羟基酸按其来源而采用俗名。如：

$$\underset{\underset{OH}{|}}{CH_3CHCOOH} \qquad \underset{\underset{OH}{|}}{HOOCCHCH_2COOH} \qquad \underset{\underset{OH}{|}}{HOOCCH}-\underset{\underset{OH}{|}}{CHCOOH}$$

2-羟基丙酸（乳酸）　　羟基丁二酸（苹果酸）　　2，3-二羟基丁二酸（酒石酸）

笔记

$$\begin{array}{c} CH_2COOH \\ | \\ HO-C-COOH \\ | \\ CH_2COOH \end{array}$$

3-羧基-3-羟基戊二酸
（柠檬酸）

邻羟基苯甲酸
（水杨酸）

3,4,5-三羟基苯甲酸
（没食子酸）

二、羟基酸的性质

醇酸一般为结晶的固体或黏稠的液体。由于羟基和羧基都能与水形成氢键，所以醇酸在水中的溶解度比相应的醇或羧酸都大，低级的醇酸可与水混溶。醇酸的熔点一般高于相应的羧酸。酚酸大多数为晶体，其熔点大于对应的芳香羧酸。酚酸的溶解性与所含的羟基、羧基的数目有关，有的微溶于水，有的易溶于水。

醇酸既具有醇和羧酸的一般性质，如醇羟基可以氧化、酰化、酯化；羧基可以成盐、成酯等，又由于羟基和羧基的相互影响，而具有一些特殊的性质。

（一）酸性

在醇酸分子中，由于醇酸中羟基的吸电子诱导效应，使醇酸的酸性比相应的羧酸强。随着羟基与羧基距离的增加，这种吸电子诱导效应逐渐减弱，醇酸的酸性也逐渐减弱。

	CH_3COOH	$CH_2(OH)COOH$	CH_3CH_2COOH	$CH_2(OH)CH_2COOH$	$CH_3CH(OH)COOH$
pK_a	4.75	3.83	4.88	4.51	3.87

酚酸的酸性与羟基、羧基在苯环上的连接方式有关。其酸性顺序为：邻位>间位>对位。

	苯甲酸	邻羟基苯甲酸	间羟基苯甲酸	对羟基苯甲酸
pK_a	4.19	2.98	4.08	4.57

（二）氧化反应

醇酸分子中的羟基比醇中的羟基更容易被氧化，如托伦试剂和稀硝酸不能氧化醇，但能把醇酸氧化成醛酸或酮酸。例如：

$$CH_3\underset{\underset{OH}{|}}{C}HCOOH \xrightarrow[\text{或稀硝酸}]{\text{托伦试剂}} CH_3\overset{\overset{O}{\|}}{C}COOH$$

$$CH_3\underset{\underset{OH}{|}}{C}HCH_2COOH \xrightarrow{\text{稀硝酸}} CH_3\overset{\overset{O}{\|}}{C}CH_2COOH$$

（三）α-醇酸的分解反应

α-羟基酸与稀硫酸或酸性高锰酸钾共热，由于羟基和羧基都有吸电子诱导效应，从而有利于羧基与α-碳原子之间的键断裂，脱羧生成醛、酮或羧酸。

$$R\underset{\underset{OH}{|}}{C}HCOOH \xrightarrow[\triangle]{\text{稀硫酸}} RCHO + HCOOH$$

$$R-\underset{\underset{OH}{|}}{\overset{\overset{R'}{|}}{C}}-COOH \xrightarrow[\triangle]{\text{稀硫酸}} R-\overset{\overset{O}{\|}}{C}-R' + HCOOH$$

$$\underset{\displaystyle OH}{\underset{|}{RCHCOOH}} \xrightarrow[\triangle]{KMnO_4/H^+} RCHO + CO_2\uparrow + H_2O \xrightarrow{[O]} RCOOH$$

酚酸的羟基在羧基的邻位、对位时，受热易发生脱羧反应生成酚。

$$\text{邻羟基苯甲酸} \xrightarrow{\triangle} \text{苯酚} + CO_2\uparrow$$

（四）脱水反应

醇酸受热易发生脱水反应，根据羟基和羧基的相对位置不同，脱水产物也有所区别。α-醇酸受热时，一分子α-醇酸的羟基与另一分子α-醇酸的羟基交叉脱水，生成六元环的交酯。

$$R-\underset{OH}{CH}-\overset{O}{\overset{\|}{C}}-OH + HO-\underset{O}{\underset{\|}{C}}-\underset{OH}{CH}-R \xrightarrow{\triangle} \text{交酯} + 2H_2O$$

β-醇酸中的α-氢原子同时受到羟基和羧基的影响，比较活泼，受热时容易与β-碳原子上的羟基结合，发生分子内脱水生成α,β-不饱和羧酸。

$$\underset{\displaystyle OH}{\underset{|}{RCHCH_2COOH}} \xrightarrow{\triangle} RHC{=}CHCOOH + H_2O$$

γ-和δ-醇酸在室温时分子内的羟基和羧基就可以脱去一分子水，生成稳定五元环和六元环的γ-、δ-内酯。

$$\underset{H_2C-OH}{CH_2CH_2}-\overset{O}{\overset{\|}{C}}-OH \longrightarrow \text{γ-丁内酯} + H_2O \qquad \underset{H_2C-OH}{CH_2CH_2CH_2}-\underset{OH}{C}{=}O \xrightarrow{\triangle} \text{δ-戊内酯} + H_2O$$

γ-丁内酯(4-丁内酯)　　　　δ-戊内酯

羟基与羧基相隔5个或5个以上碳原子的醇酸受热，发生多分子间的脱水，生成链状的聚酯。

（五）显色反应

酚酸中含有的酚羟基能与 $FeCl_3$ 溶液发生显色反应，可以用 $FeCl_3$ 溶液区别酚酸与醇酸。例如水杨酸遇 $FeCl_3$ 溶液显紫色。

三、重要的羟基酸

（一）乳酸

乳酸的化学名为α-羟基丙酸，乳酸最初从牛奶中发现，因此俗称乳酸。乳酸为无色或淡黄色黏稠液体，具有很强的吸湿性和酸味，能溶于水、乙醇、甘油和乙醚，不溶于氯仿和油脂。在医药上，乳酸可作为消毒剂和防腐剂；加热蒸发乳酸的水溶液，可进行空气的消毒灭菌。临床上，乳酸钙用于治疗一般的缺钙症，乳酸钠可以纠正酸中毒。乳酸还大量用于食品、饮料等工业中。

乳酸是人体中糖代谢的中间产物。人剧烈活动时，需要大量的能量，由于氧气供应不足，肌肉中的糖原被酵解生成乳酸并放出一部分热量，以供急需。当肌肉中乳酸含量增加时，会使人感觉到肌肉的酸胀，休息后，一部分乳酸又转变为糖原，另一部分乳酸被氧化成丙酮酸，丙酮酸再被氧化生成二氧化碳和水，酸胀感消失。

（二）苹果酸

苹果酸的化学名称为羟基丁二酸，苹果酸因最初从未成熟的苹果中得到而得名，苹果酸还存在于其他未成熟的果实中，山楂、葡萄、杨梅、番茄等都含有苹果酸。苹果酸为针状结晶，易溶于水和乙醇，微溶于乙醚。

苹果酸是人体内糖代谢的中间产物，在酶的催化下脱氢氧化生成草酰乙酸。

$$\underset{\text{HO—}\overset{|}{\text{C}}\text{HCH}_2\text{OOH}}{\text{CH}_2\text{COOH}} \xrightarrow[-2\text{H}]{\text{酶}} \underset{\text{O=}\overset{|}{\text{C}}\text{—COOH}}{\text{CH}_2\text{COOH}}$$

苹果酸在食品工业中用作酸味剂,苹果酸钠可作为禁盐患者的食盐代用品。

（三）酒石酸

酒石酸化学名称为2,3-二羟基丁二酸,存在于各种果汁中,主要以酒石酸氢钾的形式存在于葡萄中,由于该酸式盐难溶于水和乙醇,所以,以葡萄为原料酿造酒时,酒石酸氢钾随酒精的浓度的增大以沉淀的形式析出,此沉淀称为酒石,酒石酸的名称由此而来。

酒石酸是透明晶体,熔点170℃,易溶于水,有很强的酸味,酒石酸常用于配制饮料。酒石酸的盐用途很广,酒石酸钾钠用于配制斐林试剂。酒石酸锑钾又称为吐酒石,临床上用作催吐剂,也用于治疗血吸虫病。

（四）柠檬酸

柠檬酸化学名称为3-羧基-3-羟基戊二酸,又名枸橼酸。它存在于柑橘、山楂、乌梅等多种果实中,以柠檬中含量最多而得名。柠檬酸为无色透明结晶,易溶于水、乙醇和乙醚,有强酸味。

柠檬酸常用于配制清凉饮料和作糖果的调味剂,柠檬酸钠具有防止血液凝固和利尿作用,常作为抗凝血剂;柠檬酸铁铵常用作补血剂,柠檬酸镁是温和的泻剂。

柠檬酸是动物体内糖、脂肪和蛋白质等代谢的中间产物,是三羧酸循环的起始物。

（五）水杨酸

水杨酸的化学名称为邻羟基苯甲酸,又名柳酸,存在于柳树、水杨树的树皮中。水杨酸为白色针状结晶,熔点159℃,微溶于冷水,易溶于乙醇、乙醚和热水。水杨酸具有酚和羧酸的一般性质,遇三氯化铁显紫色,在空气中易被氧化,水溶液呈酸性,其酸性比苯甲酸强,能发生成盐、成酯反应等。

水杨酸具有清热、解毒和杀菌作用,是一种重要的外用杀菌剂和防腐剂,其酒精溶液可用于治疗某些真菌感染而引起的皮肤病。由于水杨酸对胃肠有较大的刺激作用,不能直接内服,临床上多用水杨酸的钠盐或酯类等作为内服药。下面介绍可供药用的水杨酸的衍生物。

1. 水杨酸钠盐具有退热镇痛作用,对急性风湿病有较好的疗效,常用于治疗活动性风湿关节炎。

2. 乙酰水杨酸通用名为阿司匹林(aspirin),为白色针状晶体。实验室常用水杨酸和乙酸酐在少量浓硫酸存在下加热制得。乙酰水杨酸是白色结晶,微溶于水,能溶于乙醇、氯仿和乙醚中。

阿司匹林在干燥的空气中较稳定,在潮湿的空气中易水解为水杨酸和乙酸,因此应密闭于干燥处贮存。常用三氯化铁溶液与水解后的水杨酸作用显紫红色的方法来检验阿司匹林是否变质,因为阿司匹林分子中无游离的酚羟基,故其与三氯化铁不显色,但其吸水后发生水解反应生成水杨酸,遇到三氯化铁即显紫红色。

阿司匹林具有解热、镇痛、抗血栓形成及抗风湿的作用,是常用的解热镇痛内服药。由阿司匹林、非那西丁和咖啡因三者配伍的制剂称为复方阿司匹林(APC)。

3. 对氨基水杨酸简称PAS,通常使用它的钠盐,简称为PAS-Na,是白色或淡黄色结晶体,用于治疗各种结核病,为了增强疗效,常与异烟肼等抗结核病药物并用。

第四节　酮　　酸

一、酮酸的结构、分类和命名

分子中既含有羰基又含有羧基的化合物称为羰基酸,羰基酸又称为酮酸。根据羰基酸所含的是醛基还是酮基,将其分为醛酸和酮酸。根据酮酸分子中羧基和酮基的相对位置可分为α-,β-,γ-酮酸,其中α-酮酸、β-酮酸是人体内糖、脂肪和蛋白质代谢的中间产物,具有重要的生理意义。

羰基酸的命名与醇酸相似,也是以羧酸为母体,编号从羧基碳原子开始,羰基的位次用阿拉伯数字或希腊字母来表示。

$$\text{H}_3\text{C—}\overset{\overset{\text{O}}{\|}}{\text{C}}\text{—COOH} \qquad \text{H}_3\text{C—}\overset{\overset{\text{O}}{\|}}{\text{C}}\text{—CH}_2\text{COOH} \qquad \text{HOOC—}\overset{\overset{\text{O}}{\|}}{\text{C}}\text{—CH}_2\text{COOH}$$

α-丙酮酸　　β-丁酮酸(乙酰乙酸)　　丁酮二酸(草酰乙酸)

二、酮酸的性质

羰基酸分子中含有羰基和羧基，因此既具有酮的性质，又有羧酸的性质。由于羰基和羧基两种官能团的相互影响，α-羰基酸和 β-羰基酸又有一些特殊的性质。

（一）还原反应

酮酸加氢还原生成羟基酸，在人体中是由酶催化进行的。如丙酮酸加氢还原生成乳酸，乳酸氧化后又生成丙酮酸。

$$CH_3\overset{O}{\overset{\|}{C}}COOH \xrightarrow{[H]} CH_3\overset{OH}{\overset{|}{C}}HCOOH$$

β-酮酸加氢也能还原成羟基酸。如 β-丁酮酸加氢还原生成 β-羟基丁酸，β-羟基丁酸氧化后又生成 β-丁酮酸。

$$CH_3\overset{O}{\overset{\|}{C}}CH_2COOH \xrightarrow{[H]} CH_3\overset{OH}{\overset{|}{C}}HCH_2COOH$$

（二）分解反应

α-酮酸与浓硫酸共热时，发生分解反应生成少一个碳原子的羧酸和一氧化碳。

$$H_3C-\overset{O}{\overset{\|}{C}}-COOH \xrightarrow{\text{浓硫酸}} H_3C-\overset{O}{\overset{\|}{C}}-OH + CO\uparrow$$

β-酮酸与浓碱共热时，α-和 β-碳原子间的键发生断裂，生成两分子羧酸盐。

$$R-\overset{O}{\overset{\|}{C}}-CH_2COOH + 2NaOH \xrightarrow{\triangle} RCOONa + CH_3COONa + H_2O$$

通常将 β-酮酸与浓碱共热的分解反应称为 β-酮酸的酸式分解。

（三）脱羧反应

在 α-酮酸分子中，酮基与羧基直接相连，由于羰基和羧基的氧原子都具有较强的吸电子能力，从而使羰基碳与羧基碳原子之间的电子云密度降低，所以碳碳键容易断裂，α-酮酸与稀硫酸发生脱羧反应生成醛。

$$H_3C-\overset{O}{\overset{\|}{C}}-COOH \xrightarrow[\triangle]{\text{稀硫酸}} H_3C-\overset{O}{\overset{\|}{C}}-H + CO_2\uparrow$$

β-酮酸受热时比 α-酮酸更容易发生脱羧反应，在高于室温的情况下，即脱去羧基生成酮。

$$R-\overset{O}{\overset{\|}{C}}-CH_2COOH \xrightarrow{\triangle} R-\overset{O}{\overset{\|}{C}}-CH_3 + CO_2\uparrow$$

$$H_3C-\overset{O}{\overset{\|}{C}}-CH_2COOH \xrightarrow{\triangle} H_3C-\overset{O}{\overset{\|}{C}}-CH_3 + CO_2\uparrow$$

生物体内在脱羧酶的催化下发生脱羧反应生成丙酮。β-酮酸比 α-酮酸更易发生脱羧反应，这是由于酮基上的氧原子的吸电子诱导效应和酮基上氧原子与羧基上氢形成分子内氢键的原因。上述反应产物一般为甲基酮，通常将这种反应称为 β-酮酸的酮式分解。

三、重要的酮酸

酮酸脱酸反应

（一）丙酮酸

丙酮酸（$CH_3COCOOH$）是最简单的 α-酮酸。它是无色有刺激性臭味的液体，易溶于水。丙酮酸既具有酮和羧酸的典型反应，也具有 α-酮酸特有的性质。如容易脱羧、分解，能被弱氧化剂托伦试剂氧化等。

丙酮酸是人体内糖、蛋白质和脂肪代谢的中间产物，在酶的催化下，可以脱羧、氧化生成乙酸和二

氧化碳，也可被还原为乳酸。

$$\underset{\text{OH}}{CH_3CHCOOH} \underset{+2H}{\overset{-2H}{\rightleftharpoons}} CH_3\overset{\text{O}}{\overset{\|}{C}}COOH \xrightarrow{[O]} CH_3COOH + CO_2\uparrow$$

（二）β-丁酮酸

β-丁酮酸又被称为3-丁酮酸或乙酰乙酸，纯品是无色黏稠液体，酸性比乙酸、丁酸和β-羟基丁酸强，可与水或乙醇混溶。β-丁酮酸性质不稳定，受热易发生脱羧反应生成丙酮，在酶的作用下加氢还原生成β-羟基丁酸。

$$CH_3\overset{\text{OH}}{\overset{|}{C}}HCH_2COOH \underset{+2H}{\overset{-2H}{\rightleftharpoons}} CH_3\overset{\text{O}}{\overset{\|}{C}}CH_2COOH \xrightarrow{\triangle} CH_3\overset{\text{O}}{\overset{\|}{C}}CH_3 + CO_2\uparrow$$

临床上把β-丁酮酸、β-羟基丁酸和丙酮三者总称为酮体。酮体是脂肪酸在人体内不能完全氧化成二氧化碳和水的中间产物，在正常情况下能进一步分解，因此正常人血液中只含有微量的酮体（一般低于0.5mmol/L）。但糖尿病患者由于糖代谢发生障碍，脂肪代谢加速，血液和尿中的酮体含量增高。酮体呈酸性，酮体含量增高可使血液的酸度增加，发生酸中毒，严重时可引起患者昏迷或死亡。所以临床上诊断患者是否患有糖尿病，除了检查尿液中葡萄糖含量外，还要检查尿液中是否酮体过高。

学习小结

1. 本章主要介绍了羧酸、取代羧酸的概念、分类、命名、结构、物理性质和化学性质。重点在于它们的结构、命名和化学性质。

2. 羧酸的性质主要决定于其官能团羧基。羧酸的化学性质有酸性、羧酸衍生物的生成、还原反应、α-氢的取代反应和脱羧反应。羧酸一般均为弱酸，但羧酸是有机化合物中酸性最强的物质，要注重引入的基团对其酸性的影响。羧酸中羧基上的羟基被取代的反应，要注意反应条件和反应试剂。羧酸分子中羧基中的-COO-部分以CO_2的形式脱去，生成比原分子少一个碳的化合物，二元羧酸更易发生脱羧反应。

3. 取代羧酸包括卤代酸、羟基酸、酮酸和氨基酸，均有酸性。卤代酸中卤原子的电负性越大，数目越多，距离羧基越近，酸性越强。羟基酸既含羧基又含羟基，能与醇或酸作用生成酯，羟基被氧化可变成酮基，能脱水形成双键，能发生分子内的脱水反应。对每一个具体的羟基酸，应具体分析。酮酸分子中既含羧基又含酮基，能与碱或醇反应，能发生加氢还原反应生成羟基酸，α-羰基酸能发生脱羧和脱羰反应，β-羰基酸能发生酮式、酸式分解反应。

（丁冶春）

扫一扫，测一测

思考题

1. 推导结构式：有机物A分子式为$C_9H_8O_3$，能溶于NaOH和Na_2CO_3溶液，与$FeCl_3$溶液发生显色反应，能使Br_2水褪色，用$KMnO_4$氧化生成对-羟基苯甲酸。试写出A的结构式。

2. 为什么羧酸的沸点和在水中的溶解度较相对分子量相近的其他有机物高？

3. 酯化反应是可逆的，可采用哪些方法提高酯的产率？

第十章　羧酸衍生物

学习目标

1. 掌握羧酸衍生物的命名；羧酸衍生物的重要化学性质即相互间的转化关系。
2. 熟悉酯的水解反应、霍夫曼降级等反应；碳酸衍生物（脲、丙二酰脲、胍）的结构及重要性质。
3. 了解羧酸衍生物的物理性质；羧酸衍生物的应用。

羧酸分子中的羟基被—X、—OR、—OCOR、—NH_2（或—NHR、—NR_2）等原子团或基团取代后的产物称为羧酸衍生物（carboxylic acid derivatives）。常见的羧酸衍生物有酰卤、酸酐、酯和酰胺等。酰卤和酸酐性质较活泼，自然界几乎不存在。酯和酰胺普遍存在于动植物中，许多药物就是酯和酰胺类化合物，如普鲁卡因、尼泊金、对乙酰氨基酚（扑热息痛）、青霉素、头孢菌素和巴比妥类等，这些化合物在医药卫生事业中起着重要的作用。本章重点讨论上述常见的羧酸衍生物及碳酸衍生物。

第一节　羧酸衍生物

羧酸分子中的羟基被去掉后剩下的基团称为酰基（acyl group），酰卤（acyl halide）、酸酐（anhydride）、酯（ester）和酰胺（amide）均含有酰基，因此羧酸衍生物又称为酰基化合物。酰基的命名从相应的羧酸来，即将其羧酸名称中的“酸”字变成“酰”字，再加上“基”字，所以某酸的酰基叫某酰基。例如：

$CH_3—CH_2—\overset{O}{\overset{\|}{C}}—OH$　丙酸

$CH_3—CH_2—\overset{O}{\overset{\|}{C}}—$　丙酰基

$C_6H_5—\overset{O}{\overset{\|}{C}}—OH$　苯甲酸

$C_6H_5—\overset{O}{\overset{\|}{C}}—$　苯甲酰基

一、羧酸衍生物的结构、分类和命名

（一）羧酸衍生物的结构、分类

羧酸分子中的羟基被—X、—OR、—OCOR、—NH_2（或—NHR、—NR_2）等原子团或基团取代后所形

成的化合物称为羧酸衍生物(carboxylic acid derivatives)。常见的羧酸衍生物有酰卤、酸酐、酯和酰胺。

羧酸中羧基碳呈 sp^2 杂化，三个杂化轨道处于同一个平面，键角大约 120°，其中一个羰基氧形成 σ 键，一个与氢或烃基碳形成 σ 键。羧基碳上还剩有一个 p 轨道，与羰基氧上的 p 轨道经侧面重叠形成键。羧酸衍生物的结构与羧酸类似。它们的共同特点是都含有酰基，酰基与其所连基团都能形成 p-π 共轭体系。

羧酸衍生物的结构通式分别如下：

$$R-\overset{\overset{\displaystyle O}{\|}}{C}-X$$

酰卤(—X：—Cl、—Br)

$$R-\overset{\overset{\displaystyle O}{\|}}{C}-OR$$

酯

$$R-\overset{\overset{\displaystyle O}{\|}}{C}-NH_2$$

酰胺

$$R-\overset{\overset{\displaystyle O}{\|}}{C}-O-\overset{\overset{\displaystyle O}{\|}}{C}-R$$

酸酐

酰胺和酯中，氨基氮或烷氧基氧的孤对电子可以与羰基共轭，但在酰卤中，这种共轭效应很弱，主要表现为强的吸电子效应。

比较而言，在四种羧酸衍生物中：酰卤表现为 X 的—I 效应，与羰基的+C 效应很弱；酸酐分子中两个羰基竞争中间氧原子上的孤电子对，+C 效应大于酰卤；酯分子中氧原子与羰基的+C 效应大于酸酐，+C>—I，C—O 键具有某些双键的性质；酰胺分子中氮原子的电负性小于氧原子，C—N 键明显具有某些双键的性质。

(二) 羧酸衍生物的命名

1. 酰卤的命名　酰卤是按酰基命名的。酰卤的命名是在酰基后面加卤素的名称，称“某酰卤”。常见的为酰氯和酰溴。例如：

$$CH_3-CH_2-\overset{\overset{\displaystyle O}{\|}}{C}-Cl$$

丙酰氯

$$C_6H_5-\overset{\overset{\displaystyle O}{\|}}{C}-Cl$$

苯甲酰氯

$$C_6H_5-\overset{\overset{\displaystyle O}{\|}}{C}-Br$$

苯甲酰溴

$$C_6H_{11}-\overset{\overset{\displaystyle O}{\|}}{C}-Br$$

环己基甲酰溴

2. 酸酐的命名　酸酐的命名从羧酸来，即在羧酸名称后加“酐”字，称为“某酸酐”。相同羧酸生成的酸酐属于单酐，直接在酸的后面加“酐”字，酸字也可省略，即“某酐”。不同羧酸形成的酸酐是混酐，命名混酐时，将简单的羧酸写在前面，复杂的羧酸写在后面；若有芳香酸时，芳香酸的名称写在前面，称为“某某酸酐”。若为环酐，则在二元酸的名称后加“酐”字。

$$(H_3C-CO)_2O$$

乙(酸)酐

$$H_3C-CO-O-CO-CH_3CH_3$$

乙丙(酸)酐

$$(C_6H_{11}-CO)_2O$$

环己甲(酸)酐

$$C_6H_5-\overset{\overset{\displaystyle O}{\|}}{C}-O-\overset{\overset{\displaystyle O}{\|}}{C}-CH_3$$

苯甲乙(酸)酐

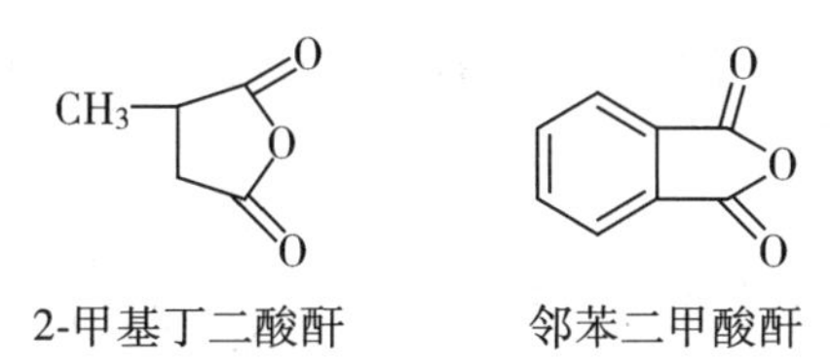

2-甲基丁二酸酐　　邻苯二甲酸酐

3. 酯的命名　酯的命名是由生成它的羧酸和醇得到，酸的名称写在前面，醇的名称写在后面，由某酸和某醇生成的酯叫“某酸某酯”。若是分子内部生成的酯以“内酯”命名。

$H—C(=O)—O—CH_2CH_3$　　$CH_3—C(=O)—O—CH_3$

甲酸乙酯　　乙酸甲酯

$H—C(=O)—O—C_6H_5$　　$CH_3—C(=O)—O—C_6H_5$

甲酸苯(酚)酯　　乙酸苯酯

$H_3C—C(=O)—OCH_2—C_6H_5$　　$C_6H_4(COOH)(COOCH_3)$

乙酸苄酯　　邻苯二甲酸单甲酯

如存在有优先作为后缀的基团，或者不能用上面的方法来表示所有的酯基时，则酯基可分别用前缀“烷氧羰基”或“芳氧羰基”表示“—CO—OR′”，“酰氧基”表示—CO—O—。

$C_6H_5—CO—O—CH_2—CH_2—COOH$　　$C_2H_5—O—CO—(CH_2)_2—N^+(CH_3)Br^-$

3-苯基酰氧基丙酸　　[2-(乙氧羰基)乙基]三甲胺溴盐

羟基酸分子内形成的酯称为内酯，可按杂环来命名，或用“内酯”来代替俗名羟基酸中的“酸”而命名。

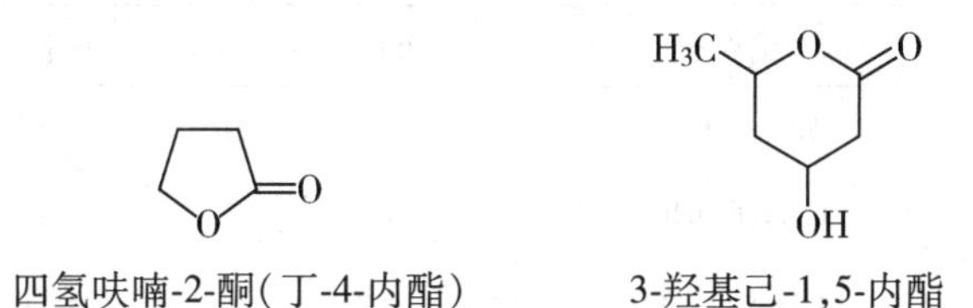

四氢呋喃-2-酮(丁-4-内酯)　　3-羟基己-1,5-内酯

二元羧酸命名要能反映出是酸性酯、中性酯还是混合酯。

$COOCH_3$ | $COOCH_3$	$COOCH_3$ | $COOH$	$COOCH_3$ | $COOCH_2CH_3$
乙二酸二甲酯	乙二酸氢甲酯	乙二酸甲乙酯
(中性酯)	(酸性酯)	(混合酯)

4. 酰胺的命名　简单酰胺是在酰基名称后面加上“胺”，称“某酰胺”；“—CO—NH_2”作为取代基时用前缀“甲酰胺基”表示。

$CH_3—CH_2—C(=O)—NH_2$　　$C_6H_5—C(=O)—NH_2$　　$C_6H_{11}—CO—NH_2$

丙酰胺　　苯甲酰胺　　环己烷甲酰胺

当酰胺的N原子上连有取代基时，在取代基名称前加字母“N”，表示取代基连在N原子上。

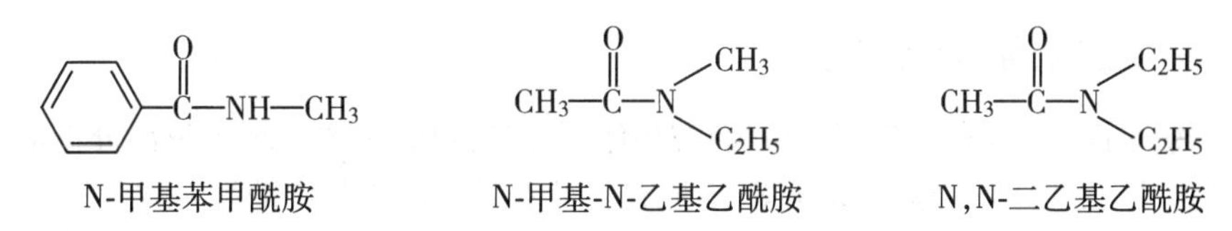

N-甲基苯甲酰胺　　N-甲基-N-乙基乙酰胺　　N,N-二乙基乙酰胺

酰胺的N-苯基衍生物命名时可用后缀“-酰苯胺”，“N-苯基”环上有取代基时，其位次编号加撇，也可按一般N-取代酰胺的方式命名。

C_6H_5—NH—CO—CH_3

乙酰苯胺（或N-苯基乙酰胺）

C_6H_{11}—CO—NH—C_6H_5

环己烷甲酰苯胺

C_2H_5—C_6H_4—CO—NH—C_6H_4—C_2H_5

3′,4-二乙基苯甲酰苯胺

二、羧酸衍生物的物理性质

低级的酰卤和酸酐是具有刺激性气味的液体，高级的为白色固体。低级酯是具有花果香味的无色液体，分子量较大的酯是固体。挥发性酯具有令人愉快的气味，可用于制造香料。

酰卤、酸酐和酯类化合物的分子间不能形成氢键，酰胺分子间能形成氢键而缔合。因此，酰卤和酯的沸点比相应的羧酸低；酸酐的沸点较相对分子质量相近的羧酸低。酰胺的熔点、沸点均比相应的羧酸高。

所有羧酸衍生物均溶于乙醚、氯仿、丙酮和苯等有机溶剂。低级酰胺（如N,N-二甲基甲酰胺）能与水混溶，是很好的非质子性溶剂。

酯的密度小于水，当酯与水混合时，酯浮在水的上层。酰卤和酸酐不溶于水，低级酰胺易溶于水，随分子量增大，溶解度逐渐降低。酰卤和酸酐，尤其是酰卤遇水易分解，在空气中易吸潮变质，应保存于密封容器中。

几种羧酸衍生物的物理常数见表10-1。

表10-1　几种羧酸衍生物的物理常数

名称	结构式	b. p.（℃）	m. p.（℃）	d（g/cm^3）
乙酰氯	CH_3COCl	51	-112	1.104
苯甲酰氯	C_6H_5COCl	197	-1	1.212
乙酸酐	$(CH_3CO)_2O$	140	-73	1.082
邻苯二甲酸酐	$C_6H_4(CO)_2O$	284	131	1.527
乙酸乙酯	$CH_3COOCH_2CH_3$	77	-84	0.901
苯甲酸苄酯	$C_6H_5COOCH_2C_6H_5$	324	21	1.114（18℃）
乙酰胺	CH_3CONH_2	221	82	1.159
N,N-二甲基甲酰胺	$HCON(CH_3)_2$	152.8	-61	0.9445
乙酰水杨酸	o-(CH_3COO)C_6H_4COOH		136	1.443

三、羧酸衍生物的化学性质

羧酸衍生物分子中都含有酰基，因此它们有相似的化学性质，主要表现为带部分正电荷的羰基碳受亲核试剂的进攻，发生水解、醇解、氨解等反应，其产物是羧酸衍生物中的酰基取代了水、醇（或酚）、

氨(或伯胺、仲胺)中的氢原子,形成羧酸、酯、酰胺等取代产物。

（一）水解、醇解和氨解反应

1. 水解反应 酰卤、酸酐、酯和酰胺均能发生水解反应(hydrolysis),生成相应的羧酸。

$$\left.\begin{matrix} R-\overset{O}{\overset{\|}{C}}-X \\ R-\overset{O}{\overset{\|}{C}}-O-\overset{O}{\overset{\|}{C}}-R' \\ R-\overset{O}{\overset{\|}{C}}-OR' \\ R-\overset{O}{\overset{\|}{C}}-NH_2 \end{matrix}\right\} + H-OH \longrightarrow R-\overset{O}{\overset{\|}{C}}-OH + \left\{\begin{matrix} HX \\ R'COOH \\ R'OH \\ NH_3\uparrow \end{matrix}\right.$$

四种羧酸衍生物水解反应的难易程度不同,其反应活性顺序为:酰卤>酸酐>酯>酰胺。

酰卤最容易水解,低级酰卤与空气中的水反应十分激烈,如乙酰氯在潮湿空气中冒白烟,是由于乙酰氯与空气中的水发生剧烈反应放出氯化氢气体所引起的,所以乙酰氯易潮解,存放时需注意防潮。

$$CH_3-\overset{O}{\overset{\|}{C}}-Cl + H_2O \longrightarrow CH_3-\overset{O}{\overset{\|}{C}}-OH + HCl\uparrow$$

分子量大的酰卤,在水中的溶解度较小,反应速度比较慢,但若加入使酰卤与水均溶的溶剂,反应就顺利进行:

$$C_{19}H_{39}\overset{O}{\overset{\|}{C}}-Cl + H_2O \xrightarrow{\text{二氧六环}} C_{19}H_{39}COOH + HCl$$

酸酐可以在中性、酸性、碱性溶液中水解,它的水解反应比酰卤缓和些,但比酯容易。酸酐的水解反应速率取决于相应酸酐在水中的溶解度,乙酸酐易溶于水,所以它非常容易与水反应。

$$CH_3-\overset{O}{\overset{\|}{C}}-O-\overset{O}{\overset{\|}{C}}-CH_3 + H_2O \longrightarrow 2CH_3COOH$$

酯的酸性水解,是酯化反应的逆反应,水解不能完全。若在一定条件下,用碱作催化剂水解,因为OH^-是一个比较强的亲核试剂,容易与羰基碳发生亲核反应,生成的羧酸可与碱生成盐,羧酸盐不能发生酯化反应,而破坏了平衡体系,如足量的碱存在时,水解可以进行到底。酯碱性溶液中的水解反应又叫皂化反应。

$$R-\overset{O}{\overset{\|}{C}}-O-R' + H_2O \overset{H^+}{\rightleftharpoons} R-\overset{O}{\overset{\|}{C}}-O-H + R'OH$$

$$R-\overset{O}{\overset{\|}{C}}-O-R' + NaOH \longrightarrow R-\overset{O}{\overset{\|}{C}}-ONa + R'OH$$

内酯和开链酯一样,在一定条件下也发生水解反应,水解伴随开环。内酯类药物开环之后往往失效。例如,抗肿瘤药——羟喜树碱,分子中含有δ-内酯结构是抗肿瘤活性中心,在碱性条件下开环,形成的δ-羟基酸盐无抗肿瘤活性。

酰胺氮原子与羰基的p-π共轭,使得酰胺比酰卤、酸酐和酯更稳定,其水解更困难,需要在酸或碱催化下,经长时间回流才能完成。酰胺在酸性溶液中的水解,得到羧酸和铵盐,在碱性溶液中水解,得到羧酸盐,并放出氨气。

$$CH_3-\overset{O}{\overset{\|}{C}}-NH_2 + H_2O \begin{cases} \xrightarrow{HCl} R-\overset{O}{\overset{\|}{C}}-OH + NH_4Cl \\ \xrightarrow{NaOH} R-\overset{O}{\overset{\|}{C}}-ONa + NH_3\uparrow \end{cases}$$

环状酰胺称为内酰胺，许多天然抗生素都含有四元环的内酰胺（β-内酰胺），由于β-内酰胺环含有较大的环张力，很容易发生水解反应，导致开环、失效。例如，青霉素G钾或钠盐其分子结构中含有β-内酰胺环，在临床上，为了增强青霉素G钾或钠盐的稳定性，通常使用粉针剂性，注射前临时配制注射液。

β-内酰胺抗生素

1928年夏天英国细菌学家Alexander Fleming（A. 弗莱明）外出度假时，把实验室里在培养皿中正生长着细菌这件事给忘了。3周后当他回实验室时，发现了一个与空气意外接触过的金黄色葡萄球菌培养皿中长出了一团青绿色霉菌。在用显微镜观察这只培养皿时，Alexander Fleming（A. 弗莱明）发现，霉菌周围的葡萄球菌菌落已被溶解，这意味着霉菌的某种分泌物能抑制葡萄球菌。此后，他与澳大利亚病理学家Howard Walter Florey（H. W. 弗洛里）和在英国避难的德国人Ernst Boris Chain（E. B钱恩）合作，于1939分离出了青霉素（penicillin）。随后他们进行了青霉素治疗动物（老鼠）和人体细菌感染的试验，取得了成功。1943年开始在军队中使用青霉素，1944年用于民众。为了表彰弗莱明、弗洛里和钱恩发现青霉素及其治疗各种不同感染，他们获得了1945年诺贝尔医学奖。

青霉素及其衍生物、头孢菌素、单酰胺环类、碳青霉烯类和青霉烯类酶抑制剂等都属于β-内酰胺类抗生素（β-lactam antibiotics），它是一种种类很广的抗生素。β-内酰胺类抗生素指化学结构中具有β-内酰胺环（四元环）的一大类抗生素，基本上所有在其分子结构中包括β-内酰胺核的抗生素均属于β-内酰胺抗生素，它是现有的抗生素中使用最广泛的一类，临床上最常用青霉素与头孢菌素，以及发展的头霉素类、硫霉素类等。此类抗生素具有杀菌活性强、毒性低、适应证广及临床疗效好的优点。

常见的β-内酰胺抗生素（β-lactam antibiotics）的结构如下：

青霉素G钾（钠）

氨苄西林

头孢菌素Ⅳ

2. 醇解反应　酰卤、酸酐、酯和酰胺均能与醇反应，生成相应的酯，称为羧酸衍生物的醇解反应（alcoholysis）。

$$\left.\begin{array}{l} R-\overset{O}{\overset{\|}{C}}-X \\ R-\overset{O}{\overset{\|}{C}}-O-\overset{O}{\overset{\|}{C}}-R' \\ R-\overset{O}{\overset{\|}{C}}-OR' \end{array}\right. + H-OR'' \longrightarrow R-\overset{O}{\overset{\|}{C}}-OR'' + \begin{array}{l} HX \\ R'COOH \\ R'OH \end{array}$$

酰卤与醇很快反应生成酯，利用这个反应来制备某些醇或酚不能与羧酸直接生成的酯。反应中常加一些碱性物质（例如氢氧化钠、吡啶或三级胺）中和反应产生的副产物（卤化氢），使酰卤的醇解反应平衡向右进行。

$$CH_3—CO—Cl + CH_3CH_2CH_2CH_2OH \xrightarrow{\text{吡啶}} CH_3COOCH_2CH_2CH_2CH_3 + HCl$$

酸酐与醇反应比酰卤温和，加酸或加碱可以使反应加快。酸酐可以与绝大多数醇或酚反应，生成酯和羧酸，这是制备酯的方法之一。例：

$$(CH_3CO)_2O + CH_3CH_2OH \longrightarrow CH_3COOC_2H_5 + CH_3COOH$$

$$\text{(邻-HOC}_6H_4\text{COOH)} + (CH_3CO)_2O \xrightarrow[60\sim80℃]{\text{浓硫酸}} \text{(邻-}CH_3COOC_6H_4\text{COOH)} + CH_3COOH$$

水杨酸　　乙酐　　乙酰水杨酸(阿司匹林)

酯的醇解反应又称为酯的交换反应，即酯与醇在酸或碱的催化下生成一个新酯和一个新醇的反应，通常是"以小换大"。

$$RCOOR' + R''OH \xrightleftharpoons{H^+/OH^-} RCOOR'' + R'OH$$

在有机合成中常利用此反应来制备高级酯或一般难以用酯化反应合成的酯。酯交换反应是可逆的，该反应需要酸或碱作催化剂，并且边反应边蒸去醇，这样可以比较完全的转化，得到产物。

$$\underset{\text{乙酸乙酯}}{CH_3COOC_2H_5} + C_4H_9OH \xrightleftharpoons{H^+/OH^-} \underset{\text{乙酸丁酯}}{CH_3COOC_4H_9} + C_2H_5OH$$

3. 氨解反应　酰卤、酸酐、酯和酰胺与氨(或胺)反应，生成相应的酰胺，称为氨解反应(ammonolysis)。由于氨(或胺)的亲核性比水强，因此氨解比水解容易进行。

$$\left.\begin{matrix} R—\overset{O}{\overset{\|}{C}}—X \\ R—\overset{O}{\overset{\|}{C}}—O—\overset{O}{\overset{\|}{C}}—R' \\ R—\overset{O}{\overset{\|}{C}}—OR' \end{matrix}\right\} + H—NH_2 \longrightarrow R—\overset{O}{\overset{\|}{C}}—NH_2 + \left\{\begin{matrix} HX \\ R'COOH \\ R'OH \end{matrix}\right.$$

酰卤与氨反应生成酰胺，是合成酰胺的一种常用方法。

$$(CH_3)_2CHCOCl + NH_3 \longrightarrow (CH_3)_2CHCONH_2 + NH_4^+Cl^-$$

酰卤和酸酐与氨反应剧烈，需要在冰浴条件下缓慢滴加试剂。环状酸酐氨解，则开环生成单酰胺酸的铵盐，酸化后生成单酰胺酸，或在高温下加热生成酰亚胺。酰卤和酸酐的氨解反应又称为胺的酰化反应。

$$(CH_3CO)_2O + \text{(邻硝基苯胺)} \xrightarrow{\triangle} \text{(邻-}O_2NC_6H_4—NH—\overset{O}{\overset{\|}{C}}—CH_3\text{)}$$

$$\text{(邻苯二甲酸酐)} + NH_3 \longrightarrow \text{(邻-}H_2NCOC_6H_4COO^-\overset{+}{N}H_4\text{)} \begin{cases} \xrightarrow{H^+} \text{(邻-}H_2NCOC_6H_4COOH\text{)} \\ \xrightarrow{300℃} \text{(邻苯二甲酰亚胺)} \end{cases}$$

酯的氨解反应比水解反应容易进行，不需要酸碱催化。酰胺的氨解是一个可逆反应，为了使反应完成，必须用过量且亲核性更强的胺。

$$CH_3CH_2COOC_2H_5 + H_2NOH \xrightarrow{-C_2H_5OH} CH_3CH_2CONHOH$$

酰胺的氨解反应相当于胺的交换反应，所用的胺的碱性要比置换者强，并需过量。

$$CH_3CONH_2 + CH_3NH_2 \xrightarrow{\triangle} CH_3CONHCH_3 + NH_3$$

羧酸衍生物的氨解反应常用于药物合成，如扑热息痛的制备：

$$(CH_3CO)_2O + H_2N\text{—}C_6H_4\text{—}OH \longrightarrow CH_3\overset{O}{\overset{\|}{C}}\text{—}NH\text{—}C_6H_4\text{—}OH + CH_3COOH$$

对氨基苯酚　　　　对乙酰氨基苯酚(扑热息痛)

由羧酸衍生物的水解、醇解、氨解反应可以看出，水、醇、氨分子中的活泼氢原子被酰基取代。能提供酰基的试剂称为酰化试剂(acylating agent)。常用的酰化试剂是酰卤和酸酐。化合物分子中引入酰基的反应，即由酰化剂与含活泼氢的化合物(醇、酚、氨、胺、α-H 的酯及醛酮)的反应称为酰化反应(acylating reaction)。羧酸衍生物酰化能力顺序为：酰卤>酸酐>酯>酰胺。

酰基亲核取代反应的机制如下：

羧酸衍生物的水解、醇解和氨解反应都是发生在酰基碳上的亲核取代反应，其过程是先发生亲核加成，然后消除 HL，其反应通式为：

$$R\text{—}\overset{O}{\overset{\|}{C}}\text{—}L + HNu \longrightarrow R\text{—}\overset{O}{\overset{\|}{C}}\text{—}Nu + HL$$

式中：HNu 代表亲核试剂，如 H_2O、ROH、NH_3 等；L 代表离去基团，如—X、—OCOR、—OR、—NH_2、—NHR、—NR_2 等。

酰基的亲核取代反应分两步进行：第一步，亲核试剂进攻酰基碳，发生亲核加成反应，形成带负电荷的四面体结构的中间体；第二步，中间体发生消除反应，形成恢复碳氧双键的取代产物。其过程如下：

$$R\text{—}\overset{O}{\overset{\|}{C}}\text{—}L + Nu^- \rightleftharpoons R\text{—}\underset{L}{\underset{|}{\overset{O^-}{\overset{|}{C}}}}\text{—}Nu \rightleftharpoons R\text{—}\overset{O}{\overset{\|}{C}}\text{—}Nu + L^-$$

酰基的亲核取代反应速率，受其分子中的电子效应和空间效应的影响。第一步，亲核加成形成四面体结构的中间体，若烃基上有能使中间体稳定，且体积又小的基团存在，则有利于亲核加成反应，反应速率就快；反之，不利于加成，反应速率就慢。第二步消除反应的速率取决于离去基团的碱性，碱性越弱，越利于离去基团离去，反应越容易进行。它们的碱性次序是—NH_2>—OR>—OOCR>—X，则这些基团的离去顺序就为：

$$\text{—X>—OOCR>—OR>—NH}_2$$

羧酸衍生物发生在酰基碳上的亲核取代反应(水解、醇解、氨解等)的活性次序是：

酰卤>酸酐>酯>酰胺

下面以酸碱条件下酯的水解反应机制为例，说明羧酸衍生物水解的本质。

(1) 酯在碱溶液中的水解反应：羧酸酯在碱溶液中的水解反应称为酯的皂化，此反应是不可逆的，其过程如下：

$$R\text{—}\overset{O}{\overset{\|}{C}}\text{—}OR' + OH^- \rightleftharpoons \left[R\text{—}\underset{OR}{\underset{|}{\overset{O^-}{\overset{|}{C}}}}\text{—}OH\right] \xrightarrow{消去} R\text{—}\overset{O}{\overset{\|}{C}}\text{—}OH + OR'$$

$$\downarrow$$

$$R\text{—}\overset{O}{\overset{\|}{C}}\text{—}O^- + R'OH$$

此反应的第一步是 OH^- 进攻酰基的羰基碳，形成带负电荷的四面体结构的中间体，然后消除烷氧基，羧基质子转移形成醇和羧酸负离子。反应速率取决于带负电荷的四面体结构中间体的稳定性，若烃基上有能分散负电荷的吸电子基，则中间体稳定，反应速率就快。空间因素对中间体的稳定性影响也很大，酰基碳上取代基多、体积大和烷氧基体积大都使中间体稳定性降低，而反应速率变慢。

（2）酯的酸催化水解反应：酯的酸性水解是通过酯羰基质子化后的共轭酸进行的可逆反应，其过程如下：

$$R-\overset{\overset{O}{\|}}{C}-OR' + H^+ \underset{}{\overset{\text{质子化}}{\rightleftharpoons}} \left[R-\overset{\overset{^+OH}{\|}}{C}-OR'\right] \overset{H_2O}{\rightleftharpoons} \left[R-\underset{OR'}{\overset{OH}{\overset{|}{\underset{|}{C}}}}-{}^+OH_2\right] \overset{\text{质子转移}}{\rightleftharpoons} \left[R-\underset{{}^+OHR'}{\overset{OH}{\overset{|}{\underset{|}{C}}}}-OH\right] \overset{\text{消去}}{\rightleftharpoons} \left[R-\overset{\overset{^+OH}{\|}}{C}-OH\right] \longrightarrow RCOOH$$

反应的第一步是酯中羰基质子化，从而增加羰基碳的正电性，有利于亲核试剂的进攻。第二步是质子化的羰基与 H_2O 加成形成带正电荷的四面体结构的中间体。第三步是质子转移和消除醇分子，生成羧酸。

该反应速率取决于第二步，形成四面体结构中间体的稳定性。与碱溶液水解反应一样，R 和 OR′基团体积增大，反应速率降低；与碱液水解不同的是中间体带正电荷，所以 R 和 OR′基团供电子能力增强，使中间体稳定而水解反应速率加快。

由于生成酯的醇不同，酯水解反应机制也不一样。同位素研究证明：伯、仲醇生成的酯水解时是酰氧键断裂，即为 S_N2 机制；叔醇生成的酯水解时是烷氧键断裂，即为 S_N1 机制。叔醇酯的水解反应机制如下：

$$R-\overset{\overset{O}{\|}}{C}-OC(CH_3)_3 + H^+ \rightleftharpoons R-\overset{\overset{^+OH}{\|}}{C}-O-C(CH_3)_3 \rightleftharpoons R-\overset{\overset{O}{\|}}{C}-OH + \overset{+}{C}(CH_3)_3 \overset{H\ddot{O}H}{\rightleftharpoons} H_2\overset{+}{O}C(CH_3)_3 \overset{-H^+}{\rightleftharpoons} HOC(CH_3)_3$$

有机合成中利用酰化反应可以保护易受氧化的酚羟基和芳香氨基。例如酚、芳胺酰化后，酚羟基、芳氨基不易受氧化，待反应完成后再水解恢复到原来的酚和芳胺；酰化反应可降低反应活性，达到制备酚、芳胺的单卤代化合物；药物合成中利用酰化反应，降低某些药物的水溶性，增加脂溶性，改善吸收，延长疗效，降低毒性，同时也可保护—OH 和—NH_2。有些酰基本身就是药物的致活基团，有些酰基要参与人体生命代谢过程，实现体内物质的转化。

羧酸衍生物间的转化

（二）生成异羟肟酸铁盐的反应

酸酐、酯和酰伯胺能与羟胺（NH_2—OH）发生酰化反应生成异羟肟酸，异羟肟酸再与三氯化铁作用，生成红色-紫色的异羟肟酸铁。

$$\left.\begin{matrix} R-\overset{\overset{O}{\|}}{C}-NH_2 \\ R-\overset{\overset{O}{\|}}{C}-O-\overset{\overset{O}{\|}}{C}-R' \\ R-\overset{\overset{O}{\|}}{C}-OR' \end{matrix}\right. + \underset{\text{羟胺}}{H-NHOH} \longrightarrow \underset{\text{异羟肟酸}}{R-\overset{\overset{O}{\|}}{C}-NHOH} + \begin{matrix} NH_3 \\ R'COOH \\ R'OH \end{matrix}$$

$$3R-\overset{\overset{O}{\|}}{C}-NHOH + FeCl_3 \longrightarrow \underset{\text{异羟肟酸铁盐(红色-紫色)}}{(R-\overset{\overset{O}{\|}}{C}-NHO)_3Fe} + 3HCl$$

羧酸与酰卤须转变为酯才能进行该反应。羧酸衍生物与羟胺反应，再加 Fe^{3+} 生成羟肟酸铁而呈红色-紫色，称为异羟肟酸铁盐试验。异羟肟酸铁盐反应可用于羧酸衍生物的鉴定。

（三）酯缩合反应

缩合反应是指两个或多个有机分子在缩合剂存在下结合成较复杂的分子，同时放出 H_2O、NH_3、HX、R—OH 等简单分子的反应。

具有 α-H 的酯，在醇钠作用下能发生类似的醇醛缩合反应。即一分子酯的 α-H 被另一分子酯的

酰基取代生成的酮酸酯,称为酯缩合反应 Claisen(克莱森)缩合反应。例:

$$\underset{\text{乙酸乙酯}}{CH_3COOC_2H_5} + CH_3COOC_2H_5 \xrightarrow{C_2H_5ONa} \underset{\text{乙酰乙酸乙酯}}{CH_3COCH_2COOC_2H_5} + C_2H_5OH$$

其反应机制如下所示:

$$CH_3COOCH_2CH_3 \underset{}{\overset{CH_3CH_2ONa}{\rightleftharpoons}} {}^{-}CH_2COOCH_2CH_3 \overset{CH_3COOCH_2CH_3}{\rightleftharpoons}$$

$$\left[CH_3\overset{O^-}{\underset{OCH_2CH_3}{\overset{|}{\underset{|}{C}}}}—CH_2COOCH_2CH_3 \right] \longrightarrow CH_3COCH_2COOCH_2CH_3 + CH_3CH_2O^-$$

反应的第一步是在碱性条件下,酯失去 α-H,形成烯醇负离子,第二步,烯醇负离子对另一分子酯的羰基进行亲核加成,形成四面体的氧负离子中间体。第三步,消去乙氧基负离子,得乙酰乙酸乙酯。上述酯缩合反应的产物 β-酮酸酯二羰基间的亚甲基上的 α-H 受两个羰基的影响,酸性大大增强,其酸性增强的原因还由于负电荷可以分散到两个羰基上,形成更稳定的烯醇负离子。

$$CH_3—\overset{O^-}{\overset{|}{C}}=CH—CO—OC_2H_5 \longleftrightarrow \underset{\text{共振稳定的烯醇负离子}}{CH_3—CO—C^-H—CO—OC_2H_5}$$

$$CH_3—CO—C^-H—CO—OC_2H_5 \longleftrightarrow CH_3—CO—CH=\overset{O^-}{\overset{|}{C}}—OC_2H_5$$

乙酰乙酸乙酯负离子是亲核试剂,易进攻卤代烃的 α-C,发生烷基化反应。烷基化的乙酰乙酸乙酯经酸性水解后生成烷基化的乙酰乙酸。乙酰乙酸为 β-酮酸,加热易发生脱羧反应。利用上述的乙酰乙酸乙酯合成法,可以制备单取代或双取代的丙酮。

不具 α-H 的酯(如苯甲酸酯、甲酸酯、草酸酯和碳酸酯等)可以提供羰基,与具有 α-H 的酯起缩合反应,称为交叉 Claisen 酯缩合反应。例如:

$$HCOOC_2H_5 + CH_3COOC_2H_5 \xrightarrow{NaOC_2H_5} HCOCH_2COOC_2H_5 + C_2H_5OH$$

$$C_6H_5—COOC_2H_5 + CH_3COOC_2H_5 \xrightarrow{NaOC_2H_5} C_6H_5—COCH_2COOC_2H_5 + C_2H_5OH$$

酯缩合反应在有机和药物合成方面具有很重要的价值。

酯缩合反应也是生物体内一个重要的生化反应。例如丙酮酸与草酰乙酸经酶催化缩合成枸橼酸。

$$CH_3COCOOH + \underset{\text{辅酶A}}{HSCoA} \xrightarrow[\text{酶}]{} CH_3COSCoA \xrightarrow[\text{合成酶}]{HOOCCOCH_2COOH}$$

$$HOOC—\overset{OH}{\overset{|}{\underset{CH_2COSCoA}{\underset{|}{C}}}}—CH_2COOH \xrightarrow{\text{水解酶}} HOOCHCH_2—\overset{OH}{\overset{|}{\underset{COOH}{\underset{|}{C}}}}—CH_2CHOOH + HSCoA$$

(四)与有机化合物的反应

羧酸衍生物与金属有机化合物,如格氏试剂、有机锂化合物、有机镉化合物、二烷基铜锂等可反应制备酮或三级醇。可通过控制加入有机金属试剂的量、温度、调节空间位阻等控制反应产物。

1. 与格氏试剂反应　酰卤、酸酐、酯均能与格氏试剂反应生成酮,酮易与格氏试剂进一步反应生成叔醇。

$$R—\overset{O}{\overset{\|}{C}}—W + R'MgX \longrightarrow R—\overset{OMgX}{\overset{|}{\underset{R'}{\underset{|}{C}}}}—W \xrightarrow{-WMgX} R—\overset{O}{\overset{\|}{C}}—R' \xrightarrow{R'MgX} R—\overset{OMgX}{\overset{|}{\underset{R'}{\underset{|}{C}}}}—R' \xrightarrow{-H_2O} R—\overset{OH}{\overset{|}{\underset{R'}{\underset{|}{C}}}}—R'$$

W = X, OCOR′, OR′

具有位阻的酯可以停留在酮的阶段。例如：

$$(CH_3)_3CCOOCH_3 + C_3H_7MgCl \longrightarrow (CH_3)_3CCOCH_3$$

酰氯在低温下或在无水三氯化铁存在下与格氏试剂加成反应可停留在酮的阶段。

$$\text{1-甲基环戊基-COCl} + CH_3MgI \xrightarrow[-15℃]{FeCl_3} \text{1-甲基环戊基-COCH}_3$$

2. 与二烷基铜锂反应　二烷基铜锂能迅速地和酰卤反应，生成酮，而酯、酰胺则不反应。

$$(CH_3)_3C\overset{O}{\overset{\|}{C}}Cl + (CH_3)_2CuLi \xrightarrow[-78℃]{乙醚} (CH_3)_3C\overset{O}{\overset{\|}{C}}CH_3$$

（五）酰胺的特性

酰胺分子由酰基和氨基组成，两个官能团的相互影响，使酰胺表现一些特殊的性质。

1. 弱酸性和弱碱性　酰胺一般情况是中性化合物，不能使石蕊试纸变色，但在一定条件下表现出弱酸性和弱碱性。从酰胺的结构来看，酰胺分子中氮原子上的未共用电子对与羰基上的 π 电子形成 p-π 共轭体系，产生 p-π 共轭效应，电子云向氧原子方向转移，降低了氮原子上的电子云密度，因而氨基的碱性减弱，酰胺可与强酸生成不稳定的盐，遇水立即分解。

$$R-\overset{O}{\overset{\|}{C}}-NH_2 + HCl \longrightarrow R-\overset{O}{\overset{\|}{C}}-NH_2 \cdot HCl$$

随着氮原子电子云密度降低，氮-氢键极性增强，氮原子上的氢具有质子化倾向，因而又表现出微弱的酸性。酰亚胺能与氢氧化钠等强碱作用生成相应的酰亚胺盐。如：

$$C_6H_4(CO)_2NH + NaOH \longrightarrow C_6H_4(CO)_2N^-Na^+ + H_2O$$

邻苯二甲酰亚胺　　　　邻苯二甲酰亚胺钠

2. 与 HNO_2 反应　酰胺与 HNO_2 反应，氨基被羟基取代，生成相应的羧酸，同时放出氮气。

$$R-\overset{O}{\overset{\|}{C}}-NH_2 + HONO \longrightarrow R-\overset{O}{\overset{\|}{C}}-OH + N_2\uparrow + H_2O$$

3. 霍夫曼（Hoffman）降解反应　酰胺与次卤酸钠在碱性溶液中反应脱去一个羰基，生成少一个碳原子的伯胺的反应称为霍夫曼（Hoffman）降解反应。

$$R-\overset{O}{\overset{\|}{C}}-NH_2 + NaOBr \longrightarrow R-NH_2 + NaBr + CO_2\uparrow$$

利用这个反应可制备伯胺（氨分子中的一个氢原子被烃基取代的产物）。这是使碳链减少一个碳原子的重要方法。

四、常见的羧酸衍生物

1. 乙酰氯　乙酰氯（CH_3COCl）是无色有刺激性气味的液体，沸点 52℃，遇水剧烈水解，并放出大量的热。乙酰氯具有酰卤的通性，是常见的乙酰化试剂。

2. 苯甲酰氯　苯甲酰氯是无色有刺激性气味的液体，沸点 197.2℃，不溶于水，和水或碱溶液的作用都缓慢。苯甲酰氯是一种常见的苯甲酰化试剂，它与羟基或氨基化合物进行苯甲酰化后能生成水溶性极小的酰胺或酯，具有一定的熔点，常用于醇、酚、胺等的鉴别。

$$C_6H_5-\overset{O}{\overset{\|}{C}}-Cl$$

苯甲酰氯

3. 光气　光气是一种无色剧毒气体，分子式为 $COCl_2$，又名氧氯化碳、碳酰氯、氯代甲酰氯等。光气是无色或略带黄色的气体（工业上通常为已液化的淡黄液体），当浓缩时，具有强烈刺激性气味或窒息性气体。微溶于水并逐渐水解，溶于芳烃、四氯化碳、氯仿等有机溶剂。光气有剧毒，是一种强刺激、窒息性气体。吸入光气引起肺水肿、肺炎等，具有致死危险，光气是一种重要的有机中间体，在农药、医药以及军事上都有许多用途。

4. 乙酸酐　乙酸酐$[(CH_3CO)_2O]$又名醋酸酐，是无色有刺激性气味的液体，沸点 139.6℃，微溶于水，在冷水中缓慢水解成乙酸，能溶于有机溶剂。乙酸酐是重要的化工原料，用于制造醋酸纤维，合成染料、药物、香料等。乙酸酐也是常用的乙酰化试剂。

5. 邻苯二甲酸酐　邻苯二甲酸酐为白色固体，熔点 132℃，不溶于水，易升华。邻苯二甲酸酐是重要的化工原料，广泛用于树脂的合成、化学纤维、染料及药物等的生产。邻苯二甲酸酐与苯酚在脱水剂（无水氯化锌或浓硫酸）存在下加热脱水生成酚酞。邻苯二甲酸酐和间苯二酚在脱水剂存在下共热脱水生成荧光素（荧光黄）。

邻苯二甲酸酐

6. 乙酸乙酯　乙酸乙酯$(CH_3COOC_2H_5)$是无色透明液体，有水果香味，沸点 77℃，微溶于水，溶于乙醇、乙醚和氯仿等有机溶剂。乙酸乙酯常用作清漆、人造革等的溶剂，也用于染料、药物、香料等的制造。

7. 乙酰乙酸乙酯　乙酰乙酸乙酯$(CH_3COCH_2COOC_2H_5)$，又叫 β-丁酮酸乙酯，是具有芳香气味的无色液体，微溶于水，易溶于乙醇和乙醚，沸点 180℃，沸腾时会发生分解，蒸馏需减压条件下进行。乙酰乙酸乙酯是以酮式和烯醇式互变异构体组成的动态平衡体系存在，其中酮式占 93%，烯醇式占 7%。

$$CH_3-\overset{O}{\overset{\|}{C}}-CH_2-\overset{O}{\overset{\|}{C}}-O-C_2H_5 \rightleftharpoons CH_3-\overset{OH}{\overset{|}{C}}=CH-\overset{O}{\overset{\|}{C}}-O-C_2H_5$$

用实验方法可以证明上述异构体存在。在乙酰乙酸乙酯中加入羰基试剂 2,4-二硝基苯肼溶液，可生成橙色的苯腙沉淀，表明含有酮式结构。在乙酰乙酸乙酯中加入 $FeCl_3$，试液呈紫色，表明有烯醇式结构存在。一般说来，烯醇式是不稳定的，但乙酰乙酸乙酯的烯醇式由于羟基与羰基形成分子内氢键，碳-碳双键与羰基形成 π-π 共轭体系，内能比一般的烯醇式低，所以比较稳定。凡具有烯醇式结构的化合物，都能与 $FeCl_3$ 反应而显紫色。

两种或两种以上的异构体可以相互转变，并以动态平衡而同时存在，这种现象叫互变异构现象，具有这种关系的异构体叫互变异构体。互变异构体并不只限于酮式-烯醇式的动态平衡。互变现象在有机化合物，特别是复杂的大分子如糖、甾体化合物、生物碱等中是常见的。

8. 丙二酸二乙酯　丙二酸二乙酯$[CH_2(COOC_2H_5)_2]$是具有香味的无色液体，沸点 199℃，微溶于水，乙醇、乙醚等有机溶剂。丙二酸二乙酯在有机合成中应用广泛，是合成各类酮及羧酸的重要原料。另外也是巴比妥类药物合成的原料。

9. N,N-二甲基甲酰胺　N,N-二甲基甲酰胺$[HCON(CH_3)_2]$，简称 DMF，是微带氨臭味的无色液体，沸点 153℃，性质稳定，能与水和多数有机溶剂混溶，能溶解很多难溶的有机物，特别是高聚物，被誉为"万能溶剂"。N,N-二甲基甲酰胺也是常用的甲酰化试剂。

10. 对氨基苯磺酰胺（磺胺）$\left(NH_2-C_6H_4-SO_2NHR\right)$磺胺简称 SN，是最早用于临床的磺胺药物之一，随后研制出了更加高效、副作用小的其他磺胺药物，现在 SN 主要提供外用和作为制备其他磺胺类药物的原料。

11. 对乙酰氨基酚　对乙酰氨基酚($CH_3CONHC_6H_5OH$)别名扑热息痛,是解热镇痛药。毒性小,适合儿童使用。如百服宁、泰诺林的有效成分就是对乙酰氨基酚。

对乙酰氨基酚的临床应用

在解热镇痛药物中,对乙酰氨基酚(acetaminophen,又名扑热息痛),对乙酰氨基酚是目前应用量最大的解热镇痛药物之一。

对乙酰氨基酚解热镇痛作用与阿司匹林(aspirin)相当,但抗炎作用极弱,因此临床仅用于解热镇痛。但 Acetaminophen 无明显胃肠刺激作用,对不宜使用 Aspirin 的头痛,发热患者,适用本药。

对乙酰氨基酚可口服、肌内注射、直肠给药。在常用临床剂量下,绝大部分药物在肝脏与葡糖醛酸和硫酸结合为无活性代谢物。在较高剂量时,上述催化结合反应的代谢酶饱和后,药物经肝微粒体混合功能氧化酶代谢为对乙酰苯醌亚胺。乙酰苯醌亚胺是一个有毒的代谢中间体,可与谷胱甘肽(glutathione)结合而解毒。长期用药或过量中毒,体内谷胱甘肽被耗竭时,此毒性中间体以共价键形式与肝,肾中重要的酶和蛋白分子不可逆结合,引起肝细胞,肾小管细胞坏死。

对乙酰氨基酚为非处方药,不良反应较少,若长期使用,极少数患者可发生过敏性皮炎、血小板减少、肝肾功能损害等。

第二节　碳酸衍生物

碳酸是两个羟基共用一个羰基的二元酸,很不稳定,不能游离存在。其分子中羟基被其他基团取代后形成的碳酸衍生物也极不稳定。如氨基甲酸、氯甲酸等。但氨基甲酸盐或其酯,以及碳酸双衍生物就很稳定,很多是常用的药物或合成药物的原料,在医药上具有重要的作用。如本节仅介绍重要的具有代表性的碳酸衍生物。

一、脲

(一)脲的结构

脲(urea)是碳酸的二元酰胺,从脲的结构来看,既可以看作酰伯胺,又可以看作伯胺,因此既有酰伯胺的性质,又有伯胺的性质。

$$\underset{\text{碳酸}}{HO-\overset{\overset{O}{\|}}{C}-OH}\qquad \underset{\text{碳酰基(羰基)}}{-\overset{\overset{O}{\|}}{C}-}\qquad \underset{\text{碳酰胺(脲)}}{H_2N-\overset{\overset{O}{\|}}{C}-NH_2}$$

(二)脲的性质

脲存在于人或哺乳动物的尿液中,故俗称尿素。脲是哺乳动物体内蛋白质代谢的最终产物,成人每天可从尿中排除25~30g的脲。脲是高效固体氮肥,也是制造塑料和药物的原料。脲是白色晶体,熔点133℃,易溶于水,可溶于乙醇,难溶于乙醚。

脲具有酰胺的一般性质,由于脲分子中的2个氨基连在同一个羰基上,所以具有一些特殊性质。

1. 弱碱性　酰胺一般是近于中性的化合物。脲含有两个氨基,故具有微弱的碱性,它的水溶液不能使石蕊试纸变色,而只能与强酸成盐。如在脲的水溶液中加浓硝酸,则析出硝酸脲的白色沉淀。

$$H_2N-\overset{\overset{O}{\|}}{C}-NH_2 + HNO_3 \longrightarrow \underset{\text{硝酸脲(白色)}}{H_2N-\overset{\overset{O}{\|}}{C}-NH_2\cdot HNO_3\downarrow}$$

2. 水解　脲具有一般酰胺的性质,在酸、碱或尿素酶的催化下可发生水解反应。

$$H_2N-\overset{\overset{O}{\|}}{C}-NH_2 + H_2O \begin{cases} \xrightarrow{2HCl} CO_2 + 2NH_4Cl \\ \xrightarrow{2NaOH} CO_2 + 2NH_3\uparrow \end{cases}$$

3. 与亚硝酸的反应　脲与亚硝酸作用定量放出氮气，利用这个反应，可测的脲的含量。此外在重氮化反应中可用脲来除去过剩的亚硝酸。

$$H_2N-\overset{\overset{O}{\|}}{C}-NH_2 + 2HONO \longrightarrow CO_2\uparrow + N_2\uparrow + 3H_2O$$

4. 缩二脲的生成及缩二脲反应　把脲缓慢加热到 150～160℃时，两分子脲之间脱去一分子氨，缩合生成缩二脲，并放出氨。

$$H_2N-\overset{\overset{O}{\|}}{C}-NH_2 + H\overset{H}{N}-\overset{\overset{O}{\|}}{C}-NH_2 \xrightarrow{\triangle} \underset{\text{缩二脲}}{H_2N-\overset{\overset{O}{\|}}{C}-NH-\overset{\overset{O}{\|}}{C}-NH_2} + NH_3\uparrow$$

缩二脲不溶于水，能溶于碱，在碱性溶液中加微量硫酸铜溶液，即呈紫红色，这种颜色反应称为缩二脲反应（biuret reaction）。凡分子中含有 2 个或 2 个以上酰胺键[（—CONH—）在蛋白质和多肽中被称为肽键]结构的化合物，如草二酰胺、多肽和蛋白质等都可以发生缩二脲反应。

二、丙二酰脲

1. 丙二酰脲的结构　丙二酰脲（malonyl urea）可以由脲与丙二酰氯，或在 C_2H_5ONa 存在下与丙二酸二乙酯反应制得，也可看作是酯的氨解的结果。其结构如下：

丙二酰脲

2. 丙二酰脲酮式-烯醇式互变异构　丙二酰脲为无色晶体，熔点 245℃，微溶于水。它的分子中含有一个活泼亚甲基和两个酰亚氨基，从结构中可看出其存在酮式和烯醇式互变异构现象。

酮式　　烯醇式

烯醇式羟基上的氢很活泼，显示比醋酸还要强的酸性，所以丙二酰脲又称巴比妥（barbituric acid）。巴比妥酸本身无生物活性，其分子中的亚甲基上的两个氢原子被一些烃基取代后具有镇静、催眠和麻醉作用。需要指出的是，巴比妥类药物有成瘾性，用量过大危及生命。这些药物总称为巴比妥（barbital）类药物。通式如下：

巴比妥：$R = R' = —C_2H_5$

苯巴比妥：$R = —C_2H_5$，$R' = —C_6H_5$

异戊巴比妥：$R = C_2H_5$，$R' = —CH_2CH_2CH(CH_3)_2$

三、胍

（一）胍的结构

脲分子中的氧原子被亚氨基取代的化合物，称为胍（quanidine）又叫亚氨基脲。胍分子中去掉氨基上的

1个氢原子后剩下的基团称为胍基(quanidino),去掉一个氨基后剩下的基团称为脒基(quanyl or amidino)。

$$\underset{\text{胍}}{H_2N-\overset{\overset{NH}{\|}}{C}-NH_2} \qquad \underset{\text{胍基}}{H_2N-\overset{\overset{NH}{\|}}{C}-NH-} \qquad \underset{\text{脒基}}{H_2N-\overset{\overset{NH}{\|}}{C}-}$$

（二）胍的性质

胍是无色晶体,熔点为50℃,吸湿性极强,易溶于水。

1. 强碱性　胍是一个有机强碱,碱性($pK_a = 13.48$)与氢氧化钾相当,这是因为胍接收H^+后形成C—N键完全平均化的胍基正离子共轭体系,因此,胍在空气中能吸收二氧化碳而生成稳定的碳酸盐。

$$2H_2N-\overset{\overset{NH}{\|}}{C}-NH_2 + H_2O + CO_2 \longrightarrow [NH_2-\overset{\overset{NH}{\|}}{C}-NH_2]_2 \cdot H_2CO_3$$

2. 水解　胍容易水解,如在氢氧化钡水溶液中加热,即水解成脲和氨。

$$H_2N-\overset{\overset{NH}{\|}}{C}-NH_2 + H_2O \xrightarrow[\triangle]{Ba(OH)_2} NH_2-\overset{\overset{O}{\|}}{C}-NH_2 + NH_3\uparrow$$

含有胍基或脒基的药物称为胍类药物,具有一定的生理活性,如分子结构中含有胍基的链霉素、精氨酸、胍乙啶、吗啉胍(病毒灵)等,在化学治疗药物中占有较为重要的地位。由于胍在碱性条件下不稳定,所以通常将此类药物制成盐类储存和使用。

学习小结

1. 羧酸衍生物

定义:羧酸羧基中羟基被其他原子或基团取代的衍生物。

分类:酰卤、酸酐、酯、酰胺。

性质:水解、醇解和氨解;生成异羟肟酸铁盐的反应;酯缩合反应;与有机化合物的反应;酰胺的特性(酸碱性、与亚硝酸的反应及霍夫曼降解反应)。

2. 碳酸衍生物

定义:碳酸分子中羟基被其他原子或基团取代可形成衍生物。

重要的碳酸衍生物:脲、丙二酰脲、胍。

性质:脲的弱碱性、水解、与亚硝酸的反应、缩二脲的生成及缩二脲反应;丙二酰脲的酮式-烯醇式互变异构;胍的强碱性及水解。

(赵丹萍)

扫一扫,测一测

思考题

1. 怎样由酰氯与胺反应制备N-甲基丙酰胺?

2. 考虑酰化反应,在乙酰胺、N-甲基乙酰胺、乙酸乙酯、乙酰氯、乙酸酐中,亲核反应活性最高的是哪一个?

3. 青霉素和头孢菌素抗菌效果十分好,但稳定性差。试解释稳定性差原因。

第十一章 含氮化合物

学习目标

1. 掌握芳香硝基化合物的化学性质;胺的结构、分类、命名及主要化学性质。
2. 熟悉季铵结构、季铵盐、季铵碱及其碱性;重氮、偶氮化合物结构特点和化学性质。
3. 了解芳香硝基化合物的结构特点、分类和命名;了解常见的胺及其衍生物。

分子中含有氮元素的有机化合物称为含氮有机化合物。含氮有机化合物可以看成是烃分子中的一个或几个氢原子被含氮基团取代的化合物。主要包括硝基化合物、胺、酰胺、重氮化合物、偶氮化合物等。在有机化合物中含氮有机化合物占有非常重要的地位,许多有机含氮化合物具有重要的生理活性,与生命活动现象密切相关;有的含氮有机化合物具有抗菌、镇痛等药理作用。有机含氮化合物种类较多,本章主要讨论其中的硝基化合物、胺类、重氮和偶氮类化合物。

第一节 硝基化合物

硝基化合物(aromatic nitro compounds)是指分子中含有硝基($—NO_2$)官能团的有机化合物。硝基化合物从结构上可看作是烃分子中一个或多个氢原子被硝基取代的化合物,硝基是硝基化合物的官能团。

一、硝基化合物的结构

在芳香硝基化合物中硝基结构是对称的,两个氮氧键的键长相符。这是由于硝基氮原子为 sp^2 杂化,其 p 轨道与两个氧原子的 p 轨道共轭。在芳香硝基化合物中,硝基还与苯环发生 p-π 共轭。

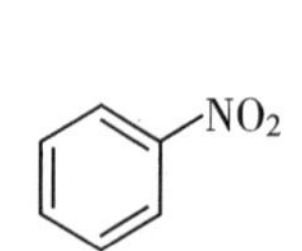

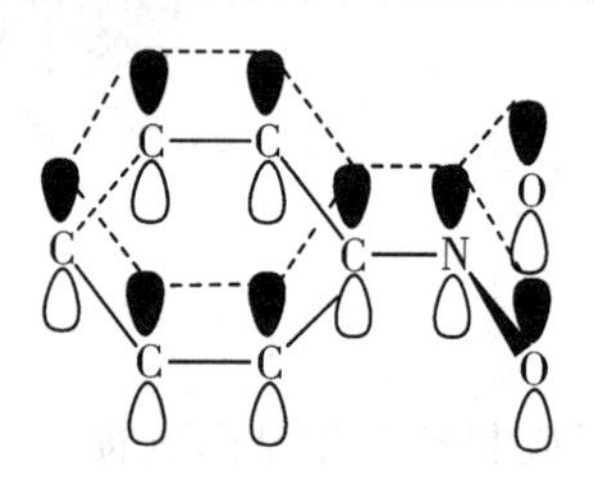

二、硝基化合物的分类和命名

(一)硝基化合物的分类

硝基化合物的分类依所连接的烃基种类不同而分为脂肪族和芳香族硝基化合物。硝基与脂肪烃

基连接的硝基化合物称为脂肪族硝基化合物，硝基与芳香烃基连接的硝基化合物称为芳香族硝基化合物。

$CH_3CH_2NO_2$	$C_6H_5NO_2$
脂肪族硝基化合物	芳香族硝基化合物

硝基化合物也可以按分子中所含硝基的数目分类，分子中只含有一个硝基的硝基化合物称为一元硝基化合物，含两个或两个以上硝基的硝基化合物称为多元硝基化合物。

$CH_3CH_2NO_2$	$C_6H_4(NO_2)_2$
一元硝基化合物	多元硝基化合物

（二）硝基化合物的命名

硝基化合物的命名以烃作为母体，把硝基看作取代基，按烃的命名原则命名。

$CH_3CH_2NO_2$	$CH_3CH_2CH(NO_2)CH_3$	$C_6H_5NO_2$	$C_6H_4(NO_2)_2$
硝基乙烷	2-硝基丁烷	硝基苯	间二硝基苯
nitroethane	2-nitrobutane	nitrobenzene	m-dinitrobenzene

三、硝基化合物的物理性质

硝基化合物大多为高沸点的液体，大多硝基化合物都有毒性和爆炸性。脂肪族硝基化合物为无色或略带黄色的液体，难溶于水，易溶于醚或醇类。工业上将烷烃高温硝化制取，但产物为各种硝基化合物的混合物，用作溶剂。芳香族硝基化合物为淡黄色液体或固体，有苦杏仁味，不溶于水，溶于有机溶剂和浓硫酸。

多元硝基化合物受热时易分解而发生爆炸，如三硝基甲苯和三硝基苯酚都是爆炸力极强的炸药。某些叔丁苯的多硝基化合物具有类似天然麝香的气味，用作天然麝香的替代品。

大多数硝基化合物都有毒，其蒸气能透过皮肤被机体吸收使蛋白质变性而引起中毒，使用时应注意安全。

TNT

2,4,6-三硝基甲苯（2,4,6-trinitrotoluene）简称三硝基甲苯，又叫梯恩梯（TNT）是一种带苯环的有机化合物，是一种淡黄色晶体，不溶于水，溶点为摄氏 81.8℃。它带有爆炸性，常用来制造炸药，也被称为 TNT 炸药。它经由甲苯的硝化反应而制成。广泛用于国防、开矿、筑路、兴修水利等。

四、硝基化合物的化学性质

硝基化合物的化学性质主要同硝基有关。如硝基对芳环上亲电取代反应的影响、硝基对酚的酸性的影响。

（一）还原反应

硝基化合物容易发生还原反应。在不同的还原条件下得到不同的还原产物。

1. 硝基苯在活性较强的催化剂（如 Ni，Pd，Pt）催化下氢化，硝基直接被还原为氨基。

$$C_6H_5NO_2 \xrightarrow[\Delta]{H_2/Ni} C_6H_5NH_2$$

2. 酸性或中性介质中，硝基苯还原成苯胺或羟基苯胺。

$$C_6H_5NO_2 \xrightarrow[\text{或}SnCl_2+HCl]{Fe+HCl} C_6H_5NH_2$$

苯胺

$$C_6H_5NO_2 \xrightarrow[60℃]{Zn+NH_4Cl} C_6H_5NH \cdot OH$$

羟基苯胺

3. 中性介质中，硝基苯的还原能力降低，生成偶氮苯，氢化偶氮苯等中间体，这些中间体在 Fe/HCl 酸性条件下继续还原最终生成苯胺（aniline）。

$$C_6H_5NO_2 \xrightarrow[C_2H_5OH]{Zn+NaOH} C_6H_5-N{=}N-C_6H_5 \xrightarrow{Fe+HCl} C_6H_5NO_2$$

（二）弱酸性

由于硝基的强吸电子诱导效应，使 α-氢原子较易离解为氢离子，使脂肪族硝基化合物呈现为弱酸性。

	CH_3NO_2	$CH_3CH_2NO_2$	$CH_3CH_2CH_2NO_2$
pK_a	10.2	8.5	7.8

含有 α-氢原子的脂肪族硝基化合物能与 NaOH 溶液作用生成盐而溶解在溶液中。

$$CH_3—NO_2+NaOH \longrightarrow Na^+[CH_2—NO_2]^-+H_2O$$

无 α-氢原子的硝基化合物则不溶于 NaOH 溶液。

（三）芳香族硝基化合物芳环上的亲电取代反应

硝基是吸电子基团，它使芳环上的电子密度减小，特别是使硝基的临、对位碳原子的电子密度更小，因此硝基苯的亲电取代反应不仅发生在间位碳原子上，在比较剧烈的条件下，硝基苯也能发生卤化反应、硝化反应、磺化反应，取代反应都比苯困难。

$$C_6H_5NO_2 + Br_2 \xrightarrow[140℃]{FeBr_3} m\text{-}BrC_6H_4NO_2 + HBr$$

$$C_6H_5NO_2 + HNO_3(\text{发烟}) \xrightarrow[95℃]{\text{浓}H_2SO_4} m\text{-}C_6H_4(NO_2)_2 + H_2O$$

$$C_6H_5NO_2 + H_2SO_4(\text{发烟}) \xrightarrow{110℃} m\text{-}HO_3SC_6H_4NO_2 + H_2O$$

（四）硝基对酚、羧酸酸性的影响

苯环上酚羟基和羧基受硝基强吸电子诱导效应的影响，能使酚、羧酸的酸性增强。以邻、对位上硝基的对酚羟基和羧基的影响较大。

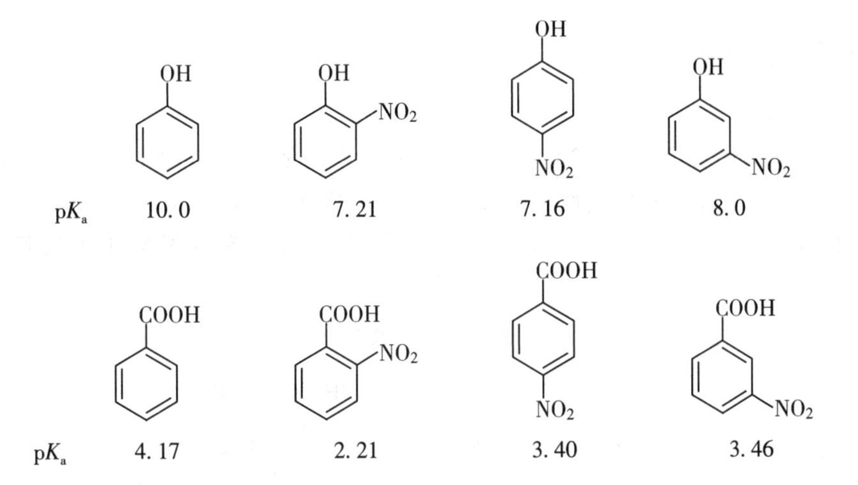

苯环上的硝基数目越多，则对苯环上羟基或羧基的酸性影响越大。

	2,4-二硝基苯酚	2,4,6-三硝基苯酚
pK_a	4.09	0.71

其中，2,4,6-三硝基苯酚的酸性已接近无机强酸。

第二节 胺

胺类(amine)可以看作为氨分子中的氢原子被烃基取代生成的化合物，其通式为 RNH_2 或 $ArNH_2$。胺类化合物具有多种生理作用，在医药上用作退热、镇痛、局部麻醉、抗菌等药物。

一、胺的结构

胺的结构与氨类似，氮原子的外层电子构型为 $2s^2 2p^3$，在形成 NH_3 时氮原子首先进行不等性 sp^3 杂化。氮原子用三个不等性 sp^3 杂化轨道与三个氢的 s 轨道重叠，形成三个 σ 键，氮原子上尚有一对孤对电子占据另一个 sp^3 杂化轨道，这样便形成具有棱锥形结构的氨分子。

胺类化合物具有类似氨的结构。氨、三甲胺结构如下：

在芳香胺中，氮上孤对电子占据的不等性 sp^3 杂化轨道与苯环 π 电子轨道重叠，原来属于氮原子的一对孤对电子分布在由氮原子和苯环所组成的共轭体系中。

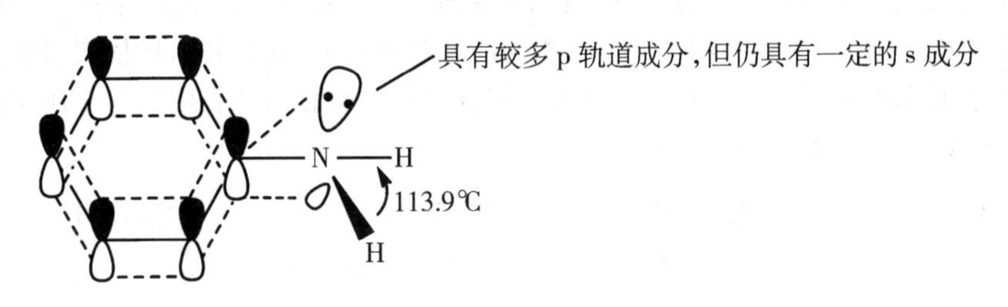

二、胺的分类和命名

（一）胺的分类

胺可视作 NH_3 的烃基衍生物。NH_3 中的一个氢被烃基取代所得的化合物称为伯胺（primary amine）（1°胺），两个氢被烃基取代所得的化合物称为仲胺（second amine）（2°胺），三个氢被烃基取代所得的化合物称为叔胺（tertiary amine）（3°胺）。也可以看成氮原子上所连烃基的数目不同。

NH_3	RNH_2	R_2NH	R_3N
	$ArNH_2$	Ar_2NH	Ar_3N
胺	1°胺	2°胺	3°胺
	伯胺	仲胺	叔胺

根据胺分子中烃基的种类，胺可分为脂肪胺和芳香胺。氮原子与脂肪烃基相连的称为脂肪胺，氮原子与芳香环直接相连的称为芳香胺。

$CH_3CH_2N(CH_3)_2$ 脂肪叔胺　　$C_6H_5CH_2CH_2NH_2$ 脂肪伯胺　　$C_6H_5NH_2$ 芳香伯胺　　$C_6H_5NHCH_3$ 芳香仲胺

值得注意的是：胺的伯胺、仲胺、叔胺的含义与醇的伯醇、仲醇、叔醇的含义完全不同。醇的分类依据羟基所连碳原子的类型；胺的分类依据氮原子上烃基的数目。

$(CH_3)_3C{-}OH$ 叔醇　　$(CH_3)_3C{-}NH_2$ 伯胺

叔丁醇属于叔醇，因为羟基连在叔碳原子上，而叔丁胺则属于伯胺，因为氮原子上直接连有一个烃基。

根据分子中所含氨基的数目不同，胺还可以分为一元胺（monamine）和多元胺（diamine）。

$CH_3CH_2CH_2NH_2$ 一元胺　　$H_2NCH_2CH_2CH(NH_2)CH_2NH_2$ 多元胺

当 NH_4^+ 中的四个氢被烃基取代所得的离子称为季铵离子。季铵离子与酸根结合形成季铵盐（quaternary ammonium salt），与 OH^- 结合形成季铵碱（quaternary ammonium base）。

$C_6H_5CH_2N^+(CH_3)_3Cl^-$ 季铵盐　　$C_6H_5CH_2N^+(C_2H_5)_3OH^-$ 季铵碱

（二）胺的命名

简单的胺，以胺为母体，烃基作为取代基，称为“某胺”。命名时，先写出连于氮上的烃基名，然后以胺字作词尾即可。氮原子上连有两个或三个相同的烃基时，将其数目和名称依次写于胺之前；若所连烃基不同，按次序规则将烃基依次写于胺之前。芳香伯胺或叔胺以芳香伯胺为母体，在脂肪烃基前冠以“N-”或“N，N-”，以表示烃基直接与氮相连。

$CH_3CH_2NH_2$	$CH_3NHCH_2CH_3$	$CH_3NHCH(CH_3)_2$	$H_2NCH_2CH_2NH_2$
乙胺	甲乙胺	甲异丙胺	乙二胺

N-甲基-N-乙基苯胺　　环己胺　　邻甲苯胺

结构复杂胺的命名，以烃作为母体，氨基作为取代基。

$CH_3CH(CH_3)CH_2CH(NH_2)CH_2CH_3$　2-甲基-4-氨基己烷

$CH_3CH_2CH(NH_2)CH_2CH_3$　3-氨基戊烷

$HOOC-C_6H_4-NH_2$　对氨基苯甲酸

三、胺的物理性质

相对分子质量较低的胺如甲胺、二甲胺、三甲胺和乙胺等在常温下均是无色气体，丙胺以上为液体，高级胺为固体。

六个碳原子以下的低级胺可溶于水，这是因为氨基可与水形成氢键。但随着胺中烃基碳原子数的增多，水溶性减小，高级胺难溶于水。胺有难闻的气味，许多脂肪胺有鱼腥臭，丁二胺与戊二胺有腐烂肉的臭味，它们又分别被叫做腐胺与尸胺。

胺是具有中等极性的物质，伯胺和仲胺可以形成分子间氢键，而叔胺的氮原子上不连氢原子，分子间不能形成氢键，故伯胺和仲胺的沸点要比碳原子数目相同的叔胺高。同样的道理，伯胺和仲胺的沸点较相对分子质量相近的烷烃高。但是，由于氮的电负性不如氧的强，胺分子间的氢键比醇分子间的氢键弱，所以胺的沸点低于相对分子质量相近的醇的沸点。一些常见胺的物化性质见表 11-1。

表 11-1　一些常见胺的物化性质

化合物	Mr	熔点/℃	沸点/℃	pK_b	溶解度/g·(100ml H_2O)$^{-1}$
甲胺	31	-2	-6.3	3.37	易溶
乙胺	45	-81	17	3.29	易溶
二甲胺	45	-96	-7.5	3.22	易溶
二乙胺	73	-48	55	3	易溶
丙胺	59	83	49		易溶
丁胺	73	-49	79		易溶
戊胺	87	-55	104		易溶
二丙胺	101	-63	110		稍溶
乙二胺	60	8.5	116.5		稍溶
己二胺	116	41~42	196		易溶
苯胺	93	-6.2	184	9.12	3.7
苄胺	107	95	185		易溶
N-甲基苯胺	107	-57	196	9.20	3.7
二苯胺	169	54	302	13.21	

四、胺的化学性质

胺的化学性质与官能团氨基和氮原子上的孤对电子有关。胺分子中的氮原子是不等性 sp^3 杂化，其中的一个 sp^3 杂化轨道具有一对未共用电子对，在一定条件下给出电子，使胺分子中的氮原子成为碱性中心。

（一）碱性及成盐反应

伯胺、仲胺、叔胺的氮原子上均有一对孤对电子，因此它们与氨一样具有碱性，都易与质子反应成盐。胺在水溶液中的离解平衡如下：

$$RNH_2 + H_2O \rightleftharpoons R\overset{+}{N}H_3 + OH^-$$

脂肪胺的碱性比无机氨(NH_3)强，芳香胺的碱性比氨弱得多。这是由于脂肪胺氮原子上连的都是供电子的烃基，使氮原子上电子云密度增大，更有利于接受质子(H^+)。芳香胺中氮原子上的孤对电子与苯环形成共轭，氮原子上电子云向苯环流动，导致氮原子与质子结合能力降低。影响胺的碱性强弱的因素是多方面的，不同含氮化合物的碱性强弱是这些因素的综合影响的结果。常见的含氮化合物碱性强弱的次序为:季铵碱>脂肪胺>氨>芳香胺。

胺与酸作用生成铵盐。铵盐一般都是有一定熔点的结晶性固体，易溶于水和乙醇，而不溶于非极性溶剂，由于胺的碱性不强，一般只能与强酸作用生成稳定的盐。

$$RNH_2 + HCl \longrightarrow RN^+H_3Cl^-$$

$$C_6H_5NH_2 + HCl \longrightarrow C_6H_5NH_2 \cdot HCl$$

铵盐易溶于水，且比较稳定，因此常将一些胺类药物制成其盐。

当铵盐遇强碱时又能游离出胺来。

$$C_6H_5NH_2 \cdot HCl + NaOH \longrightarrow C_6H_5NH_2 + NaCl + H_2O$$

这些性质，可用于胺的鉴别、分离和提纯。在制药过程中，常将含有氨基，亚氨基等难溶于水的药物制成可溶性的铵盐，以供药用。

（二）烃基化反应

与氨一样，胺类化合物的氮原子存在一对未共用电子对，可作为亲核试剂与卤代烃发生亲核取代反应。反应一般按 S_N2 机制进行，例如伯胺与卤代烃发生亲核取代反应生成仲胺。由于烃基的供电子作用，仲胺中氮原子上的孤对电子亲核能力更强，可继续与卤代烃发生亲核取代反应，生成叔胺。叔胺还可继续与卤代烃发生亲核取代反应，生成季铵盐。该反应往往得到几种产物的混合物。

$$RNH_2 \xrightarrow{RX} R_2NH \xrightarrow{RX} R_3N \xrightarrow{RX} R_4\overset{+}{N}\overset{-}{X}$$

$$ArNH_2 \xrightarrow{RX} ArNHR \xrightarrow{RX} ArNR_2 \xrightarrow{RX} Ar\overset{+}{N}R_3\overset{-}{X}$$

（三）酰化反应

伯胺、仲胺与酰化试剂（如酰卤、酸酐等）作用，氮原子上的氢原子被酰基（RCO—）取代生成 N-取代或 N,N-二取代酰胺，此反应称为酰化反应。伯胺和仲胺可发生酰化反应，叔胺的氮原子上因无氢原子，则不能发生此反应。

$$C_6H_5NHCH_3 + \underset{\text{乙酰氯}}{CH_3COCl} \longrightarrow \underset{\text{乙酰苯胺}}{C_6H_5N(CH_3)COCH_3} + HCl$$

$$CH_3NH_2 + \underset{\text{乙酸酐}}{CH_3CO\text{—}O\text{—}COCH_3} \longrightarrow \underset{\text{N-甲基乙酰胺}}{CH_3NHCOCH_2CH_3} + CH_3COOH$$

脂肪胺亲核能力强，可与酯发生亲核取代反应生成酰胺；而芳香胺亲核能力弱，一般需用酰氯或酸酐酰化。胺发生酰化反应生成酰胺，而酰胺在酸或碱催化下水解又生成原来的胺，因此在有机合成

笔记

中常利用酰化反应来保护芳香胺的氨基不被氧化，然后进行其他反应，当反应完成后再将酰胺水解转变为胺。

$$\text{C}_6\text{H}_5\text{NH}_2 \xrightarrow{(CH_3CO)_2O} \text{C}_6\text{H}_5\text{NHCOCH}_3 \xrightarrow[\text{浓}H_2SO_4]{\text{浓}HNO_3} p\text{-}O_2N\text{-}C_6H_4\text{-NHCOCH}_3 \xrightarrow{H_2O,(H^+)} p\text{-}O_2N\text{-}C_6H_4\text{-NH}_2$$

胺的酰化反应在有机合成或药物合成上除了用于合成重要的酰胺类化合物外，还常用于保护氨基。

（四）与亚硝酸反应

伯胺、仲胺、叔胺都能与亚硝酸反应，亚硝酸与不同种类胺反应的产物与胺的结构有关系，各有不同的反应和现象，可用于鉴别伯、仲、叔胺。由于亚硝酸不稳定，常用亚硝酸盐和盐酸代替亚硝酸。

1. 伯胺与亚硝酸反应　不管是脂肪伯胺还是芳香伯胺与亚硝酸反应都首先形成重氮盐（diazonium salt）。所不同的是脂肪伯胺与亚硝酸反应，形成的重氮盐很不稳定，即使在低温（0℃）也即刻分解，并定量地放出氮气。

$$CH_3CH_2NH_2 \xrightarrow[0\sim5^\circ C]{NaNO_2/HCl} CH_3CH_2N^+{\equiv}NCl^- \longrightarrow N_2\uparrow$$

脂肪伯胺　　脂肪重氮盐（极不稳定）

由于亚硝酸易分解，因此进行反应时，通常用亚硝酸钠与盐酸作用产生亚硝酸。上述反应除定量放出氮气外，还生成烯烃、醇、卤代烃等混合产物。此反应在制备上无实用价值，但由于能定量放出氮气，可用于伯氨基的定量测定。

芳香族伯胺在强酸溶液中与亚硝酸作用生成重氮盐的反应称为重氮化反应。生成的芳香重氮盐较脂肪重氮盐稳定。置于0~5℃不发生放出氮气的反应。但当重氮盐受热也会放出氮气。

$$C_6H_5NH_2 \xrightarrow[0\sim5^\circ C]{NaNO_2/HCl} C_6H_5N^+{\equiv}NCl^- \xrightarrow[\text{受热}]{H_2O} C_6H_5OH + N_2\uparrow$$

苯胺（芳香伯胺）　　氯化重氮苯（芳香重氮盐低温稳定）

在合适的条件下，芳香重氮盐还可以与酚类化合物及芳香胺发生偶联反应，形成偶氮化合物。偶氮化合物都带有颜色。偶氮化合物均含有偶氮基（—N═N—），且偶氮基两端都与碳原子直接相连，这也是偶氮化合物的结构特征。

2. 仲胺与亚硝酸反应　无论是脂肪仲胺还是芳香仲胺，与亚硝酸的反应都在胺的氮原子上发生亚硝基化，生成黄色油状物的N-亚硝基胺（N-nitrosoamines）。

$$(CH_3CH_2)_2NH \xrightarrow[0\sim5^\circ C]{NaNO_2/HCl} (CH_3CH_2)_2NH—NO$$

N-亚硝基二乙胺（黄色油状物）

$$C_6H_5\text{—}NHCH_3 \xrightarrow[0\sim5^\circ C]{NaNO_2/HCl} C_6H_5\text{—}N(CH_3)\text{—}NO$$

N-亚硝基-N-甲基苯胺（棕黄色固体）

N-亚硝基胺类化合物通常为黄色油状物（或黄色固体），有明显的致癌作用，可引起动物多种器官和组织的肿瘤。

N-亚硝基化合物

N-亚硝基化合物(N-nitroso-compound，NNCs)简称亚硝胺，是广泛存在于熏肉(鱼)、烟草、腌菜、啤酒等食品中的一类强烈化学致癌物质。N-亚硝胺相对稳定，需要在体内代谢成为活性物质才具备致癌性，也被称为前致癌物。N-亚硝酰胺类不稳定，能够在作用部位直接降解成重氮化合物，并与DNA结合发挥直接致癌、致突变性，因此，也将N-亚硝酰胺称为终末致癌物。迄今为止尚未发现一种动物对N-亚硝基化合物的致癌作用有抵抗力，不仅如此，多种给药途径均能引起试验动物的肿瘤发生，不论经呼吸道吸入、消化道摄入以及皮下、肌内注射，还是皮肤接触都可诱发肿瘤。反复多次接触，或一次大剂量给药都能诱发肿瘤，且都有剂量-效应关系。

3. 叔胺与亚硝酸的反应　脂肪叔胺和亚硝酸作用生成不稳定的亚硝酸盐，若用强碱处理，叔胺则重新游离出来。

$$R_3N + HNO_2 \longrightarrow R_3N^+\ HNO_2^- \xrightarrow{NaOH} R_3N + NaNO_2 + H_2O$$

芳香叔胺的苯环易于发生亲电取代。N，N-二甲基苯胺与亚硝酸反应生成C-亚硝基芳胺。反应通常发生在对位，若对位已占据，则在邻位取代。

$$C_6H_5\text{—}N(CH_3)_2 \xrightarrow{NaNO_2/HCl} ON\text{—}C_6H_4\text{—}N(CH_3)_2$$

对亚硝基-N，N-二甲基苯胺(绿色片状结晶)

对亚硝基-N，N-二甲基苯胺在强酸性条件下是具有醌式结构的橘黄色的盐，在碱性条件下转化为翠绿色的C-亚硝基胺。

$$O\text{=}N\text{—}C_6H_4\text{—}N(CH_3)_2 \underset{OH^-}{\overset{H^+}{\rightleftharpoons}} HO\text{—}N\text{=}C_6H_4\text{=}N^+(CH_3)_2$$

(翠绿色)　　　　(橘黄色)

依据各种不同类型的胺与亚硝酸反应的产物和现象可以鉴别各种类型的胺。

(五)芳环上的取代反应

在芳环的亲电取代反应中，H_2N—、RNH—、R_2N—等是强致活性的邻、对位定位基，而乙酰氨基是空间位阻较大的中等强度的邻、对位定位基。这些基团在定位方向和定位能力上的差别在合成上十分有用。

1. 卤代反应　苯胺和卤素(Cl_2，Br_2)能迅速反应。苯胺与溴水作用，在室温下立即生成2，4，6-三溴苯胺白色沉淀，该反应很难停留在一溴代阶段。此反应可用于苯胺的定性或定量分析。

$$C_6H_5NH_2 + Br_2 \xrightarrow{H_2O} 2,4,6\text{-}Br_3C_6H_2NH_2 \downarrow$$

2,4,6-三溴苯胺

氨基被酰基化后，对苯环的致活作用减弱了，可以得到一卤代产物。

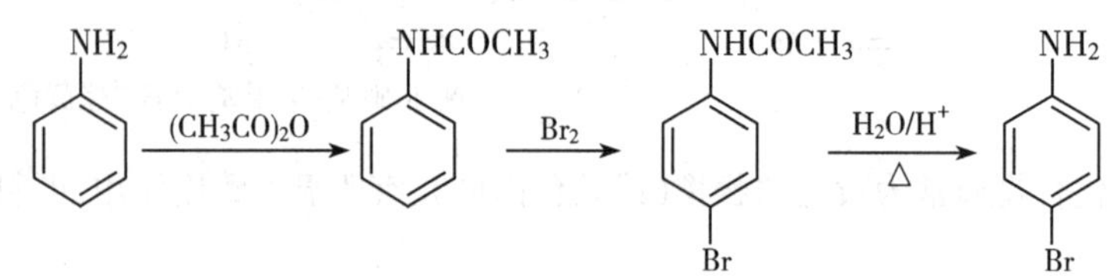

2. 磺化反应　将苯胺溶于浓硫酸中，首先生成苯胺硫酸盐，此盐在高温下加热脱水发生分子内重排，即生成对氨基苯磺酸或内盐。

$$C_6H_5NH_2 \xrightarrow{浓H_2SO_4} C_6H_5N^+H_3HSO_4^- \xrightarrow{180\sim190℃} p\text{-}^+H_3N{-}C_6H_4{-}SO_3^-$$

3. 硝化反应　由于苯胺极易被氧化，不宜直接硝化，而应先“保护氨基”。根据产物的不同要求，选择不同的保护方法。

如果要得到对硝基苯胺，应选择不改变定位效应的保护方法。一般可采用酰基化的方法，即先将苯胺酰化，然后再硝化，最后水解除去酰基得到对硝基苯胺。

$$C_6H_5NH_2 \xrightarrow{(CH_3CO)_2O} C_6H_5NHCOCH_3 \xrightarrow[H_2SO_4]{HNO_3} p\text{-}O_2N{-}C_6H_4{-}NHCOCH_3 \xrightarrow[\triangle]{H^+或OH^-} p\text{-}O_2N{-}C_6H_4{-}NH_2$$

如果要得到间硝基苯胺，选择的保护方法应改变定位效应。可先将苯胺溶于浓硫酸中，使之形成苯胺硫酸盐，因铵正离子是间位定位基，取代反应发生在其间位，最后再用碱液处理游离出氨基得到间硝基苯胺。

$$C_6H_5NH_2 \xrightarrow{H_2SO_4} C_6H_5N^+H_3HSO_4^- \xrightarrow{HNO_3} m\text{-}O_2N{-}C_6H_4{-}N^+H_3HSO_4^- \xrightarrow{NaOH} m\text{-}O_2N{-}C_6H_4{-}NH_2$$

五、季铵盐和季铵碱

1. 季铵盐　叔胺与卤代烷作用，生成季铵盐。

$$R_3N + RX \longrightarrow R_4N^+X^-$$

季铵盐可看作无机铵盐（NH_4Cl）分子中四个氢原子被烃基取代的产物。季铵类化合物命名时，用“铵”字代替“胺”字，并在前面加上负离子的名称。

$$[(CH_3)_4N^+]Cl^-$$

氯化四甲基铵

季铵盐是白色结晶性固体，离子型化合物，具有盐的性质，易溶于水，不溶于非极性有机溶剂。季铵盐对热不稳定，加热后易分解成叔胺和卤代烃。

季铵盐与伯、仲、叔胺的盐不同，与强碱作用时，不能使胺游离出来，而是得到含有季铵碱的平衡混合物。季铵盐的用途广泛，常用于阳离子表面活性剂，具有去污、杀菌和抗静电能力。

2. 季铵碱　季铵碱可看作氢氧化铵（NH_4OH）分子中四个氢原子被烃基取代的产物。季铵碱类化合物是由季铵阳离子（R_4N^+）和氢氧根离子（OH^-）组成，因此，具有强碱性。

$$[(CH_3)_4N]OH^-$$

氢氧化四甲基铵

季铵碱因在水中可完全电离，因此是强碱，其碱性与氢氧化钠相当。易溶于水，易吸收空气中的二氧化碳，易潮解等。

胆碱和乙酰胆碱都属于季铵碱类化合物。肌体中最重要的季铵碱是胆碱和乙酰胆碱。

$[HOCH_2CH_2N^+(CH_3)_3]OH^-$　胆碱

$[CH_3COOCH_2CH_2N^+(CH_3)_3]OH^-$　乙酰胆碱

胆碱是广泛分布于生物体内的一种季铵碱，因最初是在胆汁中发现而得名。胆碱是易吸湿的白色结晶，易溶于水和醇，不溶于乙醚、氯仿。胆碱是以卵磷脂的形式存在于食物中。食用富含卵磷脂的食物，如鱼类、蛋类、豆类和瘦肉类等，有利于健脑。

乙酰胆碱是神经传递信息必需的化学物质，人的记忆力减退与乙酰胆碱不足有一定的关系。除此之外，乙酰胆碱对摄食、饮水、体温、血压等调节中枢都有特定的作用。

第三节　重氮和偶氮化合物

重氮和偶氮化合物都含有—N═N—官能团。当官能团的一端与烃基相连，另一端与其他非碳原子或原子团相连时，称为重氮化合物（diazo compounds）。当官能团的两边都分别于烃基相连接而生成的称为偶氮化合物（azo compounds）。

CH_2N_2　重氮甲烷

$C_6H_5N^+≡NCl^-$　氯化重氮苯

$H_3C—N═N—CH_3$　偶氮甲烷

$C_6H_5—N═N—C_6H_5$　偶氮苯

一、重氮化合物

重氮化合物（diazo compounds）中最重要的是芳香重氮盐类，是通过重氮化反应而得到。芳香重氮盐化学性质非常活泼，可以发生许多化学反应，在合成上用途十分广泛。

（一）重氮盐的生成

芳香伯胺在低温，强酸性水溶液中与亚硝酸作用生成重氮盐，此反应称为重氮化反应。

$$C_6H_5NH_2 \xrightarrow[0\sim5℃]{NaNO_2/HCl} C_6H_5N^+≡NCl^- + NaCl + H_2O$$

（二）重氮盐的性质

由于重氮盐在水溶液中和低温（0～5℃）时比较稳定，所以它在有机合成中常作为一种重要的中间体用于制备其他有机化合物。重氮盐反应需在低温下进行，干燥的重氮盐在受热或震动时容易爆炸。在有机合成上应用最广的主要有取代反应和偶联反应。

1. 取代反应　重氮盐分子中的重氮基在不同条件下可被羟基、卤素、氰基、氢原子等原子或原子团所取代，形成相应的取代产物，同时放出氮气，所以又称为放氮反应。

$$C_6H_5N_2^+Cl^- \xrightarrow[受热]{H_2O/H^+} C_6H_5OH + N_2\uparrow$$

$$C_6H_5N_2^+Cl^- \xrightarrow[受热]{HCl/Cu_2Cl_2} C_6H_5Cl + N_2\uparrow$$

$$C_6H_5N_2^+Cl^- \xrightarrow[受热]{KCN/Cu_2(CN)_2} C_6H_5CN + N_2\uparrow$$

$$C_6H_5N_2^+Cl^- \xrightarrow[H_2O]{H_3PO_4} C_6H_5H + N_2\uparrow$$

通过重氮盐的取代反应，可以把一些本来难以引入芳环上的基团，方便地连接到芳环上，在芳香化合物的合成中是很有意义的。

2. 偶联反应　重氮盐是一种弱亲电试剂，能与酚类及三级芳胺等亲电取代反应活性较高的芳香化合物发生芳环上的亲电取代反应，生成偶氮化合物，该类反应称为偶联反应。偶联反应一般发生在酚类及三级芳胺的对位，当对位已被占据时该取代反应可发生在邻位。

$$C_6H_5-N^+\equiv NCl^- + C_6H_5-OH \xrightarrow[0\sim5℃]{NaOH,H_2O} C_6H_5-N=N-C_6H_4-OH$$

对羟基偶氮苯(橘黄色)

$$C_6H_5-N^+\equiv NCl^- + C_6H_5-N(CH_3)_2 \xrightarrow[0℃,H_2O]{CH_3COOH} C_6H_5-N=N-C_6H_4-N(CH_3)_2$$

对二甲氨基偶氮苯(黄色)

$$C_6H_5N_2^+Cl^- + \text{4-}CH_3C_6H_4OH \longrightarrow \text{2-OH-5-}CH_3C_6H_3-N=N-C_6H_5$$

重氮盐与酚的偶联反应在弱碱性条件下进行，而重氮盐与芳香胺的偶联反应则需在弱酸性条件下进行。

二、偶氮化合物

分子中含有偶氮基—N ═N—，且偶氮基两端都与碳原子连接的有机化合物称为偶氮化合物。偶氮化合物是有色的固体物质，虽然分子中有氨基等亲水基团，但分子量较大，一般不溶或难溶于水，而溶于有机溶剂。

偶氮化合物有色，有些能牢固地附着在纤维织品上，耐洗耐晒，经久而不褪色，可以作为染料，称为偶氮染料。

甲基橙就是一种芳香族偶氮化合物，其结构为：

$$(H_3C)_2N-C_6H_4-N=N-C_6H_4-SO_3Na$$

甲基橙在水溶液中存在下列化学平衡：

$$\underset{\text{黄色}}{(H_3C)_2N-C_6H_4-N=N-C_6H_4-SO_3Na} \underset{OH^-}{\overset{H^+}{\rightleftharpoons}} \underset{\text{红色}}{(H_3C)_2{}^+N=C_6H_4=N-NH-C_6H_4-SO_3^-}$$

当溶液 pH 发生变化时，上述化学平衡发生移动，导致溶液的颜色发生变化。甲基橙在 pH>4.4 时显黄色，在 pH<3.1 时显红色，在 pH = 3.1～4.4 时显橙色。甲基橙的主要用途是用作酸碱指示剂。

苏丹红是一种增色和增亮效果很好的化工原料，体外和动物实验发现苏丹红对动物的膀胱、肝脏、脾脏等脏器有致癌作用。

$$C_6H_5-N=N-C_{10}H_6OH$$

苏丹红

本章小结

1. 分子中含有硝基(—NO_2)官能团的有机化合物称为硝基化合物。熟悉硝基化合物的结构、分类和化学性质。硝基化合物的结构主要掌握芳香族硝基化合物的结构，理解硝基直接连接在苯环上对苯环上其他位置电性效应的影响及对整个分子反应活性的影响。

2. 硝基化合物的化学性质主要熟悉掌握芳香族硝基化合物的化学性质。

3. 本章的重点是胺的基本结构、分类、命名和化学性质；难点是胺的碱性与结构关系，不同类型的胺与亚硝酸的反应。

4. 重氮和偶氮化合物都是含有偶氮基官能团的化合物。熟悉重氮和偶氮化合物的定义和化学性质。

(格根塔娜)

扫一扫，测一测

思考题

1. 用简单的化学方法区分苯胺、二乙胺和乙酰苯胺。

2. 用简单的化学方法区分苯酚、苯胺和苯甲酸。

3. 一化合物的分子式为 $C_7H_7O_2N$，无碱性，还原后变为 C_7H_9N，有碱性；使 C_7H_9N 的盐酸盐与亚硝酸作用，生成 $C_7H_7N_2Cl$，加热后能放出氮气而生成对甲苯酚。在碱性溶液中上述 $C_7H_7N_2Cl$ 与苯酚作用生成具有鲜艳颜色的化合物 $C_{13}H_{12}ON_2$。写出原化合物 $C_7H_7O_2N$ 的结构式，并写出各有关反应式。

第十二章　杂环化合物和生物碱

学习目标

1. 掌握呋喃、噻吩、吡咯、吡啶的结构和重要的化学性质。
2. 熟悉常见杂环化合物的命名和应用;生物碱的概念、一般性质和提取方法。
3. 了解常见杂环化合物的分类、生物碱的结构和重要的生物碱。

杂环化合物种类繁多,数量庞大,在自然界中分布广泛,大多数具有生理活性。如植物中的叶绿素、血红蛋白中的血红素、核酸的碱基等都是杂环化合物,部分维生素、抗生素、组成蛋白质的某些氨基酸以及中草药的有效成分——生物碱都含有杂环结构。此外,合成的杀虫剂、除草剂、染料、塑料等也都是杂环化合物。近年来,杂环化合物在理论和应用方面的研究取得了很大的进展,在现有药物中,含杂环结构的化合物约占半数,现在临床上使用的很多药物如磺胺类、呋喃类等也都属于杂环化合物。杂环化合物在医药上具有重要的地位,与我们人类的关系非常密切。

磺胺甲基异噁唑(SMZ,抗菌药)

第一节　杂环化合物的结构、分类和命名

一、杂环化合物和杂原子

成环的原子除碳原子外还含有其他元素原子的一类化合物称为杂环化合物(heterocyclic compound)。杂环中非碳原子称为杂原子,常见的杂原子有 N、O、S 等。内酯、内酸酐、内酰胺、环醚等虽然也含有杂原子组成的环系,但性质与相应的开链化合物相似,所以不将它们列入杂环化合物讨论。本章重点讨论具有一定程度芳香性的杂环化合物,这种结构上与芳香环相似,性质比较稳定的杂环化合物称为芳香杂环化合物(aromatic heterocycle)。

噻吩

吡咯

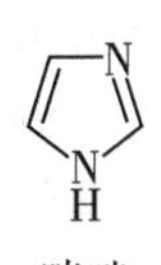
咪唑

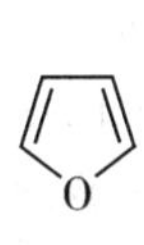
呋喃

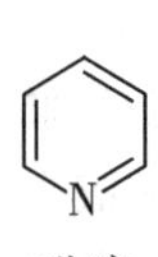
吡啶

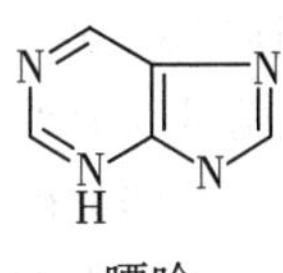
嘌呤

二、杂环化合物的分类和命名

（一）杂环化合物分类

杂环化合物中的杂原子可以是一个、两个或更多个，而且可以是相同的，也可以是不同的。成环的原子数可以由五个至十多个，可以是单环，还可以是芳香环与其他杂环稠合或杂环与杂环稠合而成的稠环。因此，杂环化合物的种类非常多。

根据杂环母体中所含环的数目，杂环化合物分为单杂环和稠杂环两大类。单杂环又可根据成环原子数的多少分类，其中最常见的有五元杂环和六元杂环。稠杂环有芳环稠杂环和杂环稠杂环两种。此外，还可以根据所含杂原子的种类和数目进一步分类。表 12-1 列出了常见的杂环化合物母环的结构、名称和编号。

表 12-1 常见的杂环化合物母环的结构、名称和编号

分类		含有一个杂原子的杂环	含有两个以上杂原子的杂环
单杂环	五单杂环	呋喃　噻吩　吡咯	噻唑　吡唑　咪唑　噁唑
	六元杂环	吡啶　吡喃	嘧啶　吡嗪　哒嗪
稠杂环		吲哚　喹啉　异喹啉　吖啶	嘌呤　吩噻嗪

（二）杂环化合物命名

杂环化合物的命名方法有音译法和系统命名法两种：

1. 音译法　根据国际通用英文名称音译。按译音译成同音汉字，并加上“口”字旁作为杂环名。例如，呋喃（furan）、吡咯（pyrrole）、噻吩（thiophene）等，就是根据英文名称音译的。见表 12-1。

当杂环上有取代基时以杂环为母体，将环上的原子进行编号，一般从杂原子开始，逆时针依次用 1、2、3……（或与杂原子相邻的碳原子依次用 α、β、γ……）编号；环上有不同的杂原子时，则按 O、S、NH、N 的顺序编号，并使这些杂原子位次的数字之和为最小；取代基的位次、数目和名称写在杂环母体

名称的前面。如果是稠杂环一般有固定编号。例如：

吡啶　　噁唑　　吩噻嗪　　3-甲基吡啶

当杂环上含有—CHO、—COOH、—SO_3H 等基团时，将杂环作为取代基来命名。例如：

2-呋喃甲醛　　3-吡啶甲酸　　3-吲哚磺酸

2. 系统命名法　对于含杂原子的 3~10 元单环化合物，除有俗名外，在英文命名中采用扩展了的 Hantzsch-Widman 杂环系统命名，其要点为采用环中杂原子的数目和前缀名为前缀，再和表示环大小以及饱和度的后缀结合成化合物名。相应中文命名时，其前缀可简单地转译自英文，即使用杂原子的元素名加“杂”字，习惯上使用的用“噁”表示“氧杂”和用“噻”表示“硫杂”则仍可使用，各杂原子的前缀名以高位依次排列。对其他的 3~10 元杂环作了对应于 Hantzsch-Widman 杂环命名系统的统一规定，以环丙熳至环癸熳字样表示具最大累积双键数的 3~10 元环，再以杂原子名称加“杂”字来进行命名。对含多个杂原子的杂环命名时，按杂原子的高位次依次排列，并以最高位的杂原子的杂环命名时，中文前缀中元素名后的“杂”字在不致引起误解时可予省略。

1,3-噁唑(噁唑)(1,3-oxazole);1,3-氧氮杂环戊熳　　1,3-噻唑(噻唑)(1,3-thiazole);1,3-硫氮杂环戊熳

上面两种命名方法各有优缺点。音译命名法比较简单，但不能反映其结构特点。系统命名法虽然能反映结构特点，但有些名称较长，习惯上一般采用音译命名。

第二节　五元杂环化合物

五元杂环化合物包括含一个杂原子的五元杂环和含两个杂原子的五元杂环，其中杂原子主要是氮、氧和硫。

一、含一个杂原子的五元杂环化合物

吡咯、呋喃和噻吩是最重要的含一个杂原子的五元杂环化合物。

（一）吡咯、呋喃和噻吩的分子结构

吡咯　　呋喃　　噻吩

近代物理方法测知，吡咯、呋喃和噻吩都是平面型结构。环上的原子之间均以 sp^2 杂化轨道彼此形成 σ 键，构成五元环，每个原子剩余的一个未参与杂化的 p 轨道与环平面垂直，每个碳原子的 p 轨道中含有一个单电子，而杂原子的 p 轨道中含有一对未共用电子对，这些 p 轨道彼此平行，从侧面相互重叠形成了一个含 5 个原子和 6 个电子的环状闭合共轭体系（符合 4n+2 规则），因此，吡咯、呋喃和噻吩具有一定程度的芳香性。

吡咯、呋喃和噻吩三个五元杂环的键长数据如下（单位 pm）：

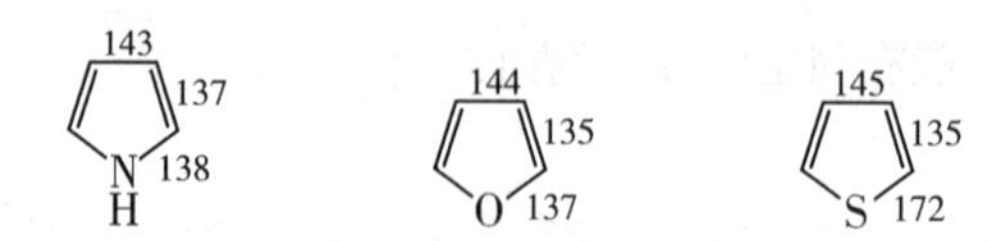

从键长数据可以看出，分子中的键长没有完全平均化，形成的闭合大 π 键不同于苯和吡啶。由于 5 个 p 轨道中分布着 6 个电子，导致杂环上碳原子的电子云密度比苯环上碳原子的电子云密度高，因此这类杂环为多电子共轭体系，它们比苯更容易发生亲电取代反应（图 12-1）。芳香性、稳定性比苯和吡啶差。

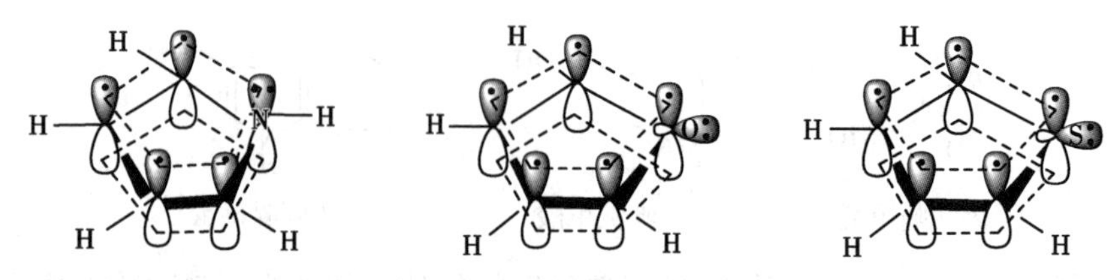

图 12-1　吡咯、呋喃和噻吩分子的电子云分布

（二）吡咯、呋喃和噻吩的物理性质

五元杂环化合物中由于杂原子产生的供电子共轭效应的影响，使杂原子上的电子云密度降低，较难与水分子形成氢键，所以吡咯、呋喃和噻吩在水中的溶解度都不大，易溶于有机溶剂。

三种五元杂环的水溶性顺序为：吡咯>呋喃>噻吩。由于吡咯氮原子上连接的氢原子可与水形成氢键，比呋喃易溶于水；呋喃环上的氧也能与水形成氢键，但相对较弱；噻吩环上的硫不能与水形成氢键，所以水溶性最差。

此外，因为吡咯分子间能形成氢键，所以吡咯的沸点（131℃）比噻吩的沸点（84℃）和呋喃的沸点（31℃）高。

（三）吡咯、呋喃和噻吩的化学性质

五元杂环化合物中杂原子的未共用电子对参与了杂环的闭合共轭体系，这对五元杂环化合物的性质起着决定性的作用。

1. 酸碱性　吡咯分子中虽有仲胺结构，但碱性极弱（$pK_b = 13.6$），其原因是氮原子上的一对未共用电子对参与了闭合大 π 键的形成，不再具有给出电子对的能力，很难与质子结合，所以吡咯分子的碱性很弱。相反，由于氮原子的电负性很强与氮原子连接的氢原子显示出很弱的酸性，其 pK_a 为 17.5，吡咯在无水条件下，能与强碱如固体氢氧化钾共热成盐。

(吡咯，N—H) $+ KOH \longrightarrow$ (吡咯，N^- K^+) $+ H_2O$

生成的盐很不稳定，遇水即分解。

呋喃分子中的氧原子也因参与了闭合大 π 键的形成，而不具备醚的弱碱性，不易与无机强酸反应。噻吩分子中的硫原子也不能与质子结合，因此也不显碱性。

2. 亲电取代反应　吡咯、呋喃和噻吩碳原子上的电子云密度都比苯高，容易发生亲电取代反应，活性顺序为：吡咯>呋喃>噻吩>苯。主要发生在电子云密度相对较高的 α 位上，β 位产物较少。

（1）卤代反应：吡咯、呋喃和噻吩在室温下即能与氯或溴剧烈反应，得到多卤代产物。若要得到一卤代物，需要用溶剂稀释并在低温下进行反应。

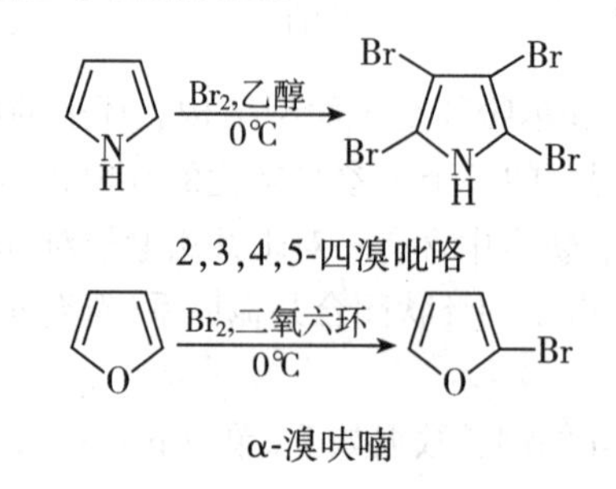

2,3,4,5-四溴吡咯

α-溴呋喃

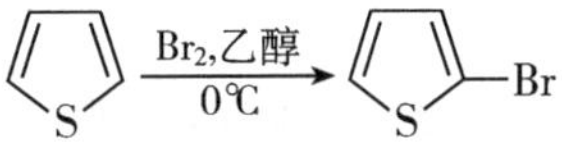

$\xrightarrow[0℃]{Br_2,乙醇}$ —Br

α-溴噻吩

（2）硝化反应：吡咯和呋喃遇强酸时，杂原子能质子化，使芳香大 π 键遭到破坏，进而聚合成树脂状物质，因此不能用强酸或混酸进行硝化反应，而噻吩用混酸作硝化剂时，共轭体系也会被破坏。所以，它们的硝化反应只能用较温和的非质子试剂硝酸乙酰酯（乙酐加硝酸临时制得）硝化，并且在低温条件下进行反应。

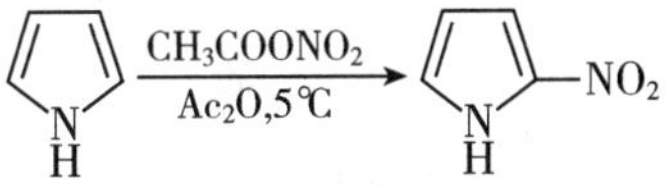

$\xrightarrow[Ac_2O,5℃]{CH_3COONO_2}$ $—NO_2$

α-硝基吡咯

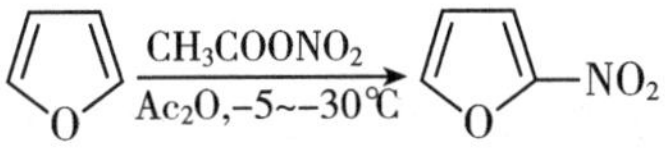

$\xrightarrow[Ac_2O,-5\sim-30℃]{CH_3COONO_2}$ $—NO_2$

α-硝基呋喃

$\xrightarrow[Ac_2O,0℃]{CH_3COONO_2}$ $—NO_2$

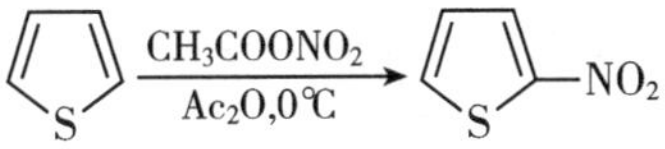

α-硝基噻吩

（3）磺化反应：由于同样的原因，吡咯和呋喃的磺化反应也需要在比较温和的条件下进行，一般常用非质子性的吡啶三氧化硫作为磺化试剂。例如：

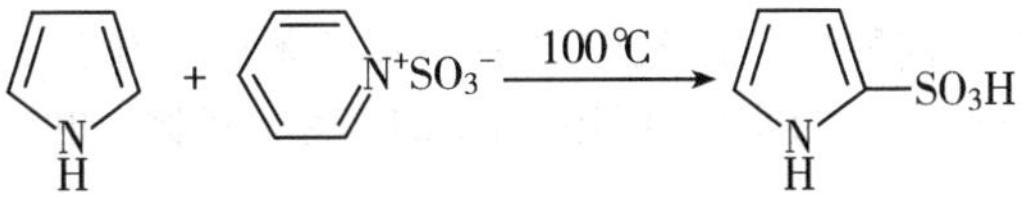

$+ \; N^+SO_3^- \xrightarrow{100℃} —SO_3H$

α-吡咯磺酸

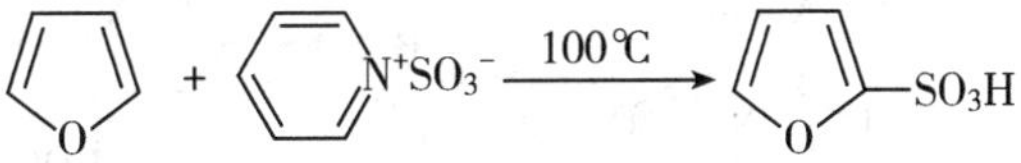

$+ \; N^+SO_3^- \xrightarrow{100℃} —SO_3H$

α-呋喃磺酸

由于噻吩比较稳定，可直接用硫酸在室温下进行磺化反应，生成可溶于水的 α-噻吩磺酸。利用此反应可以把煤焦油中共存的苯和噻吩分离开来。

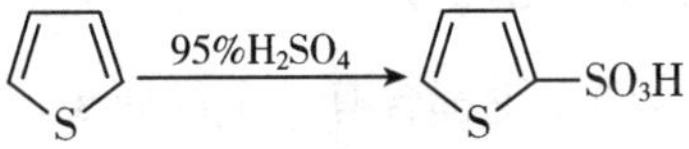

$\xrightarrow{95\%H_2SO_4} —SO_3H$

α-噻吩磺酸

此外，吡咯、呋喃和噻吩还能发生傅-克酰基化反应。

3. 还原反应　吡咯、呋喃和噻吩均可进行催化加氢反应，也称还原反应。例如：

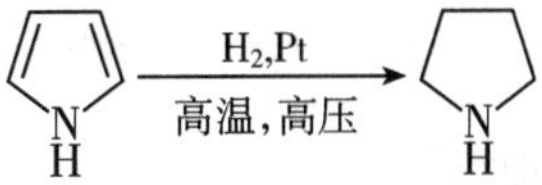

$\xrightarrow[高温,高压]{H_2,Pt}$

四氢吡咯

$\xrightarrow[高温,高压]{H_2,Pt}$

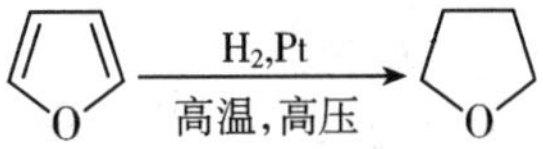

四氢呋喃

四氢吡咯相当于脂肪族仲胺，它的碱性（$pK_b=3$）比吡咯强 10^{11} 倍。此外，用浓盐酸浸润过的松木片，遇吡咯蒸气显红色，遇呋喃蒸气显绿色，利用此性质可鉴别吡咯和呋喃。

（四）吡咯的重要衍生物

吡咯为无色液体，沸点 130℃，有弱的苯胺气味，较难溶于水，易溶于乙醇和乙醚。和苯胺相似，在

空气中易氧化，颜色迅速变深。

吡咯的衍生物广泛存在于自然界，如叶绿素、血红素、维生素 B_{12} 及多种生物碱中，它们都具有重要的生理作用。从结构上看，叶绿素、血红素及维生素 B_{12} 的基本骨架都是卟吩环，它是由 4 个吡咯环与 4 个次亚甲基交替连接而成的。

卟吩　　　　血红素

血红素是高等动物体内输送氧的物质，与蛋白质结合成血红蛋白而存在于红细胞中。叶绿素是植物进行光合作用的催化剂，叶绿素的分子与人体的红细胞分子在结构上很相似，区别就是各自的核心不同，叶绿素为镁原子，血红素为铁原子。

常见的呋喃衍生物

呋喃衍生物中较为常见的是呋喃甲醛，因为呋喃甲醛可以从稻糠、玉米芯、高粱秆等农副产品中所含的多糖而制得，所以又称糠醛。糠醛的化学性质与苯甲醛相似，也能与托伦试剂发生银镜反应。在医药工业上，糠醛是重要的原料，可用于制备呋喃类药物，如呋喃妥因、呋塞米等。

呋喃妥因（杀菌剂）　　　　呋塞米（强利尿药）

二、含两个杂原子的五元杂环化合物

含有两个杂原子的五元杂环化合物至少都含有一个氮原子，其余的杂原子可以是氧原子或硫原子，这类五元杂环化合物统称为唑。唑类中比较重要的有吡唑、咪唑、噻唑和噁唑。

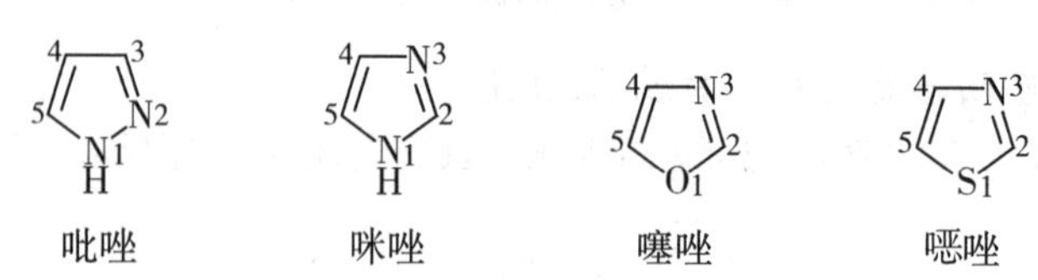
吡唑　　咪唑　　噻唑　　噁唑

以下主要讨论吡唑和咪唑的结构和性质。

（一）吡唑和咪唑的结构

吡唑和咪唑的结构与吡咯类似，环上的碳原子和氮原子均以 sp^2 杂化轨道互相重叠形成 σ 键，构成平面的五元环结构（图 12-2）。其中一个氮原子上的未共用电子对占据未参与杂化的 p 轨道，该 p 轨道与环上其他原子的未参与杂化的 p 轨道互相平行，侧面重叠，形成闭合的 π 电子共轭体系。另外一个氮原子上的未共用电子对占据

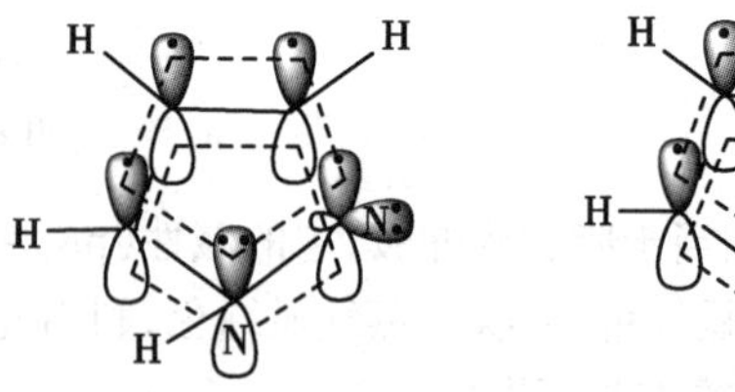
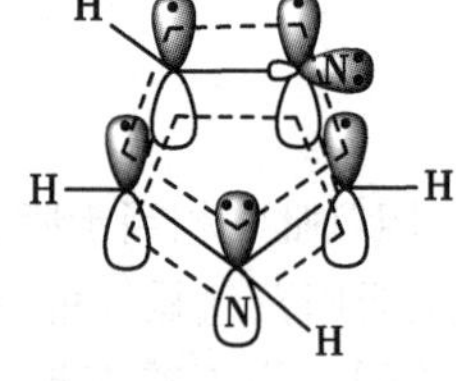
图 12-2　吡唑和咪唑电子云分布

一个 sp^2 杂化轨道，未参与共轭体系的形成。

（二）吡唑和咪唑的物理性质

吡唑和咪唑都易溶于水、乙醇和乙醚中，它们在水中的溶解度都比吡咯大，这是由于环上有一个氮原子上的一对未共用电子对未参与环系共轭，因而与水形成氢键的能力比吡咯强。吡唑和咪唑均能形成分子间氢键，因此，吡唑和咪唑都具有较高的沸点。

（三）吡唑和咪唑的化学性质

1. **酸碱性**　吡唑和咪唑的碱性都比吡咯强，能和强酸作用生成稳定的盐。咪唑（$pK_b = 6.9$）的碱性比吡唑（$pK_b = 11.9$）强，这是由于吡唑的 2 个相邻氮原子的吸电子诱导效应比咪唑更显著。吡唑和咪唑性质稳定，遇酸不聚合。

2. **吡唑和咪唑环的互变异构**　吡唑和咪唑环都有互变异构现象，氮原子上的氢原子可以在 2 个氮原子上相互转移，形成一对互变异构体。因此，吡唑环的 3 位与 5 位是等同的，咪唑的 4 位与 5 位是等同的。当环上无取代基时，互变异构现象不易辨别，当环上有取代基时则很明显。例如：

3-甲基吡唑　　5-甲基吡唑

4-甲基咪唑　　5-甲基咪唑

由于 2 种互变异构体很难分离，同时存在于平衡体系中，因此上例中的化合物可命名为 3(5)-甲基吡唑和 4(5)-甲基咪唑。

3. **亲电取代反应**　吡唑和咪唑因分子中增加了一个电负性强的氮原子（类似于苯环上的硝基），其亲电取代反应活性明显降低，对氧化剂、强酸都不敏感。例如：

发烟 H_2SO_4，160℃ → HO_3S—

4(5)-咪唑磺酸

发烟 H_2SO_4，浓HNO_3 → O_2N—

4(5)-硝基咪唑

（四）咪唑的重要衍生物

咪唑是无色晶体，熔点 90℃，和吡咯一样具有碱性同时还有微弱的酸性。

许多重要的天然物质是咪唑的衍生物，含咪唑环的药物具有突出的生理活性，如甲硝唑为抗阿米巴药、抗滴虫药、抗厌氧菌药。组氨酸是蛋白质水解得到的 α-氨基酸之一，也是咪唑的重要衍生物，在体内酶的作用下脱羧生成组胺。

$CH_2CHCOOH$（NH_2）—咪唑 —脱羧酶→ $CH_2CH_2NH_2$—咪唑 + CO_2

组氨酸　　组胺

组胺有收缩血管的作用，人体的过敏反应与人体内组胺含量过多有关。临床用组胺的磷酸盐刺激胃酸的分泌，诊断真性胃酸缺乏症。

青　霉　素

1928年的一天，英国微生物学家弗莱明发现金黄色葡萄球菌培养皿中长出了一团青绿色霉菌，霉菌周围的葡萄球菌菌落消失了。弗莱明将霉菌分泌的抑菌物质称为青霉素。1939年弗莱明将菌种提供给病理学家弗洛里和生物化学家钱恩进行研究。经过一段时间的实验，弗洛里、钱恩终于从青霉菌培养液中提取出青霉素晶体。1941年用青霉素治疗人类细菌感染取得成功。1942年开始对青霉素进行大批量生产。

青霉素类药物有多种，其基本结构为：

各种青霉素之间的差别在于式中—R的不同。抗菌效果最好的青霉素G中—R为苯甲基。因为青霉素钠(钾)的结构中有β-内酰胺环，遇酸、碱、氧化剂及青霉素酶等会迅速失效，而在干燥状态下稳定，所以青霉素钠(钾)需制成粉剂，临用前用灭菌注射水溶解后使用。将青霉素的结构进行改造而制得的半合成青霉素，能耐酸和耐酶，并具有光谱作用，如氨苄西林、阿莫西林等。

第三节　六元杂环化合物

六元杂环化合物是一类非常重要的杂环化合物，尤其是含氮的六元杂环化合物，如吡啶、嘧啶等，它们的衍生物广泛存在于自然界，很多合成药物也含有吡啶环和嘧啶环。六元杂环化合物包括含一个杂原子的六元杂环；含两个杂原子的六元杂环以及六元稠杂环等。

一、含一个杂原子的六元杂环化合物

吡啶是很重要的含一个杂原子的六元杂环化合物。

（一）吡啶的分子结构

吡啶的结构与苯非常相似，近代物理方法测知，吡啶分子中的碳碳键长为139pm，介于C-N单键(147pm)和C=N双键(128pm)之间，而且其碳碳键与碳氮键的键角约为120°，这说明吡啶环上键的平均化程度较高。吡啶环上的碳原子和氮原子均以sp^2杂化轨道相互重叠形成σ键，形成平面六元环。每个原子还有一个垂直于环平面但未参与杂化的p轨道(各有一个单电子)相互平行、侧面重叠形成闭合的大π键，具有一定的芳香性。与吡咯不同的是，氮原子的一个未参与成键的sp^2杂化轨道上还有一对未共用电子对，没有参与形成共轭体系，具有给出电子对的能力。同时，吡啶环上的氮原子的电负性较大，使π电子云向氮原子方向偏移，氮原子周围电子云密度较高，环上其他原子周围的电子云密度降低，尤其是邻、对位上降低较为显著(图12-3)。所以吡啶的芳香性比苯差。

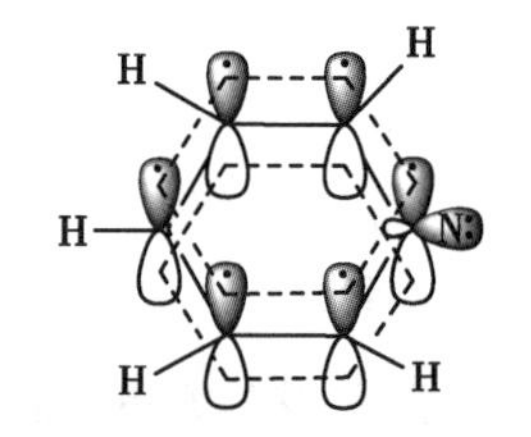

图12-3　吡啶分子的电子云分布

（二）吡啶的物理性质

吡啶是从煤焦油中分离出来的具有特殊臭味的无色液体，沸点为115.3℃，吡啶与水、乙醇、乙醚等混溶，同时又能溶解大多数极性及非极性的有机物，是一种良好的有机溶剂。氮原子上的未共用电子对能与一些金属离子如Ag^+、Ni^{2+}、Cu^{2+}等形成配合物，使它可以溶解某些无机盐。

（三）吡啶的化学性质

在吡啶分子中，氮原子产生的是吸电子共轭效应，使其邻、对位上的电子云密度比苯环低，间位的电子云密度则与苯环相近，这样环上碳原子的电子云密度远远小于苯。因此，吡啶属于缺电子共轭体

系。表现在化学性质上是亲电取代反应比较困难，亲核取代反应相对容易；氧化反应困难，还原反应比较容易；吡啶对酸及碱都比较稳定。

1. **碱性和成盐**　吡啶氮原子上的未共用电子对可接受质子而显碱性，碱性较弱。吡啶与强酸可以形成稳定的盐。例如：

$$\text{吡啶} + HCl \longrightarrow \text{吡啶}H^+Cl^- \quad \text{或} \quad \text{吡啶}\cdot HCl$$

2. **亲电取代反应**　吡啶是缺电子共轭体系，环上电子云密度比苯低，亲电取代反应的活性与硝基苯相当。由于环上氮原子的钝化作用，亲电取代反应的条件比较苛刻，且产率较低，取代基主要进入3(β)位。例如：

吡啶（1 N；2 α；3 β；4；5；6）：

- $\xrightarrow[200℃]{Cl_2}$ 3-Cl 吡啶
- $\xrightarrow[300℃]{Br_2}$ 3-Br 吡啶
- $\xrightarrow[300℃]{浓H_2SO_4,浓HNO_3}$ 3-NO_2 吡啶
- $\xrightarrow[HgSO_4,220℃]{发烟H_2SO_4}$ 3-SO_3H 吡啶
- $\xrightarrow{傅克反应条件}$ 不发生反应

此外，吡啶环上氮原子的吸电子作用，使环上的亲核取代反应容易发生，如能与 $NaNH_2$ 等强的亲核试剂发生反应，取代主要发生在 2 位和 4 位上。

3. **氧化还原反应**　吡啶环一般不易被氧化，尤其在酸性条件下。但当吡啶环带有侧链时，则发生侧链的氧化反应。例如：

$$\underset{\beta\text{-甲基吡啶}}{\text{3-}CH_3\text{吡啶}} \xrightarrow[\triangle]{KMnO_4/H_2O} \xrightarrow{H_3O^+} \underset{\beta\text{-吡啶甲酸}}{\text{3-}COOH\text{吡啶}}$$

$$\underset{\text{烟碱(尼古丁)}}{\text{烟碱}} \xrightarrow[\triangle]{HNO_3} \underset{\beta\text{-吡啶甲酸(烟酸)}}{\text{3-}COOH\text{吡啶}}$$

吡啶环比苯环容易发生加氢还原反应。而且其他化学试剂也可以还原。例如：

$$\text{吡啶} \xrightarrow[\text{或 }H_2/Pt]{Na,\ CH_3CH_2OH} \text{哌啶(N—H)}$$

吡啶（哌啶）吡啶的还原产物为六氢吡啶（哌啶），具有仲胺的性质，碱性比吡啶强，沸点 106℃。很多天然产物含有此环系，是常用的有机碱。

（四）吡啶的重要衍生物

吡啶的衍生物广泛存在于自然界。如维生素 B_6、维生素 PP、异烟肼等。

自然界中的维生素 B_6 是由下列三种物质组成的：

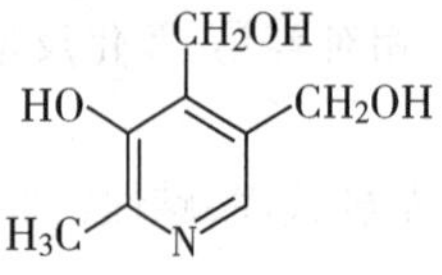

吡哆醇 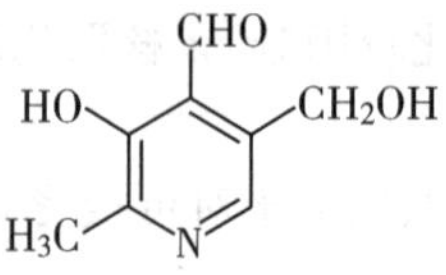　　吡哆醛 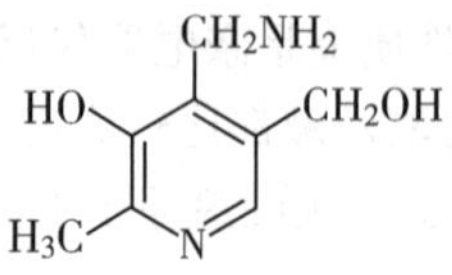　　吡哆胺

维生素 B_6 广泛存在于动、植物体内，如肝、鱼肉、谷物、马铃薯、白菜、香蕉和干酵母等，含量都比较丰富。动物体内缺乏维生素 B_6 时蛋白质代谢就不能正常进行。

维生素 PP 是 β-吡啶甲酸和 β-吡啶甲酰胺的合称。

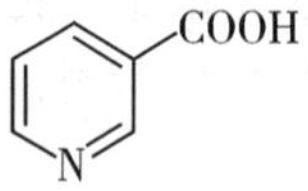

β-吡啶甲酸 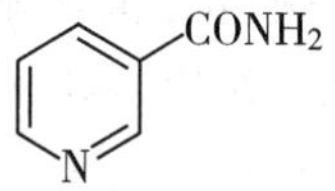　　β-吡啶甲酰胺

维生素 PP 是 B 族维生素之一，能促进人体细胞的新陈代谢。它存在于肉类、谷物花生及酵母中。体内缺乏维生素 PP 时，能引起皮炎、消化道炎以至神经紊乱等症状，称作癞皮病。所以维生素 PP 又称抗癞皮病维生素。

异烟肼是治疗结核病的良好药物，是一种白色固体，易溶于水。是由 4-吡啶甲酸与肼缩合而成。

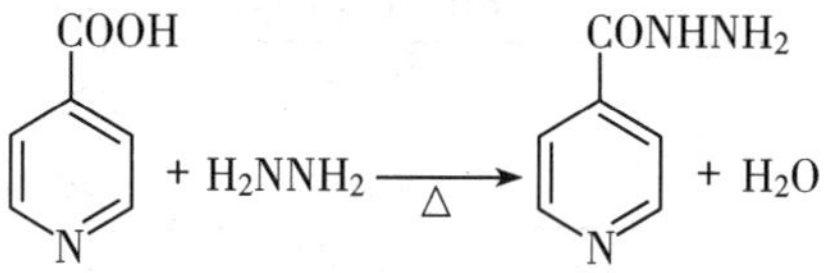

4-吡啶甲酸 + H_2NNH_2 $\xrightarrow{\triangle}$ 异烟肼 + H_2O

二、含两个杂原子的六元杂环化合物

以下主要讨论含两个氮原子的六元杂环化合物，含两个氮原子的六元杂环化合物总称为二氮嗪。“嗪”表示含有多于一个氮原子的六元杂环。二氮嗪有哒嗪、嘧啶和吡嗪 3 种异构体，其中最重要的是嘧啶。

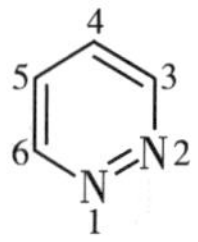

哒嗪 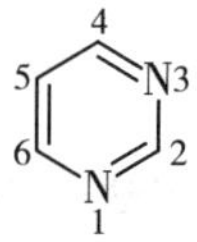　　嘧啶 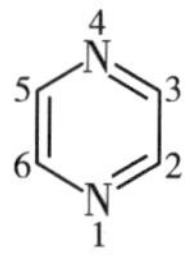　　吡嗪

哒嗪、嘧啶和吡嗪是许多重要杂环化合物的母核，其中以嘧啶环系最为重要，它的衍生物在自然界分布很广，广泛存在于动植物中，并在动植物的新陈代谢中起重要作用。如核酸中的碱基有三种含嘧啶衍生物：

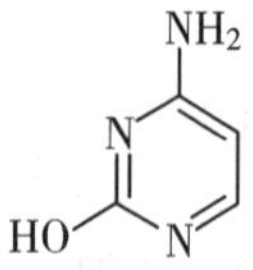

胞嘧啶 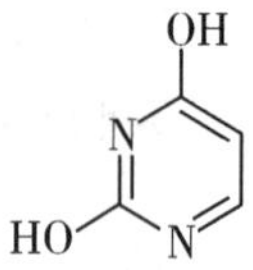　　尿嘧啶 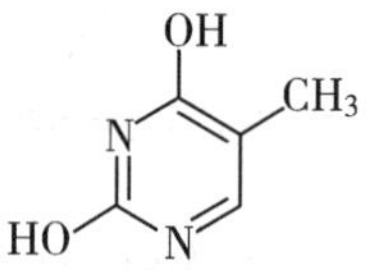　　胸腺嘧啶

当嘧啶环上连有羟基、氨基或巯基时，普遍存在互变异构现象。如尿嘧啶：

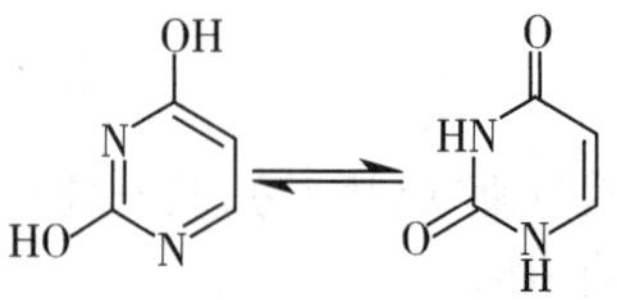

某些维生素及合成药物（如磺胺药物及巴比妥药物等）都含有嘧啶环系。

（一）二氮嗪的分子结构

二氮嗪类化合物都是平面型分子，与吡啶相似。所有碳原子和氮原子都是 sp^2 杂化，每个原子都

有一个未参与杂化的p轨道(每个p轨道含有一个单电子)相互平行侧面重叠形成六个原子、六个电子的环状闭合大π键。而两个氮原子各有一对未共用电子对在sp^2杂化轨道中并不参与环系的共轭。二嗪类化合物具有芳香性,属于芳香杂环化合物。

(二)二氮嗪的物理性质

二氮嗪类化合物由于氮原子上含有未共用电子对,可以与水形成氢键,所以哒嗪和嘧啶与水互溶,而吡嗪由于分子比较对称,极性小,水溶解度相对较低。

(三)二氮嗪的化学性质

1. 碱性　二氮嗪的碱性均比吡啶弱,亲电取代反应也比吡啶困难。由于两个氮原子的吸电子作用的相互影响,使其电子云密度都降低,减弱了与质子的结合能力。二氮嗪类化合物虽然含有两个氮原子,但都是一元碱。当一个氮原子成盐变成正离子后,它的吸电子能力大大增强,致使另一个氮原子上的电子云密度大大降低,很难再与质子结合,不再显碱性,故为一元碱。

2. 亲电取代反应　二氮嗪类化合物由于两个氮原子的强吸电子作用使环上电子云密度大大降低,亲电取代反应难于发生。以嘧啶为例,其硝化、磺化反应很难进行,但可以发生卤代反应,卤素原子进入电子云密度相对较高的5号位上。但是,当环上连有羟基、氨基等供电子基时,由于环上电子云密度增加,反应活性增加,可以发生硝化、磺化等亲电取代反应。

3. 亲核取代反应　二氮嗪可以与亲核试剂反应,如嘧啶的2、4、6号位分别处于两个氮原子的邻位或对位,受双重吸电子的影响,电子云密度降低,是亲核试剂进攻的主要部位。

4. 氧化反应　二氮嗪母核不易氧化,当有侧链或者是苯并二氮嗪时,侧链及苯环可被氧化成羧酸及二元羧酸。

CH_3 … N, N —$KMnO_4$→ —H^+→ COOH … N, N

N, N —$KMnO_4$, △→ —H^+→ HOOC, HOOC, N, N

第四节　稠杂环化合物

稠杂环化合物包括苯稠杂环和杂稠杂环两类。苯稠杂环是由苯环与五元杂环或六元杂环稠合而成;杂稠杂环是由两个或两个以上杂环稠合而成。

一、苯稠杂环化合物

常见的苯稠杂环化合物主要有吲哚、喹啉和异喹啉等。

(一)吲哚

4, 5, 6, 7, 3, 2, N 1, H

吲哚(苯并吡咯)存在于煤焦油中,纯品是无色片状晶体,熔点52℃,易溶于有机溶剂乙醇、乙醚和热水中。具有粪臭味,但纯净吲哚在浓度极稀时有馨花的香气,故在香料工业中用来制造茉莉花型香精。吲哚环系在自然界分布很广,如人类必需的氨基酸之一——色氨酸,还有人和哺乳动物脑组织中的5-羟色胺,此外麦角碱、马钱子、利血平等生物碱分子中也含有吲哚环,蟾蜍素、毒扁豆碱、天然植物激素β-吲哚乙酸等都是吲哚衍生物。吲哚的许多衍生物具有生理与药理活性,如5-羟色胺(5-HT)是一种神经递质,褪黑素具有促进睡眠、抗衰老、调节免疫、抗肿瘤等多项生理功能等。

HO, NH_2, N, H

5-HT

H_3CO, $NHCOCH_3$, N, H

褪黑素

吲哚具有芳香性，性质与吡咯相似。如吲哚也具有弱酸性，遇强酸发生聚合，能发生亲电取代反应，遇盐酸浸润过的松木片显红色。

吲哚环比吡咯环稳定，其原因是与苯环稠合后共轭体系延长，芳香性随之增加。吲哚对酸、碱及氧化剂都比较稳定，吲哚的碱性比吡咯还弱，酸性比吡咯稍强，这是由于氮原子上未共用电子对在更大范围内离域的结果。吲哚的亲电取代反应活性比苯高，反应主要发生在3(β)位，而不是在2(α)位。

（二）喹啉与异喹啉

喹啉和异喹啉都是由一个苯环和一个吡啶环稠合而成的化合物。它们互为同分异构体。

喹啉　　异喹啉

喹啉和异喹啉都存在于煤焦油中，1834年首次从煤焦油中分离出喹啉，不久，用碱干馏抗疟药奎宁也得到喹啉并因此而得名。喹啉衍生物在医药中起着重要作用，许多天然或合成药物都具有喹啉的环系结构，如奎宁、喜树碱等。而天然存在的一些生物碱，如吗啡碱、罂粟碱、小檗碱等，均含有异喹啉的结构。

喹啉为无色油状液体，有特殊气味，沸点238℃。异喹啉也是无色油状液体，沸点243℃。它们难溶于水，易溶于有机溶剂。由于分子中增加了憎水的苯环，故水溶性比吡啶降低很多。

喹啉和异喹啉都是平面型分子，含有10个π电子的芳香大π键，结构与萘相似。喹啉和异喹啉的氮原子上有一对未共用电子对，均位于一个sp^2杂化轨道中，与吡啶的氮原子相同，其化学性质也与吡啶相似。喹啉和异喹啉也有碱性，但碱性不如吡啶强，也能发生亲电取代反应，反应比吡啶容易，且主要发生在C-5和C-8位。

二、杂稠杂环化合物

杂稠杂环化合物是由两个或两个以上杂环稠合而成的化合物。其中最重要的是嘌呤，由一个嘧啶环和一个咪唑环稠合成的稠杂环化合物。

嘌呤本身不存在于自然界，但它的衍生物却广泛存在于动、植物体中。如存在具有合成蛋白质和遗传信息作用的核酸和核苷酸中，核苷酸中的另外两个碱基就是嘌呤衍生物。存在于生物体内核蛋白中的腺嘌呤和鸟嘌呤，也是很重要的嘌呤衍生物，并参与生命活动过程。嘌呤环系化合物还有抗肿瘤、抗病毒、抗过敏、降胆固醇、利尿、强心、扩张支气管等作用。因此嘌呤衍生物在生命过程中起着非常重要的作用。

（一）嘌呤的结构

嘌呤环也存在着互变异构现象（由于有咪唑环系），它有9*H*和7*H*两种异构体。

9*H*-嘌呤　　7*H*-嘌呤

（二）嘌呤的性质

嘌呤是无色针状晶体，熔点为216~217℃，易溶于水，可溶于醇，难溶于非极性有机溶剂。可看作是由一个嘧啶环和一个咪唑环互相稠合而成，嘌呤具有弱酸性和弱碱性，其酸性比咪唑强，碱性比嘧啶强，但比咪唑弱。它能与酸或碱生成盐。

嘌呤本身不存在于自然界，但它的衍生物却广泛存在于动、植物体中。存在于生物体内核蛋白中的腺嘌呤和鸟嘌呤，是很重要的嘌呤衍生物，并参与生命活动过程。

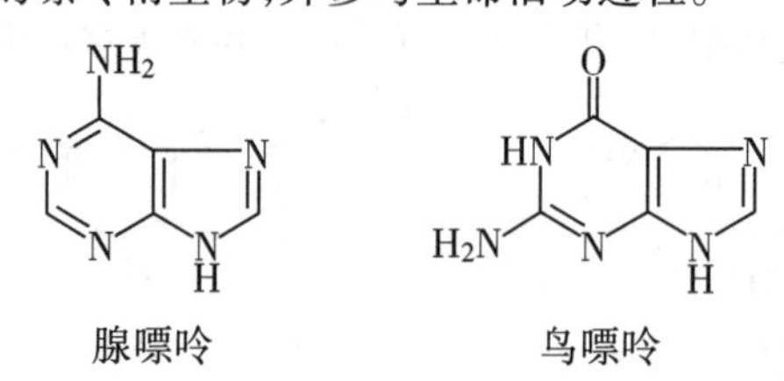

腺嘌呤　　鸟嘌呤

2,6-二羟基-7*H*-嘌呤称为黄嘌呤，有两种互变异构形式，其衍生物常以酮的形式存在。

烯醇式　　　　酮式

2,6-二羟基嘌呤（黄嘌呤）

黄嘌呤的甲基衍生物在自然界广泛存在，如存在于茶叶或可可豆中的咖啡因、茶碱和可可碱，具有利尿和兴奋神经的作用，其中咖啡因和茶碱供药用，它们都是嘌呤的衍生物。

咖啡因　　　　茶碱　　　　可可碱

第五节　生　物　碱

生物碱（alkaloid）是一类存在于动植物体内的含氮的碱性的具有强烈生理作用的有机化合物。由于生物碱主要存在于植物中，所用又称为植物碱。产地不同，植物中生物碱的含量也不同。如我国的麻黄含有 7 种生物碱，而法国的麻黄却不含任何生物碱。一种植物往往含有多种结构相近的一系列生物碱，例如，烟草中就含有十几种生物碱；金鸡纳树皮中含有三十多种生物碱。同时，同种生物碱也可以存在于不同科属的植物内。目前，近百种已知结构的生物碱都是很有价值的药物，它们都有很强的生理作用。如吗啡碱有镇痛的作用，麻黄碱有止咳平喘的效用。许多中草药的有效成分也是生物碱，如当归、甘草、贝母、常山、麻黄、黄连等。我国使用中草药医治疾病的历史已有数千年之久，积累了非常丰富的经验，这对于开发我国的自然资源和提高人们的健康水平起着十分重要的作用。

生物碱在植物体内常与有机酸（柠檬酸、苹果酸、草酸等）或无机酸（硫酸、磷酸等）结合成盐而存在。也有少数以游离碱、苷或酯的形式存在。

生物碱的发现始于 19 世纪初，最早发现的是吗啡（1803 年），随后不断地报道了各种生物碱的发现，例如奎宁（1820 年）、颠茄碱（1831 年）、可卡因（1860 年）、麻黄碱（1877 年）等。19 世纪兴起了对生物碱的研究和结构测定，为杂环化学、立体化学和合成新药物提供了大量的资料和新的研究方法。到目前为止人们从植物中分离出的生物碱已达两千多种。

一、生物碱的命名和分类

生物碱多根据来源的植物命名，例如麻黄碱是由麻黄中提取得到，烟碱是由烟草中提取得到。生物碱的名称又可采用国际通用名称的译音，例如烟碱又称为尼古丁。

生物碱的分类方法有多种，常根据生物碱的化学结构进行分类。如麻黄碱属有机胺类；一叶萩碱、苦参碱属吡啶衍生物类；莨菪碱属莨菪烷衍生物类；喜树碱属喹啉衍生物类；常山碱属喹唑酮衍生物类；茶碱属嘌呤衍生物类；小檗碱属异喹啉衍生物类；利血平、长春新碱属吲哚衍生物类等。

二、生物碱的一般性质

（一）生物碱的物理性质

生物碱绝大多数是无色或白色结晶性固体，只有少数为液体或有颜色。如烟碱、毒芹碱为液体，小檗碱呈黄色。生物碱及其盐都具有苦味，有些则极苦而辛辣。生物碱一般不溶或难溶于水，易溶于有机溶剂，如乙醚、丙酮、氯仿、苯等有机溶剂，生物碱与酸所形成的盐大多数溶于水，而不溶于有机溶剂。

（二）生物碱的化学性质

1. 碱性　大多数生物碱是含氮有机化合物，分子中的氮原子含有未共用的电子对，对质子有一定的接受能力，具有碱性，能与酸作用成盐，遇强碱，生物碱则从它的盐中游离出来，利用这一性质可提取和精制生物碱。

生物碱的盐能溶于水，临床上利用此性质将生物碱药物制成易溶于水的生物碱盐类而应用，如硫酸阿托品、磷酸可待因、盐酸吗啡等。在使用过程中，生物碱类药物应注意不能与碱性药物配伍，否则会出现沉淀。如在硫酸奎宁的水溶液中，加入少量苯巴比妥钠（呈碱性），立刻析出白色沉淀而失效。

各种生物碱的分子结构不同，氮原子在分子中存在的形式也不同。所以，碱性强弱也不一样。分子中的氮原子大多数以仲胺、叔胺及季铵碱三种形式存在环状结构中，均具有碱性，以季铵碱的碱性最强。若分子中氮原子以酰胺形式存在时，碱性几乎消失，不能与酸结合成盐。有些生物碱分子中除含碱性氮原子外，还含有酚羟基或羧基，所以既能与酸反应，也能与碱反应生成盐。

2. 旋光性　生物碱结构复杂，分子中往往含有一个或几个手性碳原子而具有旋光性。自然界中的生物碱多为左旋体，左旋体和右旋体的生理活性有很大差异。如麻黄碱分子中含有两个手性碳原子，共有 4 种旋光异构体，临床上使用其左旋体的盐酸盐——盐酸麻黄碱。

3. 沉淀反应　大多数生物碱或其盐的水溶液能与生物碱沉淀试剂反应，生成难溶于水的有色简单盐、复盐或配合物的沉淀。这些能使生物碱发生沉淀反应的试剂称为生物碱沉淀剂。常用的生物碱沉淀试剂是一些酸和重金属盐类或复盐的溶液。

（1）碘化汞钾试液[$K_2(HgI_4)$]（是由碘化钾和碘化汞配成的试剂）：遇生物碱大多数生成白色或浅黄色沉淀。

（2）苦味酸试剂（2,4,6-三硝基苯酚）：遇生物碱大多数生成黄色沉淀。

（3）磷钨酸试剂（$WO_3 \cdot 2H_3PO_4$）：遇生物碱大多数生成黄色沉淀。

（4）磷钼酸试剂（$H_3PO_4 \cdot 12MoO_3 \cdot 12H_2O$）：遇生物碱大多数生成浅黄色沉淀或橙黄色沉淀。

（5）鞣酸试剂：遇生物碱大多数生成白色沉淀。

（6）碘化铋钾试剂（$KI \cdot BiI_3$）：遇生物碱大多数生成红棕色沉淀。

（7）氯化汞试剂：遇生物碱大多数生成白色沉淀。

利用沉淀反应可检查某些植物中是否含有生物碱，并且可根据沉淀的颜色、形状等鉴别生物碱。利用沉淀反应还可以提取和精制生物碱。

4. 显色反应　生物碱能与生物碱显色剂发生反应，并且因其结构不同而显示不同的颜色。这些能使生物碱发生颜色变化的试剂称为生物碱显色剂。

常用的生物碱显色剂有：浓硫酸、浓硝酸、甲醛-浓硫酸试剂、对-二甲氨基苯甲醛的硫酸溶液、钒酸铵的浓硫酸溶液、钼酸钠、重铬酸钾和高锰酸钾等的浓硫酸溶液。

利用生物碱的颜色反应可鉴别生物碱。如 1%的钒酸铵的浓硫酸溶液遇莨菪碱显红色，遇吗啡显棕色，遇奎宁则显浅橙色；甲醛-浓硫酸试剂与吗啡显紫红色，遇可待因显蓝色，遇阿托品显红色。

三、重要的与医学有关的生物碱

（一）烟碱

N　N　CH_3

烟碱（nicotine）存在于烟叶中，又名尼古丁，属吡啶衍生物类生物碱。烟叶中含有十余种生物碱，烟碱是其中最主要的一种，含 2%～8%，纸烟中约含 1.5%。为无色油状液体，沸点 246℃，暴露在空气中逐渐变棕色，臭似吡啶，味辛辣，易溶于水、乙醇及氯仿中。具有旋光性，天然存在的烟碱是左旋体。烟碱有剧毒，少量吸入能刺激中枢神经，增高血压；大量吸入则抑制中枢神经，出现恶心、呕吐，使心脏停搏以至死亡。几毫克的烟碱就能引起头痛、呕吐、意识模糊等中毒症状，长期吸

烟会引起慢性中毒。

（二）麻黄碱

麻黄碱(ephedrine)是中药麻黄中的一种主要生物碱,又叫麻黄素。无色晶体,熔点34℃,味苦,易溶于水,能溶于氯仿、乙醇、苯等有机溶剂。

麻黄碱苯环的侧链上含有两个手性碳原子,应有四个旋光异构体,但在中药麻黄植物中只存在(-)-麻黄碱和(+)-伪麻黄碱两种,并且两者是非对映异构体。一般常用的麻黄碱系指左旋麻黄碱,(-)-麻黄碱又称为麻黄素,(+)-麻黄碱称为伪麻黄碱。(-)-麻黄碱具有兴奋中枢神经、升高血压、扩张支气管、收缩鼻黏膜及止咳作用,也有散瞳作用,故临床上常用盐酸麻黄碱治疗支气管哮喘、过敏反应,鼻黏膜肿胀及低血压等症。

麻黄碱的脱氧衍生物甲基苯丙胺具有使中枢神经兴奋的作用和极强的成瘾性;因外观似“冰”,称为冰毒,是严重危害人体健康的毒品。

(-)-麻黄碱　　(+)-麻黄碱　　冰毒

（三）吗啡碱

吗啡　$R=R_1=H$

可待因　$R=CH_3$　$R_1=H$

海洛因　$R=R_1=CH_3C(=O)-$

罂粟科植物鸦片中含有20多种生物碱,其中比较重要的有吗啡、可待因等。这两种生物碱属于异喹啉衍生物类,可看作为六氢吡啶环(哌啶环)与菲环相稠合而成的基本结构。

吗啡从阿片中提取制备,白色晶体,熔点254~256℃,暴露在空气中颜色加深,味苦,微溶于水,溶于氯仿。吗啡对中枢神经有麻醉作用,有极快的镇痛效力,但易成瘾,不宜长期使用。一般只为解除晚期癌症患者的痛苦而限制使用。

可待因是吗啡的甲基醚(甲基取代吗啡分子中酚羟基的氢原子)。可待因与吗啡有相似的生理作用,镇痛作用比吗啡弱,也能成瘾,镇咳效果较好,临床用作镇咳药。

海洛因镇痛作用较大,并产生欣快和幸福的虚幻感觉,毒性和成瘾性极大,过量能致死,被列为禁止制造和出售的毒品。

（四）莨菪碱

莨菪碱(hyoscyamine)存在于颠茄、莨菪、曼陀罗、洋金花等茄科植物的叶中,为白色晶体,熔点114~116℃,味苦,难溶于水,易溶于乙醇和氯仿。莨菪碱是由莨菪醇和莨菪酸形成的酯,其分子中含有一个手性碳原子而具有旋光性。其外消旋体称为阿托品,医疗上常用硫酸阿托品作抗胆碱药,能抑制唾液、汗腺等多种腺体的分泌,并能扩散瞳孔;还用于平滑肌痉挛、胃和十二指肠溃疡病;也可用作有机磷、锑剂中毒的解毒剂。

（五）肾上腺素

肾上腺素（adrenaline，epinephrine）是肾上腺髓质分泌的激素。人工合成的为白色结晶性粉末，味苦，微溶于水，不溶于乙醇、乙醚和氯仿，熔点为206~212℃，熔融时同时分解。肾上腺素分子中有一个手性碳原子，有旋光性；结构中含有酚羟基，也具有仲胺结构，因此具有酸碱两性；分子具有邻苯二酚的结构，易氧化变质。临床上使用的是盐酸肾上腺素注射液，用于心脏骤停的急救、过敏性休克及控制支气管哮喘的急性发作等。

（六）小檗碱（黄连素）

小檗碱（berberine）可从黄连、黄柏和三颗针等药材中提取制备，也可以人工合成，属异喹啉衍生物，是一种季铵类化合物。黄色结晶，熔点145℃，味极苦，能溶于水。黄连素具有较强的抗菌作用，在临床上常用盐酸黄连素治疗菌痢、胃肠炎等疾病。

学习小结

1. 杂环化合物是指环中含有氧原子、硫原子、氮原子等杂原子的化合物，芳香杂环具有闭合共轭体系，它可分为五元杂环、六元杂环、稠杂环三大类。通常用音译法命名。

2. 单杂环都是6电子闭合共轭体系，杂环化合物的结构决定性质。

3. 重要的杂环化合物及其衍生物有吡咯、咪唑、吡啶、嘧啶、嘌呤和吲哚及其衍生物。

4. 生物碱是存在于动植物体内具有强烈生理作用的含氮的碱性有机化合物。生物碱的主要性质有碱性、旋光性、与沉淀试剂能形成沉淀，与显色试剂产生特征颜色。

5. 生物碱的提取是先使生物碱转化成可溶性的盐酸盐或硫酸盐，然后用强碱置换或者用离子交换树脂交换。

6. 重要的生物碱包括烟碱、麻黄碱、吗啡碱、莨菪碱、肾上腺素和小檗碱等。

（朱志红）

扫一扫，测一测

思考题

1. 为什么内酯、环醚和环状酸酐等含有杂原子的环状化合物没有列入杂环化合物？

2. 为什么青霉素（钾）常制成粉针？

第十三章 糖类

学习目标

1. 掌握糖的定义和分类；单糖的结构特点和化学性质。
2. 熟悉常见二糖和多糖的结构特征及主要化学性质。
3. 了解常见单糖、二糖和多糖的来源、物理性质、生理意义或用途。

糖类(saccharide))是自然界存在最多、分布最广的一类重要有机化合物。它是生物体重要的基本物质之一，也是生物体维持生命活动的主要来源。如构成人体组织的糖蛋白、核糖和糖脂等，都在生命活动中发挥着重要作用；具有特殊生理功能的肝糖，能够保护肝脏，对乙醇、砷等有较强的解毒作用。

糖类化合物由碳、氢、氧 3 种元素组成，由于最初发现的糖类化合物具有 $C_n(H_2O)_m$ 的组成通式，因此最早把这类化合物称为“碳水化合物”。但后来的研究显示，组成符合这个通式的化合物有的并不具有糖的性质，如甲醛(CH_2O)、乙酸($C_2H_4O_2$)等；组成不符合这个通式的化合物有的却具有糖类的性质，如脱氧核糖($C_5H_{10}O_4$)、鼠李糖($C_6H_{12}O_5$)等；有的糖还含有 N 或 S 元素。因此严格地讲，把糖类称为碳水化合物并不确切。

从分子结构上看，糖类是多羟基醛或多羟基酮及其脱水缩合的产物和衍生物。例如葡萄糖是多羟基醛，果糖是多羟基酮，蔗糖是由葡萄糖和果糖脱水而成的缩合物。

根据糖类能否水解和彻底水解后的产物分子数目不同，可将其分为以下三类：

单糖(mono saccharide)是最简单的糖，不能被水解的多羟基醛或多羟基酮，如葡萄糖、果糖、核糖等。

低聚糖(oligosaccharide)又称寡糖，是水解后能生成 2~10 个单糖分子的糖，其中最常见的是二糖，如蔗糖、麦芽糖、乳糖等。

多糖(polysaccharide)又称高聚糖，是水解后能生成 10 个以上单糖分子的糖，如糖原、淀粉、纤维素等。

第一节 单 糖

单糖按其结构分为醛糖(aldose)和酮糖(ketose)；按分子中所含碳原子的数目可分为丙糖、丁糖、戊糖和己糖等。自然界中，最简单的醛糖和酮糖分别是甘油醛和二羟基丙酮。生物体内最为常见的单糖是戊糖和己糖，其中最重要的戊糖是核糖和脱氧核糖，最重要的己糖是葡萄糖和果糖，与生命活动密切相关。

从结构和性质来看，葡萄糖和果糖可作为单糖的代表，因此下面就以这两种己糖为例来讨论单糖的结构。

一、单糖的结构

（一）葡萄糖的结构

1. 葡萄糖的链状结构和构型　葡萄糖的分子式为 $C_6H_{12}O_6$，具有五羟基己醛的基本结构，属于己醛糖。己醛糖的直链结构式为：

$$\begin{array}{cccccccccccc} CH_2 & - & \overset{*}{C}H & - & \overset{*}{C}H & - & \overset{*}{C}H & - & \overset{*}{C}H & - & CHO \\ | & & | & & | & & | & & | & & \\ OH & & OH & & OH & & OH & & OH & & \end{array}$$

分子中含有 4 个不同的手性碳原子，应有 $2^4=16$ 个旋光异构体，而葡萄糖只是 16 个己醛糖异构体之一。其分子的空间构型用费歇尔投影式（Ⅰ）表示。为了书写方便，也可用（Ⅱ）或（Ⅲ）等简式表示。

$$\begin{array}{ccc} \begin{array}{c} CHO \\ H-\!\!\!+\!\!\!-OH \\ HO-\!\!\!+\!\!\!-H \\ H-\!\!\!+\!\!\!-OH \\ H-\!\!\!+\!\!\!-OH \\ CH_2OH \end{array} & \begin{array}{c} CHO \\ \vdash \\ \dashv \\ \vdash \\ \vdash \\ CH_2OH \end{array} & \begin{array}{c} \triangle \\ \vdash \\ \dashv \\ \vdash \\ \vdash \\ \bigcirc \end{array} \\ (Ⅰ) & (Ⅱ) & (Ⅲ) \end{array}$$

通常命名单糖时常需标明其构型，一般采用 *D*/*L*（构型）标记法表示其不同构型，即以甘油醛为标准，只考虑编号最大的手性碳原子的构型，手性碳原子上的羟基在碳链右边的构型为 *D*-型，在碳链左边的构型则为 *L*-型。本章所述单糖未标明构型的均为 *D*-型糖。在 16 种己醛糖中，自然界存在的只有 *D*-(+)-葡萄糖、*D*-(+)-半乳糖和 *D*-(+)-甘露糖，其余 13 种都是人工合成的。

2. 变旋光现象和葡萄糖的环状结构　葡萄糖能被氧化、还原，形成肟、酯等，这些性质与开链醛式结构是一致的。但是葡萄糖还有一些“异常现象”无法用链状结构解释。

第一，葡萄糖不能使希夫试剂显色，也不能与亚硫酸氢钠加成。

第二，醛在干燥 HCl 作用下可与 2 分子醇作用生成缩醛，而葡萄糖则只能与 1 分子醇作用，生成无还原性的稳定产物（性质类似于缩醛）。

第三，葡萄糖存在变旋光现象。实验发现，葡萄糖有两种比旋光度（$[\alpha]_D^{20}$）不同的晶体。从冷乙醇中结晶出来的称为 *α*-型，其新配制的水溶液比旋光度为+112°；另一种是从热的吡啶中结晶出来的，称为 *β*-型，其新配制的水溶液比旋光度为+18.7°。上述两种水溶液的比旋光度都会逐渐变化，并且都在达到+52.7°时保持稳定不再改变。某些旋光性化合物溶液的旋光度自行改变逐渐达到一个定值的现象称为变旋光现象（mutarotation）。

基于上述事实，同时受醛可以与醇加成生成半缩醛这一反应的启示，化学家们推测单糖分子的结构不是唯一的，其链状结构中的醛基和羟基应能发生分子内的加成反应，形成环状半缩醛，这种环状结构已经得到实验证实。开链葡萄糖分子中 C_5 上的羟基与 C_1 羰基加成形成六元含氧杂环，具有这种六元含氧杂环（与吡喃环相似）的单糖称为吡喃糖（pyranose）；有的单糖分子内加成可形成五元含氧杂环，具有这种五元含氧杂环（与呋喃环相似）的单糖称为呋喃糖（furanose）。

$$\begin{array}{ccccc} \begin{array}{c} H-C-OH \\ H-\!\!\!+\!\!\!-OH \\ HO-\!\!\!+\!\!\!-H \quad O \\ H-\!\!\!+\!\!\!-OH \\ H-\!\!\!+ \\ CH_2OH \end{array} & \rightleftharpoons & \begin{array}{c} CHO \\ H-\!\!\!+\!\!\!-OH \\ HO-\!\!\!+\!\!\!-H \\ H-\!\!\!+\!\!\!-OH \\ H-\!\!\!+\!\!\!-OH \\ CH_2OH \end{array} & \rightleftharpoons & \begin{array}{c} HO-C-H \\ H-\!\!\!+\!\!\!-OH \\ HO-\!\!\!+\!\!\!-H \quad O \\ H-\!\!\!+\!\!\!-OH \\ H-\!\!\!+ \\ CH_2OH \end{array} \end{array}$$

α-*D*-(+)-吡喃葡萄糖（约36%）　*D*-(+)-葡萄糖链状结构（微量）　β-*D*-(+)-吡喃葡萄糖（约64%）

单糖成环时，醛基碳原子 C_1 变成了一个新的手性碳原子，新形成的 C_1-羟基称为半缩醛羟基或苷羟基（亦称为潜在醛基），因此环状结构无论是吡喃型还是呋喃型都有两种异构体。以直立费歇尔投影式表示 *D*-型糖的环状结构时，其苷羟基在碳链右侧的称为 α-型，苷羟基在碳链左侧的称为 β-型，这

种仅是第一个手性碳原子构型不同，称为端基异构体，属于非对映异构体。葡萄糖的两种端基异构体分别为 α-*D*-(+)-吡喃葡萄糖（可从葡萄糖的冷乙醇溶液中结晶析出）、β-*D*-(+)-吡喃葡萄糖（可从葡萄糖的热吡啶溶液中结晶析出）。

由于葡萄糖的 α-型和 β-型的比旋光度不一样，而在水溶液中两种环状结构中的任何一种均可通过开链结构相互转变，在趋向平衡的过程中，α-型和 β-型的相对含量不断改变，溶液的比旋光度也随之发生改变，当这种互变达到平衡时，比旋光度也就不再改变，此即葡萄糖产生变旋光现象的原因。

$$\underset{\text{约36\%}}{\underset{[\alpha]_D^{20}=+112°}{\alpha\text{-}D\text{-}(+)\text{-吡喃葡萄糖}}} \rightleftharpoons \underset{\text{微量}}{\text{开链式}} \rightleftharpoons \underset{\text{约64\%}}{\underset{[\alpha]_D^{20}=+18.7°}{\beta\text{-}D\text{-}(+)\text{-吡喃葡萄糖}}}$$

$$[\alpha]_D^{20}=+52.7°$$

凡是存在环状结构的单糖在溶液中都有变旋光现象，例如 D-果糖、D-甘露糖等均有变旋光现象。

在水溶液中葡萄糖的环状结构占绝对优势，开链结构浓度极低。这正是葡萄糖与亚硫酸氢钠或希夫试剂都难以发生反应的原因。

3. 葡萄糖环状结构的哈沃斯式　上述葡萄糖的环状结构是用直立费歇尔投影式表示的，其中碳链直线排列以及过长而又弯曲的氧桥键显然不合理。为了接近真实并形象地表达葡萄糖的氧环结构，化学上常采用哈沃斯（Haworth）式。葡萄糖的哈沃斯式可看作由费歇尔投影式改写而成，一般写法如下：

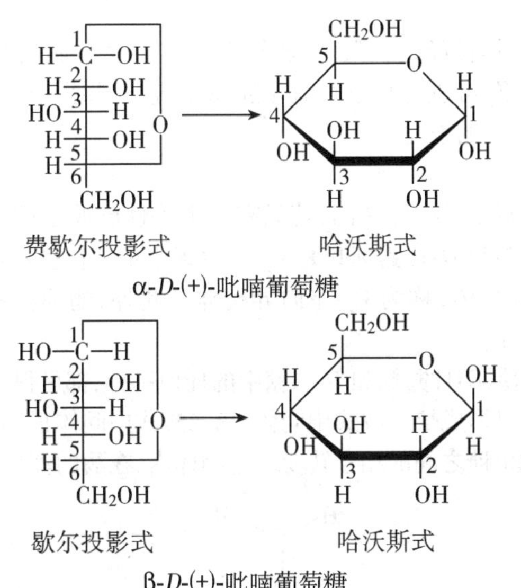

α-*D*-(+)-吡喃葡萄糖

β-*D*-(+)-吡喃葡萄糖

将吡喃环改写成垂直于纸平面的平面六边形，其中粗线表示的键在纸平面前方，细线表示的键在纸平面后方，C_1 和 C_4 在纸平面上；C_5 所连的羟甲基和氢原子分别在环平面上、下方；环上其他碳原子所连的基团，原来在投影式左边的，处于环平面的上方；原来在投影式右边的，处于环平面下方（即"左上右下"）。苷羟基在环平面下方者是 α-型，在上方者是 β-型，其他 *D*-型糖亦如此。

（二）果糖的结构

1. 果糖的构型　果糖的分子式为 $C_6H_{12}O_6$，与葡萄糖互为同分异构体。不同的是两者羰基的位置不同，果糖的羰基在 C_2 上，属于己酮糖，自然界中存在的是 *D*-(−)-果糖。其开链结构式为：

```
   CH2OH          CH2OH
   |              |
   C=O            C=O
HO—+—H           —+
 H—+—OH           +—
 H—+—OH           +—
   CH2OH          CH2OH
```

D-(−)-果糖

2. 果糖的环状结构　与葡萄糖相似，*D*-果糖既有链状结构，又存在环状结构。当 *D*-果糖链状结构中 C_5 或 C_6 上的羟基与酮基加成时，分别形成呋喃环和吡喃环两种环状结构。自然界中以游离态存在的果糖主要是吡喃型；而以结合态存在的果糖（如蔗糖中的果糖）主要是呋喃型。无论是呋喃果糖还是吡喃果糖又都有各自的 α-型和 β-型。在水溶液中，*D*-果糖也可以由一种环状结构通过链状结构转变成其他各种环状结构，因此果糖也有变旋光现象，达到互变平衡时，其比旋光度为−92°。

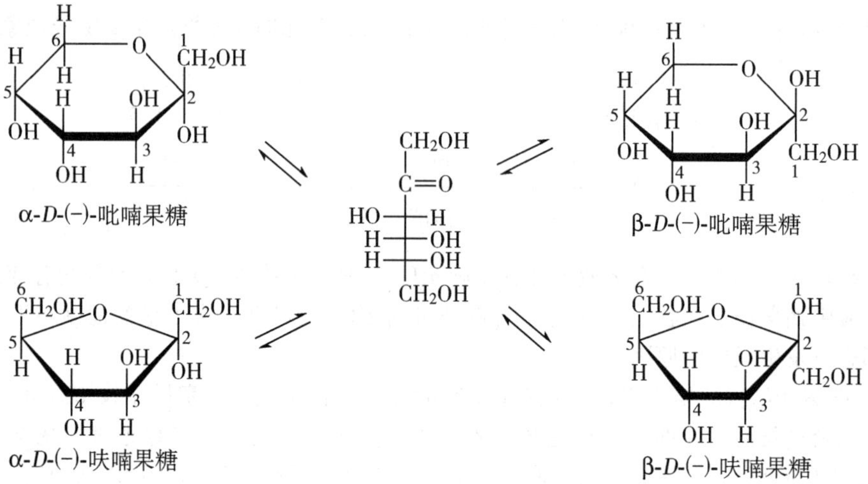

α-*D*-(−)-吡喃果糖　　β-*D*-(−)-吡喃果糖

α-*D*-(−)-呋喃果糖　　β-*D*-(−)-呋喃果糖

二、单糖的化学性质

从结构上看，单糖分子中具有羟基和羰基，能够发生这些官能团的特征反应。例如成酯、成醚等表现醇羟基的性质。作为醛酮，可进行加成和氧化还原反应。同时，由于这两种官能团在分子中的相互影响，还导致了某些特殊反应的发生。

（一）差向异构化

含有多个手性碳原子的旋光异构体之间，若只有一个手性碳原子的构型不同，它们互称为差向异构体（epimer）。例如 *D*-葡萄糖和 *D*-甘露糖只是 C_2 手性碳原子的构型不同，其他手性碳原子的构型完全相同，所以它们互为差向异构体，称为 C_2-差向异构体。此外，葡萄糖和半乳糖只是手性碳原子 C_4 构型不同，属于 C_4-差向异构体。

用稀碱溶液处理 *D*-葡萄糖、*D*-甘露糖和 *D*-果糖中的任何一种，都可得到这三种单糖的互变平衡混合物，这是因为糖在稀碱作用下可形成烯二醇式中间体，烯二醇式中间体很不稳定，能可逆地进行不同方式的互变异构化，从而实现三种单糖之间的相互转变。生物体内，在酶的催化下，也能发生类似转化。

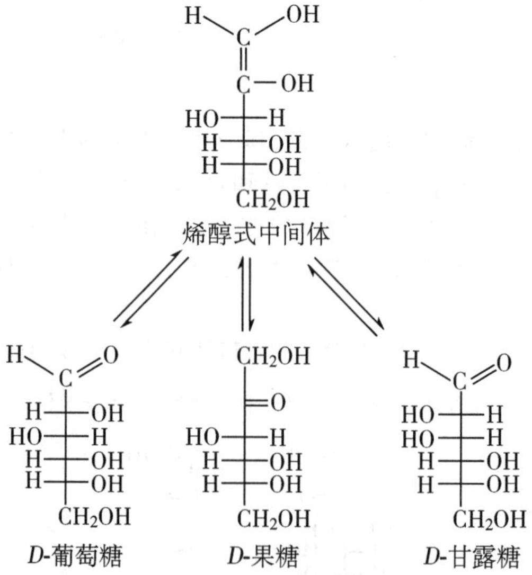

烯醇式中间体

D-葡萄糖　　*D*-果糖　　*D*-甘露糖

在上述互变异构反应中既有醛糖和酮糖（*D*-葡萄糖、*D*-甘露糖与 *D*-果糖）之间的互变异构化，也有差向异构体（*D*-葡萄糖和 *D*-甘露糖）之间的互变异构化，其中差向异构体之间的互变异构化称为差向

异构化(epimerization)。

在碱性条件下,酮糖能显示某些醛糖的性质(如还原性),就是因为此时酮糖可异构化为醛糖。

(二)氧化反应

1. 与弱氧化剂反应　单糖无论是醛糖或酮糖都可与碱性弱氧化剂发生氧化反应。常用的碱性弱氧化剂有托伦(Tollens)试剂、斐林(Fehling)试剂和班氏(Benedict)试剂。单糖被托伦试剂氧化产生银镜,与班氏试剂和斐林试剂反应生成砖红色的 Cu_2O 沉淀。

$$\underset{\text{}}{\text{单糖}} + \underset{\text{(托伦试剂)}}{Ag^{+}\text{(配离子)}} \xrightarrow{OH^{-}} \text{糖酸(混合物)} + Ag\downarrow$$

$$\text{单糖} + \underset{\text{(斐林试剂或班氏试剂)}}{Cu^{2+}\text{(配离子)}} \xrightarrow{OH^{-}} \text{糖酸(混合物)} + Cu_2O\downarrow$$

酮糖能发生上述反应是因为在碱性条件下能异构化为醛糖。

凡能与托伦试剂、班氏试剂、斐林试剂反应的糖称为还原糖;不能反应的糖称为非还原糖。单糖都是还原糖。托伦试剂、班氏试剂、斐林试剂常用于单糖的定性或定量测定。

班氏试剂是由硫酸铜、碳酸钠和枸橼酸钠配制成的溶液,其优点是比较稳定。临床上常用班氏试剂检验尿液中是否含有葡萄糖,并根据生成氧化亚铜沉淀的颜色深浅及量的多少来判断尿糖(尿液中的葡萄糖称为尿糖)的含量。

2. 与溴水反应　溴水是一种酸性弱氧化剂,能把醛糖氧化成为糖酸,而不能氧化酮糖。

醛糖溶液中加溴水,稍微加热后,溴水的红棕色即可褪去,利用这个性质可区别醛糖和酮糖。

$$\begin{array}{c} CHO \\ H-\!\!\!-OH \\ HO-\!\!\!-H \\ H-\!\!\!-OH \\ H-\!\!\!-OH \\ CH_2OH \\ \textit{D}\text{-葡萄糖} \end{array} \xrightarrow[H_2O]{Br_2} \begin{array}{c} COOH \\ H-\!\!\!-OH \\ HO-\!\!\!-H \\ H-\!\!\!-OH \\ H-\!\!\!-OH \\ CH_2OH \\ \textit{D}\text{-葡萄糖酸} \end{array}$$

3. 与稀硝酸反应　用强氧化剂如稀硝酸氧化醛糖时,醛基和羟甲基均被氧化成羧基,生成糖二酸。如 *D*-葡萄糖被硝酸氧化则生成 *D*-葡萄糖二酸。

$$\begin{array}{c} CHO \\ H-\!\!\!-OH \\ HO-\!\!\!-H \\ H-\!\!\!-OH \\ H-\!\!\!-OH \\ CH_2OH \\ \textit{D}\text{-葡萄糖} \end{array} \xrightarrow{HNO_3} \begin{array}{c} COOH \\ H-\!\!\!-OH \\ HO-\!\!\!-H \\ H-\!\!\!-OH \\ H-\!\!\!-OH \\ COOH \\ \textit{D}\text{-葡萄糖二酸} \end{array}$$

酮糖在上述条件下则发生 C_1-C_2 键断裂,生成较小分子的二元酸。

在体内酶的作用下 *D*-葡萄糖的羟甲基被氧化成羧基,生成葡糖醛酸。在肝脏中 *D*-葡糖醛酸可与一些有毒物质如醇类、酚类化合物结合并由尿液排出体外,起到解毒和保护肝脏的作用。临床上常用的护肝药物"肝泰乐"就是葡糖醛酸。

(三)成脎反应

单糖和过量的苯肼一起加热即生成糖脎(osazone)。生成糖脎是α-羟基醛或α-羟基酮的特有反应。糖脎的生成分为三步:单糖先与苯肼作用生成苯腙;α-羟基被苯肼氧化成新的羰基;新的羰基再与苯肼作用生成二苯腙,即糖脎。*D*-葡萄糖与苯肼反应生成糖脎的反应如下:

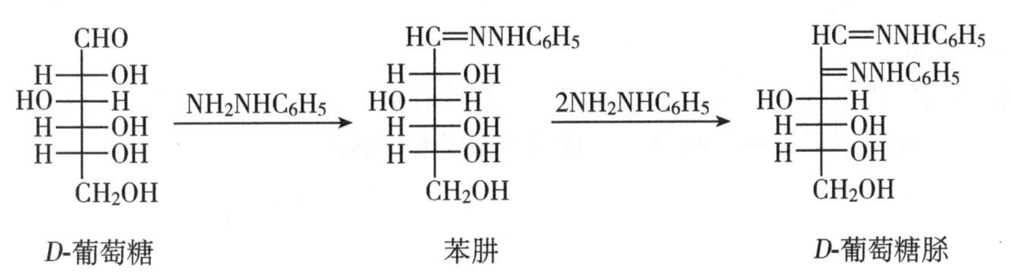

D-葡萄糖　　　　苯腙　　　　*D*-葡萄糖脎

糖脎是黄色结晶,不同的糖脎的晶型和熔点都不相同,不同糖成脎所需时间也不同,所以成脎反应常用于糖类的鉴定。另外,成脎反应是在羰基和具有羟基的α-碳上进行,单糖一般在 C_1 和 C_2 位上发生反应。因此,除 C_1 及 C_2 外,其余手性碳原子构型相同的糖都能生成相同的糖脎。例如,葡萄糖、果糖和甘露糖即生成同一种糖脎。因此成脎反应对测定糖的构型很有价值。

(四)成苷反应

单糖环状结构中的苷羟基活泼性高于一般的醇羟基,能与含活泼氢的化合物(如含羟基、氨基或巯基的化合物)脱水,生成的产物称为糖苷(glycoside),此反应则称为成苷反应。

例如:*D*-葡萄糖在干燥 HCl 的催化下可与甲醇反应生成 *D*-葡萄糖甲苷。成苷的产物是α-型和β-型的混合物,以α-型为主,反应式如下:

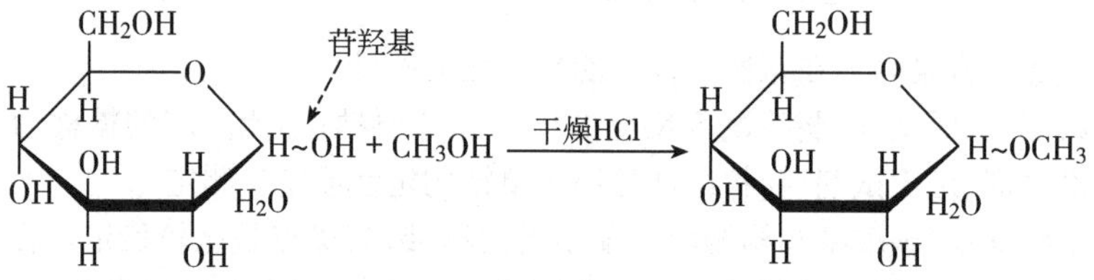

苷羟基

干燥HCl

D-吡喃葡萄糖(α或β-型)　　*D*-吡喃葡萄糖甲苷(α或β-型)

形成糖苷时,单糖脱去苷羟基后的部分称为糖苷基(glycosyl),另一种含活泼氢的化合物(也可以是糖,见第二节)提供的基团称为糖苷配基或苷元(aglycone)。例如上述葡萄糖甲苷中,去掉苷羟基的葡萄糖部分为糖苷基,甲基为糖苷配基。连接糖苷基和糖苷配基的键称为苷键(glycoside key),苷键也有α-型和β-型之别。根据苷键上原子的不同,苷键又有氧苷键、氮苷键、硫苷键等。一般所说的苷键指的是氧苷键,在核苷中的苷键是氮苷键。

在糖苷分子中已没有苷羟基,不能通过互变异构转变为开链式结构,所以糖苷没有还原性和变旋(光)现象,也不能与苯肼成脎。由于糖苷实质上也是一种缩醛,所以它和其他缩醛一样,在中性和碱性条件下比较稳定,而在酸或酶作用下,苷键能够水解生成原来的化合物。氧苷键很容易水解,在同样条件下氮苷键的水解速度则较慢。生物体内有的酶只能水解α-糖苷,有的酶只能水解β-糖苷。例如α-*D*-葡萄糖甲苷能被麦芽糖酶水解为甲醇和葡萄糖,而不能被苦杏仁酶水解。相反,β-*D*-葡萄糖甲苷能被苦杏仁酶水解,却不能被麦芽糖酶水解。

糖苷大多为白色、无臭、味苦的结晶性粉末,能溶于水和乙醇,难溶于乙醚。在动植物体中的许多糖都是以糖苷形式存在,很多中草药的有效成分也是糖苷类化合物。例如:杏仁中的苦杏仁苷具有祛痰止咳作用;白杨和柳树皮中的水杨苷具有止痛作用;人参中的人参皂苷有调节中枢神经系统增强机体免疫功能等作用;黄芩中的黄芩苷有清热泻火、抗菌消炎等作用。

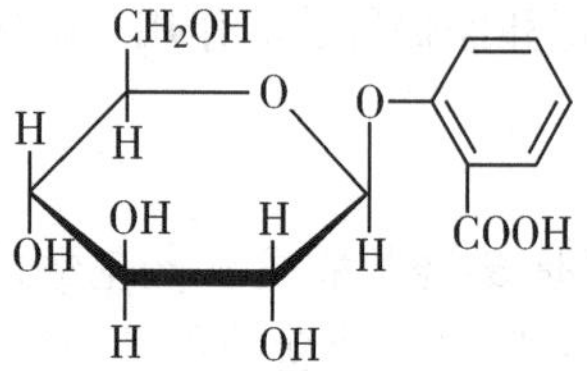

水杨苷 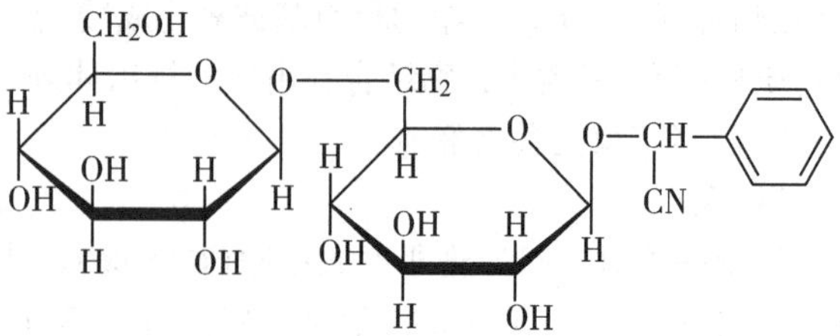　　苦杏仁苷

(五)酯化反应

单糖环状结构中所有的羟基都可以被酯化,其中具有重要生物学意义的反应是形成磷酸酯。人体内葡萄糖在酶的作用下可以和磷酸反应生成多种葡萄糖磷酸酯。

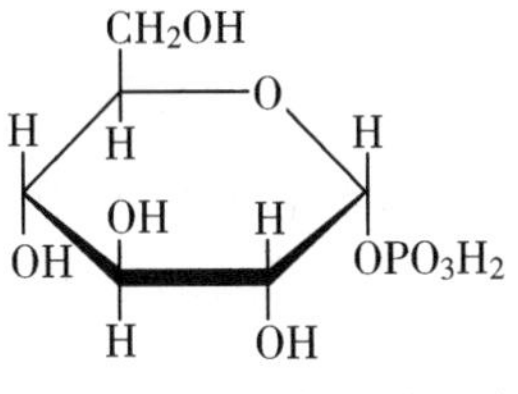

α-*D*-吡喃葡萄糖-1-磷酸酯

（或称 1-磷酸葡萄糖）

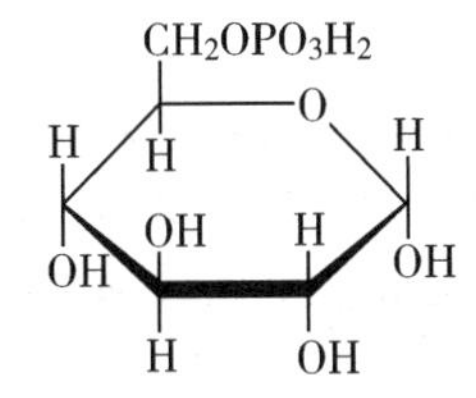

α-*D*-吡喃葡萄糖-6-磷酸酯

（或称 6-磷酸葡萄糖）

α-*D*-吡喃葡萄糖-1,6-二磷酸酯

（或称 1,6-二磷酸葡萄糖）

此外还有 3-磷酸甘油醛、磷酸二羟基丙酮,6-磷酸果糖、1,6-二磷酸果糖等重要的磷酸酯。

糖的磷酸酯是体内糖代谢的中间产物。例如体内糖原的合成和分解都必须首先将葡萄糖磷酸化为 1-磷酸葡萄糖的形式,然后才能完成整个反应过程。

（六）脱水与显色反应

单糖在强酸(如盐酸或硫酸)中受热,可发生分子内脱水反应,生成糠醛或糠醛衍生物。如戊醛糖生成呋喃甲醛,己醛糖生成 5-羟甲基呋喃甲醛。

戊醛糖 $\xrightarrow[\triangle]{\text{盐酸}}$ 呋喃甲醛

己醛糖 $\xrightarrow[\triangle]{\text{盐酸}}$ 5-羟甲基呋喃甲醛

酮糖也能发生类似反应,低聚糖和多糖在酸中能部分水解成单糖,故也能发生上述脱水反应。糖脱水生成的含呋喃环的醛或酮均可与酚类缩合生成有色化合物,这类显色反应可用于鉴定糖类。常用的显色反应有两种:

1. 莫立许(Molish)反应　α-萘酚的乙醇溶液称为莫立许试剂。在糖的水溶液中加入莫立许试剂,然后沿试管壁缓慢加入浓硫酸,静置,密度比较大的浓硫酸沉到管底。在糖溶液与浓硫酸的交界面很快出现美丽的紫色环,此反应称为莫立许反应。

单糖、低聚糖和多糖均能发生莫立许反应,而且这个反应非常灵敏,因此常用于糖类物质的鉴定。

2. 塞利凡诺夫(Seliwanoff)反应　间苯二酚的盐酸溶液称为塞利凡诺夫试剂。在酮糖(游离态或结合态)的溶液中,加入塞利凡诺夫试剂并加热,很快出现鲜红色产物,此反应称为塞利凡诺夫反应。

同样条件下,醛糖比酮糖的显色反应慢 15~20 倍,据此可鉴别醛糖和酮糖。

三、重要的单糖及其衍生物

（一）*D*-葡萄糖

D-葡萄糖是自然界分布最广的单糖,最重要的己醛糖,在葡萄中含量较多,因而得名。它是构成糖苷和许多低聚糖、多糖的组成部分。*D*-葡萄糖的水溶液具有右旋光性,所以又称其为右旋糖,其甜度约为蔗糖的 70%。

葡萄糖是人体所需能量的主要来源。人和动物的血液中也含有葡萄糖(血糖),正常人空腹时的血糖浓度为 3.9~6.1mmol · L^{-1},保持血糖浓度的恒定具有重要的生理意义。一般情况下,人的尿液中无葡萄糖,但糖尿病患者因体内糖代谢紊乱其尿液中含有葡萄糖(尿糖)。

葡萄糖在工业上多由淀粉水解制得。在医药上可用作营养品,具有强心、利尿和解毒的作用;在人体失血、失水时常用葡萄糖溶液补充体液,增加能量;还可用于治疗水肿、心肌炎、血糖过低等。

（二）*D*-果糖

D-果糖是自然界中最丰富的己酮糖，也是最甜的一种糖。以游离状态存在于水果和蜂蜜中。*D*-果糖的水溶液具有左旋光性，因此又称其为左旋糖。果糖也可和磷酸形成磷酸酯，1，6-二磷酸果糖（简称 FDP）临床上用于急救及抗休克等。体内的果糖-6-磷酸酯和果糖-1，6-二磷酸酯都是糖代谢的重要中间产物。

（三）*D*-核糖和 *D*-2-脱氧核糖

D-核糖和 *D*-2-脱氧核糖是两种极为重要的戊醛糖，具有左旋光性，它们也具有开链结构和环式结构，通常以呋喃糖形式存在。它们的结构式如下：

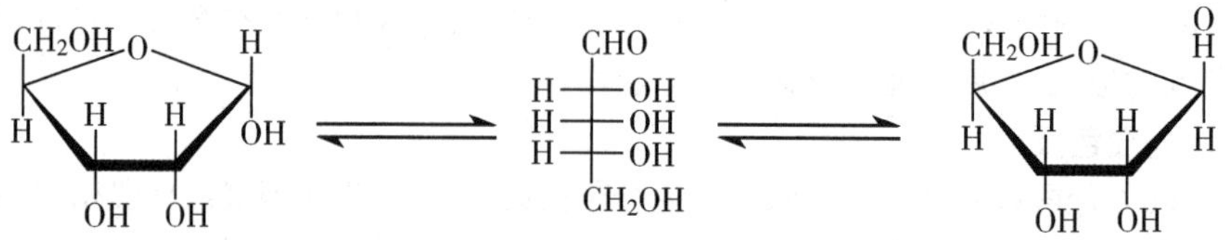

α-*D*-呋喃核糖　　*D*-核糖(链状结构)　　β-*D*-呋喃核糖

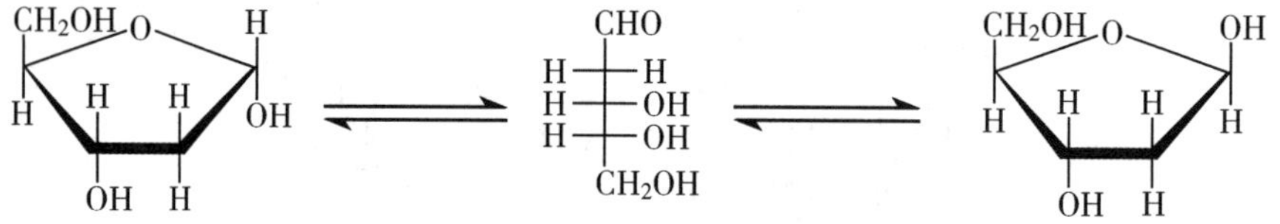

α-*D*-2-脱氧呋喃核糖　　*D*-2-脱氧核糖(链状结构)　　β-*D*-2-脱氧呋喃核糖

D-核糖或 *D*-2-脱氧核糖以其 β-呋喃糖上的苷羟基与某些含氮有机碱（生物化学中称其为碱基）的氮原子上的氢脱水，以氮苷键结合形成核苷。核苷再以戊糖 C_5 上的羟基与磷酸成酯形成核苷酸。它们是组成核糖核酸（RNA）和脱氧核糖核酸（DNA）的基本单位。

（四）*D*-半乳糖

D-半乳糖是 *D*-葡萄糖的 C_4 差向异构体，两者结合形成乳糖，存在于哺乳动物的乳汁中。半乳糖具有右旋光性，其甜度仅为蔗糖的 30%。

人体中的半乳糖是乳糖的水解产物，半乳糖在酶作用下发生差向异构化生成葡萄糖，然后参与代谢，为母乳喂养的婴儿提供能量。

（五）氨基糖

天然氨基糖是己醛糖分子中 C_2 上的羟基被氨基取代的衍生物，例如 *D*-氨基葡萄糖、*D*-氨基甘露糖、*D*-氨基半乳糖。

氨基糖及其 N-乙酰基衍生物不仅是肌腱、软骨等结缔组织中黏多糖的主要成分，也是血型物质的组成成分。

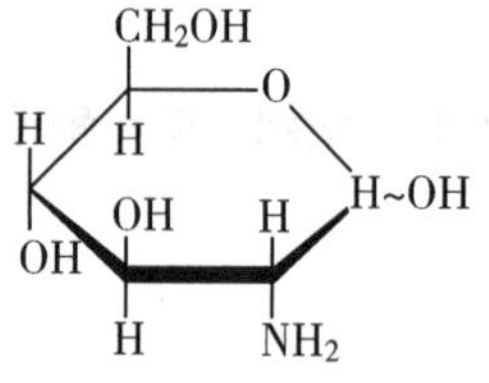

D-氨基葡萄糖 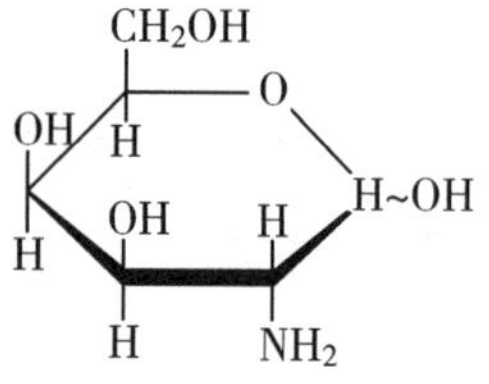　　*D*-氨基半乳糖

第二节　二　　糖

二糖是低聚糖中最简单、最重要的一类，是能水解生成两分子单糖的化合物，这两分子单糖可以相同也可以不同。从结构上看，二糖是一种特殊的糖苷，连接两个单糖的苷键可以是一分子单糖的苷羟基与另一分子单糖的醇羟基脱水，也可以是两分子单糖都用苷羟基脱水而成。二糖分子中是否保留有苷羟基，在其性质上有很大差别。因此，根据形成双糖的 2 分子单糖脱水方式的不同，双糖分为还

原性双糖和非还原性双糖。

常见的二糖有麦芽糖、乳糖和蔗糖，它们的分子式均为 $C_{12}H_{22}O_{11}$，均有甜味，广泛存在于自然界。

一、麦芽糖

麦芽中含有淀粉酶，它可催化淀粉水解生成麦芽糖（maltose），麦芽糖也因此而得名。在人体中，麦芽糖是淀粉水解的中间产物。淀粉在稀酸中部分水解时，也可得到麦芽糖。

麦芽糖是由一分子 α-*D*-吡喃葡萄糖 C_1 上的苷羟基与另一分子 *D*-吡喃葡萄糖 C_4 上的醇羟基脱水，通过 α-1,4-苷键连接而成的糖苷。

α-1,4-苷键　　苷羟基

α-*D*-吡喃葡萄糖　　*D*-吡喃葡萄糖(α或β-型)

麦芽糖分子中还保留着一个苷羟基，所以仍有 α-型和 β-型两种异构体，并且在水溶液中可以通过链状结构相互转变。这一结构特点决定了麦芽糖仍保持单糖的一般化学性质，如具有变旋光现象和还原性，是还原性二糖；也可以生成糖脎和糖苷。

麦芽糖是右旋糖，易溶于水，在酸或酶的作用下可水解生成两分子葡萄糖。麦芽糖是饴糖的主要成分，甜度约为蔗糖的 70%，常用作营养剂和细菌培养基。

二、纤维二糖

纤维二糖（cellobiose）是纤维素经一定方法处理后部分水解的产物，也是纤维素的基本结构单元。它是由两分子葡萄糖经 β-1,4-苷键连接而成的糖苷。

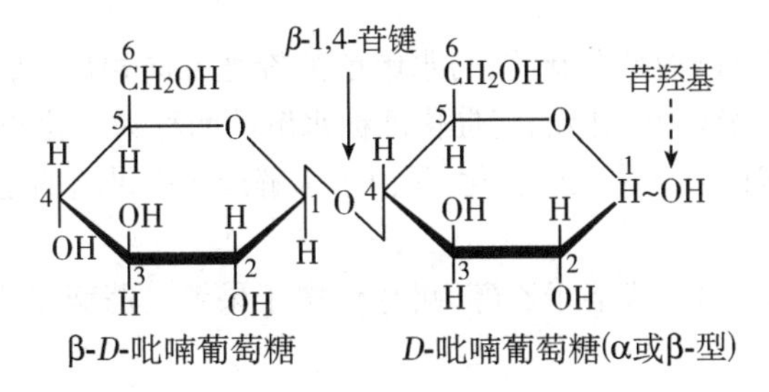

β-*D*-吡喃葡萄糖　　*D*-吡喃葡萄糖(α或β-型)

纤维二糖化学性质与麦芽糖相似，为还原性糖，有变旋光现象，水解后生成两分子葡萄糖。

三、乳糖

乳糖（lactose）存在于哺乳动物的乳汁中，牛乳中含 4%~5%，人的乳汁中含 7%~8%。牛奶变酸是因为其中所含乳糖变成了乳酸的缘故。

乳糖是由一分子 β-*D*-吡喃半乳糖 C_1 上的苷羟基与另一分子 *D*-吡喃葡萄糖 C_4 上的醇羟基脱水，通过 β-1,4-苷键连接而成的糖苷。

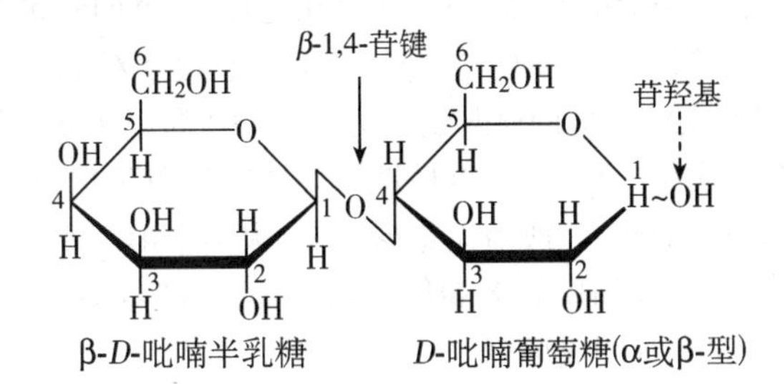

β-*D*-吡喃半乳糖　　*D*-吡喃葡萄糖(α或β-型)

由于乳糖分子中也保留了一个苷羟基，因此它也有变旋光现象，具有单糖的一般化学性质，是还原性二糖。

乳糖也是右旋糖，没有吸湿性，微甜，可溶于水，在酸或酶的作用下可水解生成半乳糖和葡萄糖。它是婴儿发育必需的营养物质，可从制取乳酪的副产物乳清中获得。在医药上利用其吸湿性小的特点，常用作散剂、片剂的填充剂。

四、蔗糖

蔗糖（sucrose）俗称白糖，是自然界分布最广的二糖，因其在甘蔗中含量较高而得名，甜菜也是蔗糖的重要来源，所以蔗糖又有甜菜糖之称。

蔗糖是由一分子 α-*D*-吡喃葡萄糖 C_1 上的苷羟基与另一分子 β-*D*-呋喃果糖的 C_2 上的苷羟基脱水，通过 α-1,2-苷键（也可称为 β-2,1-苷键）连接而成的糖苷。

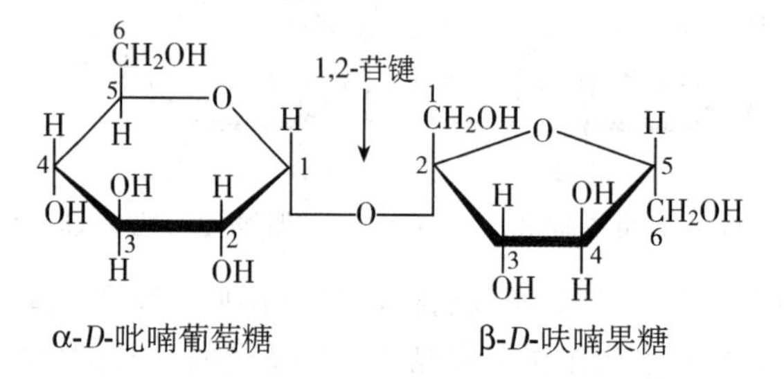

由于蔗糖分子结构中已没有苷羟基，在水溶液中不能互变异构化为开链结构，所以蔗糖没有变旋光现象，不能成脎，也没有还原性，是非还原性二糖。

蔗糖在酸或酶的作用下可水解生成果糖和葡萄糖的等量混合物。

$$\underset{\substack{\text{蔗糖} \\ [\alpha]_D^{20}\ +66.7^\circ}}{C_{12}H_{22}O_{11}} + H_2O \xrightarrow{\text{水解}} \underset{\substack{D\text{-葡萄糖} \\ +52.7^\circ}}{C_6H_{22}O_6} + \underset{\substack{D\text{-果糖} \\ -92^\circ}}{C_6H_{12}O_6}$$

$$-19.7^\circ$$

蔗糖是右旋糖，而其水解产物是左旋的，与水解前的旋光方向相反，所以把蔗糖的水解反应称为蔗糖的转化，水解后的混合物称为转化糖，能催化蔗糖水解的酶称为转化酶。蜂蜜的主要成分是转化糖（invert sugar）。蔗糖水解前后旋光性的转化，是由于水解产物中果糖的左旋强度大于葡萄糖的右旋强度所致。

蔗糖是白色晶体，易溶于水而难溶于乙醇，甜味仅次于果糖。蔗糖主要供食用，在医药上常用作矫味剂和配制糖浆。

第三节　多　　糖

多糖是能水解生成许多（几百、几千甚至上万个）单糖分子的一类天然高分子化合物。由相同的单糖组成的多糖称为均多糖（或同多糖），例如淀粉、糖原和纤维素都是由葡萄糖组成的均多糖，其组成可用通式 $(C_6H_{10}O_5)_n$ 表示。由不同单糖组成的多糖称为杂多糖，例如阿拉伯胶就是由半乳糖和阿拉伯糖组成的杂多糖。

多糖的结构单位是单糖，相邻结构单位之间以苷键相连接，常见的苷键有 α-1,4-苷键、β-1,4-苷键和 α-1,6-苷键三种。由于连接单糖单位的方式不同，可形成直链多糖和支链多糖。直链多糖一般以 α-1,4-苷键或 β-1,4-苷键连接，支链多糖的链与链的分支点则常是 α-1,6-苷键。

多糖具有很高的相对分子质量，分子中只有糖链末端的单糖单位保留了苷羟基，所以其性质与单糖和二糖有较大差别。多糖没有甜味，一般为无定形粉末，大多不溶于水，个别能与水形成胶体溶液，没有变旋光现象和还原性，不能生成糖脎。多糖属于糖苷类，在酸或酶催化下也可以水解，生成分子量较小的多糖直到二糖，最终完全水解成单糖。

生物体内存在两种功能的多糖。一类主要参与形成动植物的支撑组织，如植物中的纤维素，甲壳类动物的甲壳素等；另一类是动植物的贮存养分，如植物的淀粉和动物的糖原。研究发现，许多植物多糖具有重要的生理活性。如黄芪多糖可促进人体的免疫功能；香菇多糖具有明显抑制肿瘤生长的作用；鹿耳多糖可抗溃疡；岩藻多糖可诱导癌细胞“自杀”。多糖在保健食品的开发利用方面具有广阔的前景。

一、淀粉

淀粉（starch）是植物体中贮存的养分，广泛存在于植物的种子和块茎中，如大米含 75%～85%，小麦含 60%～65%，玉米约含 65%，马铃薯约含 20%。淀粉是人类的主要食物，也是酿酒、制醋和制造葡萄糖的原料，在制药上常用作赋形剂。

淀粉是无臭、无味的白色粉末。用热水处理可将淀粉分离为两部分，可溶性部分为直链淀粉（amylose），不溶而膨胀成糊状的部分为支链淀粉（amylopectin）。

两类淀粉都能在酸或酶的作用下逐步水解，生成较小分子的多糖（糊精），最终产物是 *D*-葡萄糖。其水解过程大致为：

$$(C_6H_{10}O_5)_n \longrightarrow (C_6H_{10}O_5)_{n-x} \longrightarrow C_{12}H_{22}O_{11} \longrightarrow C_6H_{12}O_6$$

淀粉→紫糊精→红糊精→无色糊精→麦芽糖→葡萄糖

所谓紫糊精、红糊精等是根据糊精遇碘呈现的颜色不同而进行的区分。糊精能溶于冷水，水溶液具有很强的黏性，可作粘合剂。

两类淀粉的结构单位都是 *D*-葡萄糖，但在结构和性质上有一定区别。天然淀粉是直链淀粉和支链淀粉的混合物，两者比例因植物品种不同而异。

（一）直链淀粉

直链淀粉又称可溶性淀粉或糖淀粉，在淀粉中的含量为 10%～30%。直链淀粉一般是由 1 000～4 000 个 *D*-葡萄糖单位通过 α-1,4-苷键连接而成的链状聚合物，很少或没有分支，分子量为 15 万～60 万。

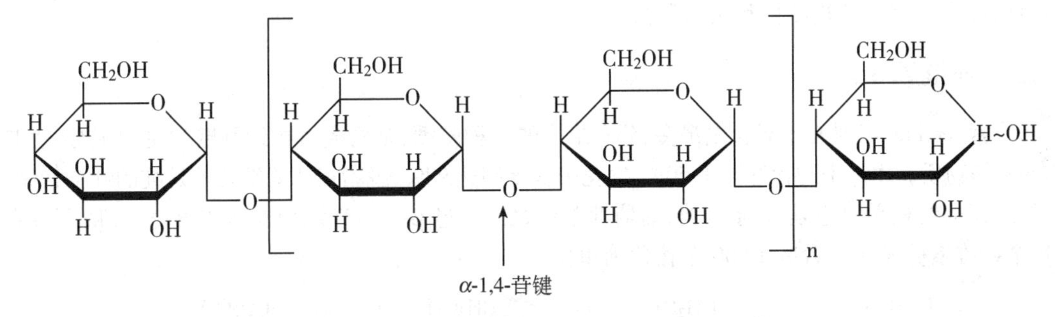

直链淀粉分子的长链并非直线型，这是因为苷键可以自由旋转，分子内的羟基间又可形成氢键，所以直链淀粉借助分子内羟基间的氢键有规则地卷曲形成螺旋状空间排列，每一圈螺旋约含 6 个 α-*D*-葡萄糖单位。直链淀粉的螺旋状结构如图 13-1 所示。

直链淀粉遇碘显深蓝色，这个反应非常灵敏，且加热反应液时蓝色消失，冷却后蓝色又复现。这是由于直链淀粉螺旋状结构中间的通道正好适合碘分子钻进去，并依靠分子间的引力形成蓝色的淀粉-碘配合物（图 13-2）。当直链淀粉受热时，维系其螺旋状结构的氢键就会断开，淀粉-碘配合物分解，

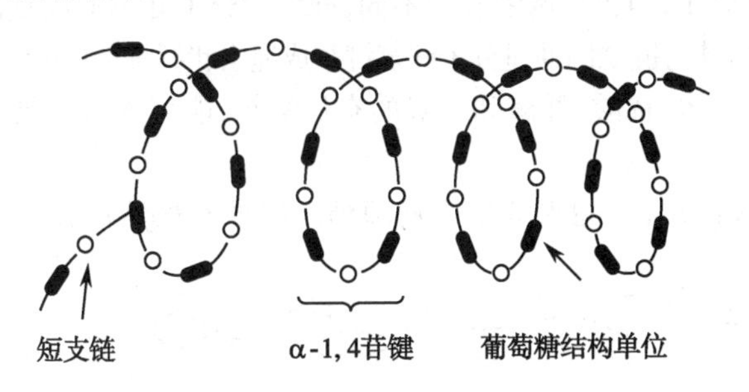

图 13-1　直链淀粉的螺旋状结构示意图

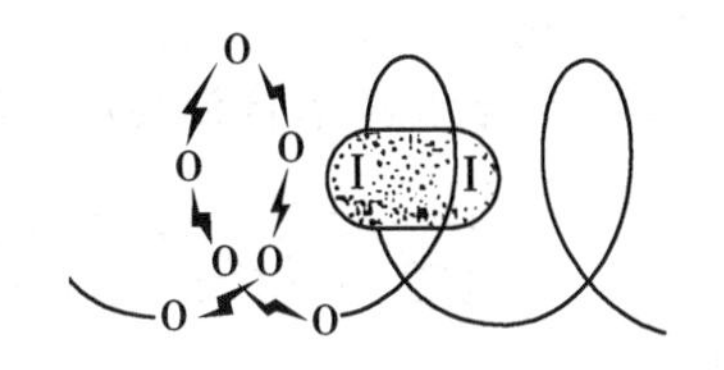

图 13-2　淀粉-碘复合物结构示意图

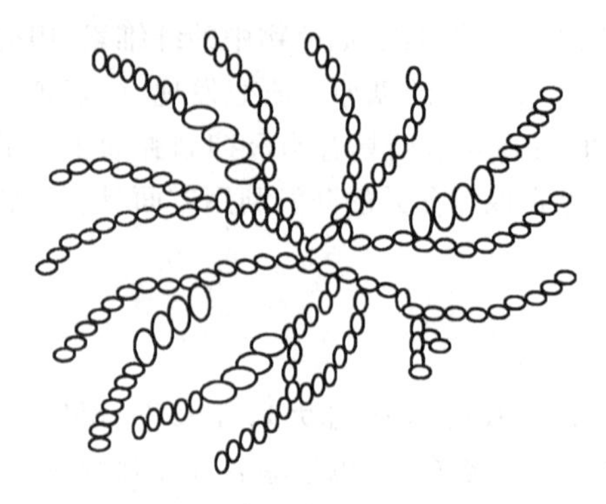

图 13-3　支链淀粉结构示意图

因此蓝色消失；冷却时淀粉-碘配合物的结构和蓝色又能自动恢复。

（二）支链淀粉

支链淀粉又称胶淀粉，在淀粉中的含量为 70%～90%，不溶于冷水，与热水作用则膨胀成糊状。在黏性较强的糯米中含有较多的支链淀粉。支链淀粉分子中一般含 20～30 个 *D*-葡萄糖单位，*D*-葡萄糖单位通过 α-1,4-苷键连接成短链，几百条短链之间通过 α-1,6-苷键连接而形成高度分支化的多支链结构（图 13-3），其分子量比直链淀粉大，分子结构比直链淀粉复杂得多。

α-1,6-苷键

α-1,4-苷键

纯支链淀粉遇碘显紫红色，而天然淀粉是直链和支链的混合物，故遇碘呈蓝紫色。各种淀粉与碘的显色反应均可用于检验淀粉和碘的存在。

二、纤维素

纤维素（cellulose）是自然界含量最多、分布最广的一种多糖，是构成植物细胞壁的主要成分，也是植物体的支撑物质。木材中约含纤维素 50%，棉花中含量高达 98%，脱脂棉和滤纸几乎是纯的纤维素制品。

纤维素的结构单位也是 *D*-葡萄糖，葡萄糖单位之间通过 β-1,4-苷键相连而成直链，一般不存在分支，每个纤维素分子至少含有 1 500 个葡萄糖单位。

β-1,4-苷键

虽然纤维素与直链淀粉的分子都是长链状分子，但由于两者苷键不同，纤维素分子并不形成直链淀粉那样的螺旋状结构，而是由许多纤维素分子的链与链之间通过分子间氢键绞成绳索状纤维束（图 13-4）。

纤维素是白色固体，有较强的韧性。不溶于水、稀酸、稀碱和一般的有机溶剂，能溶于浓氢氧化钠溶液和二硫化碳。遇碘不显色。

纤维素较难水解，在高温高压下与无机酸共热，才能水解生成葡萄糖。纤维素虽然由葡萄糖组

图 13-4　绳索状纤维束示意图

成，但人体内没有水解纤维素的酶，所以纤维素不能作为人类的食物，但纤维素有刺激肠胃蠕动、促进排便等作用，因此食物中含一定量的纤维素是有益健康的。食草动物消化道内存在纤维素水解酶，能把纤维素水解为葡萄糖，所以纤维素是食草动物的饲料。

纤维素的用途很广，用于制造纸张、纺织品、火棉胶、电影胶片、羧甲基纤维素等。医用脱脂棉和纱布是临床上的必需品。

三、糖原

糖原（glycogen）是动物体内合成的一种多糖，所以也称为动物淀粉，主要存在于动物的肌肉和肝脏中，分别称为肌糖原和肝糖原。肝脏中糖原含量为10%~20%，肌肉中糖原含量约为4%。

糖原水解的最终产物是*D*-葡萄糖，因此糖原的结构单位同淀粉一样，也是*D*-葡萄糖。糖原与支链淀粉的结构很相似，结构单位也是由α-1,4-苷键和α-1,6-苷键相连而成，但糖原分子中结构单位数目更多（6 000~20 000个），分支更短、更密集。经测定，在以α-1,4-苷键连接而成的直链上，每隔8~10个葡萄糖单位就出现一个通过α-1,6-苷键连接的分支，每条短链上有12~18个葡萄糖单位（图13-5）。

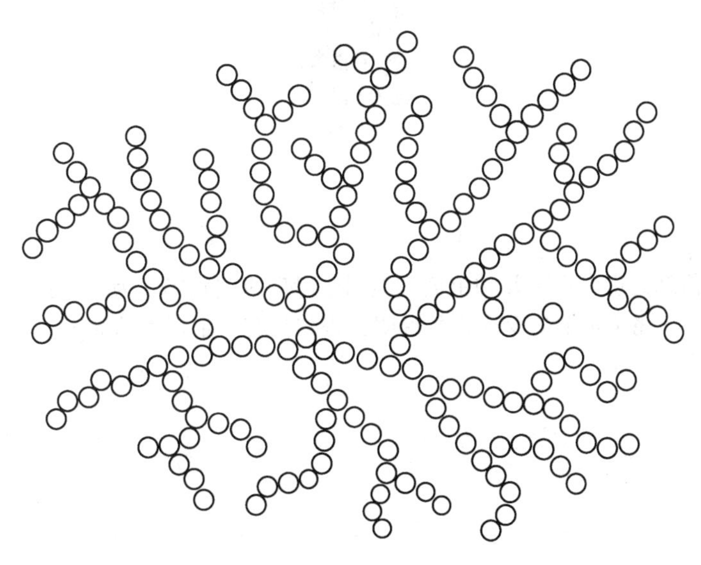

图13-5　糖原结构示意图

糖原是白色无定形粉末，可溶于水形成透明的胶体溶液，遇碘显棕红色或紫红色。

糖原是葡萄糖在动物体内的贮存形式，具有重要的生理意义。肌糖原是肌肉收缩所需的主要能源；而肝糖原在维持血糖正常浓度方面起重要作用。当血液中葡萄糖含量较低时，糖原即分解放出葡萄糖，通过血液循环为组织细胞提供所需能量。

壳聚糖

壳聚糖又称脱乙酰甲壳素，化学名称聚葡萄糖胺（1-4）-2-氨基-β-*D*葡萄糖。其分子结构与纤维素相似，呈直链状。

壳聚糖分子中带有游离氨基，在酸性溶液中易成盐，呈阳离子性质。壳聚糖随其分子中含氨基数量的增多，其氨基特性越显著，其主要功能表现为：

第一、能够降低胆固醇而没有任何副作用。它有两个机制降低胆固醇：一个是阻止脂肪的吸收，另一个是将人体血液内的胆固醇排泄掉。第二、抑制细菌活性，溶解后的溶液中的这些氨基通过结合负电子来抑制细菌。第三、预防和控制高血压，壳聚糖通过自身的氯离子和氨根离子之间的吸附作用，排泄氯离子。第四、吸附金属离子和排泄重金属。

本章小结

1. 熟记几种常见单糖（葡萄糖、果糖、核糖等）的费歇尔投影式和哈沃斯式是学好糖类知识的基本功，可通过反复书写来掌握。

2. 基本概念　糖类的定义、单糖、低聚糖、多糖、醛糖、酮糖、变旋光现象、呋喃糖、吡喃糖、端基异构体、苷羟基、糖苷、苷键、差向异构体、差向异构化、还原性糖、非还原性糖。

3. 基本知识点　单糖的开链式结构及其表示方法；单糖的环状结构及其表示方法；单糖的化学性质：互变异构反应、氧化反应、成脎反应、成苷反应、成酯反应；脱水及显色反应；常见二糖的结构单元、连接方式、还原性二糖和非还原性二糖的结构特征；常见多糖的结构单元、连接方式、多糖与单糖性质的主要差别；二糖和多糖的水解反应；常见糖类的用途。

（庞晓红）

扫一扫，测一测

思考题

1. *D*-果糖用稀碱处理可得到几种单糖？能用成脎反应鉴别吗？为什么？
2. 写出苦杏仁苷完全水解的反应式并说明苦杏仁具有一定毒性的原因。

第十四章 脂类

学习目标

1. 掌握油脂的组成和结构、油脂的化学性质以及皂化值、碘值和酸值的概念和意义；卵磷脂的组成和结构。
2. 熟悉常见的脂肪酸、油脂的物理性质；脑磷脂、鞘磷脂的组成和结构。
3. 了解常见的蜡类物质；细胞膜的组成和结构。

脂类(lipids)是一类脂溶性有机化合物，可水解生成脂肪酸，主要有油脂、磷脂和蜡等。

脂类广泛存在于生物体内，是维持正常生命活动不可缺少的物质，具有多种重要生理功能。人体内油脂一般储存于皮下，肠系膜等组织，含量变化较大，不仅在体内氧化时放出大量热能，而且又是维生素 A、D、E、K 等许多生物活性物质的良好溶剂；磷脂与胆固醇是构成生物膜系统的主要物质，影响生物细胞的物质代谢和正常生理功能；蜡作为生物体对外界环境的保护层，主要存在于皮肤、毛皮、羽毛、植物叶片、果实以及许多昆虫的外骨骼的表面。

第一节 油 脂

油脂是油(oils)和脂肪(fats)的总称。一般室温下呈液态的称为油，从植物的果实、种子和胚芽中提取得到的植物油脂多为液态，如菜籽油、花生油、蓖麻油等，也有一些动物油脂是液态的，如鱼油、鲸油等；室温下为半固态或固态的则称为脂肪，许多陆生动物的油脂即为固态，例如牛脂、羊脂等，此外，植物油经氢化可转变为固态。油和脂之间并无严格区分，习惯上仍将牛脂、羊脂称为牛油和羊油。

一、脂肪酸

天然脂类化合物经过水解均能生成脂肪酸，目前发现的脂肪酸有数十种。组成天然油脂的脂肪酸绝大部分是含偶数碳原子的直链羧酸，其中含 16 和 18 个碳原子的脂肪酸分布最广。常见的脂肪酸列于表 14-1。

从表 14-1 中可以看出，脂肪酸有饱和的也有不饱和的，命名类似于饱和羧酸和不饱和羧酸，分别称为某碳酸和某碳烯酸。饱和脂肪酸以软脂酸(十六碳酸)和硬脂酸(十八碳酸)在动物脂肪中含量较高。不饱和脂肪酸主要有油酸、亚油酸、亚麻酸和花生四烯酸。此外，还有从海洋鱼类及甲壳类动物体内油脂中分离出来的不饱和脂肪酸 EPA 和 DHA，它们是大脑所需要的营养物质，同时也具有降血脂、抗动脉硬化、抗血栓等作用。这些天然不饱和脂肪酸的双键都是顺式构型。

表 14-1 油脂中常见的脂肪酸

名称	结构简式	系统名称
月桂酸	$CH_3(CH_2)_{10}COOH$	十二碳酸
软脂酸	$CH_3(CH_2)_{14}COOH$	十六碳酸
硬脂酸	$CH_3(CH_2)_{16}COOH$	十八碳酸
花生酸	$CH_3(CH_2)_{18}COOH$	二十碳酸
油酸	$CH_3(CH_2)_7CH=CH(CH_2)_7COOH$	顺-9-十八碳烯酸
亚油酸	$CH_3(CH_2)_4(CH=CHCH_2)_2(CH_2)_6COOH$	顺,顺-9,12-十八碳二烯酸
α-亚麻酸	$CH_3(CH_2CH=CH)_3(CH_2)_7COOH$	顺,顺,顺-9,12,15-十八碳三烯酸
γ-亚麻酸	$CH_3(CH_2)_3(CH_2CH=CH)_3(CH_2)_4COOH$	顺,顺,顺-6,9,12-十八碳三烯酸
花生四烯酸	$CH_3(CH_2)_3(CH_2CH=CH)_4(CH_2)_3COOH$	顺,顺,顺,顺-5,8,11,14-二十碳四烯酸
EPA	$CH_3(CH_2CH=CH)_5(CH_2)_3COOH$	顺,顺,顺,顺,顺-5,8,11,14,17-二十碳五烯酸
DHA	$CH_3(CH_2CH=CH)_6(CH_2)_2COOH$	顺,顺,顺,顺,顺,顺-4,7,10,13,16,19-二十二碳六烯酸

少数不饱和脂肪酸如亚油酸、亚麻酸在人体内不能自身合成,只能从食物中获得,花生四烯酸虽然人体能自身合成,但合成量太少不足以满足人体需求,还需要从食物中获得,故此三者称为必需脂肪酸(essential fatty acid)。

反式脂肪酸

反式脂肪酸(trans fatty acid,TFA)是指含有反式非共轭双键结构的不饱和脂肪酸。其空间构象呈线性,类似于饱和脂肪酸,而不同于顺式不饱和脂肪酸的弯弓状。

研究表明,反式脂肪酸对人类健康存在多方面的危害:①损伤血管内皮细胞,促进血栓形成;②降低 HDL,升高 LDL,促进动脉粥样硬化病变;③增加糖尿病的患病概率;④影响婴幼儿生长发育,尤其是中枢神经系统;⑤加快人体认知功能的衰退,引发并罹患阿尔茨海默病。

人体摄入的反式脂肪酸主要来源于:①氢化植物油是 TFA 最主要的食物来源,诸如人造黄油、人造奶油、咖啡伴侣、油炸薯片薯条、珍珠奶茶等食物中均富含氢化植物油;②植物油在高温精炼过程中会产生一定量的 TFA;③反刍动物的肌肉脂肪及乳脂中含一定量的 TFA,如牛、羊、骆驼等;④食品烹饪过程中温度过高以及植物油反复用于煎炸食物均导致 TFA 的产生。

二、油脂的组成和结构

从化学结构和组成来看,油脂是 1 分子甘油和 3 分子高级脂肪酸所形成的酯,又称为甘油三酯或三酰甘油,其通式如下:

$$
\begin{array}{l}
CH_2-O-\overset{O}{\overset{\|}{C}}-R_1 \\
| \\
CH-O-\overset{O}{\overset{\|}{C}}-R_2 \\
| \\
CH_2-O-\overset{O}{\overset{\|}{C}}-R_3
\end{array}
$$

式中 R_1,R_2,R_3 相同的称为单甘油酯,不同的叫混合甘油酯。天然油脂多为混合甘油酯的混合物。

三、油脂的命名

油脂命名时通常把甘油的名称放前面,脂肪酸的名称放在后面,称为甘油三某酸酯;也可将脂肪

酸的名称放前面，甘油的名称放在后面，称为某脂酰甘油。若为混合甘油酸，要把各脂肪酸的位置用α、β、α′标明。

$$\begin{array}{l} CH_2-O-\overset{\overset{O}{\|}}{C}-(CH_2)_{16}CH_3 \\ | \\ CH-O-\overset{\overset{O}{\|}}{C}-(CH_2)_{16}CH_3 \\ | \\ CH_2-O-\overset{\overset{O}{\|}}{C}-(CH_2)_{16}CH_3 \end{array}$$

甘油三硬脂酸酯

（三硬脂酰甘油）

$$\begin{array}{ll} \alpha & CH_2-O-\overset{\overset{O}{\|}}{C}-(CH_2)_7CH=CH(CH_2)_7CH_3 \\ & | \\ \beta & CH-O-\overset{\overset{O}{\|}}{C}-(CH_2)_{14}CH_3 \\ & | \\ \alpha' & CH_2-O-\overset{\overset{O}{\|}}{C}-(CH_2)_{16}CH_3 \end{array}$$

甘油-α-油酸-β-软脂酸-α′-硬脂酸酯

（α-油酰-β-软脂酰-α′-硬脂酰甘油）

四、油脂的物理性质

纯净的油脂为无色、无臭、无味的液体或固体，天然油脂多为混合甘油酯，油脂中还含有少量游离脂肪酸、维生素和色素等物质，所以具有不同的气味和颜色，无固定的熔点和沸点。含不饱和脂肪酸较多的油脂，常温下呈液态；含饱和脂肪酸较多的，常温下呈固态或半固态。油脂的密度小于水，不溶于水，微溶于醇，易溶于氯仿、乙醚、苯和石油醚等有机溶剂。

五、油脂的化学性质

（一）皂化反应

油脂在酸或酶的作用下发生水解反应，生成甘油和脂肪酸。在碱作用下水解，生成甘油和脂肪酸盐，常用的肥皂就是高级脂肪酸的钠盐，因此油脂在碱性溶液中的水解反应称为皂化反应（saponification）。

$$\begin{array}{l} CH_2-O-\overset{\overset{O}{\|}}{C}-R_1 \\ | \\ CH-O-\overset{\overset{O}{\|}}{C}-R_2 \\ | \\ CH_2-O-\overset{\overset{O}{\|}}{C}-R_3 \end{array} + 3NaOH \xrightarrow{\triangle} \begin{array}{l} CH_2-OH \\ | \\ CH-OH \\ | \\ CH_2-OH \end{array} + \begin{array}{l} R_1COONa \\ \\ R_2COONa \\ \\ R_3COONa \end{array}$$

1g 油脂完全皂化所需要氢氧化钾的毫克数称皂化值（saponification value）。皂化值越大，油脂的平均相对分子质量越小，因此，可根据皂化值的大小判断油脂中三酰甘油的平均相对分子质量。皂化值是衡量油脂质量的重要指标之一。

（二）加成反应

油脂中不饱和脂肪酸含有碳碳双键，能与氢、氯、碘等发生加成反应。

1. 加氢　含有碳碳双键的油脂在高温、高压和金属催化剂（Ni、Pt、Pd）的条件下加氢，不饱和油脂转化为饱和油脂。氢化后的油脂熔点升高，由原来液态的油变成半固态或固态的脂肪，这个过程称为油脂的氢化或硬化。氢化后的油脂不易变质，便于储存和运输，扩大了油脂的应用范围，如人造黄油的制造就是利用了油脂的氢化加成反应。

$$\begin{array}{l} CH_2-O-\overset{\overset{O}{\|}}{C}-(CH_2)_7CH=CH(CH_2)_7CH_3 \\ | \\ CH-O-\overset{\overset{O}{\|}}{C}-(CH_2)_7CH=CH(CH_2)_7CH_3 \\ | \\ CH_2-O-\overset{\overset{O}{\|}}{C}-(CH_2)_7CH=CH(CH_2)_7CH_3 \end{array} + 3H_2 \xrightarrow{Ni} \begin{array}{l} CH_2-O-\overset{\overset{O}{\|}}{C}-(CH_2)_{16}CH_3 \\ | \\ CH-O-\overset{\overset{O}{\|}}{C}-(CH_2)_{16}CH_3 \\ | \\ CH_2-O-\overset{\overset{O}{\|}}{C}-(CH_2)_{16}CH_3 \end{array}$$

2. 加碘　油脂中不饱和脂肪酸与碘发生加成反应，可以根据碘的用量来测定油脂的不饱和程度。100g 油脂与碘反应所能吸收碘的克数称为碘值（iodine value）。碘值越大，表示油脂的不饱和程度越大，碘值小表示油脂不饱和程度小。由于碘的加成速度很慢，经常用氯化碘或溴化碘的冰醋酸溶液代替碘与油脂反应。常见油脂的皂化值和碘值见表 14-2。

表 14-2 常见油脂的皂化值和碘值

名称	牛油	猪油	奶油	花生油	大豆油	棉籽油
皂化值	190~200	195~208	216~235	185~195	189~194	191~196
碘值	30~48	46~70	26~28	83~105	127~138	103~115

（三）酸败

油脂在空气中放置过久，因受日光和空气中的氧或微生物的作用发生变质，产生难闻的气味，这一过程称为酸败（rancidity）。油脂的酸败主要有两个因素：一是不饱和油脂中的双键与空气中的氧作用，氧化成过氧化物，过氧化物继续分解或氧化，产生有刺激性气味的低级醛和羧酸；二是在微生物或酶的作用下，油脂水解生成脂肪酸，脂肪酸经氧化生成具有难闻气味的酮。中和 1g 油脂中的游离脂肪酸所需氢氧化钾的毫克数称为油脂的酸值（acid value），是衡量油脂质量的重要指标之一，酸值大说明油脂酸败较严重，油脂中的游离脂肪酸含量较高，一般酸值大于 6.0 的油脂不宜食用。药典对药用油脂的皂化值、酸值和碘值均有严格规定。

（四）干性

一些油脂在空气中可生成一层具有弹性而坚硬的固态薄膜，油脂的这种特性称为干性（dryness）。油脂干性与其结构有关，油脂组成中含不饱和脂肪碳碳双键是油脂干化的必要条件，碳碳双键数目多、双键成为共轭体系时，干性更好。油类一般根据其碘值将其分为干性油、不干性油和半干性油。干性油：碘值≥140，平均每个分子中双键数≥6 个；不干性油：碘值≤100，平均每个分子中双键数<4 个；半干性油：碘值 100~140，平均每个分子中双键数 4~6 个。桐油是干性油，是一种很好的涂料。

第二节 磷 脂

磷脂（phospholipid）是一类含磷的类脂化合物，有卵磷脂、脑磷脂、鞘磷脂等，广泛存在于动物的肝脏、脑、脊髓、神经组织和植物的种子中，具有重要的生理作用。

一、甘油磷脂

（一）甘油磷脂的组成和结构

甘油磷脂（glycerophosphatide）也称为磷酸甘油酯，可看成是油脂中的一个脂酰基被磷酰基替代后的产物——磷酸二酯。其母体结构是磷脂酸（phosphatidic acid）。结构如下：

```
                       O
                       ‖
              CH2—O—C—R1
         O     |
         ‖     |
  R2—C—O—C—H
               |       O
               |       ‖
              CH2—O—P—OH
                       |
                       OH
```

磷脂酸

磷脂酸中磷酸基与其他含羟基的化合物结合成酯，生成甘油磷脂。常见的羟基化合物有胆碱、乙醇胺、丝氨酸、肌醇、甘油等。

$HOCH_2CH_2N^+(CH_3)_3OH^-$　　胆碱

$HOCH_2CH_2NH_2$　　乙醇胺

最常见的卵磷脂和脑磷脂即是由胆碱、乙醇胺分子中的醇羟基与磷脂酸结合而成。

（二）卵磷脂

卵磷脂（lecithin）又称磷脂酰胆碱，是磷脂酸分子中磷酸基与胆碱的羟基通过酯键结合而成的化合物。根据磷酸与甘油连接的位置不同，卵磷脂有 α-卵磷脂和 β-卵磷脂两种异构体。结构如下：

```
                          O
                          ‖
           CH2—O—C—R1
            |
    O       |
    ‖       |
R2—C—O—C—H
            |     O
            |     ‖
           CH2—O—P—OCH2CH2N+(CH3)3OH-
                  |
                  OH
```

α-卵磷脂

```
                                          O
                                          ‖
                               CH2—O—C—R1
                    O           |
                    ‖           |
-HO(CH3)3N+CH2CH2O—P—O—C—H
                    |           |         O
                    OH          |         ‖
                               CH2—O—C—R2
```

β-卵磷脂

自然界存在的是α-卵磷脂，主要存在于脑组织、大豆、蛋黄中，其中以蛋黄中含量最高。

纯的卵磷脂是白色蜡状固体，有吸水性，以胶体状态在水中扩散，不溶于水，易溶于乙醚、乙醇和氯仿中。卵磷脂在空气中易被氧化而呈黄色或棕色。卵磷脂完全水解可以得到甘油、脂肪酸、磷酸及胆碱。卵磷脂能促进肝中脂肪的运输，常用作抗脂肪肝的药物，还可用作食品和药品的乳化剂。

（三）脑磷脂

脑磷脂(cephalin)又称磷脂酰胆胺或磷脂酰乙醇胺，是磷脂酸分子中磷酸基与乙醇胺的羟基通过酯键结合而成的化合物。同卵磷脂一样，自然界存在的α-脑磷脂，主要存在于脑、神经、大豆等中。结构如下：

```
                          O
                          ‖
           CH2—O—C—R1
            |
    O       |
    ‖       |
R2—C—O—C—H
            |     O
            |     ‖
           CH2—O—P—OCH2CH2NH2
                  |
                  OH
```

脑磷脂

脑磷脂的性质与卵磷脂相类似，易吸水，不稳定，在空气中易被氧化呈棕黑色，不溶于水，而易溶于氯仿和乙醚。与卵磷脂不同的是，脑磷脂不溶于冷乙醇，故可用冷乙醇分离两者。

脑磷脂是神经细胞膜的重要组成部分，参与调节神经细胞的代谢活动，影响神经组织的一系列重要功能。此外，脑磷脂与血液的凝固也有关，血小板内能促使血液凝固的凝血激酶就是脑磷脂和蛋白质组成的。

其他甘油磷脂还有磷脂酰丝氨酸、磷脂酰肌醇等。

二、鞘磷脂

鞘磷脂(sphingomyelin)又称神经鞘磷脂，它是动植物细胞膜的重要成分，在大脑和神经组织中含量较多，它的结构与甘油磷脂不同，是由鞘氨醇、脂肪酸、磷酸及胆碱所组成。

```
         CH2—OH                      CH2—OH
          |                           |            O
          |                           |            ‖
         CH—NH2                      CH—NH—C—R
          |                           |
    H     |                     H     |
     \   CH—OH                   \   CH—OH
      C /                         C /
      ‖                           ‖
      C                           C
     / \                         / \
CH3(CH2)12  H               CH3(CH2)12  H
```

鞘氨醇　　　　　　　　　　神经酰胺

鞘氨醇以酰胺键与脂肪酸结合成神经酰胺，再以酯键与磷酸结合，磷酸再通过酯键与胆碱结合成鞘磷脂。

```
            O
            ‖
   CH2—O—P—OCH2CH2N+(CH3)3
   |        |
   |        O-
   CH—NH—C—R
   |       ‖
   |       O
H  CH—OH
 \ /
  C
  ‖
  C
 / \
CH3(CH2)12  H
```

鞘磷脂

在天然鞘磷脂分子中，鞘氨醇残基的碳碳双键为反式构型。鞘磷脂的脂肪酸常有软脂酸、硬脂酸、二十四碳酸和二十四碳烯酸等组成。鞘磷脂是白色晶体，比较稳定，在空气中不易被氧化，不溶于丙酮和乙醚，易溶于热乙醇中。

糖　　脂

“糖脂（glycolipids）”是指如下一组化合物中的任何一种化合物：该化合物含有一个或多个单糖残基，以糖苷键与一个疏水部分如酰基甘油、鞘氨醇、神经酰胺或磷酸异戊二烯酯结合。

糖脂主要包括甘油糖脂和鞘糖脂。

```
                    O
                    ‖
          CH2—O—C—R1
     O    |
     ‖    |
R2—C—O—C—H
          |
          CH2—O—Glycan
```

甘油糖脂

```
   CH2—Glycan
   |         O
   |         ‖
   CH—NH—C—R
   |
H  CH—OH
 \ /
  C
  ‖
  C
 / \
CH3(CH2)12  H
```

鞘糖脂

甘油糖脂主要存在于植物和微生物中，鞘糖脂广泛存在于哺乳动物各组织细胞的细胞膜外层和各种细胞器膜结构，尤其在神经系统如大脑中含量最高。

人体红细胞 ABO 血型抗原即是由含不同糖基的鞘糖脂构成的。

三、磷脂的生理功能

（一）磷脂与细胞膜

细胞膜又称质膜（plasmalemma），是紧贴细胞壁的膜结构，它是防止细胞外物质自由进入细胞的屏障，它保证了细胞内环境的相对稳定，使各种生化反应能够有序运行。同时又使细胞与周围环境发生信息、物质与能量的交换，完成特定的生理功能。这些功能都与其结构密不可分。

细胞膜主要由脂质、蛋白质、糖类、微量的核酸、金属离子等物质组成；其中以脂质和蛋白质为主。构成膜的脂质主要是磷脂，也有少量的胆固醇和糖脂。磷脂分子由偶极离子头部（亲水性）和脂肪酸长链尾部（疏水性）组成。在水溶液中，磷脂分子在亲水作用力、疏水作用力和静电引力的共同驱动下自发形成热力学上稳定的磷脂双分子层（图 14-1）。

细胞膜的流动镶嵌模型是科学家普遍认可的一种模型。磷脂形成了基本支架，蛋白质则镶嵌在脂类层的内外部，有的嵌入磷脂层，有的贯穿磷脂层而部分地露在膜的内外表面。磷脂和蛋白质都有

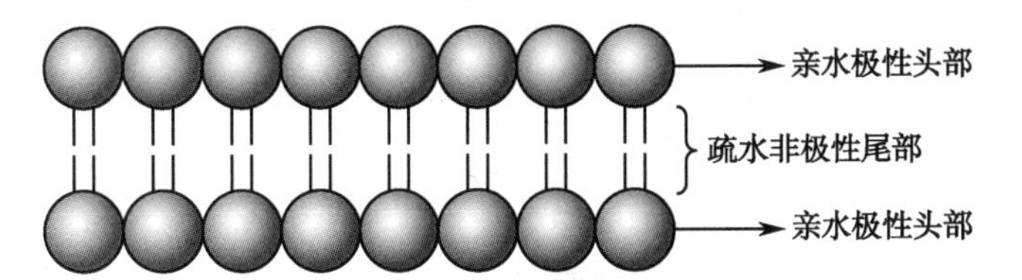

图 14-1　磷脂双分子层结构示意图

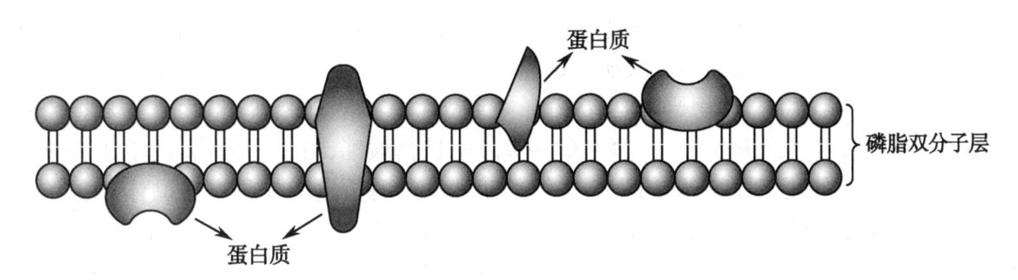

图 14-2　细胞膜的流动镶嵌模型示意图

一定的流动性，使膜结构处于不断变动状态，而且具有选择透过性（图 14-2），对保持细胞的正常生理功能非常重要。

（二）磷脂与跨膜信号转导

机体细胞通过细胞膜接收细胞外化学信号（如激素、神经递质、细胞因子等）的影响而引发细胞内一系列生物化学变化并产生一定的效应，这样一个完整的过程即称为跨膜信号转导。跨膜信号转导是人体各项生理功能调节的物质基础。

磷脂在跨膜信号转导中亦扮演重要角色。在“受体-G 蛋白-磷脂酶 C（PLC）”信号转导途径中，被激活的磷脂酶 C 即是通过水解细胞膜上的 4,5-二磷酸磷脂酰肌醇（PIP_2）来产生第二信使物质二酰甘油（DG）和三磷酸肌醇（IP_3），继而引发各种效应。

（三）其他

卵磷脂中富含的胆碱是人体内重要的神经递质乙酰胆碱的主要来源；血小板膜中的磷脂酰丝氨酸参与对凝血酶原的激活。

蛇毒与溶血甘油磷脂

在蛇毒、蝎毒、蜂毒以及哺乳动物的胰腺分泌液中富含一种高活性的酶——磷脂酶 A_2（PLA_2），该酶以生物膜磷脂为天然底物，催化其发生水解反应，生成一种仅含一个脂肪酸的甘油磷脂，具有很强的表面活性，能使红细胞膜溶解，称为溶血甘油磷脂。

第三节　蜡

蜡是由长链一元醇与长链脂肪酸形成的酯，组成蜡的醇和脂肪酸的碳原子数多为偶数。在结构上不同于脂肪、石蜡（石蜡是 C_{20}～C_{30} 的烷烃）和人工合成的聚醚蜡。常见的蜡见表 14-3。蜡的结构通式如下：

$$CH_3(CH_2)_n-\overset{\overset{\large O}{\|}}{C}-OCH_2(CH_2)_mCH_3$$

蜡

表 14-3　常见的蜡

名称	n	m
鲸蜡	14	14
虫蜡	24	24
蜂蜡	24 或 26	28 或 30

蜡不溶于水，常温下为固体，温度稍高时变软，温度下降时变硬。蜡的生物功能是作为生物体对外界环境的保护层，存在于皮肤、毛皮、羽毛、植物叶片、果实以及许多昆虫的外骨骼的表面。蜡可以制造蜡纸、润滑油、防水剂、上光剂、鞋油、地板蜡等。

蜡广泛存在于动植物中。动物蜡主要有蜂蜡、虫胶蜡、羊毛蜡、鲸蜡等；植物蜡主要有棕榈蜡、木蜡、杨梅蜡等。蜂蜡主要组分是长链一元醇（C_{26} ~ C_{36}）的棕榈酸酯，由工蜂分泌，用于建造蜂巢，一般用作涂料、润滑剂和其他化工原料；鲸蜡为抹香鲸的鲸油冷却时析出的一种白色晶体，主要成分是鲸蜡醇（即十六烷醇）与棕榈酸形成的酯；羊毛蜡是很复杂的混合物，含有酯蜡、醇和脂肪酸，羊毛蜡经过纯化可获得羊毛脂，是重要的药品和化妆品辅料；巴西棕榈蜡是覆盖于巴西棕榈树叶片上的一种天然蜡，由于具有硬度大、不透水和熔点高等优点而享有很高的经济价值，可用作车蜡、地板蜡及鞋油等。

学习小结

注重对所学知识点的理解和应用；从官能团的角度入手联系前几章内容，对比学习，加深对脂类化合物的理解。

油脂分为油（液态）和脂肪（固态）两大类，成分主要为甘油三酯。磷脂主要分为甘油磷脂和鞘磷脂两大类，前者又包括卵磷脂、脑磷脂、磷脂酰丝氨酸、磷脂酰肌醇等。油脂具有皂化反应、加成反应、酸败、干性等化学性质。蜡是由长链一元醇与长链脂肪酸形成的酯，可用于制造蜡纸、润滑油、防水剂、上光剂、鞋油、地板蜡等。

（邹　毅）

扫一扫，测一测

思考题

1. 简述油脂与磷脂组成和结构上的主要差异。
2. 写出下列化合物的结构式。
（1）十六碳酸　（2）卵磷脂　（3）鞘氨醇　（4）脑磷脂　（5）DHA
3. 简述皂化值、碘值和酸值大小的意义。

第十五章 萜类和甾族化合物

学习目标

1. 掌握萜类的定义、结构类型及其代表性化合物；萜类化合物的物理性质和化学性质；甾族化合物的结构、命名；几种重要的甾族化合物。
2. 熟悉萜类的结构、类型、和化学性质；甾族化合物的结构、命名和生物活性。
3. 了解萜类和甾族化合物的分布和来源。

萜类和甾族化合物在自然界中广泛存在，可以从生物体中提取，也可以人工合成，在生物体内含量不多，但有着重要的生理作用。萜类和甾族化合物虽是两类不同的化合物，但在药用价值方面有着密切的关系。

第一节 萜 类

许多植物都含有萜类化合物，常见含萜类化合物的植物类群有蔷薇科（rosaceae）、樟科（lauraceae）、马鞭草科（verbenaceae）、唇形科（lamiaceae）等。萜类化合物估计有1万种以上，是天然物质中最多的一类。萜类化合物是所有异戊二烯聚合物及其衍生物的总称。因绝大多数萜类分子中含有双键，所以，萜类化合物又称为萜烯类化合物。

一、萜类化合物的结构

萜类化合物除以萜烯的形式存在外，还以各种含氧衍生物的形式存在，包括醇、醛、羧酸、酮、酯类以及苷等。分子结构是以异戊二烯为基本单位的，碳干骨骼可以看成是由若干个异戊二烯单位主要以头尾相接而成的。

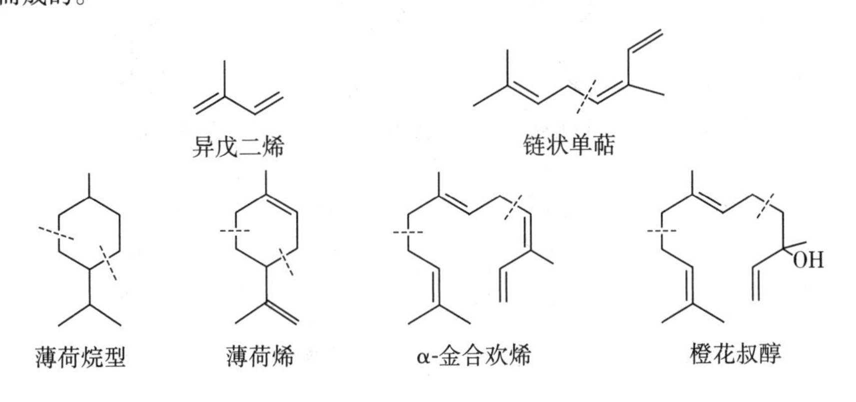

从结构上看，链状单萜、薄荷烷型和薄荷烯可看作是两个异戊二烯单位通过不同键合方式连接而成，α-金合欢烯和橙花叔醇是三个异戊二烯单位通过不同键合方式连接而成，其他绝大多数萜类化合物的碳架也包含有两个或多个异戊二烯单位，这种结构特点称为萜类化合物的“异戊二烯规则”。“异戊二烯规则”是总结大量萜类分子构造特点归纳出来的，所以能根据“异戊二烯规则”粗略的推测出未知萜类化合物可能的分子构造方式，对未知萜类化合物的结构测定具有很大的应用价值。

二、萜类化合物的分类

萜类化合物的分类可以按照异戊二烯单体数目的不同来进行。分子式符合通式$(C_5H_x)n$，天然的异戊二烯属半萜，含有两个异戊二烯单位的称为单萜，含有三个异戊二烯单位的称为倍半萜，含有四个异戊二烯单位的则称为二萜，依此类推。倍半萜约有 7 000 多种，是萜类化合物中最大的一类。二萜类以上的也称“高萜类化合物”，一般不具挥发性。此外，有的萜类化合物分子中具有不同的碳环数，因此又进一步区分为链萜、单环萜、双环萜、三环萜等。其中，单萜和倍半萜及其简单含氧衍生物是挥发油的主要成分，而二萜是形成树脂的主要成分，三萜则以皂苷的形式广泛存在（表 15-1）。

表 15-1　萜类化合物的分类

类别	异戊二烯单体数目	碳原子数	存在
半萜类	1	5	植物叶
单萜类	2	10	挥发油
倍半萜类	3	15	挥发油
二萜类	4	20	树脂、植物醇
三萜类	6	30	皂苷、树脂、植物乳液
四萜类	8	40	胡萝卜素
多萜类	>8	>40	橡胶

（一）单萜类

单萜类是由 2 个异戊二烯单元组成的具有 10 个碳原子的一类化合物，单萜类广泛分布于高等植物的分泌组织、昆虫激素、真菌及海洋生物中。多数是挥发油中沸点较低部分的主要组成部分。单萜类的含氧衍生物（醇类、醛类、酮类）具有较强的香气和生物活性，是医药、食品和化妆品工业的重要原料，常用作芳香剂、防腐剂、矫味剂、消毒剂及皮肤刺激剂。如樟脑有局部刺激作用和防腐作用，斑蝥素可作为皮肤发赤、发泡剂，其半合成产物 N-羟基斑蝥胺具有抗癌活性。单贴类化合物依据具有基本碳骨架是否成环的特征，可分为链状单萜和单环、双环、三环的环状单萜，其中单环和双环较多，构成的碳环多数为六元环，少数环烯醚萜为五元环。

1. 链状单萜　链状单萜是由两个异戊二烯单元连接构成的链状化合物，常见的链状单萜有香叶烷形、薰衣草型、艾蒿烷型等，其代表性化合物有香叶烯、薰衣草醇、蒿酮、橙花油醇等。

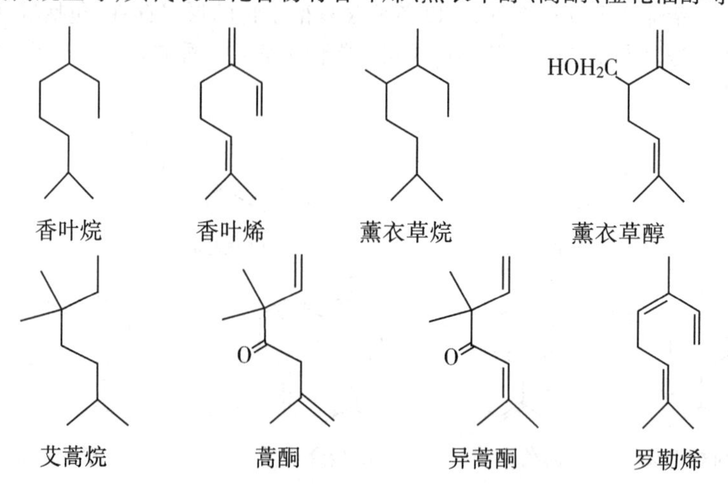

（1）香叶烯（geraniolene）和罗勒烯（ocimene）：两者互为同分异构体，香叶烯可以从月桂叶、马鞭草、香叶等植物的精油中提取，为无色油状液体，有特殊气味。罗勒烯可以从罗勒和薰衣草精油中提取，性状与香叶烯相似。两者也可人工采用热分解法，以β-蒎烯为原料，经热分解获得。香叶烯和罗勒烯是香料产业中最重要的化学品原料之一，主要用于合成香水和消臭剂等。由于其具有令人愉快的甜香脂气味，偶尔也被直接使用。另外，香叶烯和罗勒烯也是合成香精和香料的一种极其重要的中间体，如合成薄荷醇，柠檬醛，香茅醇，香叶醇，橙花醇和芳樟醇等。

CH_2OH　　CH_2OH　　CHO　　CHO

香叶醇　　橙花醇　　香叶醛　　橙花醛

（2）香叶醇（geraniol）：又称牻牛儿醇，无色至黄色油状液体，具有温和、甜的玫瑰花气息，味有苦感，是香叶油、玫瑰油的主要成分。广泛用于花香型日用香精，可用于苹果、草莓等果香型、肉桂、生姜等香型的食用香精。用牻牛儿醇合成的各种酯，也是很好的香料。入药主要用于抗菌和驱虫；临床治疗慢性支气管炎效果较好，不仅有改善肺通气功能和降低气道阻力的作用，而且对提高机体免疫功能也颇有裨益，且有起效快，副作用小的优点。

（3）橙花醇（nerol）：又名香橙醇，无色液体，具有玫瑰香气，是香叶醇的反式几何异构体，存在于芸香科植物甜橙、佛手，忍冬科植物忍冬等多种植物的挥发油中。橙花醇是一种贵重的香料，用于配制玫瑰型和橙花型等花香香精。在饮食、食品、日化高档香精的调配中被广泛使用。同时也是合成另一些重要香料的中间品，且是合成这些重要香料的关键原料。

（4）柠檬醛（citral）：无色或微黄色液体，呈浓郁柠檬香味。天然柠檬醛是两种几何异构体组成的混合物。反式柠檬醛称香叶醛，顺式柠檬醛称橙花醛，一般以反式为主。存在于柠檬草油（70%～80%）、山苍子油（约70%），柠檬油、白柠檬油、柑橘类叶油等中。可以从精油中恒温蒸馏而得，如果需制取精品，可用亚硫酸氢钠进行纯化处理后，减压蒸馏。柠檬醛用途广泛，用于需要柠檬香气的各个方面，是柠檬型、防臭木型香精、人工配制柠檬油、香柠檬油和橙叶油的重要香料。是合成紫罗兰酮类、甲基紫罗兰酮类的原料。也可用来掩盖工业生产中的不良气息。还可用于生姜、柠檬、白柠檬、甜橙、圆柚、苹果、樱桃、葡萄、草莓及辛香等食用香精。

链状单萜含氧衍生物可相互转化，常常共存于同一种挥发油中；分子内含有碳碳双键或手性碳原子，因此它们大都存在几何异构体和对映异构体。

2. 单环单萜　单环单萜是由链状单萜环合作用衍变而来，由于环合方式不同，产生不同的结构类型，薄荷酮和薄荷醇是这类化合物的代表物；其中酚酮型是单环单萜的一种变形结构类型，其碳架不符合异戊二烯规则，其分子中有1个七元芳环的基本结构，由于酮羰基的存在使七元环有一定的芳香性，如扁柏素。

（1）薄荷醇（menthol）：无色针状结晶或粒状，低熔点固体，具有芳香凉爽气味，有杀菌、防腐作用，并有局部止痛的效力，存在于薄荷油中。用于医药、化妆品及食品工业中，如清凉油、牙膏、糖果、烟酒等。在医药上用作刺激药，作用于皮肤或黏膜，有清凉止痒作用；内服可用于头痛及鼻、咽、喉炎症等。

薄荷醇分子中有三个手性碳原子，故有四个外消旋体，8种立体异构体。即（±）-薄荷醇、（±）-新薄荷醇、（±）-异薄荷醇、（±）-新异薄荷醇。天然的薄荷醇是左旋的薄荷醇。

（2）薄荷酮（menthone）：常与薄荷醇共存，也有浓郁的薄荷香气。主要用作薄荷、薰衣草、玫瑰等香精的调和香料。

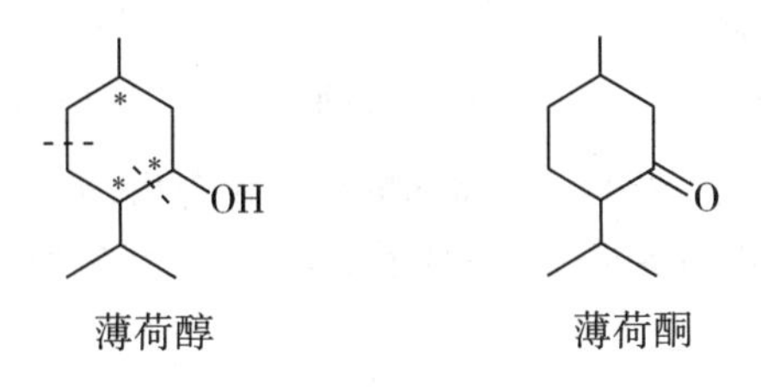

薄荷醇　　薄荷酮

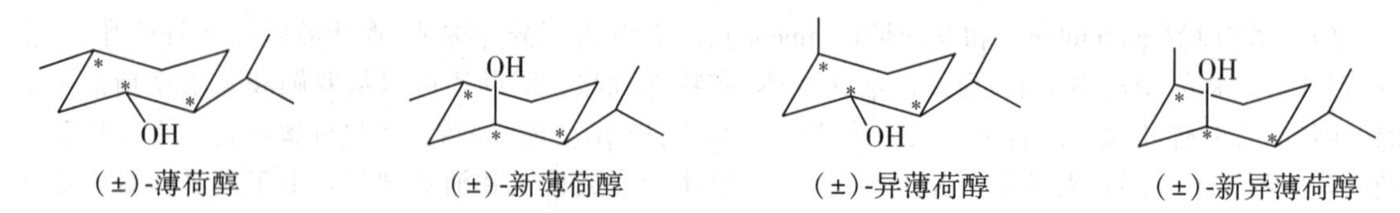

(±)-薄荷醇　(±)-新薄荷醇　(±)-异薄荷醇　(±)-新异薄荷醇

（3）扁柏酚（menthone）：白色或微黄色结晶性粉末，具有特殊气味，存在于植物扁柏中。扁柏酚是强力杀虫剂，同时具有防腐作用。

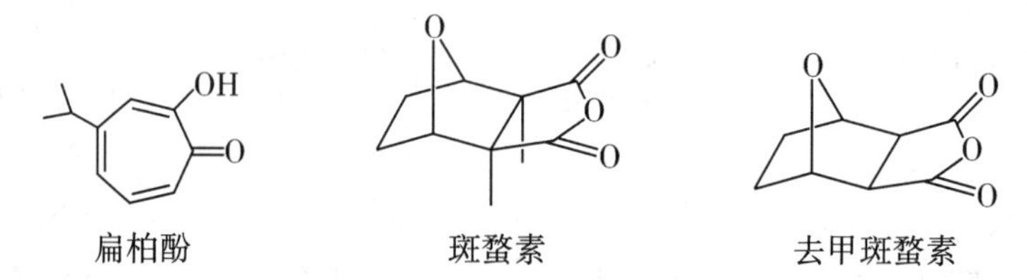

扁柏酚　斑蝥素　去甲斑蝥素

（4）斑蝥素（cantharidin）：斜方形鳞状晶体，存在于节肢动物门昆虫纲芫青科昆虫南方大斑蝥或黄黑小斑蝥干燥虫体中。主要用于肝癌、乳腺癌、肺癌、食管癌、结肠癌等治疗。其衍生物去甲斑蝥素无色结晶性粉末，无臭，稍有刺激性。对肝癌、食管鳞癌等细胞株的形态、增殖有破坏或抑制作用，可提高癌细胞呼吸控制率及溶酶体酶活性，干扰癌细胞分裂，抑制其DNA合成；对骨髓细胞无抑制作用，并能升高白细胞。

3. 双环单萜　双环单萜的结构类型较多，其主要有蒎烷型、莰烷型、蒈烷型、葑烷型、侧柏烷型等几种。其中以蒎烷型和坎烷型最稳定，形成的衍生物也较多。

（1）蒎烷型：比较重要的化合物为芍药苷，是中药芍药和牡丹中的有效成分。

芍药苷（paeoniflorin）：黄棕色粉末，来源于毛茛科植物芍药根、牡丹根、紫牡丹根，具有扩张血管、镇痛镇静、抗炎抗溃疡、解热解痉、利尿的作用。

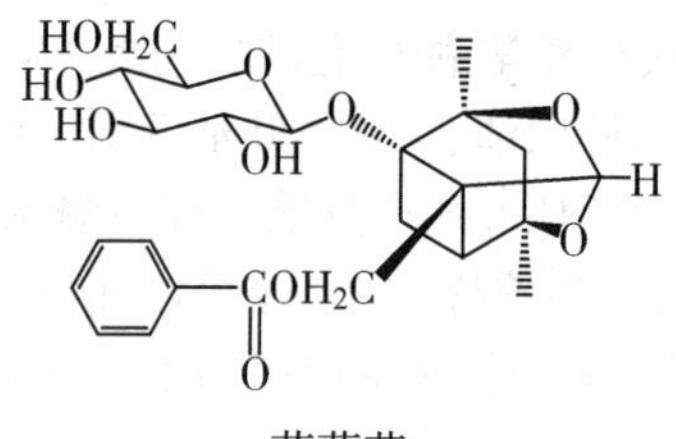

芍药苷

（2）莰烷型：多以含氧衍生物存在。如樟脑、龙脑等。

1）樟脑（camphor）：白色或透明的蜡状固体，是最重要的萜酮之一，它在自然界中的分布不太广泛，主要存在于樟树的挥发油中。樟脑是重要的医药工业原料，我国产的天然樟脑产量占世界第一位。樟脑在医药上主要作刺激剂和强心剂，其强心作用是由于在人体内被氧化成π-氧化樟脑和对-氧化樟脑而导致的。

2）龙脑（borneol）：俗称冰片，又称樟醇，白色片状结晶，具有似胡椒又似薄荷的香气，有升华性，是樟脑的还原产物。其右旋体存在于龙脑香树的挥发油中及其他多种挥发油中。一般以游离状态或结合成酯的形式存在。左旋体存在艾纳香的叶子和野菊花的花蕾挥发油中。合成品为外消旋混合物。冰片不但有发汗、兴奋、镇痉和防止腐蚀等作用，还有显著的抗氧功能，它与苏合香脂配合制成苏冰滴丸代替冠心苏合丸，用于治疗冠心病心绞痛疗效一致。

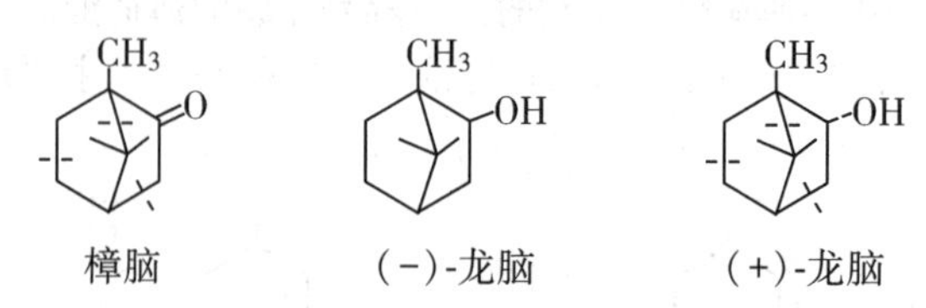

樟脑　(−)-龙脑　(+)-龙脑

4. 环烯醚萜　环烯醚萜类化合物是一类特殊的单萜化合物，最早由伊蚁的防卫分泌物中首次分得伊蚁内酯。从环烯醚萜的基本骨架来看，主要有（C_9）环烯醚萜型、（C_{10}）环烯醚萜型和裂环烯醚萜型。

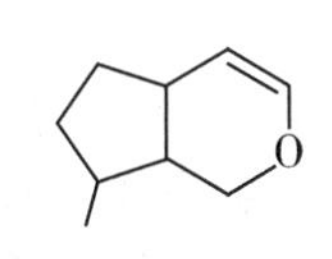

(C_9)环烯醚萜型

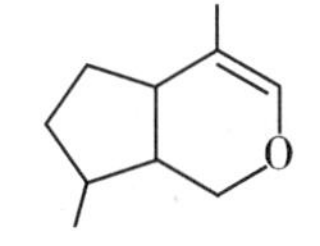

(C_{10})环烯醚萜型

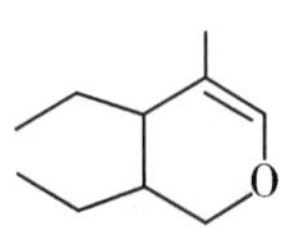

环烯醚萜型

植物界中的环烯醚萜类化合物是由焦磷酸香叶酯(GPP)经生物合成途径生成臭蚁二醛,再缩醛衍生而成的。此类化合物广泛存在于玄参科、茜草科、唇形科、龙胆科、马鞭科、木犀科等双子叶植物中。因环烯醚萜类化合物在植物分类上的重要作用及多种生物活性,现已从多种植物中分离得到1 000 多种此类化合物。

环烯醚萜类化合物多以苷的形式存在,多为 C-1 羟基与糖环结合成糖苷键。环烯醚萜苷和裂环烯醚萜苷为白色结晶体或无定形粉末,多具旋光性、吸湿性,味苦。具有促胆汁分泌、降糖降脂、解痉、抗炎、抗肝毒、抗肿瘤和抗病毒等活性。

栀子苷　　京尼平苷　　龙胆苦苷

(1) 栀子苷(geniposide):棕色至白色结晶性粉末,气微,无苦味。主要存在于茜草科植物栀子的干燥成熟果实中。有解热、镇痛、镇静、降压、止血和利胆作用,能促进胆汁分泌,并能降低血中胆红素,可促进血液中胆红素迅速排泄。对溶血性链球菌和皮肤真菌也有抑制作用。

(2) 龙胆苦苷(gentiopicroside):白色针状结晶,是植物龙胆的主要活性成分,具有保肝、利胆、健胃、抗炎、抗菌等活性。

(二) 倍半萜类

倍半萜指分子中含 15 个碳原子的天然萜类化合物。倍半萜类化合物分布较广,在木兰目、芸香目、山茱萸目及菊目植物中最丰富。其植物体内常以醇、酮、内酯等形式存在于挥发油中,是挥发油中高沸点部分的主要组成部分。倍半萜多具有较强的香气和生物活性,是医药、食品、化妆品工业的重要原料。倍半萜类化合物较多,无论从数目上还是从结构骨架的类型上看,都是萜类化合物中最多的一支。倍半萜化合物多按其结构的碳环数分类,有无环型、单环型、双环型、三环型和薁衍生物。按环的大小分类,主要有五元环、六元环、七元环,直到十一元大环。

1. 无环倍半萜

(1) 金合欢烯(farnesene):主要存在于甜橙油、玫瑰油、依兰油和橘子油等精油中。有反,反-α-;反,顺-α-和反-β-异构体,商用金合欢烯为这几种异构体之混合物。有青香、花香并伴有香脂香气,用于皂用、洗涤剂香精中和日化香精中。

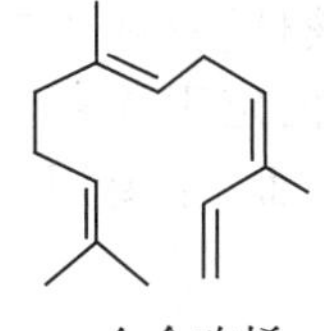
α-金合欢烯

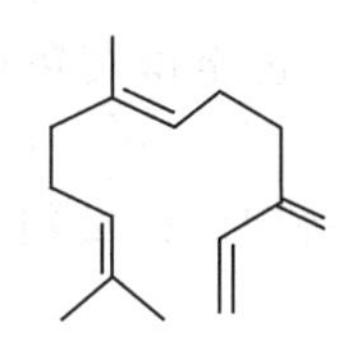
β-金合欢烯

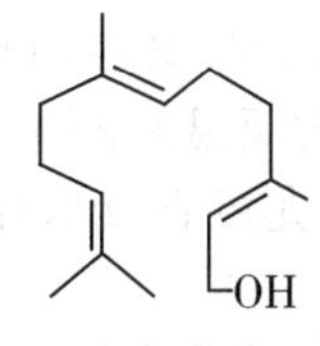

金合欢醇

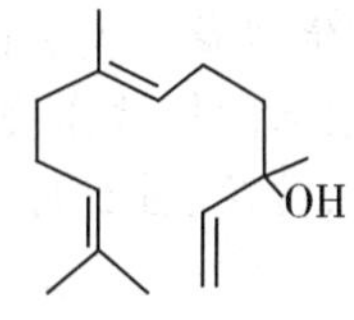

橙花叔醇

(2) 金合欢醇(farnesol):无色油状液体,不溶于水,溶于大多数有机溶剂。存在于柠檬草油、香茅油等精油中。主要用作铃兰、丁香、玫瑰、紫罗兰、橙花、仙客来等具有花香韵香精的调和料,也可用作东方香型、素心兰香型香精的调和香料。

(3) 橙花叔醇(nerolidol):无色至浅的暗黄色油状液体,溶于一切常规有机溶剂,微溶于水。有弱的甜清柔美的橙花气息,带有像玫瑰、铃兰和苹果花的气息,香气持久,与橙花醇比较,橙花醇甜而清鲜,橙花叔醇甘甜而少清,微带木香;右旋体存在于橙花油、甜橙油、依兰油、檀香油、秘鲁香脂等中。用于配制玫瑰型、紫丁香型等香精。持久性好,有一定的协调性能和定香作用。

2. 单环倍半萜

（1）青蒿素（artemisinin）：白色针状晶体，味苦。是从中药黄花蒿中提取的有过氧基团的倍半萜内酯抗疟新药。除黄花蒿外，尚未发现含有青蒿素的其他天然植物资源。青蒿素是中国研发的第一个被国际公认的天然药物，在其基础上合成了多种衍生物，如双氢青蒿素、蒿甲醚、青蒿琥酯等。青蒿素类药物毒性低、抗疟性强，被 WTO 批准为世界范围内治疗脑型疟疾和恶性疟疾的首选药物。

药理学研究表明青蒿素对疟原虫红细胞内期有直接杀灭作用，对组织期无效，在机体内吸收快，分布广，排泄快。主要用于间日疟、恶性疟的症状控制，以及耐氯喹虫株的治疗，也可用以治疗凶险型恶性疟，如脑型、黄疸型等。亦可用以治疗系统性红斑狼疮与盘状红斑狼疮。

（2）蒿甲醚（artemether）：是青蒿素结构修饰产物，其抗疟作用为青蒿素的 10 至 20 倍，其开发成功的剂型蒿甲醚注射液为主要含蒿甲醚的无色或淡黄色澄明灭菌油溶液。

（3）青蒿琥酯（artesunate）：是唯一的能制成水溶性制剂的青蒿素有效衍生物，给药非常方便。作为抗疟药，不但效价高，而且不易产生耐受性。

（4）双氢青蒿素（dihydroartemisinin）：比青蒿素有更强的抗疟作用，它由青蒿素经硼氢化钾还原而获得。

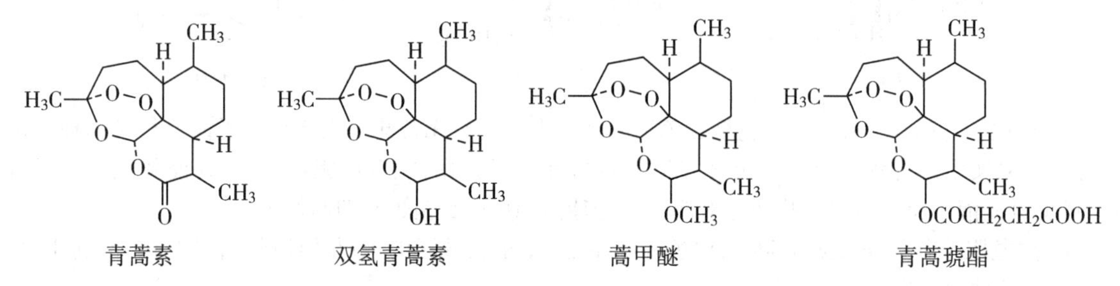

青蒿素　　双氢青蒿素　　蒿甲醚　　青蒿琥酯

3. 双环倍半萜

（1）山道年（santonin）：无色结晶，不溶于水，易溶于有机溶剂。从山道年蒿花蕾中提取。过去是医药上常用的驱蛔虫药，其作用是使蛔虫麻痹而被排出体外，但对人也有相当的毒性。

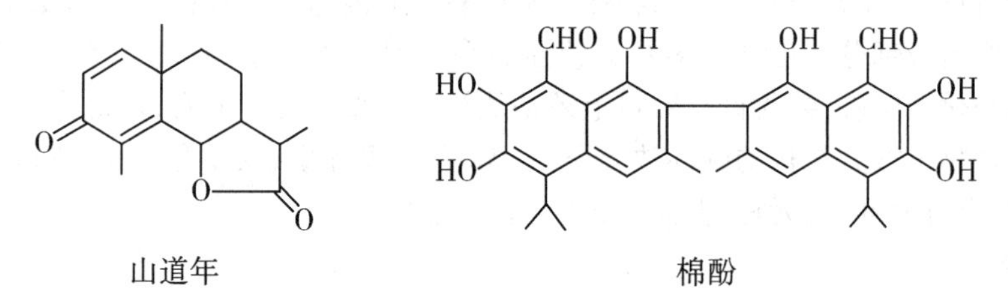

山道年　　棉酚

（2）棉酚（gossypol）：黄色晶体，有三种晶型，有毒，难溶于水。从锦葵科植物草棉、树棉或陆地棉成熟种子、根皮中提取的一种多元酚类物质。具有抑制精子发生和精子活动的作用。可作为一种有效的男用避孕药。

4. 三环倍半萜　檀香醇（santalol）又名白檀醇，无色至微黄色稠厚液体，存在于白檀木的挥发油中，有很强的抗菌作用。有甜而温和的木香，在香精配方中有良好的定香作用。适用于高档的素心兰、铃兰、香石竹、檀香、龙涎香及木香等香料中。在食用香精方面，主要用于各类花果香精。

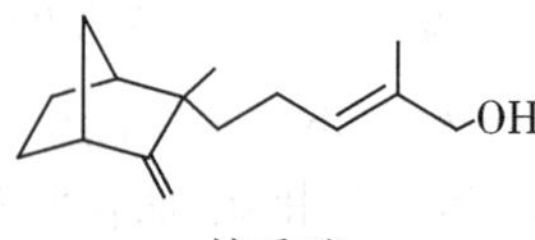

檀香醇

5. 薁衍生物　薁类化合物的结构为非苯芳烃，是由一个五元环骈合一个七元环形成的一种倍半萜类化合物。薁类化合物的沸点一般在 250～300℃。在挥发油分馏时，高沸点馏分可见到美丽的蓝色、紫色或绿色的现象时，表示可能有薁类化合物存在。薁类化合物溶于石油醚、乙醚、乙醇、甲醇等有机溶剂，不溶于水，溶于强酸。

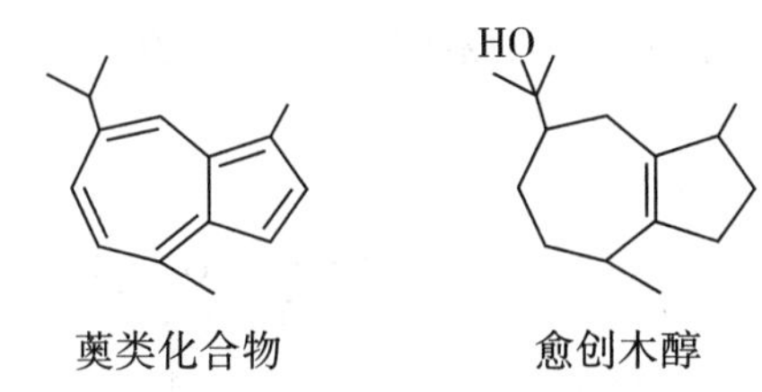

薁类化合物　　愈创木醇

愈创木醇(guaiol),又名黄兰醇,三角柱形晶体,具有木香香气,不溶于水,能溶于醇或醚。存在于愈创木油中,是薁类化合物的代表。

(三)二萜类

二萜类是由4个异戊二烯单位构成、含20个碳原子的化合物类群。是高等植物的普遍成分,它们形成树脂,尤其是针叶树树脂中的主要部分。在树脂中,它们与苯基丙烷衍生物松醇一起存在,而松醇是木质素的基本成分。多数双萜烯都呈现有两个或三个环的环状结构。在无环的双萜烯中叶绿醇是最重要的组分,它是非常丰富的叶绿素分子的一部分。

1. 链状二萜　链状二萜化合物发现的较少,叶绿素中的叶绿醇(phytol)是此类化合物的代表,用碱水解叶绿素可得到叶绿醇,叶绿醇是合成维生素K及维生素E的原料。

叶绿醇　　维生素A

2. 单环二萜　维生素A(vitamin A)是一种重要的脂溶性维生素,淡黄色晶体,不溶于水,易溶于有机溶剂。存在于肝脏、奶油、蛋黄和鱼肝油中。紫外光照射后会失去活性。维生素A为哺乳动物正常生长和发育所必需的物质,体内缺乏维生素A则发育不健全,并能引起眼膜和眼角膜硬化症,初期的症状就是夜盲症。

3. 双环二萜　穿心莲叶中含有较多的二萜及其衍生物,其中穿心莲内酯(andrographolide)为主要活性成分,穿心莲内酯为白色方棱形或片状结晶,无臭,味苦。在沸乙醇中溶解,在甲醇或乙醇中略溶,极微溶于氯仿,在水或乙醚中几乎不溶。具有祛热解毒,消炎止痛之功效,对细菌性与病毒性上呼吸道感染及痢疾有特殊疗效,被誉为天然抗生素药物。

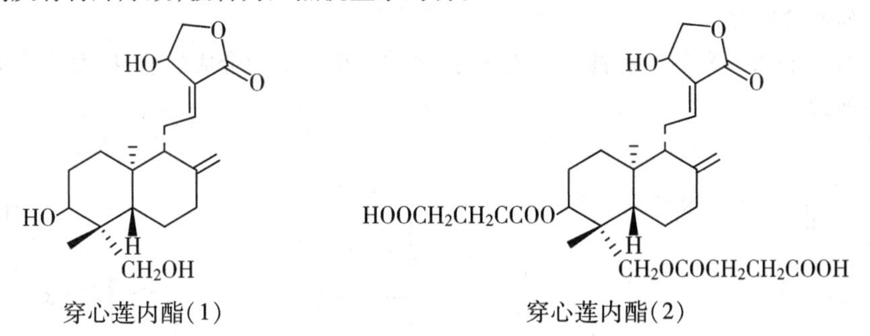

穿心莲内酯(1)　　穿心莲内酯(2)

4. 三环二萜

(1) 松香酸(abietic acid):微黄至黄色透明,硬脆的玻璃状固体,有松脂气味。与松脂酸一齐存在于松脂中,是松香的主要成分。松香是广泛用于造纸、制皂、制涂料等工业上的原料。

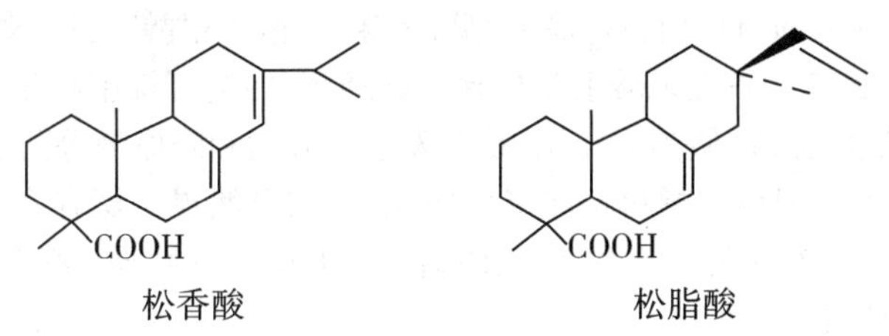

松香酸　　松脂酸

(2) 紫杉醇(Paclitaxel):白色结晶体粉末。无臭,无味。难溶于水,易溶于氯仿、丙酮等有机溶剂。从太平洋红豆杉的树皮中分离得到。紫杉醇对卵巢癌、乳腺癌,肺癌、大肠癌、黑色素瘤、头颈部

癌、淋巴瘤、脑瘤也都有一定疗效，其销量居抗癌药物之首，为 20 世纪 90 年代国际抗肿瘤药物三大成就之一。

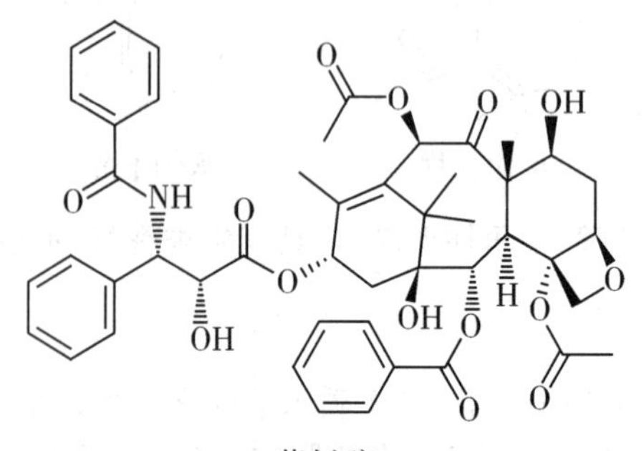

紫杉醇

5. 四环二萜　唇形科植物香茶菜(rabdosia amethystoides)，含有多种二萜类化合物，代表性成分为香茶菜甲素、冬凌甲素和冬凌乙素。主要有抗癌，抗菌、抗肿瘤、杀虫清热解毒、消炎止痛、健胃活血等作用，三者对多种癌细胞均具有很强的杀灭抑制作用，有很好的抗肿瘤及抑制金色葡萄球菌活性的效果。

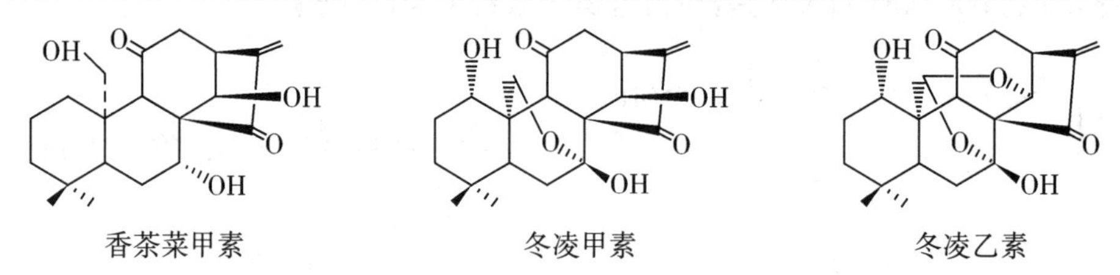

香茶菜甲素　　冬凌甲素　　冬凌乙素

（四）三萜和四萜类

1. 三萜　多数三萜类化合物是一类基本母核由 30 个碳原子组成的萜类化合物，其结构根据异戊二烯规则可视为六个异戊二烯单位聚合而成，是一类重要的天然产物化学成分。

三萜及其萜类化合物在植物中分布广泛，菌类、单子叶和双子叶植物、动物及其海洋生物中均有分布，尤以双子叶植物中分布最多。主要来源于菊科、豆科、卫矛科、橄榄科、唇形科等植物。

目前已发现的三萜类化合物，多为四环三萜和五环三萜，少数为链状、单环、双环和三环三萜类化合物。常见的四环三萜类主要有：羊毛脂甾烷型、大戟烷型、达玛烷型、葫芦素烷型、原萜烷型、楝烷型和环菠萝蜜烷型；五环三萜有：齐墩果烷型、乌苏烷型、羽扇豆醇型、木栓烷型、羊齿烷型、异羊齿烷型、何帕烷型和异何帕烷型等。

(1) 角鲨烯(squalene)：鲨鱼肝油的主要成分，是羊毛甾醇生物合成的前身，而羊毛甾醇又是其他甾体化合物的前身。

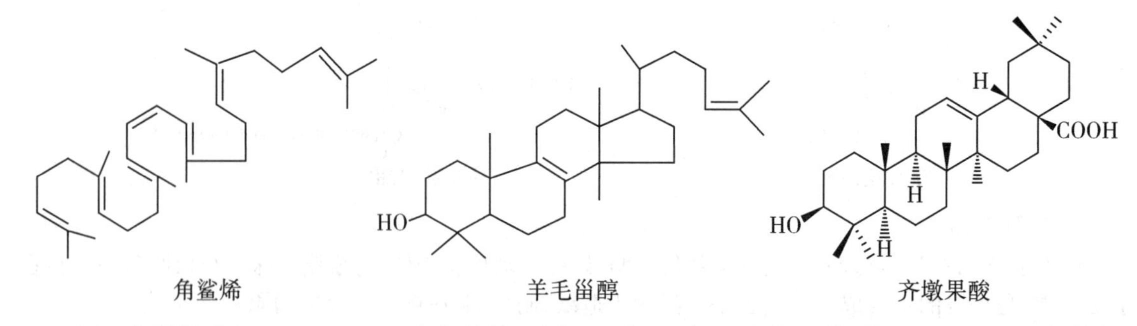

角鲨烯　　羊毛甾醇　　齐墩果酸

(2) 齐墩果酸(oleanolic acid)：白色针晶，无臭，无味，可溶于甲醇、乙醇、苯、乙醚、丙酮和氯仿，几乎不溶于水，对酸碱均不稳定。齐墩果酸主要具有护肝降酶、促进肝细胞再生、抗炎、强心、利尿、抗肿瘤等作用，还具有降血糖、降血脂、镇静的作用，是开发治疗肝病和降血糖等药物有效成分。

2. 四萜　四萜是由八个异戊二烯单位连接而构成的，在自然界广泛存在。四萜类化合物的分子中都含有一个较长的碳碳双键的共轭体系，所以四萜都是有颜色的物质，多带有由黄至红的颜色。因此也常把四萜称为多烯色素。

(1) 胡萝卜素(carotenoid)：最早发现的四萜多烯色素，广泛存在于绿色和黄色蔬菜中，后来又发现很多结构与此类似的色素，所以通常把四萜称为胡萝卜素类色素。

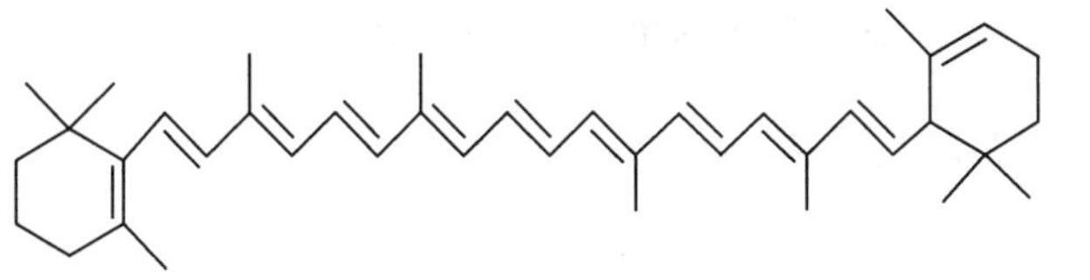

胡萝卜素

（2）番茄红素（lycopene）：为洋红色结晶，胡萝卜素的异构体，是开链萜，存在于番茄、西瓜及其他一些果实中。

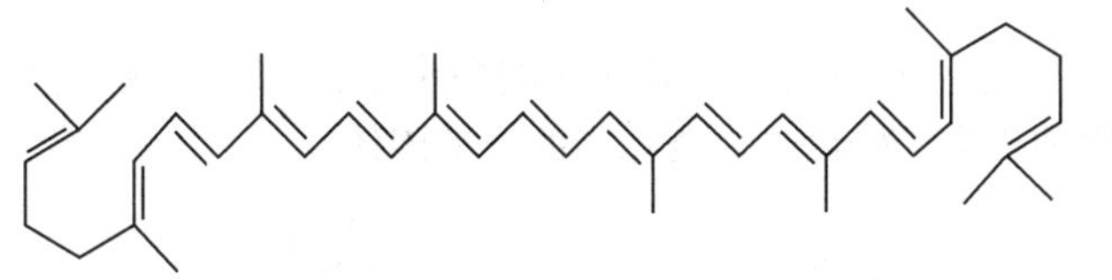

番茄红素

（3）虾青素（astaxanthin）：广泛存在于甲壳类动物和空肠动物体中的一种多烯色素，最初是从龙虾壳中发现的，虾青素在动物体内与蛋白质结合存在，可氧化成虾红素。

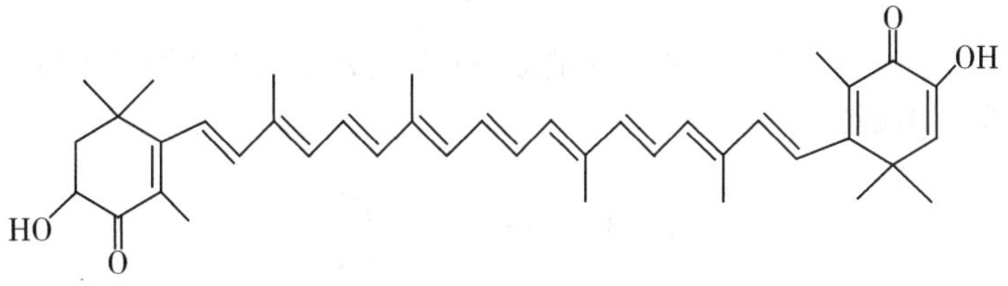

虾青素

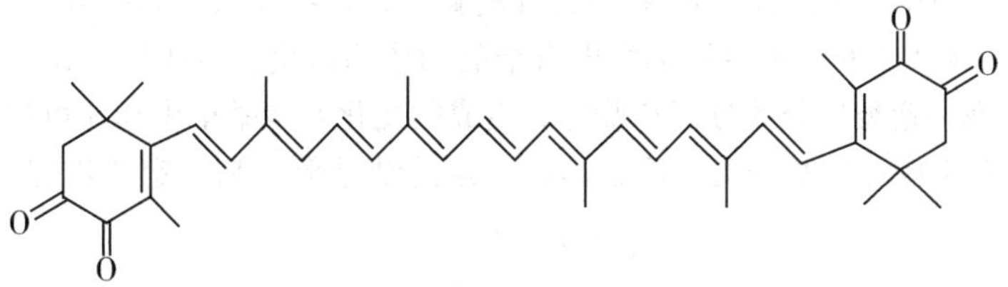

虾红素

（4）叶黄素（lutein）：存在植物体内一种黄色的色素，与叶绿素共存，只有在秋天叶绿素破坏后，方显其黄色。

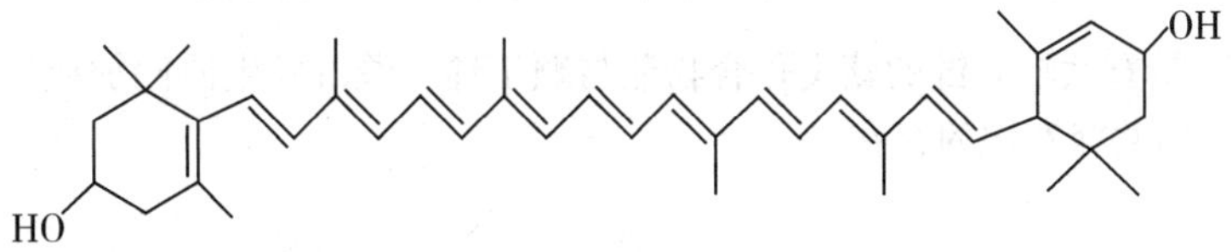

叶黄素

三、萜类化合物的物理性质

（一）性状

1. 形态　单萜和倍半萜类多为具有特殊香气的油状液体，在常温下可以挥发，或为低熔点的固体。可利用此沸点的规律性，采用分馏的方法将它们分离开来。二萜、三萜和四萜多为结晶性固体。

2. 气味　萜类化合物多具有苦味，有的味极苦，所以萜类化合物又称苦味素。但有的萜类化合物具有强的甜味，如具有贝壳杉烷骨架的二萜多糖苷——甜菊苷的甜味是蔗糖的300倍。

3. 旋光和折光性　大多数萜类具有不对称碳原子，具有光学活性。

（二）溶解度

萜类化合物亲脂性强，易溶于醇及脂溶性有机溶剂，难溶于水。随着含氧功能团的增加或具有苷的萜类，则水溶性增加。具有内酯结构的萜类化合物能溶于碱水，酸化后，又自水中析出，此性质用于具有内酯结构的萜类的分离与纯化。萜类化合物对高热、光和酸碱较为敏感，或氧化，或重排，引起结

构的改变。在提取分离或氧化铝柱层析分离时，应慎重考虑。

四、萜类化合物的化学性质

（一）加成反应

含有双键和醛、酮等羰基的萜类化合物，可与某些试剂发生加成反应，其产物往往是结晶性的。这不但可供识别萜类化合物分子中不饱和键的存在和不饱和的程度，还可借助加成产物完好的晶型，用于萜类的分离与纯化。

1. 亲电加成反应

（1）与卤化氢加成反应：柠檬烯与氯化氢在冰醋酸中进行亲电加成反应，加成反应符合“马氏规则”，反应完毕加入冰水即析出柠檬烯二氢氯化物的结晶固体。

+ 2HCl $\xrightarrow{CH_3COOH}$

柠檬烯　　柠檬烯二氢氯化物

（2）与溴加成反应：萜类成分的双键在冰醋酸或乙醚与乙醇的混合溶液中与溴发生加成反应，在冰水浴中，析出结晶性加成物。

+ Br_2 ⟶

（3）与亚硝酰氯（Tilden 试剂）反应：将不饱和的萜类化合物加入亚硝酸异戊酯中，冷却下加入浓盐酸，混合振摇，然后加入少量乙醇或冰醋酸即有结晶加成物析出。生成的氯化亚硝基衍生物多呈蓝色~绿色，可用于不饱和萜类成分的分离和鉴定。生成的氯化亚硝基衍生物还可进一步与伯胺或仲胺（常用六氢吡啶）缩合生成亚硝基胺类。后者具有一定的结晶形状和一定的物理常数，可用来鉴定萜类成分。

+ Cl—N=O ⟶ + NH ⟶

不饱和萜类　　氯化亚硝基衍生物　　亚硝基胺类

（4）协同反应：带有共轭双键的萜类化合物能与顺丁烯二酸酐发生协同加成反应，生成结晶形加成产物，此反应可证明共轭双键的存在。

2. 亲核加成反应

（1）与亚硫酸氢钠加成：含羰基的萜类化合物可与亚硫酸氢钠发生加成反应，生成结晶加成物，加酸或加碱又可使其分解，此性质可用于分离和鉴定。含双键和羰基的萜类化合物若反应时间过长或温度过高，可使双键发生加成，并形成不可逆的双键加成物。

+ $NaSO_3$ ⟶

（2）与硝基苯肼加成：含羰基的萜类化合物可与对硝基苯肼或2，4-二硝基苯肼在磷酸中发生加成反应，生成对硝基苯肼或2，4-二硝基苯肼的加成物。

(3) 与吉拉德试剂加成：吉拉德试剂是一类带有季铵基团的酰肼，常用的 Girard T 和 Girard P，将吉拉德试剂的乙醇溶液加入含羰基的萜类化合物中，再加入 10%醋酸促进反应，加热回流。反应完毕后加水稀释，分出水层，加酸酸化，再用乙醚萃取，蒸去乙醚后复得原羰基化合物。

吉拉德试剂 T　　　吉拉德试剂 P

(二) 氧化反应

不同的氧化剂在不同的条件下，可以将萜类成分中各种基团氧化，生成各种不同的氧化产物。常用的氧化剂有臭氧、铬酐(三氧化铬)、四醋酸铅、高锰酸钾和二氧化硒等，其中以臭氧的应用最为广泛。臭氧氧化萜类化合物中的不饱和键反应，可用来测定分子中不饱和键的位置。铬酐几乎与所有可氧化的基团作用。用强碱型离子交换树脂与三氧化铬制得具有铬酸基的树脂，它与仲醇在适当溶剂中回流，则生成酮，产率高达 73%~98%，副产物少，产物极易分离、纯化。

CrO_3/H^+

薄荷醇　　　薄荷酮

(三) 脱氢反应

环萜的碳架经脱氢转变为芳香烃类衍生物。脱氢反应通常在惰性气体的保护下，用铂黑或钯做催化剂，将萜类成分与硫或硒共热(200~300℃)而实现脱氢。有时可能导致环的裂解或环合。

Se

(四) 分子重排反应

在萜类化合物中，特别是双环萜在发生加成、消除或亲核性取代反应时，常常发生碳架的改变，产生重排。目前工业上由 α-蒎烯合成樟脑的过程，就是应用萜类化合物的重排反应，再氧化制得。

Al_2O_3, 150~160°C　HCOOH

α-蒎烯

$HCOO^-$　H_2O/H^+　Cr_2O_3

樟脑

(五) 颜色反应

萜类化合物产生颜色变化的具体作用原理还不清楚，主要是使羟基脱水，增加双键结构，再双键移位、双分子缩合等反应生成共轭双烯系统，又在酸作用下形成正碳离子而呈色。因此，全饱和的 1,3 位无羟基的三萜在上述条件下呈阴性反应。分子结构中本身就具有共轭双键的化合物显色较快，孤立双键的显色较慢，常见的颜色反应如下：

1. 醋酐-浓硫酸反应 将样品溶于醋酐，加入浓硫酸-醋酐（1∶20）数滴，可产生黄→红→紫→蓝等颜色变化，最后褪色。

2. 三氯乙酸反应 此反应也可区分甾体苷和三萜苷。将含有甾体苷的氯仿溶液滴在滤纸上，加入20%三氯乙酸乙醇溶液试剂1滴，加热至60℃，生成红色渐变为紫色。在同样条件下。三萜苷必须加热到100℃才能显色，也生成红色渐变为紫色。三氯乙酸较浓硫酸温和，故可用于纸色谱显色。

3. 氯仿-浓硫酸反应 样品溶于氯仿，加入浓硫酸后，在氯仿呈现红色或蓝色，硫酸层有绿色荧光。此反应适应于有共轭双键或在一定条件下能生成共轭系统的不饱和双键的三萜苷。

4. Kahlenberg 反应 20%五氯化锑（或三氯化锑的氯仿饱和液）可用于滤纸显色，干燥后60～70℃加热，显蓝色、灰蓝色、灰紫色等。五氯化锑属 Lewis 酸类试剂。于五烯碳正离子成盐而显色。

5. 冰醋酸-乙酰氯反应 样品用于冰醋酸中，加入乙酰氯数滴以及氯化锌数粒，稍加热呈现淡红色或紫红色。

萜类抗肿瘤药物

萜类化合物是广泛分布于陆地和水生生物体内的一大类有机化合物。其中某些天然萜类化合物具有很好的抗癌、抗炎活性，越来越受到研究人员的重视，这些抗肿瘤天然萜类化合物大多数为倍半萜类和二萜类化合物。主要有紫杉醇、紫苏醇、榄香烯、柠檬烯、青蒿素等，其中以紫杉醇的应用最为广泛。

第二节 甾族化合物

甾族化合物又名甾体化合物，广泛存在于动植物组织内，并在生命活动中起着非常重要的作用。如胆甾醇、胆汁酸、维生素D、肾上腺皮质激素及性激素等。

一、甾族化合物的结构

（一）基本结构

甾类化合物分子基本骨架一般均为环戊烷骈多氢菲母核和环上三个侧链构成，其通式及编号次序为：

R_1、R_2 一般为甲基，称为角甲基，R_3 为碳原子个数有变化的取代基。甾是个象形字，是根据这个结构而来的，“田”表示四个环，“巛”表示为三个侧链。许多甾体化合物除这三个侧链外，甾核上还有双键、羟基和其他取代基。四个环用A、B、C、D编号，碳原子也按固定顺序用阿拉伯数字编号。

（二）甾核的立体结构构型及表示方法

甾族化合物的立体化学复杂。因仅就环上而言，就有六个手性碳原子，可能有的立体异构体数目为 $2^6=64$ 个。

天然的甾族化合物有两种主要构型，一种是A环和B环以反式相并联，另一种是A环和B环以顺式相并联。而B环和C环、C环和D环之间是以反式相并联的。

笔记

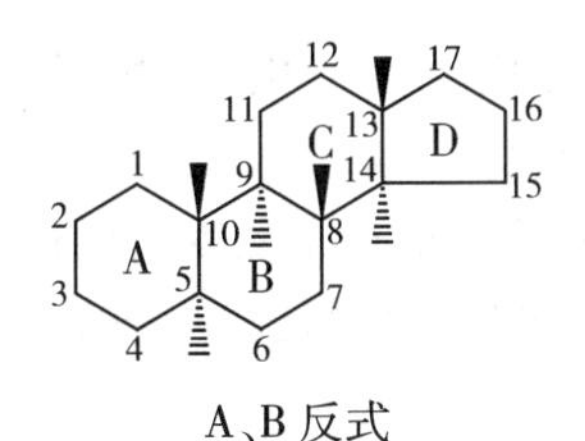

A、B 反式

A、B 顺式

构象式为：

A、B 反式（5α 系）

A、B 顺式（5β 系）

在一般情况下，甾族化合物骨架中的环己烷均采取椅式构象，D 环为环戊烷，其采取半椅式或信封式构象。

二、甾族化合物的命名

甾族化合物的命名比较复杂，通常以其来源或生理作用衍生出的俗名来命名。如甲睾酮、胆酸、雌酚酮、胆固醇、雄甾酮等。若按系统命名法命名，常被看作是有关甾体母核衍生物而加以命名。在甾体母核名称前后，加上取代基的位置、名称和构型。母核中含有碳碳烯键、羟基、羰基或羧基时，则将"烷"改成"烯""醇""酮""酸"等，并将其位置表示出来。分子中的手性中心用 R 或 S 表示，取代基用 α、β 和 ξ 来表示其构型。例如：

3-羟基-1,3,5-雌甾三烯-17-酮
（雌酚酮）

胆甾-5-烯-3β-醇
（胆固醇）

三、几种重要的甾族化合物

（一）甾醇

1. 胆甾醇（胆固醇）（cholesterol）　胆甾醇是最早发现的一个甾体化合物，无色或略带黄色的结晶，在高真空度下可升华，微溶于水，易溶于乙醇、乙醚、氯仿等有机溶剂。存在于人及动物的血液、脂肪、脑髓及神经组织中。

人体内发现的胆结石几乎全是由胆甾醇所组成的，胆固醇的名称也是由此而来的。体内胆固醇含量过高会从血清中沉积出来，引起胆结石、动脉硬化等症。由于胆甾醇与脂肪酸都是醋源物质，食物中的油脂过多时会提高血液中的胆甾醇含量，因而食油量不能过多。

2. 7-脱氢胆甾醇（7-dehydrocholesterol）　胆甾醇在酶催化下氧化成 7-脱氢胆甾醇。7-脱氢胆甾醇存在于皮肤组织中，在日光照射下发生化学反应，转变为维生素 D_3。

日光

7-脱氢胆甾醇

维生素D_3

维生素 D_3 是从小肠中吸收 Ca^{2+} 离子过程中的关键化合物。体内维生素 D_3 的浓度太低，会引起 Ca^{2+} 离子缺乏，不足以维持骨骼的正常生成而产生软骨病。

3. 麦角甾醇(ergosterol)　麦角甾醇是一种植物甾醇，最初是从麦角中得到的，但在酵母中更易得到。麦角甾醇经紫外光照射后，B 环开环而成前钙化醇，前钙化醇加热后形成维生素 D_2(即钙化醇)。

紫外光

麦角甾醇　　　　维生素D_2

维生素 D_2 同维生素 D_3 一样，也能抗软骨病，因此，可以将麦角甾醇用紫外光照射后加入牛奶和其他食品中，以保证儿童能得到足够的维生素 D。

（二）胆汁酸

胆汁酸存在于动物的胆汁中，从人和牛的胆汁中所分离出来的胆汁酸主要为胆酸。胆酸是油脂的乳化剂，其生理作用是使脂肪乳化，促进它在肠中的水解和吸收。故胆酸被称为“生物肥皂”。

胆汁酸

（三）甾族激素

激素是由动物体内各种内分泌腺分泌的一类具有生理活性的化合物，它们直接进入血液或淋巴液中循环至体内不同组织和器官，对各种生理功能和代谢过程起着重要的协调作用。激素可根据化学结构分为两大类：一类为含氮激素，包括胺、氨基酸、多肽和蛋白质；另一类即为甾族化合物。

甾族激素根据来源分为肾上腺皮质激素和性激素两类，它们的结构特点是在 $C_{17}(R_3)$ 上没有长的碳链。

1. 性激素　性激素是高等动物性腺的分泌物，能控制性生理、促进动物发育、维持第二性征(如声音、体形等)的作用。它们的生理作用很强，很少量就能产生极大的影响。

性激素分为雄性激素和雌性激素两大类，两类性激素都有很多种，在生理上各有特定的生理功能。

(1) 睾酮(testosterone)：睾丸分泌的一种雄性激素，有促进肌肉生长，声音变低沉等第二性征的作用，它是由胆甾醇生成的，并且是雌二醇生物合成的前体。

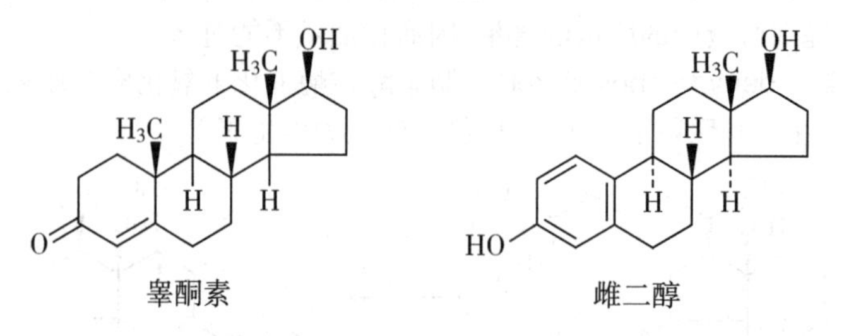

睾酮素　　　　雌二醇

(2) 雌二醇(estradiol)：卵巢的分泌物，对雌性的第二性征的发育起主要作用。

(3) 孕甾酮(progesterone)：生理功能是在月经期的某一阶段及妊娠中抑制排卵。临床上用于治疗习惯性子宫功能性出血、痛经及月经失调等。

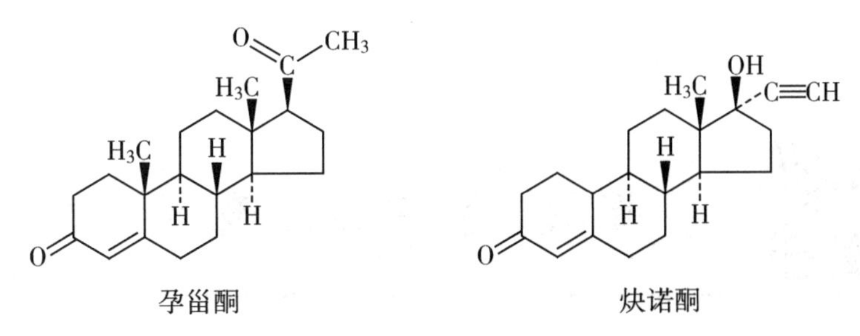

孕甾酮　　　　炔诺酮

（4）炔诺酮（norethindrone）：一种合成的女用口服避孕药，在计划生育中有重要作用。

2. 肾上腺皮质激素　肾上腺皮质激素是哺乳动物肾上腺皮质分泌的激素，皮质激素的重要功能是维持体液的电解质平衡和控制碳水化合物的代谢。动物缺乏它会引起功能失常以至死亡。皮质醇、可的松、皮质甾酮等皆为此类激素。

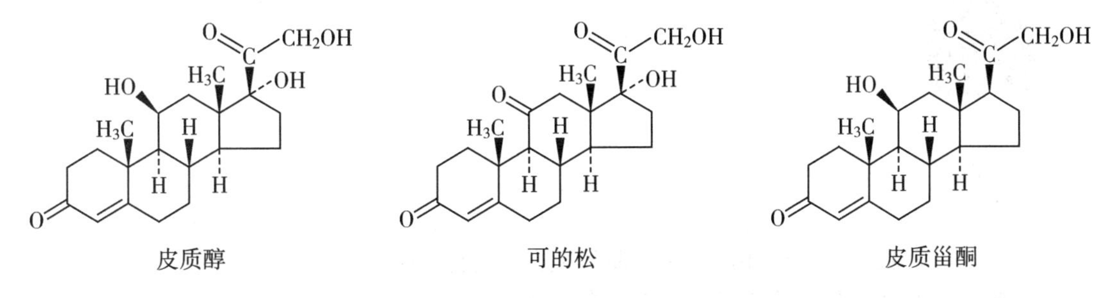

皮质醇　　　　可的松　　　　皮质甾酮

学习小结

1. 注重对所学知识点的理解和应用；从官能团的角度入手联系前几章内容，对比学习，加深对萜类和甾族化合物的理解。

2. 基本概念　萜类定义；甾族化合物定义。

3. 基本知识点　萜类化合物的结构和组成；萜类化合物的分类和来源；异戊二烯规则；链状单萜、单环单萜、双环单萜、环烯醚萜、倍半萜、二萜、三萜、四萜；萜类化合物的物理性质和化学性质；甾族化合物的基本骨架和构象；甾醇、胆汁酸和甾族激素。

（朱　焰）

扫一扫，测一测

思考题

1. 写出薄荷醇的构象式。
2. 用简单的化学方法区分角鲨烯、金合欢醇、柠檬醛和樟脑。
3. 用简单的化学方法区分胆甾醇、胆酸、雌二醇、睾丸甾酮和孕甾酮。

笔记

第十六章 氨基酸、蛋白质和核酸

1. 掌握氨基酸的分类及结构特点;氨基酸、蛋白质的化学性质。
2. 熟悉多肽、蛋白质的结构特点;酶的催化特点。
3. 了解核酸的结构及生物功能。

蛋白质是普遍存在于自然界的生物高分子化合物,化学结构极其复杂,种类繁多。其组成元素主要是碳、氢、氧和氮 4 种。在受到酸、碱或酶的作用时,水解生成 α-氨基酸。

第一节 氨 基 酸

氨基酸是构成蛋白质的基本单位。大多数蛋白质是由 20 种氨基酸以不同的比例按不同方式组成的。

一、氨基酸的结构、分类和命名

(一)氨基酸的结构、分类

氨基酸(amino acid)是羧酸分子中烃基上的氢原子被氨基($—NH_2$)取代的化合物。根据氨基和羧基的相对位置氨基酸可分为 α-氨基酸、β-氨基酸和 γ-氨基酸等。例如:

$$R_1—\underset{\displaystyle NH_2}{\underset{|}{CH}}—COOH \qquad R_2—\underset{\displaystyle NH_2}{\underset{|}{CH}}—CH_2—COOH \qquad R_3—\underset{\displaystyle NH_2}{\underset{|}{CH}}—CH_2CH_2COOH$$

α-氨基丙酸　　β-氨基丁酸　　γ-氨基丁酸

构成蛋白质的氨基酸皆为 α-氨基酸,其结构通式为:

$$R—\underset{\displaystyle NH_2}{\underset{|}{CH}}—COOH$$

自然界中存在的氨基酸,除甘氨酸外,其分子中 α-碳原子都是手性碳原子,因此具有旋光性。习惯上氨基酸的构型采用 *D/L* 标记法标记:在氨基酸的费歇尔投影式中,氨基位置与 *L*-甘油醛中手性碳原子上的羟基位置相同者,称为 *L*-构型,反之为 *D*-构型。组成蛋白质的 α-氨基酸均为 *L*-构型。

$$\begin{array}{c} CHO \\ HO—\!\!\!\!+\!\!\!\!—H \\ CH_3 \end{array} \qquad \begin{array}{c} COOH \\ H_2N—\!\!\!\!+\!\!\!\!—H \\ R \end{array}$$

L-甘油醛　　*L*-氨基酸

α-氨基酸根据氨基酸分子中氨基和羧基的相对数目，可分为中性氨基酸（1氨基1羧基）、酸性氨基酸（1氨基2羧基）和碱性氨基酸（2氨基1羧基）。例如：

$$\underset{\text{丙氨酸（中性氨基酸）}}{H_3C-\underset{NH_2}{\underset{|}{CH}}-COOH}\qquad \underset{\text{天冬氨酸（酸性氨基酸）}}{HOOCCH_2\underset{NH_2}{\underset{|}{CH}}COOH}\qquad \underset{\text{赖氨酸（碱性氨基酸）}}{NH_2(CH_2)_4\underset{NH_2}{\underset{|}{CH}}-COOH}$$

另外根据α-氨基酸分子中侧链R的不同，可分为脂肪族氨基酸、芳香族氨基酸、杂环氨基酸。例如苯丙氨酸即为芳香族氨基酸，组氨酸即属于杂环氨基酸。

常见的20种构成蛋白质的氨基酸见表16-1。

表16-1　蛋白质中的20种氨基酸

名称	缩写	结构简式	等电点
中性氨基酸			
甘氨酸	G或Gly	$CH_2(NH_2)COOH$	5.97
丙氨酸	A或Ala	$CH_3CH(NH_2)COOH$	6.00
色氨酸	W或Trp	吲哚-3-基$-CH_2CH(NH_2)COOH$（吲哚环，N—H）	5.89
苏氨酸	T或Thr	$CH_3CH(OH)CH(NH_2)COOH$	5.60
缬氨酸	V或Val	$(CH_3)_2CHCH(NH_2)COOH$	5.96
亮氨酸	L或Leu	$(CH_3)_2CHCH_2CH(NH_2)COOH$	5.98
异亮氨酸	I或Ile	$CH_3CH_2CH(CH_3)CH(NH_2)COOH$	6.02
苯丙氨酸	F或Phe	$C_6H_5-CH_2CH(NH_2)COOH$（苯环）	5.48
天冬酰胺	N或Asn	$H_2N-\overset{O}{\overset{\Vert}{C}}-CH_2CH(NH_2)COOH$	5.41
谷氨酰胺	Q或Gln	$H_2N-\overset{O}{\overset{\Vert}{C}}-CH_2CH_2CH(NH_2)COOH$	5.65
脯氨酸	P或Pro	吡咯烷环（N—H）$-COOH$	6.30
丝氨酸	S或Ser	$HOCH_2CH(NH_2)COOH$	5.68
酪氨酸	Y或Tyr	$HO-C_6H_4-CH_2CH(NH_2)COOH$（对位苯环）	5.66
半胱氨酸	C或Cys	$HSCH_2CH(NH_2)COOH$	5.07
甲硫氨酸	M或Met	$CH_3SCH_2CH_2CH(NH_2)COOH$	5.74
酸性氨基酸			
天冬氨酸	D或Asp	$HOOCCH_2CH(NH_2)COOH$	2.98
谷氨酸	E或Glu	$HOOCCH_2CH_2CH(NH_2)COOH$	3.22
碱性氨基酸			
赖氨酸	K或Lys	$H_2N(CH_2)_4CH(NH_2)COOH$	9.74
精氨酸	R或Arg	$H_2N-\overset{NH}{\overset{\Vert}{C}}-NH(CH_2)_3CH(NH_2)COOH$	10.76
组氨酸	H或His	咪唑环（N，N—H）$-CH_2CH(NH_2)COOH$	7.59

（二）命名

1. 根据氨基酸的来源或性质命名　氨基酸的命名常根据来源或性质使用俗名。例如：具有微甜味的称甘氨酸；最初从蚕丝中得到的称丝氨酸；从天门冬的幼苗中发现的称天冬氨酸。

$$\underset{\text{甘氨酸}}{\underset{|\atop NH_2}{CH_2}-COOH}\qquad \underset{\text{丝氨酸}}{\underset{|\atop OH}{CH_2}\underset{|\atop NH_2}{CH}-COOH}\qquad \underset{\text{天冬氨酸}}{HOOC-CH_2\underset{|\atop NH_2}{CH}COOH}$$

2. 系统命名法　把氨基作为羧酸的取代基来命名，即把氨基酸看作是取代羧酸来命名。例如：

$$\underset{\alpha\text{-氨基丙酸}}{CH_3CH(NH_2)COOH}\qquad \underset{\alpha\text{-氨基-}\beta\text{-苯基丙酸}}{C_6H_5-CH_2CH(NH_2)COOH}\qquad \underset{\alpha\text{-氨基-}\beta\text{-巯基丙酸}}{HSCH_2CH(NH_2)COOH}$$

二、氨基酸的化学性质

氨基酸分子中含有氨基和羧基，因此氨基酸作为两性物质具有氨基和羧基的典型性质。此外，由于两种官能团在分子内的相互影响，又具有一些特殊性质。

（一）两性电离和等电点

氨基酸分子中含有碱性的氨基和酸性的羧基，因此既具有碱的性质又具有酸的性质，是两性化合物。

在水溶液中，氨基酸分子中的酸性基团羧基发生酸式电离；碱性基团氨基则发生碱式电离。

酸式电离：

$$R-\underset{|\atop NH_2}{CH}-COOH \rightleftharpoons R-\underset{|\atop NH_2}{CH}-COO^- + H^+$$

碱式电离：

$$R-\underset{|\atop NH_2}{CH}-COOH + H_2O \rightleftharpoons R-\underset{|\atop NH_3^+}{CH}-COOH + OH^-$$

氨基酸与酸或碱作用可生成盐：

$$R-\underset{|\atop NH_2}{CH}-COOH + HCl \rightleftharpoons R-\underset{|\atop NH_3^+Cl^-}{CH}-COOH$$

$$R-\underset{|\atop NH_2}{CH}-COOH + NaOH \rightleftharpoons R-\underset{|\atop NH_2}{CH}-COONa + H_2O$$

除此之外，氨基酸分子中的碱性氨基和酸性羧基也可相互作用而成盐：

$$R-\underset{|\atop NH_2}{CH}-COOH \rightleftharpoons R-\underset{|\atop NH_3^+}{CH}-COO^-$$

这种由分子内部的酸性基团和碱性基团作用所生成的盐，称为内盐。内盐中同时含有阳离子和阴离子，所以内盐又称为偶极离子（dipolar ion）或两性离子（zwitter ion）。在水溶液中氨基酸以偶极离子、阳离子、阴离子3种形式的平衡态存在，其主要存在形式取决于溶液的pH。当调节溶液的pH到某一值时，氨基酸主要以偶极离子形式存在，其所带的正电荷和负电荷数量相当，净电荷为零，在电场中既不向正极方向移动，也不向负极方向移动，这时溶液的pH称为氨基酸的等电点（isoelectric points），用pI表示。

组成蛋白质各种氨基酸的等电点见表16-1。在中性氨基酸溶液中，因为酸式电离程度略大于碱式电离程度，所以中性氨基酸的等电点略小于7（5.0~6.3）；酸性氨基酸的等电点都小于7（2.8~3.2）；碱性氨基酸的等电点都大于7（7.5~10.8）。

氨基酸在不同的pH溶液中的变化及存在形式为：

$$\underset{\substack{\text{阳离子}\\ pH<pI}}{\underset{NH_3^+}{R-\underset{|}{CH}-COOH}} \underset{H^+}{\overset{OH^-}{\rightleftharpoons}} \underset{\substack{\text{偶极离子}\\ pH=pI}}{\underset{NH_3^+}{R-\underset{|}{CH}-COO^-}} \underset{H^+}{\overset{OH^-}{\rightleftharpoons}} \underset{\substack{\text{阴离子}\\ pH>pI}}{\underset{NH_2}{R-\underset{|}{CH}-COO^-}}$$

加酸能促使碱式电离，当 pH<pI 时，氨基酸主要以阳离子形式存在，在电场中向负极移动；加碱能促使酸式电离，当 pH>pI 时，氨基酸主要以阴离子形式存在，在电场中向正极移动；当 pH = pI 时，氨基酸以两性离子形式存在。

在等电点时，氨基酸的溶解度最小，最容易从溶液中析出，利用这个性质，可以分离、提纯氨基酸。

（二）脱羧反应

氨基酸与 $Ba(OH)_2$ 共热或在体内酶的作用下，可发生脱羧反应生成胺类化合物。如蛋白质腐败时，赖氨酸脱羧可生成毒性很强且有难闻气味的尸胺。

$$H_2N(CH_2)_4\underset{NH_2}{\underset{|}{CH}}COOH \xrightarrow{-CO_2} H_2N(CH_2)_5NH_2$$

（三）与亚硝酸反应

氨基酸多属于伯胺类，因此，它能与亚硝酸反应，定量放出氮气。

$$R-\underset{NH_2}{\underset{|}{CH}}-COOH + HNO_2 \longrightarrow R-\underset{OH}{\underset{|}{CH}}-COOH + N_2\uparrow + H_2O$$

由于可定量释放出 N_2，故此反应可用于氨基酸、蛋白质的定量分析。此方法称为 Van Slyke 氨基氮测定法。

（四）氨基转移反应

α-氨基酸体内代谢时，可在酶的作用下，与 α-酮戊二酸发生氨基转移反应，生成 α-酮酸，接受氨基的 α-酮戊二酸转为谷氨酸，后者可参与成脲的代谢反应。

$$R-\underset{NH_2}{\underset{|}{CH}}-COOH + HOOC-CH_2CH_2\underset{O}{\underset{\|}{C}}-COOH \rightleftharpoons R-\underset{O}{\underset{\|}{C}}-COOH + HOOC-CH_2CH_2\underset{NH_2}{\underset{|}{CH}}COOH$$

（五）与茚三酮的显色反应

α-氨基酸与茚三酮的水合物在水溶液中共热时，则生成蓝紫色的化合物——罗曼紫并放出 CO_2。罗曼紫颜色的深浅和 CO_2 的放出量均可用于 α-氨基酸的定量分析。

$$2\ \text{(水合茚三酮)} + R-\underset{NH_2}{\underset{|}{CH}}COOH \longrightarrow \text{(罗曼紫)} + RCHO + CO_2 + 3H_2O$$

第二节　多肽和蛋白质

一、多肽

氨基酸分子间以肽键相连而形成的化合物称为肽（peptide）。两个 α-氨基酸分子在适当的条件下可以脱去一分子水缩合生成二肽。二肽还可以继续与其他氨基酸分子脱水生成三肽、四肽以至生成长链的多肽。

$$R\underset{NH_2}{\underset{|}{CH}}-\overset{O}{\overset{\|}{C}}-OH + H-\overset{H}{\overset{|}{N}}-\overset{R'}{\overset{|}{CH}}COOH \longrightarrow R\underset{NH_2}{\underset{|}{CH}}-\overset{O}{\overset{\|}{C}}-\overset{H}{\overset{|}{N}}-\overset{R'}{\overset{|}{CH}}COOH + H_2O$$

肽分子中的酰胺键($-\overset{\overset{\displaystyle O}{\|}}{C}-\overset{\overset{\displaystyle H}{|}}{N}-$)称为肽键。

两种不同氨基酸成肽时,由于组合方式和排列顺序不同而生成两种结构不同的二肽。如甘氨酸和丙氨酸组成的二肽有以下 2 种异构体:

$$H_2NCH_2\overset{\overset{\displaystyle O}{\|}}{C}NH\underset{\underset{\displaystyle CH_3}{|}}{C}HCOOH \qquad H_2N\underset{\underset{\displaystyle CH_3}{|}}{C}H\overset{\overset{\displaystyle O}{\|}}{C}NHCH_2COOH$$

甘氨酰丙氨酸　　　　丙氨酰甘氨酸

三种不同氨基酸形成的三肽有 6 种异构体,由 n 个不同氨基酸组成的 n 肽应有 n! 个异构体。

一般来说,由 10 个以下氨基酸相连而成的肽称为寡肽,10 个以上氨基酸构成的肽称为多肽。多肽链中的每一个氨基酸单位称为氨基酸残基。多肽链中形成肽键的原子与 α-碳原子交替重复排列构成主链骨架,而伸展在主链两侧的 R 基称为侧链。多肽链一端具有未结合的氨基,称为 N-端(或氨基端),通常写在左边;另一端具有未结合的羧基,称为 C-端(或羧基端),写在右边。

侧链

$$H_2N-\overset{\overset{\displaystyle R_1}{|}}{\underset{\underset{\displaystyle H}{|}}{C}}-\overset{\overset{\displaystyle O}{\|}}{C}-\underset{\underset{\displaystyle H}{|}}{N}-\overset{\overset{\displaystyle R_2}{|}}{\underset{\underset{\displaystyle H}{|}}{C}}-\overset{\overset{\displaystyle O}{\|}}{C}-\underset{\underset{\displaystyle H}{|}}{N}------\overset{\overset{\displaystyle O}{\|}}{C}-\underset{\underset{\displaystyle H}{|}}{N}-\overset{\overset{\displaystyle R_n}{|}}{\underset{\underset{\displaystyle H}{|}}{C}}-\overset{\overset{\displaystyle O}{\|}}{C}-OH$$

N-端　　　　　　　　　　　　C-端

多肽链结构

多肽的命名是以 C-端的氨基酸为母体,从 N-端开始,将其余的氨基酸的残基作为酰基,依次列在母体名称之前。例如:

$$H_2N-\underset{\underset{\displaystyle COOH}{|}}{C}H-CH_2CH_2\overset{\overset{\displaystyle O}{\|}}{C}-NH\underset{\underset{\displaystyle CH_2SH}{|}}{C}H-\overset{\overset{\displaystyle O}{\|}}{C}-NHCH_2COOH$$

谷胱甘肽(γ-谷氨酰半胱氨酰甘氨酸)

谷胱甘肽分子中的巯基是主要功能基团,具有还原性,成为体内重要的抗氧化剂,保护体内蛋白质或酶免遭氧化。

二、蛋白质

多种氨基酸分子按不同的排列顺序以肽键相互结合,可形成千百万种具有不同的理化性质和生理活性的多肽链。一般相对分子质量在 10 000 以上的,并具有一定空间结构的多肽,称为蛋白质(protein)。蛋白质是生命的物质基础。

(一)蛋白质的组成

蛋白质种类虽然繁多,结构复杂,但其组成的元素并不多,主要由碳、氢、氧、氮、硫等元素组成,有些蛋白质还含有磷、铁、碘、锰、锌等元素。

大多数蛋白质含氮量很接近,平均约为 16%。因此,6. 25 称为蛋白质系数,化学分析时,只要测出生物样品中的含氮量,就可推算其蛋白质的大致含量:

$$\text{样品中蛋白质的百分含量}=\text{每克样品含氮的克数}\times 6.25\times 100\%$$

(二)蛋白质的分类

1. 根据形状　蛋白质可分为纤维状蛋白质和球状蛋白质。角蛋白、丝蛋白等呈纤维状,属于纤维状蛋白;各种酶、蛋清蛋白、血球蛋白、酪蛋白等为球状,属于球状蛋白。

2. 根据化学组成　蛋白质可分为单纯蛋白质和结合蛋白质。仅由 α-氨基酸组成的蛋白质称为单纯蛋白质,如清蛋白、球蛋白、谷蛋白、醇溶蛋白等;由单纯蛋白质和非蛋白质物质组成的称为结合蛋白质,其非蛋白部分称为辅基,如核蛋白(辅基为核酸)、脂蛋白(辅基为脂类)、糖蛋白(辅基为糖

类)、血红蛋白(辅基为亚铁血红素)等等。

3. 根据蛋白质的生理功能　蛋白质可分为保护蛋白、酶蛋白、激素蛋白、抗体蛋白、膜蛋白等。

(三)蛋白质的分子结构

蛋白质的分子结构复杂,为了便于人们的认识和研究,常将蛋白质的分子结构分为一级结构、二级结构、三级结构和四级结构。

1. 一级结构　蛋白质分子的多肽链中,α-氨基酸排列的顺序和连接方式称为蛋白质的一级结构。其中肽键为主键。不同的蛋白质含有的氨基酸种类和数目也不相同,少的有几十个氨基酸,多的可达几万个,有些蛋白质只有一条多肽链,有些蛋白质则由两条或两条以上的多肽链构成,测定工作非常艰巨,目前仅掌握了一些结构比较简单的蛋白质分子的一级结构。如牛胰岛素是由 A 和 B 两条多肽链构成,共含有 51 个氨基酸残基,其中 A 链含有 11 种共 21 个氨基酸残基,B 链含有 16 种共 30 个氨基酸残基。A 链内有一条二硫键,A 链和 B 链通过两条二硫键连接起来。牛胰岛素中氨基酸的排列顺序如图 16-1。

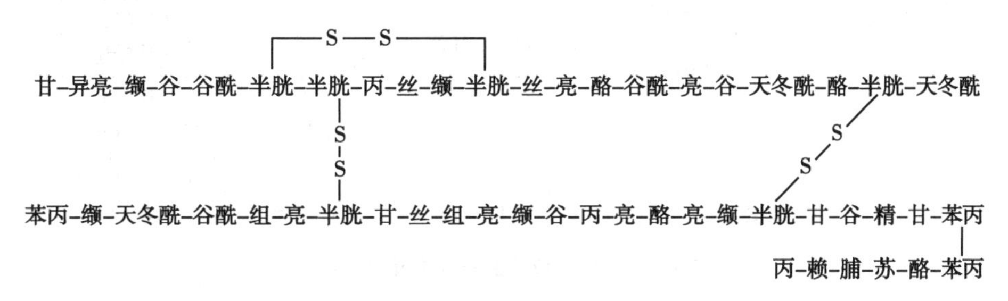

图 16-1　牛胰岛素的一级结构

人胰岛素分子一级结构

哺乳动物胰岛素的一级结构很相似,不同种属间仅有微小的差异。人、牛、猪胰岛素间的差异见表 16-2。

表 16-2　人、猪、牛胰岛素一级结构中氨基酸残基的差异

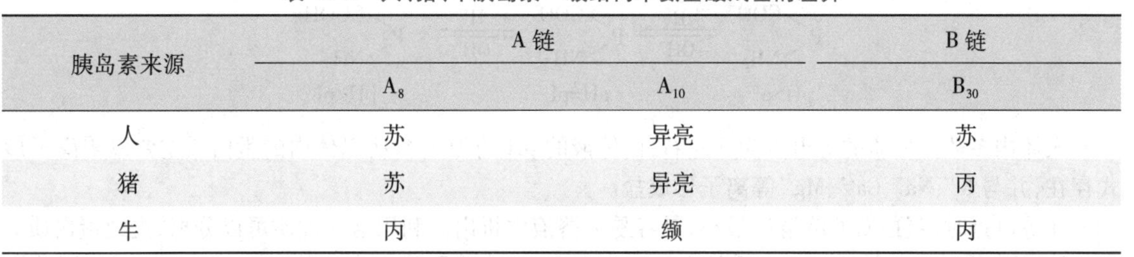

胰岛素来源	A 链		B 链
	A_8	A_{10}	B_{30}
人	苏	异亮	苏
猪	苏	异亮	丙
牛	丙	缬	丙

2. 二级结构　组成蛋白质的多肽链并不是以线型在空间展开的,而是卷曲、折叠成具有一定形状的空间结构。由于多肽链中某些基团的氢键的作用,使多肽链在空间形成一定的构象,即为蛋白质的二级结构。其形式主要有 α-螺旋和 β-折叠。

蛋白质二级结构 α-螺旋结构示意图

(1) α-螺旋:多肽链的构象为螺旋形,且多半为右手螺旋,每 3.6 个氨基酸残基形成一个螺旋圈。

(2) β-折叠:多肽链充分伸展,每个肽单元平面沿 α-碳原子折叠成锯齿形,平行排列的肽段之间以氢键相连维持构象的稳定。

3. 三级结构　具有二级结构的多肽链按一定方式进一步折叠盘曲,形成更为复杂的空间构象,称为蛋白质的三级结构。

4. 四级结构　凡是由两个或两个以上具有三级结构的多肽链以一定的形式聚合而成的聚合体,称为蛋白质的四级结构。

蛋白质二级结构 β-折叠

蛋白质的一级、二级、三级、四级结构示意图见图 16-2。

蛋白质分子中多肽链之所以卷曲、折叠和聚合形成空间结构,因素很多,其中一个很重要的因素是副键的作用。重要的副键有氢键、盐键、疏水键和二硫键等。维持蛋白质空间构型的各种副键,见图 16-3 所示。

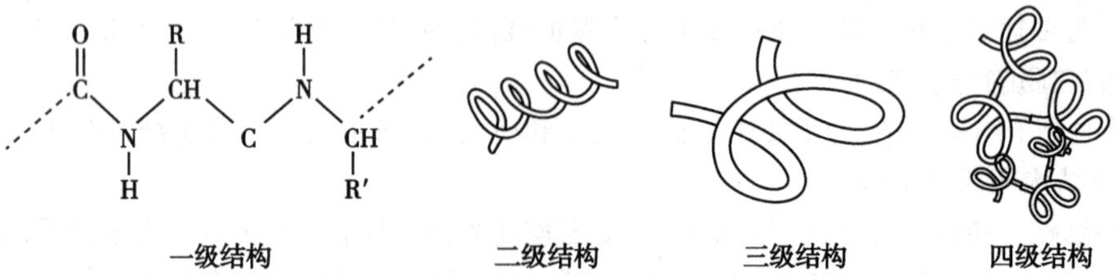

一级结构　二级结构　三级结构　四级结构

图 16-2　蛋白质的一级、二级、三级、四级结构示意图

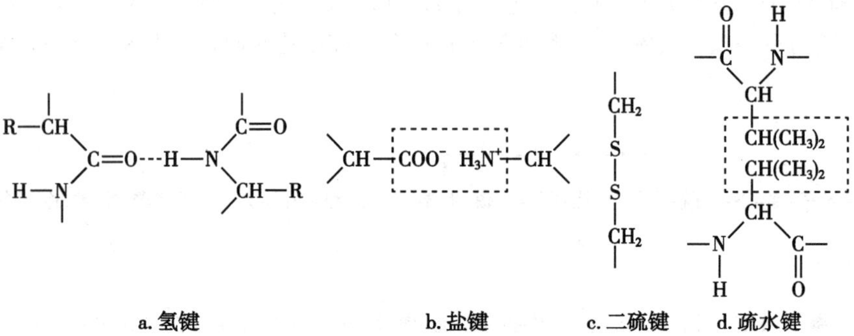

a. 氢键　b. 盐键　c. 二硫键　d. 疏水键

图 16-3　维持蛋白质空间构型的各种副键

（四）蛋白质的性质

1. 两性电离和等电点　蛋白质虽是由氨基酸通过肽键连接而成的大分子，但分子中仍保留有未结合的氨基和羧基，因此与氨基酸类似，可以发生两性电离。当调节溶液的 pH 到某一值时，蛋白质为偶极离子，在电场中不移动，此时溶液的 pH 为该蛋白质的等电点，以 pI 表示。

当 pH>pI 时，蛋白质带负电荷；pH<pI 时，蛋白质带正电荷。

$$\underset{pH>pI}{P\begin{matrix}COO^-\\NH_2\end{matrix}} \underset{OH^-}{\overset{H^+}{\rightleftharpoons}} \underset{pH=pI}{P\begin{matrix}COO^-\\NH_3^+\end{matrix}} \underset{OH^-}{\overset{H^+}{\rightleftharpoons}} \underset{pH<pI}{P\begin{matrix}COOH\\NH_3^+\end{matrix}}$$

人体内多数蛋白质的等电点为 5 左右，而体液的 pH 约为 7.4，所以体内的蛋白质主要以阴离子形式存在，并与 K^+、Na^+、Ca^{2+}、Mg^{2+}等离子形成盐。

在等电点时，蛋白质的溶解度最小，最容易从溶液中析出。利用这一性质可以分离、提纯蛋白质。

2. 蛋白质的胶体性质　蛋白质是高分子化合物，其分子颗粒大小正处于 1～100nm 之间，因此蛋白质溶液属于高度分散的胶体分散系，不能透过半透膜。蛋白质分子表面上含有许多亲水基团（如肽键、羟基、羧基、氨基等），能形成很厚很牢的水化膜；另外，蛋白质溶液不在等电点时，蛋白质带有同种电荷，它们相互排斥，难以聚集。因此蛋白质水溶液较稳定。

3. 蛋白质的盐析　在蛋白质溶液中加入一定量的无机盐而使蛋白质沉淀析出的方法称为盐析。由于盐的离子结合水的能力大于蛋白质，因而破坏了蛋白质的水化膜，同时盐的离子又能中和蛋白质所带的电荷，结果使蛋白质失去稳定因素而发生沉淀。

盐析是一个可逆过程，被沉淀出来的蛋白质分子结构基本无变化，只要消除沉淀因素，沉淀会重新溶解。不同蛋白质盐析时所需盐的最低浓度不同，利用这一性质可以分离不同的蛋白质。

4. 蛋白质的变性　蛋白质在某些物理因素（加热、高压、震荡、紫外线、X 射线及超声波等）或化学因素（强酸、强碱、重金属盐、有机溶剂等）的影响下，分子内部的副键断裂，空间结构发生了改变，其理化性质和生物活性也随之发生了改变，这种现象称为蛋白质的变性。

蛋白质的变性已广泛应用于医学实践。如乙醇、加热、高压、紫外线等用于消毒灭菌；重金属盐中毒急救时，可先洗胃，然后让患者口服大量蛋清、牛奶或豆浆等，以减少机体对重金属盐的吸收。在制取和保存蛋白质制剂时，应选用低温、合适的溶剂及适宜的 pH 等条件，以免蛋白质变性。

5. 颜色反应　蛋白质与某些试剂作用可显示不同颜色，以此可鉴别蛋白质。

（1）缩二脲反应：含有2个或2个以上肽键的化合物，能与碱性硫酸铜溶液作用，发生缩二脲反应。蛋白质分子中含有许多肽键，缩二脲反应后显紫色或紫红色。

（2）茚三酮反应：在蛋白质溶液中加入茚三酮溶液，加热后显蓝紫色。此反应可用于蛋白质的定性、定量测定。

（3）黄蛋白反应：含有苯环氨基酸残基的蛋白质，与浓硝酸作用呈黄色，这个反应称为黄蛋白反应。皮肤、指甲不慎沾上浓硝酸会出现黄色就是这个缘故。

（4）Millon反应：含有酪氨酸残基的蛋白质遇Millon试剂（硝酸汞的硝酸溶液）即产生白色沉淀，加热后转变为红色。

三、酶

酶（enzyme）是一种对特定的生物化学反应有催化作用的蛋白质。

（一）酶的分类

1. 根据酶反应的类型　分为氧化还原酶、转移酶、水解酶、裂解酶、异构酶、合成酶等。

2. 根据化学组成　分为单纯酶和结合酶。单纯酶仅由蛋白质构成，如淀粉酶；结合酶由酶蛋白（蛋白质部分）和辅因子（非蛋白部分）共同组成。辅因子分为辅酶（与酶蛋白松弛结合）和辅基（与酶蛋白以共价键结合）。辅酶（基）是酶催化中不可缺少的部分，没有辅酶（基），酶蛋白将失去催化活性。

（二）酶催化特点

1. 高催化效率　比一般化学催化剂的催化效率要高 $10^7 \sim 10^{13}$ 倍，并且可在温和条件下如常温、常压或近中性生理条件下起催化作用。

2. 高度专一性　一种酶通常只能催化一种或一类反应。选择性强，且具有立体专一性。

例如，在辅酶Ⅰ（NAD^+）存在下，*L*-乳酸在乳酸脱氢酶的催化下，可脱氢生成丙酮酸，而*D*-乳酸则不受影响。反应如下：

$$\mathrm{HO}-\underset{\mathrm{CH_3}}{\overset{\mathrm{COOH}}{\Big|}}-\mathrm{H} + \mathrm{NAD^+} \xrightarrow{\text{乳酸脱氢酶}} \underset{\mathrm{CH_3}}{\overset{\mathrm{COOH}}{\mathrm{C}}}{=}\mathrm{O} + \mathrm{NADH} + \mathrm{H^+}$$

（三）酶与医学的关系

1. 许多疾病与酶的质和量的异常相关　现已发现140多种先天性代谢缺陷中，多数由酶的先天性或遗传性缺损所致，如酪氨酸酶缺乏会引起白化病。许多疾病引起酶的异常，这种异常又使病情加重。如患急性胰腺炎时，胰蛋白酶原在胰腺中被激活，造成胰腺组织被水解破坏。

2. 体液中酶活性的改变可作为疾病的诊断指标　组织器官损伤可使其组织特异性的酶释放入血，有助于对组织器官疾病的诊断。如患急性肝炎时血清丙氨酸转氨酶活性升高；急性胰腺炎时血、尿淀粉酶活性升高等。因此，血清中酶的增多或减少可用于辅助诊断和预后判断。

3. 某些酶可作为药物用于疾病的治疗　如消化腺分泌功能不良所致的消化不良可服用胃蛋白酶、胰蛋白酶、胰脂肪酶、胰淀粉酶等予以纠正。

4. 药物可通过抑制体内的某些酶来达到治疗目的　磺胺类药物是细菌二氢叶酸合成酶的竞争性抑制剂；抗抑郁药通过抑制单胺氧化酶而减少儿茶酚胺的灭活，治疗抑郁症；甲氨蝶呤、5-氟尿嘧啶、6-巯基嘌呤等用于治疗肿瘤也是因为它们都是核苷酸合成途径中相关酶的竞争性抑制剂。

第三节　核　　酸

核酸（nucleic acid）是存在于细胞核中的一种酸性高分子化合物。核酸对遗传信息的储存和蛋白质的合成起着决定性作用。

一、核酸的分类

天然存在的核酸有两大类：核糖核酸（ribonucleic acid，RNA）和脱氧核糖核酸（deoxyribonucleic acid，DNA）。根据分子结构和功能的不同，RNA 又可分为信使 RNA（mRNA）、核糖体 RNA（rRNA）和转运 RNA（tRNA），DNA 98%以上存在于细胞核中，部分存在于线粒体内，携带遗传信息。RNA 90%存在于细胞质，10%存在于细胞核中，参与 DNA 信息的表达。

二、核酸的结构

（一）核酸的组成

核酸是核苷酸组成的多聚体，核苷酸是由核苷和磷酸组成的，核苷由糖和杂环碱组成。

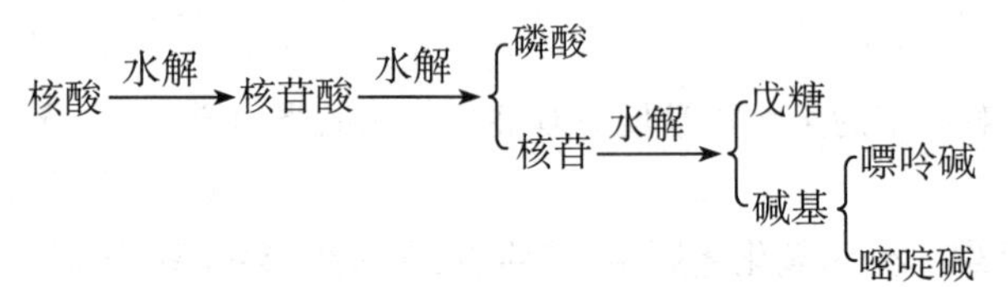

1. 戊糖　组成 DNA 的戊糖是 *D*-2-脱氧核糖，而 RNA 中的戊糖是 *D*-核糖，它们以 β-呋喃型的环式结构存在于核酸中。

β-*D*-核糖　　β-*D*-2-脱氧核糖

含脱氧核糖的核酸称为脱氧核糖核酸（DNA），含核糖的核酸称为核糖核酸（RNA）。

2. 碱基　核酸中的碱基为嘌呤和嘧啶的衍生物。

（1）嘧啶衍生物

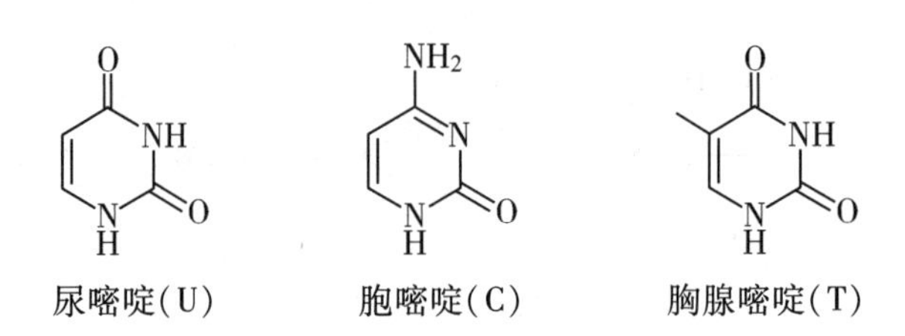

尿嘧啶（U）　　胞嘧啶（C）　　胸腺嘧啶（T）

（2）嘌呤衍生物

腺嘌呤（A）　　鸟嘌呤（G）

3. 核苷　核苷（nucleoside）是 *D*-核糖或 *D*-2-脱氧核糖与含氮碱基脱水缩合而成的糖苷。

RNA 中的 4 种核苷是腺苷、鸟苷、胞苷、尿苷。DNA 中的 4 种核苷是脱氧腺苷、脱氧鸟苷、脱氧胞苷、脱氧胸苷。例如：

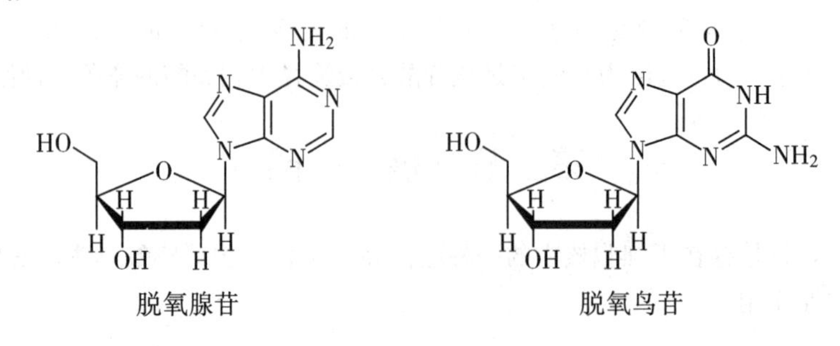

脱氧腺苷　　脱氧鸟苷

4. 核苷酸　生物体中的核苷酸(nucleotide)的大多数是由核苷中戊糖5′位(核酸中戊糖分子中的碳原子用1′、2′、3′、4′、5′编号)上的羟基与磷酸脱水形成的磷酸酯。DNA 和 RNA 各有 4 种核苷酸,与以上核苷相对应。如脱氧腺苷酸和脱氧胞苷酸结构如下:

脱氧腺苷酸　　脱氧胞苷酸

核苷酸是核酸的基本单位。

（二）核酸的结构

核酸的结构包括一级结构和空间结构。

核酸分子中各核苷酸的排列顺序和连接方式即为核酸的一级结构。在核酸分子中,连接相邻核苷酸的化学键是3′,5′-磷酸二酯键,即一个核苷酸3′位上的羟基和另一个核苷酸5′位上的磷酸残基脱水形成的二酯键。由于脱氧核苷酸之间的差异主要是碱基不同,因此,DNA 的一级结构常用碱基 A、G、C、T 的排列顺序表示。自然界 DNA 的长度可高达几十万个碱基,碱基排列顺序的不同赋予了它们强大的信息编码能力。

核酸的空间构象包括核酸的二级结构和三级结构。

1953 年,Waston 和 Crick 提出了著名的 DNA 双螺旋结构模型,这是 DNA 的二级结构,也是 DNA 作为遗传物质的分子结构基础。根据该模型设想的 DNA 分子是由两条逆向平行的多核苷酸链组成,这两条链围绕同一中心轴形成右旋双螺旋;所有的碱基位于双螺旋的中间,两条多核苷酸链依靠碱基之间形成的氢键相连接,碱基之间有严格的配对。配对碱基总是在嘌呤碱和嘧啶碱之间,即 A 与 T(形成 2 条氢键)、G 与 C(形成 3 条氢键),如图 16-4 所示。这些碱基对之间相互匹配的情况称为碱基配对规律。当一条多核苷酸链的碱基序列已确定,就可推知另一条互补的核苷酸链的碱基序列。

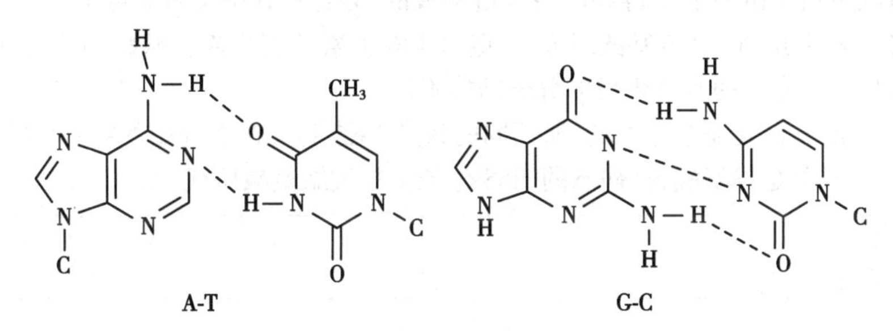

图 16-4　碱基对结构

DNA 双螺旋结构及碱基配对示意图

当 DNA 分子的双螺旋形成封闭形状或由环状结构的 DNA 再扭曲成麻花状的结构即为 DNA 的三级结构。

三、核酸的生物功能

核酸的基本功能是作为遗传信息的载体,为生物遗传信息复制以及基因信息的转录提供模板。DNA 分子中携带遗传信息的核苷酸序列称为基因。一个生物的全部遗传信息称为基因组。遗传信息的传递包括基因的遗传和基因的表达。

（一）基因的遗传

基因的遗传主要通过 DNA 的复制。DNA 双螺旋中的一条链上的碱基顺序控制着另一条链上的碱基顺序。当细胞分裂时,DNA 的双螺旋从一端解开而分开成两条单链,以此为模板按照碱基配对原则将游离核苷酸与链上的核苷酸形成氢键结合在一起,分别在两个新细胞内合成两个新的 DNA 双螺

旋，这样新细胞里所形成的 DNA 分子必然与母细胞里的 DNA 分子中的碱基序列完全一致。如图 16-5 所示：

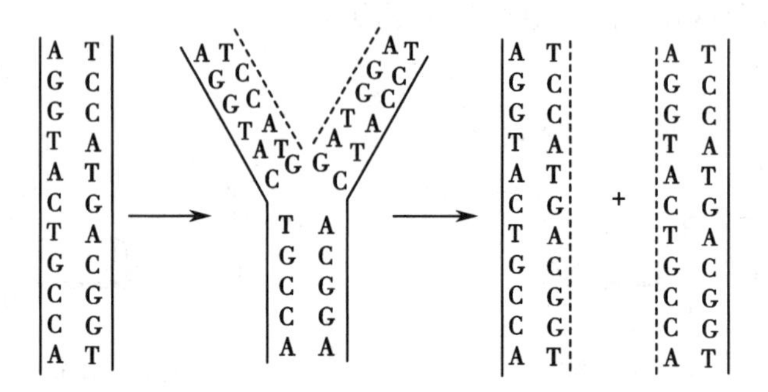

图 16-5 DNA 的复制

（二）基因的表达

基因的表达是指 DNA 通过转录将遗传信息传递给 RNA，再由 RNA 来控制蛋白质的合成，以表现各种遗传功能。以 DNA 为模板合成 RNA 的过程称为转录。首先是 DNA 双螺旋的一段解开，其中一股作为衍生 mRNA 的模板，生成的 mRNA 为单股分子，其碱基顺序由 DNA 控制。mRNA 链上每 3 个碱基组成一个遗传密码，每个密码代表一个氨基酸。由 tRNA 作为氨基酸的运载体，在由 rRNA 与核糖体蛋白共同构成的核糖体上进行蛋白质的合成。如果 DNA 中基因序列发生异常，蛋白质的合成也会发生异常。

镰状细胞贫血

镰状细胞贫血是一种隐性基因遗传病。患病者的血液红细胞表现为镰刀状，其携带氧的功能只有正常红细胞的一半。

1956 年 Ingram 等人用胰蛋白酶把正常的血红蛋白（HbA）和镰刀形细胞的血红蛋白（HbS）在相同条件下切成肽段，通过对比发现有一个肽段的位置不同。

正常的血红蛋白是由两条 α 链和两条 β 链构成的四聚体，其中每条肽链都以非共价键与一个血红素相连接。α-链由 141 个氨基酸组成，β-链由 146 个氨基酸组成。镰状细胞贫血患者的血红蛋白的分子结构与正常人的血红蛋白的分子结构不同。

HbS 和 HbA 的 α 链是完全相同的，所不同的只是 β-链上从 N 端开始的第 6 位的氨基酸残基，在正常的 HbA 分子中是谷氨酸，在病态的 HbS 分子中却被缬氨酸所代替。

学习小结

1. 组成蛋白质的 α-氨基酸有 20 种，除甘氨酸外都有光学活性，为 *L*-构型。

2. 氨基酸分子中含有羧基和氨基，属于两性化合物，具有两性电离和等电点。还可发生成肽反应、脱羧反应、茚三酮反应等。

3. 蛋白质为重要的生物高分子，结构复杂，一级结构为多肽链中氨基酸的排列顺序，二级、三级、四级结构为其空间结构，其中二级结构主要有 α-螺旋和 β-折叠等。

4. 蛋白质的性质主要有两性电离和等电点、盐析、变性、颜色反应等。

5. 核酸有核糖核酸（RNA）和脱氧核糖核酸（DNA）两类。核酸由核苷酸组成，核苷酸由核苷和磷酸组成，核苷由戊糖和碱基组成。

6. 核酸的一级结构为核苷酸的排列顺序。DNA 的二级结构为两条逆向平行的多核苷酸链靠碱基之间的氢键相连接而成的双螺旋结构。碱基配对的规律为：A 与 T，G 与 C。

（杨艳杰）

扫一扫,测一测

思考题

1. 蛋白质分子的主键是什么？维系蛋白质空间结构的副键有哪些？副键被破坏有什么变化？

2. 用化学方法区别下列各组化合物

(1) 乳酸和丝氨酸　　(2) 甘丙肽和谷胱甘肽　　(3) 苏氨酸和鸡蛋白

3. CCGATTAGGCA 是 DNA 双螺旋结构中一条多核苷酸链碱基片段,请写出另一条与之互补的片段。

参考文献

[1] 陆涛. 有机化学[M]. 8 版. 北京:人民卫生出版社,2016.
[2] 陆阳,刘俊义. 有机化学[M]. 8 版. 北京:人民卫生出版社,2013.
[3] 刘斌,陈任宏. 有机化学[M]. 2 版. 北京:人民卫生出版社,2013.
[4] 曹晓群,张威. 有机化学[M]. 北京:人民卫生出版社,2015.
[5] 邢其毅,裴伟伟,徐瑞秋,等. 基础有机化学[M]. 4 版. 北京:北京大学出版社,2016.
[6] 胡宏纹. 有机化学[M]. 4 版. 北京:高等教育出版社,2013.
[7] 陈常兴,秦子平. 医用化学[M]. 7 版. 北京:人民卫生出版社,2014.
[8] 游文玮,何炜. 医用化学[M]. 2 版. 北京:化学工业出版社,2014.
[9] 姚文兵. 生物化学[M]. 8 版. 北京:人民卫生出版社,2016.
[10] 尤启东. 药物化学[M]. 8 版. 北京:人民卫生出版社,2016.
[11] 有机化合物命名审定委员会. 有机化合物命名原则[M]. 北京:科学出版社,2018.
[12] 宋流东,赵华文. 有机化学[M]. 北京:科学出版社,2018.
[13] 李景宁. 有机化学[M]. 5 版. 北京:高等教育出版社,2011.
[14] 杨艳杰. 化学[M]. 2 版. 北京:人民卫生出版社,2010.
[15] 刘斌,卫月琴. 有机化学[M]. 3 版. 北京:人民卫生出版社,2018.
[16] 吴立军. 天然药物化学[M]. 6 版. 北京:人民卫生出版社,2011.
[17] 吕以仙. 有机化学[M]. 6 版. 北京:人民卫生出版社,2005.
[18] 曾崇理. 有机化学[M]. 北京:人民卫生出版社,2008.
[19] 李东风,李炳奇[M]. 有机化学. 武汉:华中科技大学出版社,2007.
[20] 马祥志. 有机化学[M]. 4 版. 北京:中国医药科技出版社,2014.

中英文名词对照索引

O

Q

R

S

T

W

X

Y

Z